国防科技大学研究生数学公共课程系列教材

工程应用数学基础

谢 政 陈 挚 戴 丽 编著

科 学 出 版 社

北 京

内 容 简 介

本书注重与大学数学的衔接，突出矩阵主线，弱化泛函分析，分为线性空间、矩阵理论、线性方程组、线性规划、二人有限博弈、决策分析和现代优化方法等七章，各章内容既相对独立又相互联系.

本书自成体系，便于自学，概念的建立直观自然，理论的论述严谨清晰，算法的描述简单易懂，是一本特色鲜明的工程硕士研究生教材.

图书在版编目（CIP）数据

工程应用数学基础/谢政，陈挚，戴丽编著. —北京：科学出版社，2015. 12
国防科技大学研究生数学公共课程系列教材
ISBN 978-7-03-046684-6

Ⅰ. ①工… Ⅱ. ①谢… ②陈… ③戴… Ⅲ. ①工程数学—研究生—教材 Ⅳ. ①TB11

中国版本图书馆 CIP 数据核字（2015）第 306509 号

责任编辑：赵彦超／责任校对：张凤琴
责任印制：徐晓晨／封面设计：耕者设计工作室

科学出版社 出版
北京东黄城根北街 16 号
邮政编码：100717
http://www.sciencep.com
北京凌奇印刷有限责任公司印刷
科学出版社发行 各地新华书店经销
*
2016 年 1 月第 一 版 开本：720 × 1000 1/16
2024 年 8 月第三次印刷 印张：18
字数：360 000

定价：88.00 元

前　言

在 21 世纪这个信息时代，科学技术的发展使得数学的思想和方法已经渗透到自然科学、工程技术、人文与社会科学等诸多领域，因此，必须加强工程硕士研究生的数学教育，提高他们的抽象思维和逻辑推理的能力，培养其运用数学知识解决实际问题的能力.

根据工程硕士的培养目标要求，针对不同专业学生的知识结构，我们确立了“注重与大学数学衔接，突出矩阵主线，弱化泛函分析”的原则，选取了泛函分析、矩阵论、数值分析、运筹学、应用概率论和智能优化方法等作为本教材的主要内容，各部分内容既相对独立又相互联系. 本书力求做到概念的建立直观自然，理论的阐述严谨清晰，算法的描述简单易懂.

第 1 章线性空间，包括线性空间及其子空间、线性算子、赋范线性空间和内积空间, 其中赋范线性空间一节的编排颇具特色. 第 2 章矩阵理论，包括 λ 矩阵、方阵的相似标准形、方阵的相似对角化、方阵的范数和矩阵分析，其中方阵算子范数的引入，利用方阵的 Jordan 块的方幂的简单表达式来简化多个定理的证明，都是与众不同的. 第 3 章线性方程组，包括 Gauss 消元法、Doolittle 分解法、线性方程组的迭代解法以及相容方程组与矛盾方程组，统一采用分块矩阵来表示各种广义逆的通式是本书的第三个特色. 第 4 章线性规划，包括线性规划问题及其图解法、线性规划的基本定理、单纯形法和线性规划问题的对偶理论. 第 5 章二人有限博弈，包括博弈、矩阵博弈的基本理论、矩阵博弈的求解、非合作双矩阵博弈和合作双矩阵博弈，其中合作双矩阵博弈是本书的第四个特色. 第 6 章决策分析，包括决策分析的基本概念、风险型决策、不确定型决策和信息的价值与效用函数，用博弈论的观点和方法来处理决策分析的内容是本书的第五个特色. 第 7 章现代优化方法，包括优化问题与优化方法、禁忌搜索算法、模拟退火算法、遗传算法和蚁群算法，以旅行商问题的求解为主线介绍几种启发式算法.

本书第 1，5，6 章和 3.4.1 小节由谢政执笔，第 2，4 章及第 3 章其余部分由陈挚执笔，第 7 章由戴丽执笔. 最后由谢政修改、补充和定稿.

作为湖南省精品课程项目，本书的出版还得到了国防科技大学研究生院和理学院数学与系统科学系的大力支持，在此一并致谢.

谢　政

2015 年 7 月

目　　录

第1章　线性空间

线性空间是几何空间的推广，是近代数学中最重要的基本概念之一. 在线性空间中，赋予“长度”就得到赋范线性空间，引入“长度”和“夹角”就成为内积空间，这是两类非常重要的线性空间.

本章介绍线性空间、赋范线性空间、内积空间的概念与性质，还要讨论定义在线性空间上的一类重要的映射——线性算子.

1.1　线性空间及其子空间

这一节从集合的定义出发，介绍线性空间的定义、例子，以及线性空间的子空间、基和维数.

1.1.1　集合

集合是数学的最基本的概念之一，它有一个描述性定义：由具有某种性质所确定的事物的全体称为集合. 集合中的个体事物称为集合的元素. 通常用大写字母 $A, B, C, \cdots$ 代表集合，用小写字母 $a, b, c, \cdots$ 代表元素. 如果 a 是集合 A 的元素，则称 a 属于 A，记作 $a \in A$，否则称 a 不属于 A，记作 $a \notin A$.

集合主要有两种表示方法. 一种方法是把一个集合的所有元素都列举出来，例如，若集合 A 由元素 a_1, a_2, a_3 组成，则记 $A = \{a_1, a_2, a_3\}$；全体自然数组成的集合 $\mathbb{N}$ 可记作 $\mathbb{N} = \{1, 2, \cdots, n, \cdots\}$. 另一种方法是把一个集合 A 的元素所具有的特征性质 $p(x)$ 表示出来，即 $A = \{\, x |\, p(x)\}$，例如，可用 $A = \{\, x |\, x^2 = 1\}$ 表示一元方程 $x^2 = 1$ 的解的集合.

设 A, B 是两个集合，如果集合 A 的元素都是集合 B 的元素，则称 A 为 B 的子集，也称 A 含于 B (或 B 包含 A)，记作 $A \subseteq B$(或 $B \supseteq A$)；如果 $A \subseteq B$，且 $B \subseteq A$，则称集合 A 与 B 相等，记作 $A = B$；如果 $A \subseteq B$，但 $A \neq B$，则称 A 为 B 的真子集，记作 $A \subset B$.

如果一个集合只有有限个元素，则称之为有限集，否则称之为无限集. 用记号 $|A|$ 表示有限集 A 中的元素的个数，称 $|A|$ 为集合 A 的基数. 不含任何元素的集合称为空集，记作 $\varnothing$. 规定空集是一切集合的子集.

几个常用记号说明如下：

$\mathbb{C}$, $\mathbb{R}$, $\mathbb{Q}$, $\mathbb{Z}$, $\mathbb{Z}_+$ 和 $\mathbb{N}$ 分别表示全体复数的集合、全体实数的集合、全体有理数的集合、全体整数的集合、全体正整数的集合和全体自然数的集合.

$\Rightarrow$ 表示"蕴涵";

$\Leftrightarrow$ 表示"当且仅当";

$\forall$ 表示"对任意的"或"对一切的";

$\exists$ 表示"存在一个"或"至少有一个";

s.t. 表示"使得"或"满足",它是英文"such that"或"subject to"的缩写.

下面定义集合的几种运算.

定义 1.1　设 A, B 是两个集合,由既属于 A 又属于 B 的元素组成的集合称为 A 与 B 的交,记作 $A\cap B$,即

$$A\cap B=\{x|x\in A \text{ 且 } x\in B\};$$

由属于 A 或者属于 B 的元素组成的集合称为 A 与 B 的并,记作 $A\cup B$,即

$$A\cup B=\{x\ |x\in A \text{ 或 } x\in B\};$$

由属于 A 但不属于 B 的元素组成的集合称为 A 与 B 的差,记作 $A\backslash B$,即

$$A\backslash B=\{x|\ x\in A \text{ 且 } x\notin B\}.$$

容易验证集合的交与并满足以下运算规律:

定理 1.1　设 A, B, C 均为集合,则有

(1) 幂等律: $A\cap A=A, A\cup A=A$;

(2) 交换律: $A\cap B=B\cap A, A\cup B=B\cup A$;

(3) 结合律: $(A\cap B)\cap C=A\cap(B\cap C)$,
$(A\cup B)\cup C=A\cup(B\cup C)$;

(4) 分配律: $A\cap(B\cup C)=(A\cap B)\cup(A\cap C)$,
$A\cup(B\cap C)=(A\cup B)\cap(A\cup C)$. □

定义 1.2　设 A, B 为两个集合. A 中的任何元素 a 与 B 中的任何元素 b 构成的所有有序对 (a, b) 的集合称为 A 与 B 的直积或 Descartes 乘积,记作 $A\times B$,即

$$A\times B=\{(a,b)|a\in A,b\in B\}.$$

当集合 A 和 B 有一个为空集时,规定 $A\times B=\varnothing$.

一般地, n 个集合 $A_1,A_2,\cdots,A_n$ 的直积定义为

$$A_1\times A_2\times\cdots\times A_n=\{(a_1,a_2,\cdots,a_n)|a_i\in A_i,\ i=1,2,\cdots,n\}.$$

n 个集合 A 的直积简写为 A^n. 例如, n 个 $\mathbb{R}$ 的直积 $\mathbb{R}^n$ 和 n 个 $\mathbb{C}$ 的直积 $\mathbb{C}^n$ 分别为

$$\mathbb{R}^n=\{(x_1,x_2,\cdots,x_n)^{\mathrm{T}}|\ x_i\in\mathbb{R},\ i=1,2,\cdots,n\},$$

$$\mathbb{C}^n=\{(x_1,x_2,\cdots,x_n)^{\mathrm{T}}|\ x_i\in\mathbb{C},\ i=1,2,\cdots,n\},$$

这里 $\mathbb{R}^n$ 和 $\mathbb{C}^n$ 中的元素用列向量的形式表示.

$\mathbb{C}$ 的子集称为数集. 数域是线性空间将要涉及的一种数集，它的定义如下.

定义 1.3 设 $\mathbb{F}$ 是含 1 的数集，如果 $\mathbb{F}$ 对于四则运算是封闭的，即

$$a\pm b\in\mathbb{F},\quad ab\in\mathbb{F},\quad \frac{a}{b}\in\mathbb{F}\,(b\neq 0),\quad \forall a,\ b\in\mathbb{F},$$

则称 $\mathbb{F}$ 是一个数域.

由定义知，$\mathbb{Q}$，$\mathbb{R}$ 和 $\mathbb{C}$ 都是数域，分别称为有理数域、实数域和复数域. 而 $\mathbb{Z}$，$\mathbb{Z}_+$ 和 $\mathbb{N}$ 都不是数域.

1.1.2 线性空间的定义与例子

我们知道，几何空间 $\mathbb{R}^3$ 中的加法和数乘都满足封闭性，并且加法具有交换律、结合律，数乘具有结合律，加法与数乘具有分配律. 推而广之，就得到线性空间的概念.

定义 1.4 设 X 为非空集合，$\mathbb{F}$ 为数域 (通常取 $\mathbb{F}$ 为 $\mathbb{R}$ 或 $\mathbb{C}$)，在 X 上定义加法 “+”:

$$x+y\in X,\quad \forall x,\ y\in X;$$

在 $\mathbb{F}$ 与 X 上定义数乘 “·”(算式中的 “·” 号可以省略):

$$\lambda x\in X,\quad \forall\lambda\in\mathbb{F},\ \forall x\in X,$$

并且满足

(1) $\forall x,y\in X$, 有$x+y=y+x$;

(2) $\forall x,y,z\in X$, 有$(x+y)+z=x+(y+z)$;

(3) $\exists$零元素 0, s.t.$\forall x\in X$, 有$x+0=x$;

(4) $\forall x\in X$, $\exists$ 负元素 y, s.t.$x+y=0$;

(5) $\forall x\in X$, 有$1x=x$;

(6) $\forall\lambda,\mu\in\mathbb{F}$, $\forall x\in X$, 有 $\lambda(\mu x)=(\lambda\mu)x$;

(7) $\forall\lambda\in\mathbb{F}$, $\forall x,\ y\in X$, 有 $\lambda(x+y)=\lambda x+\mu y$;

(8) $\forall\lambda,\mu\in\mathbb{F}$, $\forall x\in X$, 有 $(\lambda+\mu)x=\lambda x+\mu x$,

则称 X 是数域 $\mathbb{F}$ 上的线性空间. 上述加法运算和数乘运算统称为线性运算. 当 $\mathbb{F}=\mathbb{R}$ 时，称 X 为实线性空间；当 $\mathbb{F}=\mathbb{C}$ 时，称 X 为复线性空间.

容易证明，在一个线性空间中，零元素 0 是唯一的；任何一个元素 x 的负元素也是唯一的，因此可将 x 的负元素记作 $-x$.

例 1.1　$\forall \boldsymbol{x}=(x_1,x_2,\cdots,x_n)^{\mathrm{T}}$，$\boldsymbol{y}=(y_1,y_2,\cdots,y_n)^{\mathrm{T}}\in\mathbb{R}^n$，$\forall\lambda\in\mathbb{R}$，定义加法和数乘：

$$\boldsymbol{x}+\boldsymbol{y}=(x_1+y_1,x_2+y_2,\cdots,x_n+y_n)^{\mathrm{T}},$$

$$\lambda\boldsymbol{x}=(\lambda x_1,\lambda x_2,\cdots,\lambda x_n)^{\mathrm{T}},$$

显然 $\boldsymbol{x}+\boldsymbol{y}\in\mathbb{R}^n$，$\lambda\boldsymbol{x}\in\mathbb{R}^n$，并且这里的加法和乘法满足定义 1.4 中八条公理，因此 $\mathbb{R}^n$ 是数域 $\mathbb{R}$ 上的线性空间.

按照同样的加法和数乘，$\mathbb{C}^n$ 成为数域 $\mathbb{C}$ 上的线性空间，数域 $\mathbb{F}$ 的直积 $\mathbb{F}^n$ 成为数域 $\mathbb{F}$ 上的线性空间.　□

例 1.1 定义的线性空间 $\mathbb{R}^n$ 和 $\mathbb{C}^n$ 都称为向量空间.

例 1.2　设 $\mathbb{R}^{m\times n}$ 是全体 $m\times n$ 实矩阵的集合. $\forall\boldsymbol{A}=[a_{ij}]_{m\times n},\boldsymbol{B}=[b_{ij}]_{m\times n}\in\mathbb{R}^{m\times n}$，$\forall\lambda\in\mathbb{R}$，在 $\mathbb{R}^{m\times n}$ 上定义加法和数乘：

$$\boldsymbol{A}+\boldsymbol{B}=[a_{ij}+b_{ij}]_{m\times n}=\begin{bmatrix}a_{11}+b_{11} & a_{12}+b_{12} & \cdots & a_{1n}+b_{1n}\\ a_{21}+b_{21} & a_{22}+b_{22} & \cdots & a_{2n}+b_{2n}\\ \vdots & \vdots & & \vdots\\ a_{m1}+b_{m1} & a_{m2}+b_{m2} & \cdots & a_{mn}+b_{mn}\end{bmatrix},$$

$$\lambda\boldsymbol{A}=[\lambda a_{ij}]_{m\times n}=\begin{bmatrix}\lambda a_{11} & \lambda a_{12} & \cdots & \lambda a_{1n}\\ \lambda a_{21} & \lambda a_{22} & \cdots & \lambda a_{1n}\\ \vdots & \vdots & & \vdots\\ \lambda a_{m1} & \lambda a_{m2} & \cdots & \lambda a_{mn}\end{bmatrix}.$$

容易验证，$\mathbb{R}^{m\times n}$ 是数域 $\mathbb{R}$ 上的线性空间.

同样可以在全体 $m\times n$ 复矩阵的集合 $\mathbb{C}^{m\times n}$ 上定义矩阵的加法和数乘，使 $\mathbb{C}^{m\times n}$ 成为数域 $\mathbb{C}$ 上的线性空间.　□

例 1.2 定义的线性空间 $\mathbb{R}^{m\times n}$ 和 $\mathbb{C}^{m\times n}$ 称为矩阵空间，当 $m=n$ 时称之为方阵空间.

例 1.3　设 $C[a,\ b]$ 是闭区间 $[a,\ b]$ 上所有连续实函数 (包括零函数) 的集合，$\forall f,g\in C[a,b]$，$\forall\lambda\in\mathbb{R}$，函数的加法及数与函数的乘法为

$$(f+g)(x)=f(x)+g(x),\quad \forall x\in[a,b],$$

$$(\lambda f)(x)=\lambda f(x),\quad \forall x\in[a,b],$$

则由连续函数的运算性质可知，$C[a,\ b]$ 是数域 $\mathbb{R}$ 上的线性空间.　□

同理可证，闭区间 $[a, b]$ 上全体多项式的集合 $P[a, b]$，以及 $[a,b]$ 上所有次数不超过 n 的多项式的集合 $P_n[a, b]$，按照 $C[a, b]$ 上的线性运算分别成为数域 $\mathbb{R}$ 上的线性空间.

所有 n 次多项式的集合按照 $C[a, b]$ 上的线性运算不构成线性空间.

1.1.3 线性空间的子空间

正如集合有子集，线性空间也有子空间.

定义 1.5 设 X，Y 是数域 $\mathbb{F}$ 上的两个线性空间，若 $Y \subseteq X$，则称 Y 是 X 的线性子空间，简称为 X 的子空间.

容易证明，Y 是 X 的子空间当且仅当 Y 是线性空间 X 的非空子集，且 Y 对 X 的线性运算是封闭的，即

$$x+y \in Y,\ \lambda x \in Y, \quad \forall x, y \in Y,\ \forall \lambda \in \mathbb{F}.$$

对于线性空间 X，仅含零元素的集合 $\{0\}$ 以及 X 本身都是 X 的子空间.

根据例 1.3，$P[a, b]$ 和 $P_n[a, b]$ 都是线性空间 $C[a, b]$ 的子空间.

例 1.4 在向量空间 $\mathbb{R}^3$ 中，过原点的平面

$$\{(x_1, x_2, x_3)^{\mathrm{T}} |\ ax_1 + bx_2 + cx_3 = 0\}$$

是 $\mathbb{R}^3$ 的一个子空间，这里 a，b 和 c 是给定的三个实数. □

例 1.5 设 $\boldsymbol{A} \in \mathbb{R}^{m\times n}$,$\boldsymbol{b} \in \mathbb{R}^m$, $\boldsymbol{b} \neq \boldsymbol{0}$，则齐次线性方程组 $\boldsymbol{Ax} = \boldsymbol{0}$ 的解的集合

$$\{\boldsymbol{x} = (\xi_1, \xi_2, \cdots, \xi_n)^{\mathrm{T}} \in \mathbb{R}^n |\ \boldsymbol{Ax} = \boldsymbol{0}\}$$

是 $\mathbb{R}^n$ 的一个子空间；非齐次线性方程组 $\boldsymbol{Ax} = \boldsymbol{b}$ 的解的集合

$$\{\boldsymbol{x} = (\xi_1, \xi_2, \cdots, \xi_n)^{\mathrm{T}} \in \mathbb{R}^n |\ \boldsymbol{Ax} = \boldsymbol{b}\}$$

是 $\mathbb{R}^n$ 的一个子集，但不是 $\mathbb{R}^n$ 的子空间. □

定义 1.6 设 X 是数域 $\mathbb{F}$ 上的线性空间，$x_1, x_2, \cdots, x_n \in X$，$\lambda_1, \lambda_2, \cdots, \lambda_n \in \mathbb{F}$，称 X 中的元素

$$x = \lambda_1 x_1 + \lambda_2 x_2 + \cdots + \lambda_n x_n \tag{1.1}$$

为 $x_1, x_2, \cdots, x_n$ 的一个线性组合，也称 x 可由 $x_1, x_2, \cdots, x_n$ 线性表示；如果 $\mathbb{F} = \mathbb{R}$，即 X 是实线性空间，且

$$\lambda_1, \lambda_2, \cdots, \lambda_n \geqslant 0, \quad \lambda_1 + \lambda_2 + \cdots + \lambda_n = 1,$$

则称 (1.1) 式中的 x 为 $x_1, x_2, \cdots, x_n$ 的凸组合；如果 X 是实线性空间，且

$$\lambda_1, \lambda_2, \cdots, \lambda_n > 0, \quad \lambda_1 + \lambda_2 + \cdots + \lambda_n = 1,$$

则称 (1.1) 式中的 x 为 $x_1, x_2, \cdots, x_n$ 的严格凸组合.

例 1.6　设 X 是数域 $\mathbb{F}$ 上的线性空间，M 是 X 的非空子集，令

$$\mathrm{span}M = \left\{ \sum_{i=1}^{n} \lambda_i x_i \,\middle|\, n \in \mathbb{Z}_+,\ x_i \in M,\ \lambda_i \in \mathbb{F},\ i = 1, 2, \cdots, n \right\},$$

即 $\mathrm{span}M$ 由 M 中任何有限个元素的任意线性组合的全体组成的集合，则 $\mathrm{span}M$ 是包含 M 的最小线性空间，即是 X 中一切包含 M 的子空间的交，称 $\mathrm{span}M$ 为由 M 生成的子空间.

证明　易知 $\mathrm{span}M$ 对 X 的线性运算是封闭的，且 $\mathrm{span}M \supseteq M$，因此 $\mathrm{span}M$ 是 X 的包含 M 的子空间.

设 Y 是 X 的包含 M 的任意子空间，则 $\forall x \in \mathrm{span}M$，$\exists x_i \in M \subseteq Y$，$\exists \lambda_i \in \mathbb{F}$，$i = 1, 2, \cdots, n$，s.t. $x = \sum\limits_{i=1}^{n} \lambda_i x_i \in Y$，故 $\mathrm{span}M \subseteq Y$. 所以 $\mathrm{span}M$ 是包含 M 的最小子空间，即

$$\mathrm{span}M = \cap \{ Y | Y \text{是} X \text{的子空间, 且} Y \supseteq M \}. \qquad \square$$

例 1.7　考虑向量空间 $\mathbb{R}^n$ 中的向量:

$$\begin{aligned} \boldsymbol{e}_1 &= (1, 0, 0, \cdots, 0, 0)^{\mathrm{T}}, \\ \boldsymbol{e}_2 &= (0, 1, 0, \cdots, 0, 0)^{\mathrm{T}}, \\ &\cdots\cdots \\ \boldsymbol{e}_n &= (0, 0, 0, \cdots, 0, 1)^{\mathrm{T}}, \end{aligned} \tag{1.2}$$

则 $\mathbb{R}^n$ 中任何一个向量 $\boldsymbol{x} = (x_1, x_2, \cdots, x_n)^{\mathrm{T}}$ 都可由向量集 $\boldsymbol{e}_1, \boldsymbol{e}_2, \cdots, \boldsymbol{e}_n$ 线性表示，即

$$\boldsymbol{x} = x_1 \boldsymbol{e}_1 + x_2 \boldsymbol{e}_2 + \cdots + x_n \boldsymbol{e}_n;$$

并且

$$\mathbb{R}^n = \mathrm{span}\{\boldsymbol{e}_1, \boldsymbol{e}_2, \cdots, \boldsymbol{e}_n\}.$$

同样，复向量空间 $\mathbb{C}^n$ 中的任何一个向量也都可由 (1.2) 式所定义的向量集 $\boldsymbol{e}_1$, $\boldsymbol{e}_2, \cdots, \boldsymbol{e}_n$ 线性表示，且

$$\mathbb{C}^n = \mathrm{span}\{\boldsymbol{e}_1, \boldsymbol{e}_2, \cdots, \boldsymbol{e}_n\}. \qquad \square$$

凸集是最优化理论必须涉及的基本概念.

定义 1.7 设 X 是实线性空间, S 是 X 的子集, 如果 $\forall \boldsymbol{x}_1, \boldsymbol{x}_2 \in S$, 有

$$\lambda \boldsymbol{x}_1 + (1-\lambda)\boldsymbol{x}_2 \in S, \quad \forall \lambda \in [0,1],$$

则称 S 为 X 中的凸集.

从定义可以看出, 凸集是这样的集合, 连接其中任意两点间的线段上所有的点都属于此集合. 图 1.1 画出了凸集和非凸集的示意图.

显然, 实线性空间 X 的每一个子空间都是 X 的凸集. $\mathbb{R}^2$ 中的圆或凸多边形所围成的区域都是 $\mathbb{R}^2$ 的凸集.

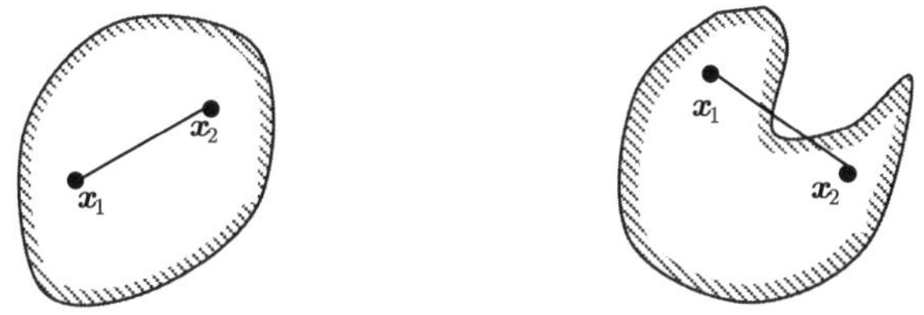

(a) 凸集　　(b) 非凸集

图 1.1 凸集与非凸集

1.1.4 线性空间的基与维数

由例 1.7 可知, 向量空间 $\mathbb{R}^n$ 和 $\mathbb{C}^n$ 均可由 (1.2) 式所定义的向量集 $\{\boldsymbol{e}_1, \boldsymbol{e}_2, \cdots, \boldsymbol{e}_n\}$ 生成, 究其原因, 是向量组 $\boldsymbol{e}_1, \boldsymbol{e}_2, \cdots, \boldsymbol{e}_n$ 满足所谓的线性无关性. 下面给出一般线性空间中线性无关集的概念.

定义 1.8 设 X 是数域 $\mathbb{F}$ 上的线性空间, M 是 X 的非空子集. 当 $M = \{x_1, x_2, \cdots, x_r\}$ 为有限集时, 如果

$$\sum_{i=1}^{r} \lambda_i x_i = 0 \Leftrightarrow \lambda_i = 0 \quad (i = 1, 2, \cdots, r),$$

则称 M 是线性无关的; 当 M 为无限集时, 如果 M 的每一个非空有限子集都是线性无关的, 则称 M 是线性无关的. 如果集合 M 不是线性无关的, 则称 M 是线性相关的.

基和维数是线性空间的重要属性.

定义 1.9 设 X 是数域 $\mathbb{F}$ 上的线性空间, $B \subseteq X$ 是线性无关集, 如果 $\mathrm{span}B = X$, 即 X 的每一个元素都可以由 B 中有限个元素线性表示, 则称 B 是 X 的一个基. 当基 B 为有限集时, 称 X 为有限维线性空间, 称 $|B|$ 为线性空间 X 的维数, 记为 $\dim X = |B|$; 否则称 X 为无限维线性空间. 因线性空间$\{0\}$没有基, 故规定 $\dim\{0\} = 0$.

有限维线性空间 X 的基是不唯一的，但是 X 的每一个基所含元素的个数必定是相同的.

由 (1.2) 式定义的向量集 $\{\boldsymbol{e}_1, \boldsymbol{e}_2, \cdots, \boldsymbol{e}_n\}$ 是向量空间 $\mathbb{R}^n$(或 $\mathbb{C}^n$) 的一个基，从而 $\dim\mathbb{R}^n = \dim\mathbb{C}^n = n$. 容易证明，向量集

$$\{(-1,0,0,\cdots,0,0)^{\mathrm{T}}, (0,-1,0,\cdots,0,0)^{\mathrm{T}}, \cdots, (0,0,0,\cdots,0,-1)^{\mathrm{T}}\}$$

也是 $\mathbb{R}^n$(或 $\mathbb{C}^n$) 的一个基.

例 1.8　考虑函数

$$x_k(t) = t^k \quad (t \in [a,b],\ k = 0,1,2,\cdots),$$

则不难证明:

(1)$B = \{x_0(t), x_1(t), x_2(t), \cdots\}$ 是 $C[a, b]$ 中的一个线性无关集;

(2)B 是线性空间 $P[a, b]$ 的一个基;

(3)$\{x_0(t), x_1(t), x_2(t), \cdots, x_n(t)\}$ 是 $P_n[a,b]$ 的一个基，故 $\dim P_n[a,b] = n+1$;

(4)B 不是 $C[a, b]$ 的基. □

例 1.9　$\mathbb{R}^{m\times n}$ 和 $\mathbb{C}^{m\times n}$ 分别作为 $\mathbb{R}$ 和 $\mathbb{C}$ 上的线性空间都是 mn 维的. 用 $\boldsymbol{E}_{ij}$ 表示第 i 行第 j 列元素为 1 其余元素全为 0 的 $m\times n$ 矩阵，则

$$\{\,\boldsymbol{E}_{ij} \mid i = 1,2,\cdots,\ m;\ j = 1,2,\cdots,n\}$$

是 $\mathbb{R}^{m\times n}$ 和 $\mathbb{C}^{m\times n}$ 的一个基，$\dim\mathbb{R}^{m\times n} = \dim\mathbb{C}^{m\times n} = mn$. □

1.2　线 性 算 子

线性算子是讨论同一个数域上两个线性空间的元素之间的对应关系，它是矩阵理论的主要研究对象之一.

1.2.1　映射

映射是描述两个集合的元素之间的对应关系，它是函数概念的推广.

定义 1.10　设 A, B 是两个非空集合，如果存在一个对应法则 f，使得对任意 $x \in A$ 都有唯一的 $y \in B$ 与之对应，则称 f 为 A 到 B 的一个映射，记作 $f: A \to B$，或 $f: x \mapsto y$. y 称为 x 在映射 f 下的像，记作 $y = f(x)$. 集合 A 称为映射 f 的定义域，记作 $A = \mathcal{D}(f)$. A 的所有元素在映射 f 下的像的集合称为 f 的值域，记作 $\mathcal{R}(f)$，即

$$\mathcal{R}(f) = \{\, f(x) | x \in A\,\}.$$

对于映射 $f:\ A\to B$，当 $B=A$ 时，映射 f 称为 A 的变换；当 B 是数集时，映射 f 称为泛函；当 A 和 B 都是数集时，映射 f 称为一元函数.

例 1.10 设 X 是数域 $\mathbb{F}$ 上的线性空间，则 X 上的加法“+”和数乘“·”分别是 $X\times X$ 到 X 的映射和 $\mathbb{F}\times X$ 到 X 的映射. □

定义 1.11 设映射 $f:\ A\to B$.

(1) 若 $B=\mathcal{R}(f)$，即 $\forall y\in B$，$\exists x\in A$，s.t. $y=f(x)$，则称 f 为满射，或称 f 为 A 到 B 上的映射；

(2) 若 $\forall x_1,\ x_2\in A$，$x_1\neq x_2$，有 $f(x_1)\neq f(x_2)$，则称 f 为单射，或称 f 为 A 到 B 内的一一映射；

(3) 若 f 既是满射又是单射，则称 f 为双射，或称 f 为 A 到 B 上的一一映射；

(4) 当 f 是单射时，$\forall y\in\mathcal{R}(f)$，由关系式 $f(x)=y$ 确定唯一的 $x\in A$ 与之对应，于是就定义了一个从 $\mathcal{R}(f)$ 到 A 的映射，记作 $f^{-1}:\mathcal{R}(f)\to A$，称 f^{-1} 为 f 的逆映射.

当 $f:A\to B$ 为双射时，f 在集合 X 与 Y 的元素之间建立了一对一的对应关系，因此双射又叫做一一对应.

例 1.11 设 A 是非空集合，定义映射 $I_A:\ x\to x\ (\forall x\in A)$，则称映射 I_A 为 A 上的恒等映射. 显然恒等映射 I_A 是双射. 恒等映射 I_A 的逆映射还是 I_A. □

定义 1.12 设有映射 $f:\ A\to B$ 和 $g:B\to C$，定义 f 与 g 的复合映射 $g\circ f:A\to C$ 为

$$(g\circ f)(x)=g(f(x)),\quad \forall x\in A.$$

一般说来，$g\circ f\neq f\circ g$. 事实上，当 $A\neq C$ 时，$f\circ g$ 未必有意义；即使 $A=B=C$，映射 $g\circ f$ 与 $f\circ g$ 都有意义，$g\circ f$ 和 $f\circ g$ 也未必相等. 例如，设 $A=B=C=\{0,1\}$，映射 f，g 定义为

$$f(0)=1,\quad f(1)=0;$$

$$g(0)=1,\quad g(1)=1,$$

则容易验证 $g\circ f\neq f\circ g$.

定理 1.2 设 $f:\ A\to B$ 是单射，则 f 的逆映射是唯一的，并且也是单射.

证明 设 $g_i:\mathcal{R}(f)\to A$ 是 f 的逆映射，$i=1,2$，则 $\forall y\in\mathcal{R}(f)$，$\exists x_1,x_2\in A$，s.t. $g_i(y)=x_i$，$i=1,2$. 根据逆映射的定义，有 $f(x_i)=y$，$i=1,2$，从而由 f 为单射可知 $x_1=x_2$，即 f 的逆映射是唯一的.

对于 f 的逆映射 f^{-1}，$\forall y_1,y_2\in\mathcal{R}(f)$，假若 $f^{-1}(y_1)=f^{-1}(y_2)$，则

$$f(f^{-1}(y_1))=f(f^{-1}(y_2)),$$

由逆映射的定义即知 $y_1 = y_2$，这就证明了 f^{-1} 是单射. □

1.2.2 有限维线性空间上的线性算子的矩阵表示

线性算子是同一个数域上两个线性空间之间的一种特殊映射.

定义 1.13 设 X 和 Y 是同一个数域 $\mathbb{F}$ 上的两个线性空间，若映射 $T: X \to Y$ 满足：

$$T(x_1 + x_2) = Tx_1 + Tx_2, \quad \forall x_1, x_2 \in X,$$

$$T(\lambda x) = \lambda Tx, \quad \forall x \in X,\ \forall \lambda \in \mathbb{F},$$

则称 T 为 X 到 Y 的线性算子或线性映射，$T(x)$ 常常简写为 Tx. 当 $Y = X$ 时，称线性算子 T 为 X 上的线性变换；当 $Y \subseteq \mathbb{F}$ 时，称线性算子 T 为线性泛函.

线性空间 X 上的恒等映射 I_X 是 X 到自身的线性算子，即线性变换.

在任何线性算子 $T: X \to Y$ 下，X 中零元素的像必是 Y 中的零元素，即 $T0 = 0$.

例 1.12 由矩阵 $\boldsymbol{A} \in \mathbb{C}^{m\times n}$ 定义的映射 $T: \mathbb{C}^n \to \mathbb{C}^m$ 为

$$T\boldsymbol{x} = \boldsymbol{A}\boldsymbol{x}, \quad \forall \boldsymbol{x} \in \mathbb{C}^n,$$

则容易验证 T 是线性算子. □

这个例子说明一个矩阵能确定两个有限维线性空间之间的一个线性算子. 人们自然会问：当 X 和 Y 是同一个数域上的两个有限维线性空间时，线性算子 $T: X \to Y$ 是否可以用一个矩阵来表示呢? 为了回答这个问题，首先给出有限维线性空间中元素的坐标的概念.

设 X 是数域 $\mathbb{F}$ 上的 n 维线性空间，$\{e_1, e_2, \cdots, e_n\}$ 是 X 的一个基，则 X 中每一个元素都可以唯一地表示为基的线性组合，即 $\forall x \in X$，存在唯一的一组数 $\lambda_1, \lambda_2, \cdots, \lambda_n \in \mathbb{F}$，使得

$$x = \lambda_1 e_1 + \lambda_2 e_2 + \cdots + \lambda_n e_n.$$

称 $(\lambda_1, \lambda_2, \cdots, \lambda_n)^{\mathrm{T}}$ 为元素 x 关于基 $\{e_1, e_2, \cdots, e_n\}$ 的坐标.

数域 $\mathbb{F}$ 上的 n 维线性空间 X 中一个元素关于给定基的坐标是唯一的；反之，给定 X 的一个基 $\{e_1, e_2, \cdots, e_n\}$，对于任意 $(\lambda_1, \lambda_2, \cdots, \lambda_n)^{\mathrm{T}} \in \mathbb{F}^n$，有唯一的

$$x = \lambda_1 e_1 + \lambda_2 e_2 + \cdots + \lambda_n e_n \in X$$

与之对应. 因此在给定的基下，X 中的元素与 $\mathbb{F}^n$ 中的元素一一对应，即线性空间 X 与线性空间 $\mathbb{F}^n$ 之间存在着一一对应关系.

例 1.13 试给出有限维线性空间到有限维线性空间的线性算子的矩阵表示.

解 设 X 和 Y 是数域 $\mathbb{F}$ 上的两个有限维线性空间，$\dim X=n$，$\dim Y=m$，$T:X\to Y$ 为任意的线性算子. 取定 X，Y 的一个基分别为

$$B_X=\{e_1,e_2,\cdots,e_n\},\quad B_Y=\{b_1,b_2,\ \cdots,b_m\},$$

则 $\forall x\in X$，有 $Tx\in Y$，从而

$$x=\lambda_1e_1+\lambda_2e_2+\cdots+\lambda_ne_n,$$

$$Tx=\mu_1b_1+\mu_2b_2+\cdots+\mu_mb_m,$$

其中 $(\lambda_1,\lambda_2,\cdots,\lambda_n)^{\mathrm{T}}$ 是 x 关于基 B_X 的坐标，$(\mu_1,\mu_2,\cdots,\mu_m)^{\mathrm{T}}$ 是 Tx 关于基 B_Y 的坐标. 于是由 T 是线性算子可知

$$Tx=T\left(\sum_{j=1}^{n}\lambda_je_j\right)=\sum_{j=1}^{n}\lambda_jTe_j,$$

而 $Te_j\in Y$，故可由基 B_Y 线性表示，即有

$$Te_j=\sum_{i=1}^{m}a_{ij}b_i,\quad j=1,2,\cdots,n,\tag{1.3}$$

于是

$$\sum_{i=1}^{m}\mu_ib_i=Tx=\sum_{j=1}^{n}\lambda_j\sum_{i=1}^{m}a_{ij}b_i=\sum_{i=1}^{m}\sum_{j=1}^{n}a_{ij}\lambda_jb_i.$$

由于 Tx 关于基 B_Y 的坐标是唯一的，因此

$$\mu_i=\sum_{j=1}^{n}a_{ij}\lambda_j,\quad i=1,2,\cdots,m,$$

上式可以写成矩阵的形式：

$$\begin{bmatrix}\mu_1\\ \mu_2\\ \vdots\\ \mu_m\end{bmatrix}=\begin{bmatrix}a_{11}&a_{12}&\cdots&a_{1n}\\ a_{21}&22&\cdots&a_{2n}\\ \vdots&\vdots&&\vdots\\ a_{m1}&a_{m2}&\cdots&a_{mn}\end{bmatrix}\begin{bmatrix}\lambda_1\\ \lambda_2\\ \vdots\\ \lambda_n\end{bmatrix},$$

或简写为 $\boldsymbol{\mu}=\boldsymbol{A}\boldsymbol{\lambda}$，其中 $\mathbb{F}^{m\times n}$ 中的矩阵 $\boldsymbol{A}$ 在 X，Y 的基 B_X，B_Y 取定后即唯一地被确定. (1.3) 式也可以写成矩阵的形式

$$(Te_1,Te_2,\cdots,Te_n)=(b_1,b_2,\cdots,b_m)\boldsymbol{A}.$$

这说明，有限维线性空间 X 到有限维线性空间 Y 的线性算子 T 对应一个矩阵 $\boldsymbol{A}$，即线性算子 T 可以用一个矩阵 $\boldsymbol{A}$ 来表示. 此时称 $\boldsymbol{A}$ 为线性算子 T 关于基 B_X 和 B_Y 的矩阵. □

例 1.13 肯定地回答了上面提出的问题.

不难看出，线性算子 T 关于基 B_X 和 B_Y 的矩阵 $\boldsymbol{A}$ 中的第 j 列，恰好是 B_X 的第 j 个元素 e_j 的像 Te_j 关于基 B_Y 的坐标.

当 T 是线性空间 X 上的线性变换时，取 $B_Y = B_X$，则 T 关于基 B_X 的矩阵是一个方阵.

例 1.14　设 X 和 Y 是数域 $\mathbb{F}$ 上的两个线性空间，X 到 Y 的全体线性算子的集合记为 $\mathcal{L}(X,Y)$. $\forall T, S \in \mathcal{L}(X,Y)$, $\forall \lambda \in \mathbb{F}$，定义加法和数乘：

$$(T+S)x = Tx + Sx, \quad \forall x \in X,$$

$$(\lambda T)x = \lambda Tx, \quad \forall x \in X,$$

则容易验证 $\mathcal{L}(X,Y)$ 成为数域 $\mathbb{F}$ 上的线性空间，称为线性算子空间. □

1.2.3　有限维线性空间的同构

根据 1.2.2 小节的讨论可知，对于数域 $\mathbb{F}$ 上的 n 维线性空间 X 和 m 维线性空间 Y，X 与 $\mathbb{F}^n$ 之间存在着一一对应关系，线性算子空间 $\mathcal{L}(X,Y)$ 与 $\mathbb{F}^{m\times n}$ 之间也存在着一一对应关系. 为了更好地描述这种对应关系，下面引进线性同构的概念.

定义 1.14　设 X 和 Y 是数域 $\mathbb{F}$ 上的两个线性空间，如果存在 $T \in \mathcal{L}(X,Y)$，且 T 是 X 到 Y 上的双射，则称线性空间 X 与线性空间 Y 是线性同构的，称 T 为线性同构映射.

由定义即知，线性同构映射 $T: X \to Y$ 具有下列性质：

(1) X 中的元素与 Y 中的元素一一对应；

(2) 对应元素之间的线性运算关系不变，即 $\forall k \in \mathbb{N}$，$\forall x_1, x_2, \cdots, x_k \in X$，$\forall \lambda_1, \lambda_2, \cdots, \lambda_k \in \mathbb{F}$，有

$$T(\lambda_1 x_1 + \lambda_2 x_2 + \cdots + \lambda_k x_k) = \lambda_1 Tx_1 + \lambda_2 Tx_2 + \cdots + \lambda_k Tx_k;$$

(3) X 的子集 $\{x_1, x_2, \cdots, x_k\}$ 线性无关，当且仅当 Y 的子集 $\{Tx_1, Tx_2, \cdots, Tx_k\}$ 线性无关；

(4) $\{e_1, e_2, \cdots, e_n\}$ 是 X 的一个基，当且仅当 $\{Te_1, Te_2, \cdots, Te_n\}$ 是 Y 的一个基.

定理 1.3　设 X 和 Y 是数域 $\mathbb{F}$ 上的 n 维线性空间和 m 维线性空间，则

(1)X 与 $\mathbb{F}^n$ 是线性同构的；

(2) 线性算子空间 $\mathcal{L}(X,Y)$ 与 $\mathbb{F}^{m\times n}$ 是线性同构的.

证明 (1) 取定 X 的一个基 $B_X=\{e_1,e_2,\cdots,e_n\}$. $\forall x\in X$，设 x 关于基 B_X 的坐标为 $(\lambda_1,\lambda_2,\cdots,\lambda_n)^{\mathrm{T}}$，定义映射

$$T:x\mapsto(\lambda_1,\lambda_2,\cdots,\lambda_n)^{\mathrm{T}}.$$

由 1.2.2 小节的讨论可知，T 是 X 到 $\mathbb{F}^n$ 上的双射，并且容易验证 T 是线性算子，因此 T 是 X 到 $\mathbb{F}^n$ 的线性同构映射.

(2) 例 1.12 和例 1.13 中已经建立了 $\mathcal{L}(X,Y)$ 到 $\mathbb{F}^{m\times n}$ 上的一个双射，不难验证这个双射是一个线性算子，从而 $\mathcal{L}(X,Y)$ 与 $\mathbb{F}^{m\times n}$ 是线性同构的. □

下面的定理指出两个线性同构的有限维线性空间与它们的维数的关系.

定理 1.4 同一个数域上的两个有限维线性空间线性同构，当且仅当它们具有相同的维数.

证明 设数域 $\mathbb{F}$ 上的两个有限维线性空间 X 和 Y 是线性同构的，则存在 X 到 Y 的线性同构映射，由线性同构映射的性质 (4) 可知 $\dim X=\dim Y$.

反之，设 $\dim X=\dim Y=n$，在 X，Y 中分别取定一个基

$$B_X=\{e_1,e_2,\cdots,e_n\},\quad B_Y=\{b_1,b_2,\cdots,b_n\},$$

定义 $T:X\to Y$，使得

$$\lambda_1e_1+\lambda_2e_2+\cdots+\lambda_ne_n\mapsto\lambda_1b_1+\lambda_2b_2+\cdots+\lambda_nb_n,$$

则 T 是 X 到 Y 上的双射，并且易证 T 是线性算子，所以 T 是 X 到 Y 的线性同构映射. □

1.3 赋范线性空间

线性空间只涉及元素之间的线性运算，但为了讨论线性空间的几何性质，有必要引进元素的长度的概念，用来衡量元素的 “大小”，比较两个元素的 “接近” 程度.

1.3.1 赋范线性空间的定义与例子

众所周知，几何空间 $\mathbb{R}^3$ 中的向量 $\boldsymbol{x}=(x_1,x_2,x_3)^{\mathrm{T}}$ 的长度定义为

$$|\boldsymbol{x}|=\sqrt{x_1^2+x_2^2+x_3^2},$$

并且具有如下三条性质:

(1) $|\boldsymbol{x}| \geqslant 0$, 且$|\boldsymbol{x}| = 0 \Leftrightarrow \boldsymbol{x} = \boldsymbol{0}$;

(2) $|\lambda \boldsymbol{x}| = |\lambda|\,|\boldsymbol{x}|$;

(3) $|\boldsymbol{x}+\boldsymbol{y}| \leqslant |\boldsymbol{x}| + |\boldsymbol{y}|$.

将向量长度的三条性质作为公理，就可以给线性空间中的元素定义长度，即范数.

定义 1.15　设 X 是数域 $\mathbb{F}$ 上的线性空间，如果映射 $\|\cdot\|: X \to \mathbb{R}$ 满足：$\forall x, y \in X$，$\forall \lambda \in \mathbb{F}$，有

(1) 非负性: $\|x\| \geqslant 0$，且 $\|x\| = 0 \Leftrightarrow x = 0$;

(2) 齐次性: $\|\lambda x\| = |\lambda|\,\|x\|$;

(3) 三角不等式: $\|x+y\| \leqslant \|x\| + \|y\|$,

则称 $\|\cdot\|$ 为 X 上的范数，$(X, \|\cdot\|)$ 称为赋范线性空间，可简记为 X；当 $\mathbb{F} = \mathbb{R}$ 或 $\mathbb{C}$ 时，称之为实赋范线性空间或复赋范线性空间.

定义中第三条公理 (三角不等式) 的几何意义是明显的，即 "三角形两边之和大于第三边".

由三角不等式容易证明：$\forall x, y \in X$，有 $\big|\|x\| - \|y\|\big| \leqslant \|x - y\|$.

为了进一步讨论的需要，下面证明两个著名的不等式.

Hölder 不等式　设 $\boldsymbol{x} = (x_1, x_2, \cdots, x_n)^{\mathrm{T}} \in \mathbb{C}^n$, $\boldsymbol{y} = (y_1, y_2, \cdots, y_n)^{\mathrm{T}} \in \mathbb{C}^n$，则

$$\sum_{i=1}^{n} |x_i y_i| \leqslant \left(\sum_{i=1}^{n} |x_i|^p\right)^{\frac{1}{p}} \left(\sum_{i=1}^{n} |y_i|^q\right)^{\frac{1}{q}},$$

这里 $p > 1$, $q > 1$ 且 $\dfrac{1}{p} + \dfrac{1}{q} = 1$.

证明　首先证明：若 $a \geqslant 0, b \geqslant 0$，则

$$ab \leqslant \frac{a^p}{p} + \frac{b^q}{q}. \tag{1.4}$$

事实上，不妨设 $a > 0$, $b > 0$. 考虑函数 $f(x) = x^\lambda - \lambda x (x > 0)$，其中参数 $0 < \lambda < 1$. 容易验证 $f(x)$ 在 $x = 1$ 处取得最大值 $1 - \lambda$，从而 $f(x) \leqslant 1 - \lambda$，即

$$x^\lambda \leqslant 1 - \lambda + \lambda x \quad (x > 0).$$

在上式中，令 $\lambda = 1/p$，$x = a^p / b^q$，即得 (1.4) 式.

当 $\boldsymbol{x} = \boldsymbol{0}$ 或 $\boldsymbol{y} = \boldsymbol{0}$ 时，Hölder 不等式显然成立. 下设 $\boldsymbol{x} \neq \boldsymbol{0}$, $\boldsymbol{y} \neq \boldsymbol{0}$. 令

$$a = \frac{|x_i|}{\left(\sum\limits_{i=1}^{n} |x_i|^p\right)^{\frac{1}{p}}}, \quad b = \frac{|y_i|}{\left(\sum\limits_{i=1}^{n} |y_i|^q\right)^{\frac{1}{q}}},$$

代入 (1.4) 式得

$$\frac{|x_i||y_i|}{\left(\sum_{i=1}^{n}|x_i|^p\right)^{\frac{1}{p}}\left(\sum_{i=1}^{n}|y_i|^q\right)^{\frac{1}{q}}} \leqslant \frac{|x_i|^p}{p\sum_{i=1}^{n}|x_i|^p}+\frac{|y_i|^q}{q\sum_{i=1}^{n}|y_i|^q},$$

从而

$$\frac{\sum_{i=1}^{n}|x_iy_i|}{\left(\sum_{i=1}^{n}|x_i|^p\right)^{\frac{1}{p}}\left(\sum_{i=1}^{n}|y_i|^q\right)^{\frac{1}{q}}} \leqslant \frac{\sum_{i=1}^{n}|x_i|^p}{p\sum_{i=1}^{n}|x_i|^p}+\frac{\sum_{i=1}^{n}|y_i|^q}{q\sum_{i=1}^{n}|y_i|^q}=\frac{1}{p}+\frac{1}{q}=1,$$

即得 Hölder 不等式. □

当 $p=q=2$ 时，Hölder 不等式称为 Cauchy-Schwarz 不等式.

Minkowski 不等式 设 $\boldsymbol{x}=(x_1,x_2,\cdots,x_n)^{\mathrm{T}}\in\mathbb{C}^n$，$\boldsymbol{y}=(y_1,y_2,\cdots,y_n)^{\mathrm{T}}\in\mathbb{C}^n$，则

$$\left(\sum_{i=1}^{n}|x_i+y_i|^p\right)^{\frac{1}{p}} \leqslant \left(\sum_{i=1}^{n}|x_i|^p\right)^{\frac{1}{p}}+\left(\sum_{i=1}^{n}|y_i|^p\right)^{\frac{1}{p}},$$

其中 $p\geqslant 1$.

证明 当 $p=1$ 时，Minkowski 不等式显然成立. 下设 $p>1$. 记 $q=\dfrac{p}{p-1}$，则 $p>1, q>1$ 且 $\dfrac{1}{p}+\dfrac{1}{q}=1$. 从而由 Hölder 不等式有

$$\begin{aligned}
\sum_{i=1}^{n}|x_i+y_i|^p &= \sum_{i=1}^{n}|x_i+y_i|\,|x_i+y_i|^{\frac{p}{q}}\\
&\leqslant \sum_{i=1}^{n}|x_i|\,|x_i+y_i|^{\frac{p}{q}}+\sum_{i=1}^{n}|y_i|\,|x_i+y_i|^{\frac{p}{q}}\\
&\leqslant \left(\sum_{i=1}^{n}|x_i|^p\right)^{\frac{1}{p}}\left(\sum_{i=1}^{n}|x_i+y_i|^p\right)^{\frac{1}{q}}+\left(\sum_{i=1}^{n}|y_i|^p\right)^{\frac{1}{p}}\left(\sum_{i=1}^{n}|x_i+y_i|^p\right)^{\frac{1}{q}}\\
&=\left[\left(\sum_{i=1}^{n}|x_i|^p\right)^{\frac{1}{p}}+\left(\sum_{i=1}^{n}|y_i|^p\right)^{\frac{1}{p}}\right]\left(\sum_{i=1}^{n}|x_i+y_i|^p\right)^{\frac{1}{q}},
\end{aligned}$$

立即可得 Minkowski 不等式. □

类似地，当所涉及的积分有意义时，有积分形式的 Hölder 不等式

$$\int_a^b|x(t)y(t)|\mathrm{d}t \leqslant \left(\int_a^b|x(t)|^p\mathrm{d}t\right)^{\frac{1}{p}}\left(\int_a^b|y(t)|^q\mathrm{d}t\right)^{\frac{1}{q}},$$

和积分形式的 Minkowski 不等式

$$\left(\int_a^b |x(t)+y(t)|^p \mathrm{d}t\right)^{\frac{1}{p}} \leqslant \left(\int_a^b |x(t)|^p \mathrm{d}t\right)^{\frac{1}{p}} + \left(\int_a^b |y(t)|^p \mathrm{d}t\right)^{\frac{1}{p}}.$$

当 $p=q=2$ 时，积分形式的 Hölder 不等式称为积分形式的 Cauchy-Schwarz 不等式.

例 1.15　$\forall \boldsymbol{x}=(x_1,x_2,\cdots,x_n)^{\mathrm{T}} \in \mathbb{C}^n$(或 $\mathbb{R}^n$)，分别定义

$$\begin{aligned} \|\boldsymbol{x}\|_p &= \left(\sum_{i=1}^n |x_i|^p\right)^{\frac{1}{p}} \quad (1 \leqslant p < \infty), \\ \|\boldsymbol{x}\|_\infty &= \max_{1\leqslant i\leqslant n} |x_i|, \end{aligned}$$

不难验证 $\|\bullet\|_p$ 和 $\|\bullet\|_\infty$ 满足范数的三条公理 (其中证明 $\|\bullet\|_p$ 满足三角不等式时要用到 Minkowski 不等式)，因此 $\|\bullet\|_p$ 和 $\|\bullet\|_\infty$ 都是 $\mathbb{C}^n$(或 $\mathbb{R}^n$) 上的范数，分别称为 p 范数和 ∞ 范数. □

在例 1.15 中，$p=1$ 时，有 1 范数

$$\|\boldsymbol{x}\|_1 = \sum_{i=1}^n |x_i|;$$

当 $p=2$ 时，有 2 范数

$$\|\boldsymbol{x}\|_2 = \left(\sum_{i=1}^n |x_i|^2\right)^{\frac{1}{2}}.$$

1 范数和 2 范数是向量空间 $\mathbb{C}^n$(或 $\mathbb{R}^n$) 中两种常用的范数.

因此，在同一个线性空间上可以定义不同的范数，使之成为不同的赋范线性空间.

例 1.16　在线性空间 $\mathbb{C}^{m\times n}$ 中，$\forall \boldsymbol{A}=[a_{ij}]_{m\times n} \in \mathbb{C}^{m\times n}$，定义

$$\|\boldsymbol{A}\|_1 = \max_{1\leqslant j\leqslant n} \sum_{i=1}^m |a_{ij}|,$$

$$\|\boldsymbol{A}\|_\infty = \max_{1\leqslant i\leqslant m} \sum_{j=1}^n |a_{ij}|,$$

则容易验证 $(\mathbb{C}^{m\times n}, \|\bullet\|_1)$ 和 $(\mathbb{C}^{m\times n}, \|\bullet\|_\infty)$ 都是赋范线性空间. □

在 3.1 节中还将定义矩阵的各种其他范数.

例 1.17　在线性空间 $C[a,b]$ 中，$\forall x \in C[a,b]$，定义

$$\|x(t)\|_1 = \int_a^b |x(t)|\mathrm{d}t,$$

$$\|x\|_\infty = \max_{a\leqslant t\leqslant b} |x(t)|,$$

可以证明 $\|\bullet\|_1$ 和 $\|\bullet\|_\infty$ 是范数 (其中验证 $\|\bullet\|_1$ 满足三角不等式时要用到积分形式的 Minkowski 不等式)，故 $(C[a,b],\|\bullet\|_1)$ 和 $(C[a,b],\|\bullet\|_\infty)$ 是赋范线性空间. □

1.3.2 收敛序列与连续映射

极限是微积分中一个重要的基本概念，有了范数，就可以给出线性空间的极限的定义. 对于 $\mathbb{R}$ 中的数列 $\{a_k\}$，显然有

$$\lim_{k\to\infty} a_k = a \Leftrightarrow \lim_{k\to\infty} |a_k - a| = 0.$$

推广实数列收敛的概念，就得到赋范线性空间中序列收敛的定义.

定义 1.16 设 $\{x_k\}$ 是赋范线性空间 $(X,\|\bullet\|)$ 中的序列. 若存在 $x_0\in X$，使得 $\lim\limits_{k\to\infty}\|x_k - x_0\| = 0$，则称序列 $\{x_k\}$ 依范数 $\|\bullet\|$ 收敛于 x_0，x_0 称为序列 $\{x_k\}$ 的极限，记作 $\lim\limits_{k\to\infty} x_k = x_0$，或 $x_k\to x_0\ (k\to\infty)$，或 $x_k\to x_0$.

$\lim\limits_{k\to\infty}\|x_k - x_0\| = 0$ 可以用 "ε-N" 方法描述为

$$\forall\varepsilon>0,\ \exists N\in\mathbb{Z}_+,\ \text{s.t. } \forall k>N,\ 有\|x_k - x_0\| < \varepsilon.$$

例 1.18 考虑赋范线性空间 $(\mathbb{R}^n,\|\bullet\|_2)$. 设 $\boldsymbol{x}_k = \left(x_1^{(k)},x_2^{(k)},\cdots,x_n^{(k)}\right)^{\mathrm{T}}\in\mathbb{R}^n$，$k=0,1,2,\cdots$，则

$$\lim_{k\to\infty}\boldsymbol{x}_k = \boldsymbol{x}_0 \Leftrightarrow \lim_{k\to\infty} x_i^{(k)} = x_i^{(0)}\quad (i=1,2,\cdots,n),$$

即在 $\mathbb{R}^n$ 中，序列依范数 $\|\bullet\|_2$ 收敛等价于按坐标收敛.

证明 $\lim\limits_{k\to\infty}\boldsymbol{x}_k = \boldsymbol{x}_0 \Leftrightarrow \lim\limits_{k\to\infty}\|\boldsymbol{x}_k - \boldsymbol{x}_0\|_2 = 0$

$$\begin{aligned}
&\Leftrightarrow \lim_{k\to\infty}\sqrt{\sum_{i=1}^n \left|x_i^{(k)} - x_i^{(0)}\right|^2} = 0\\
&\Leftrightarrow \lim_{k\to\infty}|x_i^{(k)} - x_i^{(0)}| = 0\quad (i=1,\ 2,\cdots,n)\\
&\Leftrightarrow \lim_{k\to\infty} x_i^{(k)} = x_i^{(0)}\quad (i=1,2,\cdots,n).
\end{aligned}$$

□

将例 1.18 中的 $\mathbb{R}^n$ 改为 $\mathbb{C}^n$，结论是相同的.

下面介绍赋范线性空间中的几种特殊的集合.

定义 1.17 设 $(X,\|\bullet\|)$ 是赋范线性空间，$A\subseteq X$.

(1) 若 $\exists r>0$, s.t.$\forall x\in A$，有 $\|x\|\leqslant r$，则称 A 为 X 中的有界集；

(2) 若 $\forall\{x_k\}\subseteq A$，当 $x_k\to x_0\ (k\to\infty)$ 时有 $x_0\in A$，则称 A 为 X 中的闭集；

(3) 若 $X\backslash A$ 为 X 中的闭集，则称 A 为 X 中的开集.

定理 1.5　赋范线性空间中收敛序列是有界的，且它的极限是唯一的.

证明　设在赋范线性空间 $(X,\|\bullet\|)$ 中，$\lim\limits_{k\to\infty} x_k = x_0$.

对于 $\varepsilon=1$，$\exists N\in\mathbb{Z}_+$，s.t. $\forall k>N$，有 $\|x_k-x_0\|<1$. 令

$$c=\max\{\|x_1-x_0\|,\|x_2-x_0\|,\cdots,\|x_N-x_0\|,1\},$$

则 $\forall k\in\mathbb{Z}_+$，有 $\|x_k-x_0\|\leqslant c$，即

$$\|x_k\|\leqslant c+\|x_0\|,\quad \forall k\in\mathbb{N},$$

这表明序列 $\{x_k\}$ 是有界的.

假设还有 $\lim\limits_{k\to\infty} x_k=y_0$，则

$$\|y_0-x_0\|\leqslant\|y_0-x_k\|+\|x_k-x_0\|\to 0\quad (k\to\infty),$$

从而 $\|y_0-x_0\|=0$，故 $y_0=x_0$. 这就证明了序列 $\{x_k\}$ 的极限是唯一的. □

同样可以将微积分中的连续函数扩充到两个赋范线性空间上来，得到连续映射的概念.

定义 1.18　设 $(X,\|\bullet\|_X)$ 和 $(Y,\|\bullet\|_Y)$ 是两个赋范线性空间，$f:X\to Y$，$x_0\in X$. 如果 $\forall\varepsilon>0$，$\exists\delta>0$，s.t. 当 $\|x-x_0\|_X<\delta$ 且 $x\in X$ 时，恒有

$$\|f(x)-f(x_0)\|_Y<\varepsilon,$$

则称映射 f 在 x_0 处连续.

如果映射 f 在赋范线性空间 X 的每一点都连续，则称 f 在 X 上连续，并称 f 为连续映射.

定理 1.6　映射 $f:(X,\|\bullet\|_X)\to(Y,\|\bullet\|_Y)$ 在 $x_0\in X$ 处连续，当且仅当 $\forall\{x_n\}\subseteq X$，若在 X 中 $x_n\to x_0$，则在 Y 中 $f(x_n)\to f(x_0)$.

证明　必要性. 设 f 在 $x_0\in X$ 处连续，即 $\forall\varepsilon>0$，$\exists\delta>0$，使得只要 $\|x-x_0\|_X<\delta$ 且 $x\in X$，就有 $\|f(x)-f(x_0)\|_Y<\varepsilon$.

$\forall\{x_n\}\subseteq X$，若 $x_n\to x_0\in X$，则对于上述的 $\delta>0,\exists N\in\mathbb{Z}_+$, s.t. $\forall n>N$，有 $\|x_n-x_0\|_X<\delta$，从而 $\forall n>N$，有 $\|f(x_n)-f(x_0)\|_Y<\varepsilon$，即知在 Y 中 $f(x_n)\to f(x_0)$.

充分性. 假若 f 在 x_0 处不连续，则 $\exists\varepsilon_0>0$，s.t. $\forall\delta>0$，都能找到一个 $x_\delta\in X$ 满足 $\|x_\delta-x_0\|_X<\delta$，但 $\|f(x_n)-f(x_0)\|_Y\geqslant\varepsilon_0$.

特别地，取 $\delta=\dfrac{1}{n}$，有 $x_n\in X(n=1,2,\cdots)$，使得 $\|x_n-x_0\|_X<\dfrac{1}{n}$，但 $\|f(x_n)-f(x_0)\|_Y\geqslant\varepsilon_0$. 因此 $x_n\to x_0\in X$，但 $\{f(x_n)\}$ 在 Y 中不收敛于 $f(x_0)$，此与假设条件矛盾. □

由定理 1.6 可知，两个连续映射的复合映射是连续映射，而且还有下面的结论.

定理 1.7 设 $(X,||\bullet||)$ 是数域 $\mathbb{F}$ 上的线性空间，则范数 $||\bullet||: X\to\mathbb{R}$，加法 $+: X\times X\to X$ 和数乘 $\cdot: \mathbb{F}\times X\to X$ 都是连续映射.

证明 设 $\{x_n\}$ 和 $\{y_n\}$ 是 X 中分别收敛于 x 和 y 的任意序列，$\{\lambda_n\}$ 是 $\mathbb{F}$ 中收敛于 λ 的任意序列，其中 $x,y\in X$，$\lambda\in\mathbb{F}$. 由于当 $n\to\infty$ 时，有

$$\Big|||x_n||-||x||\Big|\leqslant||x_n-x||\to 0,$$

$$||(x_n+y_n)-(x+y)||\ \leqslant\ ||x_n-x||+||y_n-y||\ \to 0,$$

$$||\lambda_n x_n-\lambda x||\ =\ ||\lambda_n x_n-\lambda_n x+\lambda_n x-\lambda x||$$
$$\leqslant|\lambda_n|\,||x_n-x||+||x||\,|\lambda_n-\lambda|\ \to 0,$$

因此，范数、加法和数乘都是连续映射. □

例 1.19 设 $(X,||\bullet||)$ 是赋范线性空间，$r>0$. 令

$$A_1=\{x\in X|\ ||x||\ =r\},$$

$$A_2=\{x\in X|\ ||x||\ \leqslant r\},$$

$$A_3=\{x\in X|\ ||x||\ \geqslant r\},$$

$$A_4=\{x\in X|\ ||x||\ <r\},$$

$$A_5=\{x\in X|\ ||x||\ >r\},$$

则 A_1 和 A_2 是 X 中的有界闭集，A_3 是 X 中的闭集，A_4 是 X 中的有界开集，A_5 是 X 中的开集.

证明 易知 A_1 是 X 中的有界集. 另一方面，$\forall\{x_n\}\subseteq A_1$，若 $x_n\to x_0\in X$，则根据定理 1.7 和定理 1.6，$||x_n||\ \to\ ||x_0||$，从而由 $||x_n||\ =\ r$ 可知 $||x_0||\ =\ r$，故 $x_0\in A_1$，因此 A_1 是 X 中的闭集.

同理可证: A_2 是 X 中的有界闭集，A_3 是 X 中的闭集.

显然，A_4 是 X 中的有界集. 又因为 $A_4=X\backslash A_3$，$A_5=X\backslash A_2$，所以由上知，A_4 和 A_5 是 X 中的开集. □

1.3.3 有限维线性空间上范数的等价性

为了比较同一个线性空间上的不同范数，首先介绍范数等价的概念.

定义 1.19 设 $||\bullet||_\alpha$ 和 $||\bullet||_\beta$ 是线性空间 X 上的两个范数，若 $\exists a,b>0$，s.t. $\forall x\in X$，有

$$a||x||_\alpha\leqslant||x||_\beta\leqslant b||x||_\alpha,$$

则称 $\|\bullet\|_\alpha$ 与 $\|\bullet\|_\beta$ 是等价的.

容易看出，若 $\|\bullet\|_\alpha$ 与 $\|\bullet\|_\beta$ 是等价的，则 $\|\bullet\|_\beta$ 与 $\|\bullet\|_\alpha$ 也是等价的.

定理 1.8　设 $\|\bullet\|_\alpha$ 和 $\|\bullet\|_\beta$ 是线性空间 X 上的两个等价范数，$x_k\in X$，$k=0,1,2,\cdots$，则 $\{x_k\}$ 依范数 $\|\bullet\|_\alpha$ 收敛于 x_0 当且仅当 $\{x_k\}$ 依范数 $\|\bullet\|_\beta$ 收敛于 x_0.

证明　因为 $\|\bullet\|_\alpha$ 与 $\|\bullet\|_\beta$ 等价，所以 $\exists a,b>0$，s.t. $\forall x\in X$，有

$$\|x_k-x_0\|_\beta\ \leqslant b\|x_k-x_0\|_\alpha,\quad \|x_k-x_0\|_\alpha\ \leqslant \frac{1}{a}\|x_k-x_0\|_\beta.$$

必要性. 若 $\{x_k\}$ 依范数 $\|\bullet\|_\alpha$ 收敛于 x_0，则 $\|x_k-x_0\|_\alpha\to 0$，于是

$$0\leqslant\ \|x_k-x_0\|_\beta\ \leqslant b\|x_k-x_0\|_\alpha\ \to 0,$$

因此 $\{x_k\}$ 依范数 $\|\bullet\|_\beta$ 收敛于 x_0.

充分性. 设 $\{x_k\}$ 依范数 $\|\bullet\|_\beta$ 收敛于 x_0，则 $\|x_k-x_0\|_\beta\to 0$，故

$$0\leqslant\ \|x_k-x_0\|_\alpha\ \leqslant \frac{1}{a}\|x_k-x_0\|_\beta\to 0,$$

所以 $\{x_k\}$ 依范数 $\|\bullet\|_\alpha$ 收敛于 x_0. □

该定理表明，序列的收敛性对于等价范数来说是一样的，这正好体现了“等价”二字的含义.

下面研究有限维线性空间上范数的等价性.

定理 1.9　设 $(X,\|\bullet\|)$ 是 n 维赋范线性空间，$\{e_1,e_2,\cdots,e_n\}$ 是 X 的一个基，则 $\exists c_1,c_2>0$，s.t. $\forall x=\sum\limits_{i=1}^{n}\lambda_ie_i\in X$，有

$$c_1\left(\sum_{i=1}^{n}|\lambda_i|^2\right)^{\frac{1}{2}}\leqslant\|x\|\leqslant c_2\left(\sum_{i=1}^{n}|\lambda_i|^2\right)^{\frac{1}{2}}.$$

证明　不妨设 X 是实线性空间. $\forall x=\sum\limits_{i=1}^{n}\lambda_ie_i\in X$，由 Cauchy-Schwarz 不等式得

$$\|x\|\leqslant\sum_{i=1}^{n}|\lambda_i|\ \|e_i\|\leqslant\left(\sum_{i=1}^{n}\|e_i\|^2\right)^{\frac{1}{2}}\left(\sum_{i=1}^{n}|\lambda_i|^2\right)^{\frac{1}{2}},$$

记 $c_2=\left(\sum\limits_{i=1}^{n}\|e_i\|^2\right)^{\frac{1}{2}}$，即得

$$\|x\|\leqslant c_2\left(\sum_{i=1}^{n}|\lambda_i|^2\right)^{\frac{1}{2}}.\tag{1.5}$$

另一方面，由定理 1.3 知，存在 X 到 $(\mathbb{R}^n,||\bullet||_2)$ 的同构映射 T:

$$Tx=(\lambda_1,\lambda_2,\cdots,\lambda_n)^{\mathrm{T}},\quad \forall x=\sum_{i=1}^{n}\lambda_i e_i\in X.$$

令

$$A=\{\,\boldsymbol{a}=(\lambda_1,\lambda_2,\cdots,\lambda_n)^{\mathrm{T}}\in\mathbb{R}^n|\ ||\boldsymbol{a}||_2=1\,\},$$

根据例 1.19, A 是 $(\mathbb{R}^n,||\bullet||_2)$ 中的有界闭集. $\forall\boldsymbol{a}=(\lambda_1,\ \lambda_2,\cdots,\ \lambda_n)^{\mathrm{T}}\in A$，有 $x=\sum\limits_{i=1}^{n}\lambda_i e_i\in X$，由此定义 n 元函数

$$f(\boldsymbol{a})=||x||=\left\|\sum_{i=1}^{n}\lambda_i e_i\right\|,$$

可以证明 n 元函数 $f:A\to\mathbb{R}$ 是连续的. 这是因为，对于 A 中任意收敛于 $\boldsymbol{a}\in A$ 的序列 $\{\boldsymbol{a}_m\}$，有 $x_m=T^{-1}a_m\in X\ (m\in\mathbb{Z}_+)$，$x=T^{-1}a\in X$. 从而由 (1.5) 式得

$$\begin{aligned}|f(\boldsymbol{a}_m)-f(\boldsymbol{a})|&=\Big|||x_m||-||x||\Big|\leqslant||x_m-x||\\&\leqslant c_2||Tx_m-Tx||_2\ =c_2||\boldsymbol{a}_m-\boldsymbol{a}||_2\to 0,\end{aligned}$$

故由定理 1.6 知 f 是连续的. 由多元微积分的结论可知，连续的 n 元函数 f 在有界闭集 A 上能取得最小值，即 $\exists\boldsymbol{a}_0=Tx_0\in A$，$x_0\in X$，s.t.

$$f(\boldsymbol{a}_0)=\min\{\,f(\boldsymbol{a})|\boldsymbol{a}\in A\}.$$

记 $c_1=f(\boldsymbol{a}_0)=||x_0||$，则 $c_1>0$. $\forall x=\sum\limits_{i=1}^{n}\lambda_i e_i\in X$，当 $x\neq 0$ 时，有 $\dfrac{Tx}{||Tx||_2}\in A$，故

$$\left\|\frac{x}{||Tx||_2}\right\|=f\left(\frac{Tx}{||Tx||_2}\right)\geqslant f(\boldsymbol{a}_0)=c_1,$$

从而

$$||x||\ \geqslant c_1||Tx||_2\ =c_1\left(\sum_{i=1}^{n}|\lambda_i|^2\right)^{\frac{1}{2}};\tag{1.6}$$

当 $x=0$ 时，(1.6) 式同样成立. 由 (1.5) 和 (1.6) 两式即知定理成立. □

根据定理 1.9 立即得到:

定理 1.10 有限维线性空间上任何两个范数都是等价的.

证明 设 X 是 n 维线性空间，$||\bullet||_\alpha$ 和 $||\bullet||_\beta$ 是 X 上的任意两个范数，由定理 1.9 及其证明可知，$\exists c_1,c_2>0$，$\exists d_1,d_2>0$，s.t. $\forall x\in X$，x 及其坐标 Tx 满足

$$c_1||Tx||_2\ \leqslant\ ||x||_\alpha\ \leqslant c_2||Tx||_2,$$

$$d_1||Tx||_2 \leqslant ||x||_\beta \leqslant d_2||Tx||_2,$$

令 $a=d_1/c_2,\ b=d_2/c_1$，则 $a>0,\ b>0$，且

$$a||x||_\alpha \leqslant ||x||_\beta \leqslant b||x||_\alpha,$$

这就证明了 $||\bullet||_\alpha$ 和 $||\bullet||_\beta$ 是等价的. □

定理 1.8 和定理 1.10 表明，有限维赋范线性空间中序列 $\{x_k\}$ 收敛于 x_0，当且仅当该序列 $\{x_k\}$ 依任何范数都收敛于 x_0. 因此在讨论有限维赋范线性空间中序列的收敛性时，可以根据需要采用任何一种范数.

例 1.20　根据定理 1.8、定理 1.10 和例 1.18 可知，在 n 维赋范线性空间 $\mathbb{R}^n$(或 $\mathbb{C}^n$) 中，序列 $\{x_k\}$ 依任何一种范数 $||\bullet||$ 收敛都等价于 x_k 按坐标收敛，即

$$\lim_{k\to\infty} \boldsymbol{x}_k=\boldsymbol{x}_0 \Leftrightarrow \lim_{k\to\infty} x_i^{(k)}=x_i^{(0)} \quad (i=1,2,\cdots,\ n).$$ □

1.3.4　有限维赋范线性空间上线性算子的连续性

现在来研究有限维赋范线性空间上的线性算子.

定理 1.11　有限维赋范线性空间上的任何线性算子都是连续的.

证明　设 $(X,||\bullet||_X)$ 是 n 维赋范线性空间，$(Y,||\bullet||_Y)$ 是赋范线性空间，线性算子 $T:(X,||\bullet||_X)\to(Y,||\bullet||_Y)$，并且 $\{e_1,e_2,\cdots,e_n\}$ 是 X 的一个基. $\forall x=\sum\limits_{i=1}^n \lambda_i e_i\in X$，有

$$\begin{aligned}||Tx||_Y &= \left|\left|\sum_{i=1}^n \lambda_i Te_i\right|\right|_Y \leqslant \sum_{i=1}^n |\lambda_i|\ ||Te_i||_Y \\ &\leqslant \left(\sum_{i=1}^n ||Te_i||_Y^2\right)^{\frac{1}{2}} \left(\sum_{i=1}^n |\lambda_i|^2\right)^{\frac{1}{2}},\end{aligned}$$

根据定理 1.9，存在 $c_1>0$，使得

$$c_1\left(\sum_{i=1}^n |\lambda_i|^2\right)^{\frac{1}{2}} \leqslant ||x||_X.$$

令 $c=\dfrac{1}{c_1}\left(\sum\limits_{i=1}^n ||Te_i||^2\right)^{\frac{1}{2}}$，则

$$||Tx||_Y \leqslant \left(\sum_{i=1}^n ||Te_i||_Y^2\right)^{\frac{1}{2}} \frac{1}{c_1}||x||_X \leqslant c||x||_X.$$

任取 $x_0 \in X$，$\forall \varepsilon > 0$，取 $\delta = \dfrac{\varepsilon}{c}$，则当 $||x - x_0||_X < \delta$，$x \in X$ 时，有

$$||Tx - Tx_0||_Y = ||T(x - x_0)||_Y \leqslant c||x - x_0||_X < c\delta = \varepsilon,$$

因此 T 在 x_0 处连续. 由 x_0 的任意性知，T 在 X 上连续. □

1.4 内积空间

因为定义了元素的长度，所以能在赋范线性空间中进行极限、连续和微分、积分等分析运算. 但是要讨论线性空间中元素间的垂直 (正交) 关系，就必须定义两个元素之间的夹角.

1.4.1 内积空间的定义和性质

在空间解析几何中，$\mathbb{R}^3$ 中两个向量 $\boldsymbol{x}$,$\boldsymbol{y}$ 间的夹角可以通过点积和模来定义，即

$$\cos\theta = \frac{\boldsymbol{x} \cdot \boldsymbol{y}}{|\boldsymbol{x}|\ |\boldsymbol{y}|}, \quad \boldsymbol{x} \neq \boldsymbol{0},\ \boldsymbol{y} \neq \boldsymbol{0},$$

这里 $|\boldsymbol{x}|$ 和 $|\boldsymbol{y}|$ 为向量 $\boldsymbol{x}$ 和 $\boldsymbol{y}$ 的模，θ 为 $\boldsymbol{x}$, $\boldsymbol{y}$ 之间的夹角，$\boldsymbol{x} \cdot \boldsymbol{y}$ 为 $\boldsymbol{x}$ 与 $\boldsymbol{y}$ 的点积. 所以点积跟两向量间的夹角密切相关. 点积具有下面三条性质：

(1) $\boldsymbol{x} \cdot \boldsymbol{x} = |\boldsymbol{x}|^2 \geqslant 0$, 且$\boldsymbol{x} \cdot \boldsymbol{x} = 0 \Leftrightarrow \boldsymbol{x} = \boldsymbol{0}$;

(2) $\boldsymbol{x} \cdot \boldsymbol{y} = \boldsymbol{y} \cdot \boldsymbol{x}$;

(3) $(\lambda\boldsymbol{x} + \mu\boldsymbol{y}) \cdot \boldsymbol{z} = \lambda\boldsymbol{x} \cdot \boldsymbol{z} + \mu\boldsymbol{y} \cdot \boldsymbol{z}$.

将点积的三条性质作为公理，就可以把点积推广为线性空间的内积.

定义 1.20 设 X 是数域 $\mathbb{F}$ 上的线性空间，若泛函 $\langle\cdot,\cdot\rangle : X \times X \to \mathbb{F}$ 满足：$\forall x, y, z \in X$，$\forall \lambda, \mu \in \mathbb{F}$，有

(1) 正定性: $\langle x, x\rangle \geqslant 0$，且 $\langle x, x\rangle = 0 \Leftrightarrow x = 0$;

(2) 共轭对称性: $\overline{\langle x, y\rangle} = \langle y, x\rangle$;

(3) 对第一变元的线性性: $\langle \lambda x + \mu y, z\rangle = \lambda\langle x, z\rangle + \mu\langle y, z\rangle$,

则称 $\langle\cdot,\cdot\rangle$ 为 X 上的内积，称 $(X, \langle\cdot,\cdot\rangle)$ 为内积空间，称 $\langle x, y\rangle$ 为 x 与 y 的内积. 当 $\mathbb{F} = \mathbb{R}$ 时，$(X, \langle\cdot,\cdot\rangle)$ 称为实内积空间；当 $\mathbb{F} = \mathbb{C}$ 时，$(X, \langle\cdot,\cdot\rangle)$ 称为复内积空间.

除非特别指明，总是假定所讨论的是复内积空间.

在实内积空间中，共轭对称性就是对称性，由此即知，$\mathbb{R}^3$ 中的点积就是一种内积.

例 1.21 $\forall \boldsymbol{x} = (x_1, x_2, \cdots, x_n)^{\mathrm{T}}$, $\boldsymbol{y} = (y_1, y_2, \cdots, y_n)^{\mathrm{T}} \in \mathbb{C}^n$，定义

$$\langle \boldsymbol{x}, \boldsymbol{y}\rangle = \sum_{i=1}^{n} x_i \bar{y}_i = \boldsymbol{y}^{\mathrm{H}}\boldsymbol{x},$$

其中 $\boldsymbol{y}^{\mathrm{H}}=(\bar{y}_1,\bar{y}_2,\cdots,\bar{y}_n)$ 表示列向量 $\boldsymbol{y}$ 的共轭转置. 容易验证所定义的 $\langle\cdot,\cdot\rangle$ 满足内积的三条公理，因此 $(\mathbb{C}^n,\langle\cdot,\cdot\rangle)$ 是复内积空间，通常称之为酉空间.

$\forall\boldsymbol{x}=(x_1,x_2,\cdots,x_n)^{\mathrm{T}}$, $\boldsymbol{y}=(y_1,y_2,\cdots,y_n)^{\mathrm{T}}\in\mathbb{R}^n$, 定义内积

$$\langle\boldsymbol{x},\boldsymbol{y}\rangle=\sum_{i=1}^{n}x_iy_i=\boldsymbol{y}^{\mathrm{T}}\boldsymbol{x},$$

实内积空间 $(\mathbb{R}^n,\langle\cdot,\cdot\rangle)$又称为 Euclid 空间. □

例 1.22　在线性空间 $C[a,b]$ 中，$\forall x,y\in C[a,b]$，定义

$$\langle x,y\rangle=\int_a^b x(t)y(t)\mathrm{d}t,$$

不难验证 $\langle\cdot,\cdot\rangle$ 满足内积的三条公理，于是 $C[a,b]$ 构成一个实内积空间. □

定理 1.12　设 $(X,\langle\cdot,\cdot\rangle)$ 是内积空间，则

(1) $\forall x\in X$，有 $\langle 0,x\rangle=\langle x,0\rangle=0$;

(2) 对第二变元的共轭线性性: $\forall x,y,z\in X$，$\forall\lambda,\mu\in\mathbb{F}$，有

$$\langle x,\lambda y+\mu z\rangle=\bar{\lambda}\langle x,y\rangle+\bar{\mu}\langle x,z\rangle;$$

(3) Schwarz 不等式: $\forall x,y\in X$，有

$$|\langle x,y\rangle|\leqslant\sqrt{\langle x,x\rangle}\sqrt{\langle y,y\rangle},$$

并且 Schwarz 不等式中等号成立的充要条件是 x，y 线性相关.

证明　(1) 显然，$\forall x\in X$，有

$$\langle 0,x\rangle=\langle 0\cdot x,x\rangle=0\langle x,x\rangle=0,$$

从而

$$\langle x,0\rangle=\overline{\langle 0,x\rangle}=0;$$

(2) $$\begin{aligned}\langle x,\lambda y+\mu z\rangle&=\overline{\langle\lambda y+\mu z,x\rangle}=\overline{\lambda\langle y,x\rangle+\mu\langle z,x\rangle}\\&=\bar{\lambda}\overline{\langle y,x\rangle}+\bar{\mu}\overline{\langle z,x\rangle}=\bar{\lambda}\langle x,y\rangle+\bar{\mu}\langle x,z\rangle;\end{aligned}$$

(3) 当 $y=0$ 时，不等式显然成立. 下设 $y\neq 0$. $\forall\lambda\in\mathbb{F}$，有

$$\begin{aligned}0\leqslant\langle x+\lambda y,x+\lambda y\rangle&=\langle x,x+\lambda y\rangle+\lambda\langle y,x+\lambda y\rangle\\&=\langle x,x\rangle+\bar{\lambda}\langle x,y\rangle+\lambda[\langle y,x\rangle+\bar{\lambda}\langle y,y\rangle].\end{aligned}$$

若取 $\bar{\lambda}=-\dfrac{\langle y,x\rangle}{\langle y,y\rangle}$，则使上式方括号内为零，此时上式化为

$$0\leqslant\langle x,x\rangle-\frac{\langle y,x\rangle}{\langle y,y\rangle}\langle x,y\rangle=\langle x,x\rangle-\frac{|\langle x,y\rangle|^2}{\langle y,y\rangle},$$

此即 Schwarz 不等式.

当 x，y 线性相关时，不妨设存在 $\lambda\in\mathbb{F}$，使 $x=\lambda y$，于是

$$\begin{aligned}|\langle x,y\rangle|^2&=\langle x,y\rangle\langle y,x\rangle=\langle\lambda y,y\rangle\langle y,x\rangle=\lambda\langle y,y\rangle\langle y,x\rangle\\&=\langle y,y\rangle\langle\lambda y,x\rangle=\langle y,y\rangle\langle x,x\rangle,\end{aligned}$$

即

$$|\langle x,y\rangle|=\sqrt{\langle x,x\rangle}\sqrt{\langle y,y\rangle}.$$

若 x，y 线性无关，则 $y\neq 0$，并且 $\forall\lambda\in\mathbb{F}$，有 $x+\lambda y\neq 0$，从而由上述的证明知

$$0<\langle x+\lambda y,\,x+\lambda y\rangle=\langle x,\,x\rangle+\bar{\lambda}\langle x,\,y\rangle+\lambda[\langle y,\,x\rangle+\bar{\lambda}\langle y,\,y\rangle].$$

取 $\bar{\lambda}=-\dfrac{\langle y,x\rangle}{\langle y,y\rangle}$，得

$$|\langle x,\,y\rangle|<\sqrt{\langle x,\,x\rangle}\sqrt{\langle y,\,y\rangle},$$

Schwarz 不等式中等号不成立. □

在 Euclid 空间 $\mathbb{R}^n$ 中，Schwarz 不等式为

$$\left|\sum_{i=1}^{n}x_iy_i\right|\leqslant\left(\sum_{i=1}^{n}|x_i|^2\right)^{\frac{1}{2}}\left(\sum_{i=1}^{n}|y_i|^2\right)^{\frac{1}{2}},\quad\forall(x_1,x_2,\cdots,x_n)^{\mathrm{T}},\,(y_1,\,y_2,\cdots,\,y_n)^{\mathrm{T}}\in\mathbb{R}^n.$$

在例 1.22 所定义的实内积空间 $C[a,\,b]$ 中，Schwarz 不等式为

$$\left|\int_a^b x(t)\,y(t)\,\mathrm{d}t\right|\leqslant\left(\int_a^b x^2(t)\,\mathrm{d}t\right)^{\frac{1}{2}}\left(\int_a^b y^2(t)\,\mathrm{d}t\right)^{\frac{1}{2}},\quad\forall x,y\in C[a,b].$$

1.4.2 由内积导出的范数

设 $(X,\langle\cdot,\cdot\rangle)$ 是内积空间，记

$$\|x\|=\sqrt{\langle x,x\rangle}.\tag{1.7}$$

容易验证这里定义的 $\|\bullet\|$ 为 X 上的范数. 事实上，范数的非负性可由内积的正定性得到；而内积的对第一变元的线性性和对第二变元的共轭线性性可以推出范数的齐次性；下面证明范数的三角不等式. $\forall x,\,y\in X$，由 Schwarz 不等式得

$$\|x+y\|^2=\langle x+y,x+y\rangle\leqslant|\langle x,x+y\rangle|+|\langle y,x+y\rangle|$$

$$\leqslant ||x||\,||x+y|| + ||y||\,||x+y|| = (||x|| + ||y||)||x+y||,$$

于是 $||x+y|| \leqslant ||x|| + ||y||$.

由 (1.7) 式所定义的范数 $||\bullet||$ 称为由 X 上内积导出的范数. 这样, 内积空间 X 就成为赋范线性空间.

例 1.23　几个由内积导出的范数.

(1) 酉空间 $\mathbb{C}^n$ 上和 Euclid 空间 $\mathbb{R}^n$ 上由内积导出的范数就是例 1.15 中所定义的 2 范数 $||\bullet||_2$.

(2) 例 1.22 中实内积空间 $C[a, b]$ 上由内积导出的范数是

$$||x||_2 = \left(\int_a^b x^2(t)\mathrm{d}t\right)^{\frac{1}{2}}. \qquad \square$$

由内积导出的范数具有如下性质.

定理 1.13　在内积空间 $(X, \langle\cdot, \cdot\rangle)$ 中, 由内积导出的范数 $||\bullet||$ 满足平行四边形公式

$$||x+y||^2 + ||x-y||^2 = 2(\,||x||^2 + ||y||^2\,).$$

证明

$$\begin{aligned}||x+y||^2 + ||x-y||^2 &= \langle x+y, x+y\rangle + \langle x-y, x-y\rangle \\ &= 2\langle x, x\rangle + 2\langle y, y\rangle \\ &= 2(\,||x||^2 + ||y||^2\,).\end{aligned} \qquad \square$$

平行四边形公式的几何意义见图 1.2, 它表明 “平行四边形两对角线长度的平方和等于四条边长度的平方和”.

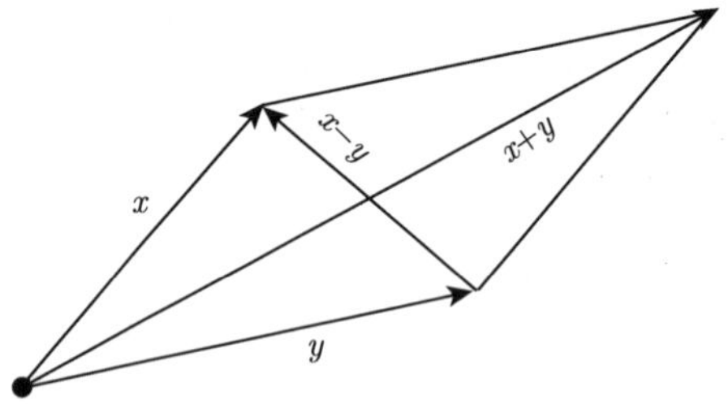

图 1.2　平行四边形公式的几何意义

例 1.24　赋范线性空间 $(\mathbb{R}^n, ||\bullet||_\infty)$ 的范数不是由内积导出的.

证明　取

$$\boldsymbol{x}_0 = (1, 1, 0, \cdots, 0)^{\mathrm{T}},\ \boldsymbol{y}_0 = (1, -1, 0, \cdots, 0)^{\mathrm{T}} \in \mathbb{R}^n,$$

则 $||\boldsymbol{x}_0||_\infty = ||\boldsymbol{y}_0||_\infty = 1$，$||\boldsymbol{x}_0+\boldsymbol{y}_0||_\infty = ||\boldsymbol{x}_0-\boldsymbol{y}_0||_\infty = 2$，即知范数 $||\bullet||_\infty$ 不满足平行四边形公式，因此 $||\bullet||_\infty$ 不是由内积导出的. □

这个例子说明，并非任何范数都可以由内积导出的，普通范数一般不满足平行四边形公式.

1.4.3 正交与正交系

仿照 Euclid 空间 $\mathbb{R}^3$，一般的实内积空间 $(X,\langle\cdot,\ \cdot\rangle)$ 中两个非零元素 x，y 之间的夹角 θ 定义为

$$\cos\theta=\frac{\langle x,y\rangle}{||x||\ ||y||},\quad 0\leqslant\theta\leqslant\pi,$$

这里 $||\bullet||$ 是由内积导出的范数.

根据两元素间夹角，可以给出内积空间中两个元素正交的概念.

定义 1.21 设 $(X,\langle\cdot,\ \cdot\rangle)$ 是内积空间，$x,y\in X$，$A,B\subseteq X$. 若 $\langle x,y\rangle=0$，则称 x 与 y 是正交的，记作 $x\perp y$；若集合 A 中每个元素与 B 中每个元素都正交，则称 A 与 B 正交，记作 $A\perp B$；特别地，$\{x\}\perp B$ 记为 $x\perp B$；又记

$$A^{\perp}=\{x\in X|x\perp A\},$$

称之为 A 的正交补.

内积空间上由内积导出的范数满足勾股定理：

定理 1.14 设 $(X,\langle\cdot,\ \cdot\rangle)$ 是内积空间，$||\bullet||$ 是由内积导出的范数，$x,y\in X$，$x\perp y$，则

$$||x+y||^2 = ||x||^2+||y||^2.$$

证明 由 $x\perp y$ 知 $\langle x,y\rangle=0$，$\langle y,x\rangle=0$，从而

$$\begin{aligned}||x+y||^2&=\langle x+y,x+y\rangle\\&=\langle x,x\rangle+\langle x,y\rangle+\langle y,x\rangle+\langle y,y\rangle\\&=||x||^2+||y||^2.\end{aligned}$$ □

下面讨论内积空间中多个元素的正交.

定义 1.22 设 X 为内积空间，$M=\{x_i\in X|i\in I\subseteq\mathbb{Z}_+\}\neq\varnothing$，且 $0\notin M$. 若 M 中元素两两正交，即 $\forall x_i,\ x_j\in M$，当 $i\neq j$ 时有 $x_i\perp x_j$，则称 M 为 X 的正交系；若正交系 M 中每个元素的范数均为 1，则称 M 为 X 的标准正交系.

例 1.25 在酉空间 $\mathbb{C}^n$ 或 Euclid 空间 $\mathbb{R}^n$ 中，由式 (1.2) 所定义的 n 维向量的集合 $\{\boldsymbol{e}_1,\boldsymbol{e}_2,\cdots,\boldsymbol{e}_n\}$ 是标准正交系. □

例 1.26 在例 1.22 所定义的实内积空间 $C[-\pi,\pi]$ 中，函数序列

$$1,\cos t,\sin t,\cos 2t,\sin 2t,\cdots,\cos nt,\sin nt,\cdots$$

是 $C[-\pi,\pi]$ 的一个正交系，但不是标准正交系；函数序列

$$\frac{1}{\sqrt{2\pi}}, \frac{1}{\sqrt{\pi}}\cos t, \frac{1}{\sqrt{\pi}}\sin t, \frac{1}{\sqrt{\pi}}\cos 2t, \frac{1}{\sqrt{\pi}}\sin 2t, \cdots, \frac{1}{\sqrt{\pi}}\cos nt, \frac{1}{\sqrt{\pi}}\sin nt, \cdots$$

是 $C[-\pi,\pi]$ 的一个标准正交系.

证明 若记

$$u_0(t)=1,\ u_n(t)=\cos nt,\ v_n(t)=\sin nt, \quad n=1,\ 2,\ \cdots,$$

则 $\forall m,n\in\mathbb{N}$，有

$$\begin{aligned}
\langle u_0,u_0\rangle &= \int_{-\pi}^{\pi} 1^2 \mathrm{d}t = 2\pi,\\
\langle u_0,u_n\rangle &= \int_{-\pi}^{\pi} \cos nt \mathrm{d}t = 0,\\
\langle u_0,v_n\rangle &= \int_{-\pi}^{\pi} \sin nt \mathrm{d}t = 0,\\
\langle u_m,v_n\rangle &= \int_{-\pi}^{\pi} \cos nt \sin mt\ \mathrm{d}t = 0,\\
\langle u_m,u_n\rangle &= \int_{-\pi}^{\pi} \cos mt\ \cos nt\ \mathrm{d}t = \begin{cases} 0, & m\neq n,\\ \pi, & m=n,\end{cases}\\
\langle v_m,v_n\rangle &= \int_{-\pi}^{\pi} \sin mt\ \sin nt\ \mathrm{d}t = \begin{cases} 0, & m\neq n,\\ \pi, & m=n,\end{cases}
\end{aligned}$$

所以结论成立. □

正交系和标准正交系具有下列性质.

定理 1.15 设 $(X,\langle\cdot,\ \cdot\rangle)$ 是内积空间，$\|\bullet\|$ 是由内积导出的范数.

(1) 若 $\{x_1,x_2,\cdots,x_n\}$ 是 X 的正交系，则

$$\left\|\sum_{i=1}^{n} x_i\right\|^2 = \sum_{i=1}^{n} \|x_i\|^2;$$

(2) 若 M 是 X 的正交系，则 M 是线性无关的；

(3) 若 $\{e_1,e_2,\cdots,e_n\}$ 是 X 的标准正交系，则 $\mathrm{span}\{e_1,e_2,\cdots,e_n\}$ 中每一个元素 x 都可唯一地表示为

$$x=\sum_{i=1}^{n}\langle x,e_i\rangle e_i.$$

证明 (1) 利用勾股定理即得.

(2) 任取 $\{x_1,x_2,\cdots,x_n\}\subseteq M$，若存在 $\lambda_1,\lambda_2,\cdots,\lambda_n\in\mathbb{C}$，使得

$$\lambda_1x_1+\lambda_2x_2+\cdots+\lambda_nx_n=0,$$

则 $\forall k \in \{1,2,\cdots,n\}$，有

$$0 = \left\langle \sum_{i=1}^{n} \lambda_i x_i, x_k \right\rangle = \sum_{i=1}^{n} \lambda_i \langle x_i, x_k \rangle = \lambda_k \langle x_k, x_k \rangle = \lambda_k ||x_k||^2,$$

且 $x_k \neq 0$，故 $||x_k|| > 0$，于是 $\lambda_k = 0\ (k = 1,2,\cdots,n)$，这表明 $\{x_1, x_2, \cdots, x_n\}$ 是线性无关的，从而 M 是线性无关的.

(3) 标准正交系 $\{e_1, e_2, \cdots, e_n\}$ 是线性无关的，所以它是 $\text{span}\{e_1, e_2, \cdots, e_n\}$ 的一个基，因此 $\text{span}\{e_1, e_2, \cdots, e_n\}$ 中每一个元素 x 都可唯一地表示为 $x = \sum_{i=1}^{n} \lambda_i e_i$. 从而 $\forall k \in \{1,2,\cdots,n\}$，有

$$\langle x, e_k \rangle = \left\langle \sum_{i=1}^{n} \lambda_i e_i, e_k \right\rangle = \lambda_k \langle e_k, e_k \rangle = \lambda_k. \qquad \square$$

虽然正交系是线性无关的，但是线性无关的集合不一定是正交的. 例如，$\{(1,0)^{\mathrm{T}}, (1,1)^{\mathrm{T}}\}$ 是 $\mathbb{R}^2$ 的线性无关集，但不是 $\mathbb{R}^2$ 的正交系.

根据定理 1.15，内积空间中线性无关集不一定是正交系；正交系尤其是标准正交系具有很好的性质. 于是人们希望由一个线性无关集构造出一个标准正交系，下面介绍构造标准正交系的 Gram-Schmidt 正交化方法.

定理 1.16 (Gram-Schmidt 正交化方法) 设 $\{x_k | k \in \mathbb{Z}_+\}$ 是内积空间 $(X, \langle\cdot,\cdot\rangle)$ 的线性无关集，则存在 X 中的标准正交系 $\{e_k | k \in \mathbb{Z}_+\}$，使得

$$\text{span}\{x_1, x_2, \cdots, x_n\} = \text{span}\{e_1, e_2, \cdots, e_n\}, \quad \forall n \in \mathbb{Z}_+.$$

证明 构造标准正交系 $\{e_k | k \in \mathbb{Z}_+\}$ 的具体步骤如下:

令 $e_1 = \dfrac{x_1}{||x_1||}$，则 $||e_1|| = 1$，且 $\text{span}\{x_1\} = \text{span}\{e_1\}$.

取 $v_2 = x_2 - \langle x_2, e_1 \rangle e_1$，则 $v_2 \neq 0$，且 $v_2 \perp e_1$. 令 $e_2 = \dfrac{v_2}{||v_2||}$，则 $e_2 \perp e_1$，且 $||e_2|| = 1$. 易知 $\text{span}\{x_1, x_2\} = \text{span}\{e_1, e_2\}$.

取 $v_3 = x_3 - \langle x_3, e_1 \rangle e_1 - \langle x_3, e_2 \rangle e_2$，则 $v_3 \neq 0$，且 $v_3 \perp e_1$，$v_3 \perp e_2$. 令 $e_3 = \dfrac{v_3}{||v_3||}$，则 $e_3 \perp e_1$，$e_3 \perp e_2$，且 $||e_3|| = 1$. 不难知道 $\text{span}\{x_1, x_2, x_3\} = \text{span}\{e_1, e_2, e_3\}$.

一般地，假设由 $\{x_1, x_2, \cdots, x_{k-1}\}$ 得到了标准正交系 $\{e_1, e_2, \cdots, e_{k-1}\}$，且

$$\text{span}\{x_1, x_2, \cdots, x_{k-1}\} = \text{span}\{e_1, e_2, \cdots, e_{k-1}\}.$$

取 $v_k = x_k - \sum_{i=1}^{k-1} \langle x_k, e_i \rangle e_i$，则 $v_k \neq 0$，且 $v_k \perp e_i\ (i = 1,2,\cdots,k-1)$. 令 $e_k = \dfrac{v_k}{||v_k||}$，则得到标准正交系 $\{e_1, e_2, \cdots, e_{k-1}, e_k\}$，且

$$\text{span}\{x_1, x_2, \cdots, x_{k-1}, x_k\} = \text{span}\{e_1, e_2, \cdots, e_{k-1}, e_k\}. \qquad \square$$

例 1.27 将下面向量组化成 $\mathbb{C}^3$ 的标准正交基:

$$\boldsymbol{x}_1=\begin{bmatrix}1\\1\\0\end{bmatrix},\quad \boldsymbol{x}_2=\begin{bmatrix}1\\-1\\\mathrm{i}\end{bmatrix},\quad \boldsymbol{x}_3=\begin{bmatrix}1-\mathrm{i}\\1\\2\end{bmatrix}.$$

解 易知 $\{\boldsymbol{x}_1, \boldsymbol{x}_2, \boldsymbol{x}_3\}$ 线性无关，故它是 $\mathbb{C}^3$ 的一个基. 利用 Gram-Schmidt 正交化方法可依次求出

$$\begin{aligned}
\boldsymbol{e}_1&=\frac{\boldsymbol{x}_1}{||\boldsymbol{x}_1||}=\left(\frac{1}{\sqrt{2}},\frac{1}{\sqrt{2}},0\right)^{\mathrm{T}},\\
\boldsymbol{v}_2&=\boldsymbol{x}_2-\langle\boldsymbol{x}_2,\boldsymbol{e}_1\rangle\boldsymbol{e}_1=(1,-1,\mathrm{i})^{\mathrm{T}},\\
\boldsymbol{e}_2&=\frac{\boldsymbol{v}_2}{||\boldsymbol{v}_2||}=\left(\frac{1}{\sqrt{3}},-\frac{1}{\sqrt{3}},\frac{\mathrm{i}}{\sqrt{3}}\right)^{\mathrm{T}},\\
\boldsymbol{v}_3&=\boldsymbol{x}_3-\langle\boldsymbol{x}_3,\boldsymbol{e}_1\rangle\boldsymbol{e}_1-\langle\boldsymbol{x}_3,\boldsymbol{e}_2\rangle\boldsymbol{e}_2=\left(\frac{\mathrm{i}}{2},-\frac{\mathrm{i}}{2},1\right)^{\mathrm{T}},\\
\boldsymbol{e}_3&=\frac{\mathbf{v}_3}{||\boldsymbol{v}_3||}=\left(\frac{\mathrm{i}}{\sqrt{6}},-\frac{\mathrm{i}}{\sqrt{6}},\frac{2}{\sqrt{6}}\right)^{\mathrm{T}},
\end{aligned}$$

则 $\{\boldsymbol{e}_1,\boldsymbol{e}_2,\boldsymbol{e}_3\}$ 是 $\mathbb{C}^3$ 的标准正交基. □

习 题 1

1. 设 A，B，C 是三个集合，证明:

(1) $(A\cup B)\cup C=A\cup(B\cup C)$;

(2) $A\cap(B\cup C)=(A\cap B)\cup(A\cap C)$.

2. 验证下列集合对于所给定的线性运算是否构成 $\mathbb{R}$ 上的线性空间:

(1) 所有 n 阶实对称矩阵的集合，按矩阵的加法和数乘;

(2) $\left\{x(t)\,\middle|\,\dfrac{\mathrm{d}^2x}{\mathrm{d}t^2}-x=0,\ x(t)\text{为实函数}\right\}$，按通常的函数加法和数乘;

(3) $\left\{f:[0,1]\to\mathbb{R}\,\middle|\,\displaystyle\int_0^1 f(x)\mathrm{d}x=0\right\}$，按通常的函数加法和数乘;

(4) $\mathbb{R}^2$ 上不平行于某一给定向量的所有向量的集合，按通常的向量加法和数乘;

(5) 在 $\mathbb{R}^2$ 上定义如下的加法 $\oplus$ 和数乘 $\circ$:

$$(x_1,x_2)^{\mathrm{T}}\oplus(y_1,y_2)^{\mathrm{T}}=(x_1+y_1,x_2+y_2+x_1y_1)^{\mathrm{T}},$$

$$\lambda\circ(x_1,x_2)^{\mathrm{T}}=\left(\lambda x_1,\lambda x_2+\frac{\lambda(\lambda-1)}{2}x_1^2\right)^{\mathrm{T}}.$$

3. 设 X 是数域 $\mathbb{F}$ 上的线性空间，试证: X 的零元素是唯一的; X 中每个元素的负元素也是唯一的.

4. 证明线性空间 X 的任何两个子空间的交是 X 的子空间. 试举例说明 X 的两个子空间的并不一定是 X 的子空间.

5. 设 $S \subseteq \mathbb{R}^n$ 为凸集，$\boldsymbol{A} \in \mathbb{R}^{m\times n}$，证明 $\{\, \boldsymbol{Ax} | \boldsymbol{x} \in S \,\}$ 是凸集.

6. 设 $\boldsymbol{A} \in \mathbb{R}^{m\times n}$，$\boldsymbol{b} \in \mathbb{R}^m$，证明 $\{\, \boldsymbol{x} \in \mathbb{R}^n | \boldsymbol{Ax} = \boldsymbol{b},\ \boldsymbol{x} \geqslant \boldsymbol{0} \,\}$ 是凸集.

7. 设 X 是定义在 $\mathbb{R}$ 上的全体实函数构成的线性空间，计算下列集合所生成的子空间的基和维数：

(1) $\{1, \mathrm{e}^{ax}, x\mathrm{e}^{bx}\}$ $(a \neq b)$;

(2) $\{1, \cos 2x, \sin^2 x\}$.

8. 任意取定 $\mathbb{R}^{2\times 2}$ 中的非零元素 $\boldsymbol{A}_0 = \begin{bmatrix} a & b \\ c & d \end{bmatrix}$，定义映射

$$T\boldsymbol{X} = \boldsymbol{A}_0\boldsymbol{X}, \quad \forall \boldsymbol{X} \in \mathbb{R}^{2\times 2}.$$

(1) 证明 T 是 $\mathbb{R}^{2\times 2}$ 上的线性变换；

(2) 求 T 关于基 $\left\{ \begin{bmatrix} 1 & 0 \\ 0 & 0 \end{bmatrix}, \begin{bmatrix} 0 & 1 \\ 0 & 0 \end{bmatrix}, \begin{bmatrix} 0 & 0 \\ 1 & 0 \end{bmatrix}, \begin{bmatrix} 0 & 0 \\ 0 & 1 \end{bmatrix} \right\}$ 的矩阵.

9. 设 T 是三维线性空间 X 上的线性变换，它关于基 $\{e_1, e_2, e_3\}$ 的矩阵是

$$\boldsymbol{A} = \begin{bmatrix} 1 & 2 & 3 \\ -1 & 0 & 3 \\ 2 & 1 & 5 \end{bmatrix},$$

令 $b_1 = e_1$，$b_2 = e_1 + e_2$，$b_3 = e_1 + e_2 + e_3$，证明 $\{b_1, b_2, b_3\}$ 是线性空间 X 的基，并求 T 关于基 $\{b_1, b_2, b_3\}$ 的矩阵.

10. 设 X 和 Y 是同一个数域 $\mathbb{F}$ 上的两个线性空间，若 $T: X \to Y$ 是线性算子，且 T 是满射，证明：

(1) 逆映射 $T^{-1}: Y \to X$ 存在的充要条件是 $Tx = 0 \Rightarrow x = 0$;

(2) 若逆映射 T^{-1} 存在，则 T^{-1} 也是线性算子.

11. 设 T 是线性空间 X 到线性空间 Y 上的线性同构映射，证明：X 的子集 $\{x_1, x_2, \cdots, x_k\}$ 线性无关，当且仅当 Y 的子集 $\{Tx_1, Tx_2, \cdots, Tx_k\}$ 线性无关.

12. 设 $\boldsymbol{x} = (1, -\mathrm{i}, 1+\mathrm{i}, 2)^{\mathrm{T}} \in \mathbb{C}^4$，求范数 $||\boldsymbol{x}||_1$，$||\boldsymbol{x}||_2$ 和 $||\boldsymbol{x}||_\infty$，这三种范数已在例 1.15 中定义.

13. 设

$$\boldsymbol{A} = \begin{bmatrix} 1 & 0 & -1 \\ 2 & 1 & 0 \\ -\mathrm{i} & -1 & 1-\mathrm{i} \end{bmatrix},$$

求范数 $||\boldsymbol{A}||_1$ 和 $||\boldsymbol{A}||_\infty$，这两种范数已在例 1.16 中定义.

14. 设 $(\mathbb{C}^n, ||\bullet||_\alpha)$ 是赋范线性空间，$\boldsymbol{A} \in \mathbb{C}^{n\times n}$ 且 $\boldsymbol{A}$ 的秩为 n，证明由

$$||\boldsymbol{x}||_\beta = ||\boldsymbol{Ax}||_\alpha, \quad \forall \boldsymbol{x} \in \mathbb{C}^n$$

所定义的 $\|\bullet\|_\beta$ 也是 $\mathbb{C}^n$ 上的范数.

15. 设 X 和 Y 是同一个数域 $\mathbb{F}$ 上的两个线性空间，若线性算子 $T: X \to Y$ 保持范数，即 $\forall x \in X$，有 $\|Tx\| = \|x\|$，证明 T 是单射.

16. 设 $\|\bullet\|_p$ 和 $\|\bullet\|_\infty$ 是例 1.15 所定义的 $\mathbb{C}^n$ 上的范数，证明

$$\lim_{p\to\infty} \|\boldsymbol{x}\|_p = \|\boldsymbol{x}\|_\infty, \quad \forall \boldsymbol{x} \in \mathbb{C}^n.$$

17. 设 $\|\bullet\|_p$ 和 $\|\bullet\|_\infty$ 是例 1.15 所定义的 $\mathbb{C}^n$ 上的范数，证明：$\forall \boldsymbol{x} \in \mathbb{C}^n$，有

$$\|\boldsymbol{x}\|_\infty \leqslant \|\boldsymbol{x}\|_1 \leqslant n\|\boldsymbol{x}\|_\infty;$$

$$\|\boldsymbol{x}\|_2 \leqslant \|\boldsymbol{x}\|_1 \leqslant \sqrt{n}\|\boldsymbol{x}\|_2;$$

$$\|\boldsymbol{x}\|_\infty \leqslant \|\boldsymbol{x}\|_2 \leqslant \sqrt{n}\|\boldsymbol{x}\|_\infty.$$

18. 设 $k > 0$. $\forall \boldsymbol{x} = (x_1, x_2, \cdots, x_n)^{\mathrm{T}}$，$\boldsymbol{y} = (y_1,\ y_2, \cdots,\ y_n)^{\mathrm{T}} \in \mathbb{R}^n$，定义

$$\langle \boldsymbol{x},\ \boldsymbol{y}\rangle_k = \sum_{i=1}^n k x_i y_i,$$

证明 $\langle\cdot,\ \cdot\rangle_k$ 是 $\mathbb{R}^n$ 上的内积.

19. $\forall \boldsymbol{A} = [a_{ij}]_{n\times n}$，$\boldsymbol{B} = [b_{ij}]_{n\times n} \in \mathbb{C}^{n\times n}$，定义

$$\langle \boldsymbol{A}, \boldsymbol{B}\rangle_\alpha = \sum_{i=1}^n\sum_{j=1}^n a_{ij}\bar{b}_{ij},$$

$$\langle \boldsymbol{A}, \boldsymbol{B}\rangle_\beta = \sum_{i=1}^n a_{ii}\bar{b}_{ii},$$

$$\langle \boldsymbol{A}, \boldsymbol{B}\rangle_\gamma = \sum_{i=1}^n\sum_{j=1}^n (i+j)a_{ij}\bar{b}_{ij}.$$

判断 $\langle\cdot,\cdot\rangle_\alpha$，$\langle\cdot,\cdot\rangle_\beta$，$\langle\cdot,\cdot\rangle_\gamma$ 是否为 $\mathbb{C}^{n\times n}$ 上的内积.

20. 设 $(X, \langle\cdot,\cdot\rangle)$ 是内积空间，证明：内积 $\langle\cdot,\cdot\rangle : X\times X \to \mathbb{F}$ 是连续映射.

21. 设 $(X, \langle\cdot,\cdot\rangle)$ 是内积空间，$u, v \in X$，证明：

(1) 若 $\forall x \in X$，有 $\langle x, u\rangle = \langle x, v\rangle$，则 $u = v$；

(2) 若 $\forall x \in X$，有 $\langle x, u\rangle = 0$，则 $u = 0$.

22. 设 A, B 是内积空间 X 的子集，证明

(1) 若 $A \subseteq B$，则 $B^\perp \subseteq A^\perp$；

(2) $A \subseteq (A^\perp)^\perp$.

23. 在 Euclid 空间 $\mathbb{R}^4$ 上，求与向量组

$$\boldsymbol{x}_1 = (1, 1, -1, -1)^{\mathrm{T}}, \quad \boldsymbol{x}_2 = (1, -1, -1, 1)^{\mathrm{T}}, \quad \boldsymbol{x}_3 = (2, 1, 1, 3)^{\mathrm{T}}$$

正交的单位向量.

24. 利用内积的 Schwarz 不等式证明: $\forall a_i \in \mathbb{R}(i=1,2,\cdots,n)$, 有

$$\frac{1}{n}\left(\sum_{i=1}^{n} a_i\right)^2 \leqslant \sum_{i=1}^{n} a_i^2.$$

25. 将下面向量组化成 $\mathbb{C}^3$ 的标准正交基:

$$\{\boldsymbol{x}_1, \boldsymbol{x}_2, \boldsymbol{x}_3\} = \{(1,1,0)^{\mathrm{T}},\ (\mathrm{i},0,1)^{\mathrm{T}},\ (\mathrm{i},-\mathrm{i},-1)^{\mathrm{T}}\}.$$

26. 设 $\{\boldsymbol{x}_1, \boldsymbol{x}_2, \cdots, \boldsymbol{x}_n\}$ 是内积空间 $(\mathbb{C}^n, \langle\cdot,\ \cdot\rangle)$ 的任一子集, 令

$$G(\boldsymbol{x}_1, \boldsymbol{x}_2, \cdots, \boldsymbol{x}_n) = \begin{bmatrix} \langle \boldsymbol{x}_1, \boldsymbol{x}_1\rangle & \langle \boldsymbol{x}_1, \boldsymbol{x}_2\rangle & \cdots & \langle \boldsymbol{x}_1, \boldsymbol{x}_n\rangle \\ \langle \boldsymbol{x}_2, \boldsymbol{x}_1\rangle & \langle \boldsymbol{x}_2, \boldsymbol{x}_2\rangle & \cdots & \langle \boldsymbol{x}_2, \boldsymbol{x}_n\rangle \\ \vdots & \vdots & & \vdots \\ \langle \boldsymbol{x}_n, \boldsymbol{x}_1\rangle & \langle \boldsymbol{x}_n, \boldsymbol{x}_2\rangle & \cdots & \langle \boldsymbol{x}_n, \boldsymbol{x}_n\rangle \end{bmatrix},$$

证明矩阵 $G(\boldsymbol{x}_1, \boldsymbol{x}_2, \cdots, \boldsymbol{x}_n)$ 非奇异的充要条件是 $\{\boldsymbol{x}_1, \boldsymbol{x}_2, \cdots, \boldsymbol{x}_n\}$ 线性无关.

第 2 章　矩 阵 理 论

矩阵理论作为一种基本的数学理论，在控制论、信息论、优化理论、力学、经济管理和金融等学科中都有非常广泛的应用，矩阵方法是现代科技领域中不可或缺的研究工具.

本章将从代数角度讨论方阵的 Jordan 标准形、对角化以及方阵范数，再从分析角度研究方阵序列、方阵级数、方阵幂级数、方阵函数.

2.1　λ 矩　阵

λ 矩阵是线性代数中矩阵概念的推广，它将为我们进一步研究方阵的相似标准形提供理论基础.

2.1.1　λ 矩阵及其等价标准形

定义 2.1　设 $\mathbb{F}$ 是一个数域 (通常取 $\mathbb{F}=\mathbb{R}$ 或 $\mathbb{F}=\mathbb{C}$)，$\mathbb{F}[\lambda]$ 表示系数取自数域 $\mathbb{F}$ 的全体一元多项式的集合，$a_{ij}(\lambda)\in\mathbb{F}[\lambda]$ $(i=1,2,\cdots,m;j=1,2,\cdots,n)$，称 $m\times n$ 矩阵

$$\begin{bmatrix} a_{11}(\lambda) & a_{12}(\lambda) & \cdots & a_{1n}(\lambda) \\ a_{21}(\lambda) & a_{22}(\lambda) & \cdots & a_{2n}(\lambda) \\ \vdots & \vdots & & \vdots \\ a_{m1}(\lambda) & a_{m2}(\lambda) & \cdots & a_{mn}(\lambda) \end{bmatrix}$$

为多项式矩阵或 λ 矩阵，记作 $\boldsymbol{A}(\lambda)$.

为区别起见，如果 $a_{ij}\in\mathbb{F}$ $(i=1,2,\cdots,m;j=1,2,\cdots,n)$，则称矩阵 $\boldsymbol{A}=[a_{ij}]_{m\times n}$ 为数字矩阵. 记 $\mathbb{F}^{m\times n}$ 为数域 $\mathbb{F}$ 上全体 $m\times n$ 数字矩阵的集合，$\mathbb{F}[\lambda]^{m\times n}$ 为数域 $\mathbb{F}$ 上全体 $m\times n$ 的 λ 矩阵的集合. 显然 $\mathbb{F}^{m\times n}\subset\mathbb{F}[\lambda]^{m\times n}$. 更一般地，如果矩阵的元素是函数，则称该矩阵为函数矩阵. 如果函数矩阵是一个列矩阵，则称其为向量函数.

显然，任何一个 λ 矩阵都可以写成以数字矩阵为系数的 λ 的多项式. 例如

$$\begin{bmatrix} \lambda & 2\lambda+1 & 1 \\ 1 & \lambda+1 & \lambda^2+1 \\ \lambda-1 & \lambda & -\lambda^2 \end{bmatrix} = \begin{bmatrix} 0 & 0 & 0 \\ 0 & 0 & 1 \\ 0 & 0 & -1 \end{bmatrix}\lambda^2 + \begin{bmatrix} 1 & 2 & 0 \\ 0 & 1 & 0 \\ 1 & 1 & 0 \end{bmatrix}\lambda + \begin{bmatrix} 0 & 1 & 1 \\ 1 & 1 & 1 \\ -1 & 0 & 0 \end{bmatrix}.$$

同数字矩阵一样，可以定义 λ 矩阵的相等、加法、数乘、乘法、转置等运算，它们与数字矩阵的运算有相同的运算规律.

对于 n 阶 λ 矩阵同样可以定义行列式、子式、余子式、伴随矩阵等概念，且行列式的性质同样成立. 特别地，若 $\boldsymbol{B}(\lambda)$ 是 $\boldsymbol{A}(\lambda)$ 的伴随矩阵，则

$$\boldsymbol{A}(\lambda)\boldsymbol{B}(\lambda)=\boldsymbol{B}(\lambda)\boldsymbol{A}(\lambda)=\det\boldsymbol{A}(\lambda)\cdot\boldsymbol{I}.$$

λ 矩阵的秩定义为 $\boldsymbol{A}(\lambda)$ 中不为零的子式的最大阶数，记作 $\mathrm{rank}\boldsymbol{A}(\lambda)$. 对于 n 阶 λ 矩阵，如果 $\mathrm{rank}\boldsymbol{A}(\lambda)=n$，则称 $\boldsymbol{A}(\lambda)$ 为满秩的或非奇异的.

定义 2.2 若对数域 $\mathbb{F}$ 上的 n 阶 λ 矩阵 $\boldsymbol{A}(\lambda)$，总存在 n 阶 λ 矩阵 $\boldsymbol{B}(\lambda)$，使得

$$\boldsymbol{A}(\lambda)\boldsymbol{B}(\lambda)=\boldsymbol{B}(\lambda)\boldsymbol{A}(\lambda)=\boldsymbol{I}_n,$$

则称 $\boldsymbol{A}(\lambda)$ 可逆，且称 $\boldsymbol{B}(\lambda)$ 为 $\boldsymbol{A}(\lambda)$ 的逆矩阵.

定理 2.1 n 阶 λ 矩阵 $\boldsymbol{A}(\lambda)$ 可逆的充要条件是 $\boldsymbol{A}(\lambda)$ 的行列式是一个非零常数.

证明 设 $\boldsymbol{A}(\lambda)$ 可逆，则存在 λ 矩阵 $\boldsymbol{B}(\lambda)$，使得 $\boldsymbol{A}(\lambda)\boldsymbol{B}(\lambda)=\boldsymbol{I}$，因此

$$\det\boldsymbol{A}(\lambda)\det\boldsymbol{B}(\lambda)=\det\boldsymbol{I}=1,$$

即 $\det\boldsymbol{A}(\lambda)$ 与 $\det\boldsymbol{B}(\lambda)$ 只能是零次多项式，从而 $\det\boldsymbol{A}(\lambda)$ 是非零常数.

反之，若 $\det\boldsymbol{A}(\lambda)\neq 0$，记 $\boldsymbol{A}(\lambda)$ 的伴随矩阵为 $\boldsymbol{A}^*(\lambda)$，则

$$\boldsymbol{A}(\lambda)\boldsymbol{A}^*(\lambda)=\boldsymbol{A}^*(\lambda)\boldsymbol{A}(\lambda)=\det\boldsymbol{A}(\lambda)\cdot\boldsymbol{I},$$

从而 $\boldsymbol{A}(\lambda)$ 可逆，且 $\dfrac{1}{\det\boldsymbol{A}(\lambda)}\boldsymbol{A}^*(\lambda)$ 为 $\boldsymbol{A}(\lambda)$ 的逆矩阵. □

若 $\boldsymbol{A}(\lambda)$ 可逆，则其逆矩阵唯一. 与数字矩阵不同的是，满秩 λ 矩阵不一定可逆. 例如，设 $\boldsymbol{A}(\lambda)=\begin{bmatrix}1&0\\0&\lambda\end{bmatrix}$，则 $\mathrm{rank}\boldsymbol{A}(\lambda)=2$，但是 $\boldsymbol{A}(\lambda)$ 不可逆.

还可以定义 λ 矩阵的初等变换，它与数字矩阵的初等变换略有不同.

定义 2.3 下面三类变换称作 λ 矩阵的初等变换：

(1) 互换 λ 矩阵的第 i 行 (列) 与第 j 行 (列)，记为 $[i,j]$；

(2) 用一个非零常数 c 去乘 λ 矩阵的第 i 行 (列)，记为 $[i(c)]$；

(3) 将 λ 矩阵第 j 行 (列) 的 $\varphi(\lambda)\in\mathbb{F}[\lambda]$ 倍加到第 i 行 (列)，$i\neq j$，记为 $[i+j(\varphi)]$.

初等变换都是可逆变换. 对单位矩阵进行一次初等变换所得到的矩阵称为初等 λ 矩阵. 初等 λ 矩阵都是可逆矩阵；对 λ 矩阵进行一次初等行 (列) 变换相当于左 (右) 乘对应的初等 λ 矩阵；可逆 λ 矩阵可以表示为有限个初等 λ 矩阵的乘积.

定义 2.4　设 $\boldsymbol{A}(\lambda), \boldsymbol{B}(\lambda) \in \mathbb{F}[\lambda]^{m\times n}$，如果 $\boldsymbol{A}(\lambda)$ 经过有限次 λ 矩阵的初等变换可以化为 $\boldsymbol{B}(\lambda)$，则称 $\boldsymbol{A}(\lambda)$ 与 $\boldsymbol{B}(\lambda)$ 等价，记为 $\boldsymbol{A}(\lambda) \cong \boldsymbol{B}(\lambda)$.

λ 矩阵的等价也具有自反性、对称性和传递性.

由初等矩阵的可逆性和 λ 矩阵的等价的定义，可得下面的定理.

定理 2.2　设 $\boldsymbol{A}(\lambda), \boldsymbol{B}(\lambda) \in \mathbb{F}[\lambda]^{m\times n}$，则 $\boldsymbol{A}(\lambda) \cong \boldsymbol{B}(\lambda)$ 当且仅当存在 m 阶可逆 λ 矩阵 $\boldsymbol{U}(\lambda)$ 和 n 阶可逆 λ 矩阵 $\boldsymbol{V}(\lambda)$，使得 $\boldsymbol{A}(\lambda) = \boldsymbol{U}(\lambda)\boldsymbol{B}(\lambda)\boldsymbol{V}(\lambda)$.　□

根据定理 2.2 可知，两个等价的 λ 矩阵的行列式只能相差一个非零常数因子.

λ 矩阵也有所谓的等价标准形.

定义 2.5　形如

$$\boldsymbol{S}(\lambda) = \begin{bmatrix} d_1(\lambda) & & & & & & \\ & d_2(\lambda) & & & & & \\ & & \ddots & & & & \\ & & & d_r(\lambda) & & & \\ & & & & 0 & & \\ & & & & & \ddots & \\ & & & & & & 0 \end{bmatrix}_{m\times n} \tag{2.1}$$

的矩阵称为 λ 矩阵的等价标准形或 Smith 标准形，其中 $d_i(\lambda)(i=1,2,\cdots,r)$ 为首 1(最高次项的系数为 1) 的多项式，且满足 $d_i(\lambda)|d_{i+1}(\lambda)(i=1,2,\cdots,r-1)$.

下面讨论如何将 λ 矩阵化为等价标准形的问题.

引理 2.3　设 $\boldsymbol{A}(\lambda) = [a_{ij}(\lambda)]_{m\times n}$，$a_{11}(\lambda) \neq 0$，如果 $\boldsymbol{A}(\lambda)$ 中至少有一个元素不能被 $a_{11}(\lambda)$ 整除，则存在与 $\boldsymbol{A}(\lambda)$ 等价的 λ 矩阵 $\boldsymbol{B}(\lambda) = [b_{ij}(\lambda)]_{m\times n}$，满足 $b_{11}(\lambda) \neq 0$，且 $\deg b_{11}(\lambda) < \deg a_{11}(\lambda)$，其中 deg 表示多项式的次数.

证明　分三种情况考虑:

(1) 若 $\boldsymbol{A}(\lambda)$ 的第一列中存在元素 $a_{i1}(\lambda)$ 不能被 $a_{11}(\lambda)$ 整除，则

$$a_{i1}(\lambda) = a_{11}(\lambda)q(\lambda) + r(\lambda),$$

其中 $r(\lambda) \neq 0$，$\deg r(\lambda) < \deg a_{11}(\lambda)$. 对 $\boldsymbol{A}(\lambda)$ 依次进行初等行变换 $[i-1(q(\lambda))]$ 和 $[1,i]$，得到的 λ 矩阵 $\boldsymbol{B}(\lambda)$ 中元素为 $b_{11}(\lambda) = r(\lambda)$，则 $\boldsymbol{B}(\lambda)$ 即为所求.

(2) 若 $\boldsymbol{A}(\lambda)$ 的第一行中存在元素 $a_{1j}(\lambda)$ 不能被 $a_{11}(\lambda)$ 整除，则只要对 $\boldsymbol{A}(\lambda)$ 依次进行类似的初等列变换就可以得到符合要求的 $\boldsymbol{B}(\lambda)$.

(3) 若 $\boldsymbol{A}(\lambda)$ 的第 1 行与第 1 列的所有元素都能被 $a_{11}(\lambda)$ 整除，但 $\boldsymbol{A}(\lambda)$ 中有某个元素 $a_{ij}(\lambda)$ $(i>1, j>1)$ 不能被 $a_{11}(\lambda)$ 除尽，则可设 $a_{1j}(\lambda) = a_{11}(\lambda)\varphi(\lambda)$. 对 $\boldsymbol{A}(\lambda)$ 依次进行初等列变换 $[j-1(\varphi(\lambda))]$ 和 $[1+j]$，所得 λ 矩阵的第 1 行第 1 列

元素仍为 $a_{11}(\lambda)$，而第 i 行第 1 列的元素为 $a_{ij}(\lambda)+(1-\varphi(\lambda))\,a_{i1}(\lambda)$，它不能被 $a_{11}(\lambda)$ 整除，利用情形 (1) 可证所需结论. □

定理 2.4 若非零矩阵 $\boldsymbol{A}(\lambda)\in\mathbb{F}[\lambda]^{m\times n}$，$\operatorname{rank}\boldsymbol{A}(\lambda)=r$，则 $\boldsymbol{A}(\lambda)$ 与形如 (2.1) 式的等价标准形 $\boldsymbol{S}(\lambda)$ 等价.

证明 由于 $\boldsymbol{A}(\lambda)\neq\boldsymbol{0}$，因此可设 $\boldsymbol{A}(\lambda)=[a_{ij}(\lambda)]_{m\times n}$ 的元素 $a_{11}(\lambda)\neq 0$，否则通过行互换和列互换使左上角元素非零.

如果 $a_{11}(\lambda)$ 不能整除 $\boldsymbol{A}(\lambda)$ 的全部元素，则由引理 2.3，可找到与 $\boldsymbol{A}(\lambda)$ 等价且左上角元素次数比 $a_{11}(\lambda)$ 低的矩阵. 若此时左上角元素仍不能全部整除矩阵的全部元素，则运用同样的方法，逐步降低左上角元素的次数，直到得到 λ 矩阵 $\boldsymbol{B}(\lambda)$，使其左上角元素 $b_{11}(\lambda)\neq 0$，且 $b_{11}(\lambda)$ 可以整除 $\boldsymbol{B}(\lambda)$ 的全部元素 $b_{ij}(\lambda)$. 于是 $\boldsymbol{B}(\lambda)$ 可以等价于

$$\begin{bmatrix} b_{11}(\lambda) & \boldsymbol{0} \\ \boldsymbol{0} & \boldsymbol{B}_1(\lambda) \end{bmatrix},$$

其中 $\boldsymbol{B}_1(\lambda)$ 中全部元素可以被 $b_{11}(\lambda)$ 整除. 记 $d_1(\lambda)$ 为 $b_{11}(\lambda)$ 除以其首项系数后所得的首 1 多项式，则 $d_1(\lambda)$ 也可整除 $\boldsymbol{B}_1(\lambda)$.

如果 $\boldsymbol{B}_1(\lambda)\neq\boldsymbol{0}$，对 $\boldsymbol{B}_1(\lambda)$ 可以重复上述过程，最后总可以把矩阵 $\boldsymbol{A}(\lambda)$ 化为等价标准形 $\boldsymbol{S}(\lambda)$ 的形式. □

例 2.1 求 $\boldsymbol{A}(\lambda)=\begin{bmatrix} 1-\lambda & 2\lambda-1 & \lambda \\ \lambda & \lambda^2 & -\lambda \\ 1+\lambda^2 & \lambda^3+\lambda-1 & -\lambda^2 \end{bmatrix}$ 的等价标准形.

解 因为

$$\boldsymbol{A}(\lambda)\xrightarrow[{[1+3(1)]}]{}\begin{bmatrix} 1 & 2\lambda-1 & \lambda \\ 0 & \lambda^2 & -\lambda \\ 1 & \lambda^3+\lambda-1 & -\lambda^2 \end{bmatrix}\xrightarrow{[3+1(-1)]}\begin{bmatrix} 1 & 2\lambda-1 & \lambda \\ 0 & \lambda^2 & -\lambda \\ 0 & \lambda^3-\lambda & -\lambda^2-\lambda \end{bmatrix}$$

$$\xrightarrow[{\substack{[2+1(-2\lambda+1)] \\ [3+1(-\lambda)]}}]{}\begin{bmatrix} 1 & 0 & 0 \\ 0 & \lambda^2 & -\lambda \\ 0 & \lambda^3-\lambda & -\lambda^2-\lambda \end{bmatrix}\xrightarrow[{[2,3]}]{[2(-1)]}\begin{bmatrix} 1 & 0 & 0 \\ 0 & \lambda & -\lambda^2 \\ 0 & -\lambda^2-\lambda & \lambda^3-\lambda \end{bmatrix}$$

$$\xrightarrow{[3+2(\lambda+1)]}\begin{bmatrix} 1 & 0 & 0 \\ 0 & \lambda & -\lambda^2 \\ 0 & 0 & -\lambda^2-\lambda \end{bmatrix}\xrightarrow[{[3+2(\lambda)]}]{[3(-1)]}\begin{bmatrix} 1 & 0 & 0 \\ 0 & \lambda & 0 \\ 0 & 0 & \lambda(\lambda+1) \end{bmatrix}=\boldsymbol{S}(\lambda),$$

所以 $\boldsymbol{S}(\lambda)$ 为 $\boldsymbol{A}(\lambda)$ 的等价标准形. □

2.1.2 λ 矩阵的等价不变量

正如数字矩阵的初等变换不改变矩阵的秩一样，λ 矩阵在初等变换的过程中秩也是不变的，而且还有一些本质的东西也是不变的，它们统称为 λ 矩阵的等价不变量.

定义 2.6 设 $\boldsymbol{A}(\lambda) \in \mathbb{F}[\lambda]^{m\times n}$，$\mathrm{rank}\boldsymbol{A}(\lambda) = r \geqslant 1$. 对于正整数 $k(1 \leqslant k \leqslant r)$，$\boldsymbol{A}(\lambda)$ 中全部 k 阶子式的首 1 的最大公因式 $D_k(\lambda)$ 称为 $\boldsymbol{A}(\lambda)$ 的 k 阶行列式因子.

由行列式按行 (列) 展开法则可知，λ 矩阵的行列式因子满足：

$$D_i(\lambda)|D_{i+1}(\lambda), \quad i = 1, 2, \cdots, r-1.$$

对于 $\boldsymbol{A}(\lambda)$ 的等价标准形 (2.1)，有

$$D_1(\lambda) = d_1(\lambda),\ \ D_2(\lambda) = d_1(\lambda)d_2(\lambda), \cdots,\ D_r(\lambda) = d_1(\lambda)d_2(\lambda)\cdots d_r(\lambda).$$

定理 2.5 初等变换不改变 λ 矩阵的秩和各阶行列式因子.

证明 只需证明 λ 矩阵经过一次初等变换，不改变各阶行列式因子和秩. 不妨设 $\boldsymbol{A}(\lambda)$ 经过一次初等行变换后为 $\boldsymbol{B}(\lambda)$，$D_k(\lambda)$ 与 $T_k(\lambda)$ 分别为 $\boldsymbol{A}(\lambda)$，$\boldsymbol{B}(\lambda)$ 的 k 阶行列式因子. 对三种行初等变换分别进行考虑.

互换两行：$\boldsymbol{A}(\lambda) \xrightarrow{[i,j]} \boldsymbol{B}(\lambda)$，这时 $\boldsymbol{B}(\lambda)$ 的每个 k 阶子式或者等于 $\boldsymbol{A}(\lambda)$ 的某个 k 阶子式，或者与 $\boldsymbol{A}(\lambda)$ 的某个 k 阶子式反号，故 $D_k(\lambda)$ 是 $\boldsymbol{B}(\lambda)$ 的 k 阶子式的公因式，从而 $D_k(\lambda)|T_k(\lambda)$.

某行乘以非零常数：$\boldsymbol{A}(\lambda) \xrightarrow{[i(c)]} \boldsymbol{B}(\lambda)$，这时 $\boldsymbol{B}(\lambda)$ 的每个 k 阶子式或者等于 $\boldsymbol{A}(\lambda)$ 的某个 k 阶子式，或者等于 $\boldsymbol{A}(\lambda)$ 的某个 k 阶子式的 c 倍，因此 $D_k(\lambda)$ 是 $\boldsymbol{B}(\lambda)$ 的 k 阶子式的公因式，从而 $D_k(\lambda)|T_k(\lambda)$.

某一行的 $\varphi(\lambda)$ 倍加到另一行：$\boldsymbol{A}(\lambda) \xrightarrow{[i+j(\varphi)]} \boldsymbol{B}(\lambda)$，这时 $\boldsymbol{B}(\lambda)$ 中那些包含第 i 行与第 j 行的 k 阶子式和那些不包含 i 行的 k 阶子式都等于 $\boldsymbol{A}(\lambda)$ 中对应的 k 阶子式，$\boldsymbol{B}(\lambda)$ 中那些包含第 i 行，但不包含第 j 行的 k 阶子式，按 i 行分成两部分，从而等于 $\boldsymbol{A}(\lambda)$ 的一个 k 阶子式与另一个 k 阶子式的 $\pm\varphi(\lambda)$ 倍的和，故 $D_k(\lambda)$ 是 $\boldsymbol{B}(\lambda)$ 的 k 阶子式的公因式，从而 $D_k(\lambda)|T_k(\lambda)$.

由初等变换的可逆性知 $T_k(\lambda)|D_k(\lambda)$，从而 $D_k(\lambda) = T_k(\lambda)$.

对于初等列变换，可以作类似的讨论.

又由于 $\boldsymbol{A}(\lambda)$ 的全部 k 阶子式为 0 当且仅当 $\boldsymbol{B}(\lambda)$ 的全部 k 阶子式也为 0，因此 $\boldsymbol{A}(\lambda)$ 与 $\boldsymbol{B}(\lambda)$ 具有相同的各阶行列式因子和秩. □

由定理 2.5 可知，若两个 λ 矩阵等价，则它们的秩相等. 与数字矩阵不同的是，两个秩相等的 $m\times n$ 的 λ 矩阵不一定等价，例如

$$\boldsymbol{A}(\lambda)=\begin{bmatrix}\lambda & 1\\ 0 & \lambda\end{bmatrix},\quad \boldsymbol{B}(\lambda)=\begin{bmatrix}1 & -\lambda\\ 1 & \lambda\end{bmatrix},$$

因为它们的行列式分别为 λ^2 和 2λ，所以 $\mathrm{rank}\boldsymbol{A}(\lambda)=\mathrm{rank}\boldsymbol{B}(\lambda)=2$，但 $\boldsymbol{A}(\lambda)$ 与 $\boldsymbol{B}(\lambda)$ 的行列式不只相差一个非零常数因子，故 $\boldsymbol{A}(\lambda)$ 与 $\boldsymbol{B}(\lambda)$ 不等价.

定义 2.7 设 $\boldsymbol{A}(\lambda)\in\mathbb{F}[\lambda]^{m\times n}$，$\mathrm{rank}\boldsymbol{A}(\lambda)=r\geqslant 1$，$D_k(\lambda)(k=1,2,\cdots,r)$ 是 $\boldsymbol{A}(\lambda)$ 的 k 阶行列式因子，称

$$d_1(\lambda)=D_1(\lambda),\ d_2(\lambda)=\frac{D_2(\lambda)}{D_1(\lambda)},\cdots,\ d_r(\lambda)=\frac{D_r(\lambda)}{D_{r-1}(\lambda)}$$

为 $\boldsymbol{A}(\lambda)$ 的不变因子.

不难知道，当 $\mathrm{rank}\boldsymbol{A}(\lambda)=r\geqslant 1$ 时，$\boldsymbol{A}(\lambda)$ 的所有不变因子就是 $\boldsymbol{A}(\lambda)$ 的等价标准形中 r 个非零元素. 因为 $\boldsymbol{A}(\lambda)$ 的所有不变因子由它的行列式因子唯一决定，所以 λ 矩阵的等价标准形是唯一的.

如在例 2.1 中，$\boldsymbol{A}(\lambda)$ 的不变因子为 $d_1(\lambda)=1$，$d_2(\lambda)=\lambda$，$d_3(\lambda)=\lambda(\lambda+1)$.

定理 2.6 设 $\boldsymbol{A}(\lambda)$，$\boldsymbol{B}(\lambda)\in\mathbb{F}[\lambda]^{m\times n}$，则 $\boldsymbol{A}(\lambda)$ 与 $\boldsymbol{B}(\lambda)$ 等价的充要条件是 $\boldsymbol{A}(\lambda)$ 与 $\boldsymbol{B}(\lambda)$ 具有相同的行列式因子，或 $\boldsymbol{A}(\lambda)$ 与 $\boldsymbol{B}(\lambda)$ 具有相同的不变因子. □

定义 2.8 将 $\boldsymbol{A}(\lambda)$ 的每个非常数不变因子分解成互不相同的一次因式幂的乘积，所有这些一次因式的幂 (相同的按出现的次数计算) 称为 $\boldsymbol{A}(\lambda)$ 的初等因子.

如例 2.1 中，$\boldsymbol{A}(\lambda)$ 的初等因子为 $\lambda,\lambda,\lambda+1$.

在给定 λ 矩阵的秩的条件下，不变因子与初等因子可相互唯一决定.

给定 λ 矩阵的不变因子，只需将其非常数不变因子分解成一次因式的幂的乘积，便可求得初等因子.

反之，给定 λ 矩阵的初等因子，考虑到同一个一次因式的幂应该出现在不同的不变因子中，并且幂最高的一个应该出现在最后一个不变因子 $d_r(\lambda)$ 中，余下幂中最高的一个应该出现在 $d_{r-1}(\lambda)$ 中，依此类推，便可以求出全部非常数不变因子.

例 2.2 已知 $\boldsymbol{A}(\lambda)\in\mathbb{F}[\lambda]^{4\times 4}$ 的全部初等因子为 $\lambda,\lambda,\lambda^2,\lambda-1,\lambda-1,(\lambda-1)^2$.

(1) 在 $\mathrm{rank}\boldsymbol{A}(\lambda)=4$ 的条件下，求 $\boldsymbol{A}(\lambda)$ 的等价标准形;

(2) 在 $\mathrm{rank}\boldsymbol{A}(\lambda)=3$ 的条件下，求 $\boldsymbol{A}(\lambda)$ 的等价标准形.

解 (1) 由于 $\mathrm{rank}\boldsymbol{A}(\lambda)=4$，因此 $\boldsymbol{A}(\lambda)$ 的不变因子为 $d_1(\lambda)$，$d_2(\lambda)$，$d_3(\lambda)$，$d_4(\lambda)$，这里

$$d_4(\lambda)=\lambda^2(\lambda-1)^2,\quad d_3(\lambda)=\lambda(\lambda-1),\quad d_2(\lambda)=\lambda(\lambda-1),\quad d_1(\lambda)=1,$$

故 $\boldsymbol{A}(\lambda)$ 的等价标准形为 $\mathrm{diag}(1,\lambda(\lambda-1),\lambda(\lambda-1),\lambda^2(\lambda-1)^2)$.

(2) 因为 $\operatorname{rank}\boldsymbol{A}(\lambda)=3$，所以 $\boldsymbol{A}(\lambda)$ 的不变因子为 $d_1(\lambda)$，$d_2(\lambda)$，$d_3(\lambda)$，这里

$$d_3(\lambda)=\lambda^2(\lambda-1)^2,\quad d_2(\lambda)=\lambda(\lambda-1),\quad d_1(\lambda)=\lambda(\lambda-1),$$

故 $\boldsymbol{A}(\lambda)$ 的等价标准形为 $\operatorname{diag}(\lambda(\lambda-1),\lambda(\lambda-1),\lambda^2(\lambda-1)^2,0)$. □

根据定理 2.6 和前面的讨论，立即得到

定理 2.7　设 $\boldsymbol{A}(\lambda)$，$\boldsymbol{B}(\lambda)\in\mathbb{C}[\lambda]^{m\times n}$，则 $\boldsymbol{A}(\lambda)$ 与 $\boldsymbol{B}(\lambda)$ 等价的充要条件是 $\boldsymbol{A}(\lambda)$ 与 $\boldsymbol{B}(\lambda)$ 具有相等的秩与相同的初等因子. □

2.1.3　方阵的特征矩阵

定义 2.9　设方阵 $\boldsymbol{A}=[a_{ij}]\in\mathbb{C}^{n\times n}$，称方阵 $\lambda\boldsymbol{I}-\boldsymbol{A}$ 为 $\boldsymbol{A}$ 的特征矩阵，称行列式

$$\det(\lambda\boldsymbol{I}-\boldsymbol{A})=\lambda^n+b_1\lambda^{n-1}+\cdots+b_{n-1}\lambda+b_n$$

为 $\boldsymbol{A}$ 的特征多项式，称 $\det(\lambda\boldsymbol{I}-\boldsymbol{A})=0$ 为 $\boldsymbol{A}$ 的特征方程，$\boldsymbol{A}$ 的特征方程的根称为 $\boldsymbol{A}$ 的特征值. 设 λ_0 是 $\boldsymbol{A}$ 的一个特征值，称齐次线性方程组 $(\lambda_0\boldsymbol{I}-\boldsymbol{A})\boldsymbol{x}=\boldsymbol{0}$ 的非零解向量 $\boldsymbol{x}$ 为 $\boldsymbol{A}$ 的对应于 λ_0 的特征向量.

方阵 $\boldsymbol{A}$ 的特征值和特征向量具有以下性质:

(1) $\boldsymbol{A}$ 的所有特征值之和等于 $\operatorname{tr}\boldsymbol{A}$，其中 $\operatorname{tr}\boldsymbol{A}$ 表示 $\boldsymbol{A}$ 的主对角线上元素之和，称为 $\boldsymbol{A}$ 的迹.

(2) $\boldsymbol{A}$ 的所有特征值之积等于 $\det\boldsymbol{A}$.

(3) 若 λ_0 是 $\boldsymbol{A}$ 的特征值，$\boldsymbol{x}_0$ 为 $\boldsymbol{A}$ 的对应于 λ_0 的特征向量，m 是非负整数，则 λ_0^m 是 $\boldsymbol{A}^m$ 的特征值，$\boldsymbol{x}_0$ 为 $\boldsymbol{A}^m$ 的对应于 λ_0^m 的特征向量；当 $\boldsymbol{A}$ 可逆时，λ_0^{-1} 是 $\boldsymbol{A}^{-1}$ 的特征值，$\boldsymbol{x}_0$ 为 $\boldsymbol{A}^{-1}$ 的对应于 λ_0^{-1} 的特征向量.

矩阵 $\boldsymbol{A}$ 的特征矩阵是 λ 矩阵，$\det(\lambda\boldsymbol{I}-\boldsymbol{A})$ 为 n 次多项式，$\operatorname{rank}(\lambda\boldsymbol{I}-\boldsymbol{A})=n$，因此特征矩阵 $\lambda\boldsymbol{I}-\boldsymbol{A}$ 是满秩的，但是不可逆的.

定义 2.10　设 $\boldsymbol{A}\in\mathbb{F}^{n\times n}$，称 $\lambda\boldsymbol{I}-\boldsymbol{A}$ 的行列式因子、不变因子与初等因子分别为矩阵 $\boldsymbol{A}$ 的行列式因子、不变因子与初等因子.

例 2.3　求方阵

$$\boldsymbol{A}=\begin{bmatrix}-1&-2&6\\-1&0&3\\-1&-1&4\end{bmatrix}$$

的行列式因子、不变因子和初等因子.

解　对 $\boldsymbol{A}$ 的特征矩阵 $\lambda\boldsymbol{I}-\boldsymbol{A}$ 进行初等变换，化为等价标准形.

$$\lambda\boldsymbol{I}-\boldsymbol{A}=\begin{bmatrix}\lambda+1&2&-6\\1&\lambda&-3\\1&1&\lambda-4\end{bmatrix}\to\begin{bmatrix}1&1&\lambda-4\\1&\lambda&-3\\\lambda+1&2&-6\end{bmatrix}$$

$$\to\begin{bmatrix}1&0&0\\0&\lambda-1&-\lambda+1\\0&-\lambda+1&-\lambda^2+3\lambda-2\end{bmatrix}\to\begin{bmatrix}1&0&0\\0&\lambda-1&0\\0&0&(\lambda-1)^2\end{bmatrix},$$

所以 $\lambda\boldsymbol{I}-\boldsymbol{A}$ 即方阵 $\boldsymbol{A}$ 的不变因子为 $d_1(\lambda)=1$，$d_2(\lambda)=\lambda-1$，$d_3(\lambda)=(\lambda-1)^2$；从而 $\boldsymbol{A}$ 的初等因子为 $\lambda-1$，$(\lambda-1)^2$；$\boldsymbol{A}$ 的行列式因子为 $D_1(\lambda)=1$，$D_2(\lambda)=\lambda-1$，$d_3(\lambda)=(\lambda-1)^3$. □

2.2 方阵的相似标准形

一般来说，方阵 $\boldsymbol{A}$ 的相似标准形是指与 $\boldsymbol{A}$ 相似且较为简单的方阵. 方阵的相似标准形不仅在矩阵理论与矩阵计算中处于重要位置，而且在力学、自动控制和系统工程等诸多领域有着广泛的应用. 本节主要讨论方阵相似的充要条件，以及方阵的一种重要的相似标准形——Jordan 标准形.

2.2.1 方阵相似的充要条件

定义 2.11 设 $\boldsymbol{A}, \boldsymbol{B}\in\mathbb{C}^{n\times n}$，如果存在可逆矩阵 $\boldsymbol{P}\in\mathbb{C}^{n\times n}$，使得 $\boldsymbol{P}^{-1}\boldsymbol{A}\boldsymbol{P}=\boldsymbol{B}$，则称 $\boldsymbol{A}$ 与 $\boldsymbol{B}$ 相似，记作 $\boldsymbol{A}\sim\boldsymbol{B}$，并称方阵 $\boldsymbol{P}$ 为相似变换矩阵.

相似具有自反性、对称性和传递性，从而是一种等价关系.

当 $\boldsymbol{A}\sim\boldsymbol{B}$ 时，显然有

(1) $\mathrm{rank}\boldsymbol{A}=\mathrm{rank}\boldsymbol{B}$；

(2) $\det\boldsymbol{A}=\det\boldsymbol{B}$；

(3) $\boldsymbol{A}$ 与 $\boldsymbol{B}$ 有相同的特征多项式，从而 $\boldsymbol{A}$ 与 $\boldsymbol{B}$ 有相同的特征值；

(4) $\boldsymbol{A}$ 与 $\boldsymbol{B}$ 有相同的迹.

应当指出的是，特征多项式相同的两个方阵不一定相似. 例如，方阵

$$\boldsymbol{A}=\begin{bmatrix}0&0\\0&0\end{bmatrix},\quad \boldsymbol{B}=\begin{bmatrix}0&1\\0&0\end{bmatrix}$$

的特征多项式都是 λ^2；但 $\mathrm{rank}\boldsymbol{A}\neq\mathrm{rank}\boldsymbol{B}$，故 $\boldsymbol{A}$ 与 $\boldsymbol{B}$ 不相似.

下面讨论方阵相似的充要条件. 为此，先介绍一个引理.

引理 2.8 设 $\boldsymbol{A}\in\mathbb{F}^{n\times n}$，$\boldsymbol{U}(\lambda)$，$\boldsymbol{V}(\lambda)\in\mathbb{F}[\lambda]^{n\times n}$，则存在 $\boldsymbol{Q}(\lambda)$，$\boldsymbol{R}(\lambda)\in\mathbb{F}[\lambda]^{n\times n}$，$\boldsymbol{U}_0$，$\boldsymbol{V}_0\in\mathbb{F}^{n\times n}$，使得

$$\boldsymbol{U}(\lambda)=(\lambda\boldsymbol{I}-\boldsymbol{A})\boldsymbol{Q}(\lambda)+\boldsymbol{U}_0,\quad \boldsymbol{V}(\lambda)=\boldsymbol{R}(\lambda)(\lambda\boldsymbol{I}-\boldsymbol{A})+\boldsymbol{V}_0.$$

证明 仅证明 $\boldsymbol{U}(\lambda)=(\lambda\boldsymbol{I}-\boldsymbol{A})\boldsymbol{Q}(\lambda)+\boldsymbol{U}_0$. 把 $\boldsymbol{U}(\lambda)$ 写成如下形式

$$\boldsymbol{U}(\lambda)=\boldsymbol{D}_0\lambda^m+\boldsymbol{D}_1\lambda^{m-1}+\cdots+\boldsymbol{D}_{m-1}\lambda+\boldsymbol{D}_m,$$

其中 $\boldsymbol{D}_0, \boldsymbol{D}_1, \cdots, \boldsymbol{D}_m \in \mathbb{F}^{n\times n}, \boldsymbol{D}_0 \neq \boldsymbol{0}, m \geqslant 0$.

如果 $m=0$，则取 $\boldsymbol{Q}(\lambda)=\boldsymbol{0}$，$\boldsymbol{U}_0=\boldsymbol{D}_0$ 即可.

如果 $m>0$，则令

$$\boldsymbol{Q}(\lambda)=\boldsymbol{Q}_0\lambda^{m-1}+\boldsymbol{Q}_1\lambda^{m-2}+\cdots+\boldsymbol{Q}_{m-2}\lambda+\boldsymbol{Q}_{m-1},$$

这里 $\boldsymbol{Q}_j$ 都是待定的矩阵，于是

$$(\lambda \boldsymbol{E}-\boldsymbol{A})\boldsymbol{Q}(\lambda)=\boldsymbol{Q}_0\lambda^m+(\boldsymbol{Q}_1-\boldsymbol{A}\boldsymbol{Q}_0)\lambda^{m-1}+\cdots+(\boldsymbol{Q}_{m-1}-\boldsymbol{A}\boldsymbol{Q}_{m-2})\lambda-\boldsymbol{A}\boldsymbol{Q}_{m-1}.$$

因此

$$\begin{aligned}
\boldsymbol{Q}_0&=\boldsymbol{D}_0,\\
\boldsymbol{Q}_1&=\boldsymbol{D}_1+\boldsymbol{A}\boldsymbol{Q}_0,\\
\boldsymbol{Q}_2&=\boldsymbol{D}_2+\boldsymbol{A}\boldsymbol{Q}_1,\\
&\cdots\cdots\\
\boldsymbol{Q}_{m-1}&=\boldsymbol{D}_{m-1}+\boldsymbol{A}\boldsymbol{Q}_{m-2},\\
\boldsymbol{U}_0&=\boldsymbol{D}_m+\boldsymbol{A}\boldsymbol{Q}_{m-1}.
\end{aligned}$$

用类似的方法可找到 $\boldsymbol{R}(\lambda)$ 与 $\boldsymbol{V}_0$. □

定理 2.9　设 $\boldsymbol{A},\boldsymbol{B}\in\mathbb{F}^{n\times n}$，则 $\boldsymbol{A}\sim\boldsymbol{B}$ 的充要条件是 $\lambda\boldsymbol{I}-\boldsymbol{A}\cong\lambda\boldsymbol{I}-\boldsymbol{B}$.

证明　必要性. 设 $\boldsymbol{A}\sim\boldsymbol{B}$，即存在可逆矩阵 $\boldsymbol{P}\in\mathbb{F}^{n\times n}$，使得 $\boldsymbol{A}=\boldsymbol{P}^{-1}\boldsymbol{B}\boldsymbol{P}$，于是

$$\lambda\boldsymbol{I}-\boldsymbol{A}=\boldsymbol{P}^{-1}(\lambda\boldsymbol{I})\boldsymbol{P}-\boldsymbol{P}^{-1}\boldsymbol{B}\mathrm{P}=\boldsymbol{P}^{-1}(\lambda\boldsymbol{I}-\boldsymbol{B})\boldsymbol{P}.$$

因此，$\lambda\boldsymbol{I}-\boldsymbol{A}\cong\lambda\boldsymbol{I}-\boldsymbol{B}$.

充分性. 若 $\lambda\boldsymbol{I}-\boldsymbol{A}\cong\lambda\boldsymbol{I}-\boldsymbol{B}$，由定理 2.2，存在可逆 λ 矩阵 $\boldsymbol{U}(\lambda)$，$\boldsymbol{V}(\lambda)$，使得

$$\lambda\boldsymbol{I}-\boldsymbol{A}=\boldsymbol{U}(\lambda)(\lambda\boldsymbol{I}-\boldsymbol{B})\boldsymbol{V}(\lambda). \tag{2.2}$$

由引理 2.8，存在 $\boldsymbol{Q}(\lambda)$，$\boldsymbol{R}(\lambda)$ 和 $\boldsymbol{U}_0$，$\boldsymbol{V}_0$ 使得

$$\boldsymbol{U}(\lambda)=(\lambda\boldsymbol{I}-\boldsymbol{A})\boldsymbol{Q}(\lambda)+\boldsymbol{U}_0, \tag{2.3}$$

$$\boldsymbol{V}(\lambda)=\boldsymbol{R}(\lambda)(\lambda\boldsymbol{I}-\boldsymbol{A})+\boldsymbol{V}_0. \tag{2.4}$$

把 (2.2) 式改写为

$$\boldsymbol{U}(\lambda)^{-1}(\lambda\boldsymbol{I}-\boldsymbol{A})=(\lambda\boldsymbol{I}-\boldsymbol{B})\boldsymbol{V}(\lambda). \tag{2.5}$$

将 (2.4) 式代入 (2.5) 式得

$$[\boldsymbol{U}(\lambda)^{-1}-(\lambda\boldsymbol{I}-\boldsymbol{B})\boldsymbol{R}(\lambda)](\lambda\boldsymbol{I}-\boldsymbol{A})=(\lambda\boldsymbol{I}-\boldsymbol{B})\boldsymbol{V}_0.$$

故 $\boldsymbol{U}(\lambda)^{-1}-(\lambda\boldsymbol{I}-\boldsymbol{B})\boldsymbol{R}(\lambda)$ 必为数字矩阵.

记 $\boldsymbol{T}=\boldsymbol{U}(\lambda)^{-1}-(\lambda\boldsymbol{I}-\boldsymbol{B})\boldsymbol{R}(\lambda)$，下证 $\boldsymbol{T}$ 为可逆矩阵. 事实上

$$\begin{aligned}\boldsymbol{I}&=\boldsymbol{U}(\lambda)\boldsymbol{T}+\boldsymbol{U}(\lambda)(\lambda\boldsymbol{I}-\boldsymbol{B})\boldsymbol{R}(\lambda)\\&=\boldsymbol{U}(\lambda)\boldsymbol{T}+(\lambda\boldsymbol{I}-\boldsymbol{A})\boldsymbol{V}(\lambda)^{-1}\boldsymbol{R}(\lambda)\\&=[(\lambda\boldsymbol{I}-\boldsymbol{A})\boldsymbol{Q}(\lambda)+\boldsymbol{U}_0]\boldsymbol{T}+(\lambda\boldsymbol{I}-\boldsymbol{A})\boldsymbol{V}(\lambda)^{-1}\boldsymbol{R}(\lambda)\\&=\boldsymbol{U}_0\boldsymbol{T}+(\lambda\boldsymbol{I}-\boldsymbol{A})[\boldsymbol{Q}(\lambda)\boldsymbol{T}+\boldsymbol{V}(\lambda)^{-1}\boldsymbol{R}(\lambda)].\end{aligned}$$

由此得 $\boldsymbol{Q}(\lambda)\boldsymbol{T}+\boldsymbol{V}(\lambda)^{-1}\boldsymbol{R}(\lambda)=\boldsymbol{0}$，$\boldsymbol{I}=\boldsymbol{U}_0\boldsymbol{T}$，即 $\boldsymbol{T}$ 为可逆矩阵.

由 (2.5) 式和 (2.4) 式得 $\boldsymbol{T}(\lambda\boldsymbol{I}-\boldsymbol{A})=(\lambda\boldsymbol{I}-\boldsymbol{B})\boldsymbol{V}_0$，从而有

$$\lambda\boldsymbol{I}-\boldsymbol{A}=\boldsymbol{T}^{-1}(\lambda\boldsymbol{I}-\boldsymbol{B})\boldsymbol{V}_0=\lambda\boldsymbol{T}^{-1}\boldsymbol{V}_0-\boldsymbol{T}^{-1}\boldsymbol{B}\mathrm{V}_0.$$

于是 $\boldsymbol{T}^{-1}\boldsymbol{V}_0=\boldsymbol{I},\boldsymbol{T}^{-1}\boldsymbol{B}\boldsymbol{V}_0=\boldsymbol{A}$, 即 $\boldsymbol{T}=\boldsymbol{V}_0$，$\boldsymbol{A}=\boldsymbol{V}_0^{-1}\boldsymbol{B}\boldsymbol{V}_0$, 故 $\boldsymbol{A}\sim\boldsymbol{B}$. □

根据定理 2.9、定理 2.6 和定理 2.7 即得

定理 2.10 设 $\boldsymbol{A},\boldsymbol{B}\in\mathbb{F}^{n\times n}$，则下列命题等价:

(1) $\boldsymbol{A}\sim\boldsymbol{B}$;

(2) $\boldsymbol{A}$ 与 $\boldsymbol{B}$ 具有相同的行列式因子;

(3) $\boldsymbol{A}$ 与 $\boldsymbol{B}$ 具有相同的不变因子;

(4) $\boldsymbol{A}$ 与 $\boldsymbol{B}$ 具有相同的初等因子. □

例 2.4 判定下列矩阵是否相似.

$$\boldsymbol{A}=\begin{bmatrix}-1&1&0\\-4&3&0\\1&0&2\end{bmatrix},\quad \boldsymbol{B}=\begin{bmatrix}2&0&0\\0&1&1\\0&0&1\end{bmatrix}.$$

解
$$\lambda\boldsymbol{I}-\boldsymbol{A}=\begin{bmatrix}\lambda+1&-1&0\\4&\lambda-3&0\\-1&0&\lambda-2\end{bmatrix}\cong\begin{bmatrix}1&&\\&1&\\&&(\lambda-1)^2(\lambda-2)\end{bmatrix},$$

$$\lambda\boldsymbol{I}-\boldsymbol{B}=\begin{bmatrix}\lambda-2&0&0\\0&\lambda-1&-1\\0&0&\lambda-1\end{bmatrix}\cong\begin{bmatrix}1&&\\&1&\\&&(\lambda-1)^2(\lambda-2)\end{bmatrix},$$

故 $\boldsymbol{A}$ 与 $\boldsymbol{B}$ 具有相同的不变因子，从而 $\boldsymbol{A}\sim\boldsymbol{B}$. □

2.2.2　方阵的Jordan标准形

设 $\boldsymbol{A}\in\mathbb{C}^{n\times n}$，其全部初等因子为

$$(\lambda-\lambda_1)^{n_1},(\lambda-\lambda_2)^{n_2},\cdots,(\lambda-\lambda_s)^{n_s},$$

其中 $\lambda_1,\lambda_2,\cdots,\lambda_s\in\mathbb{C}$. 因

$$D_n(\lambda)=\det(\lambda\boldsymbol{E}-\boldsymbol{A})=(\lambda-\lambda_1)^{n_1}(\lambda-\lambda_2)^{n_2}\cdots(\lambda-\lambda_s)^{n_s},$$

故 $n_1+n_2+\cdots+n_s=n$. 称

$$\boldsymbol{J}_i=\begin{bmatrix}\lambda_i & & & \\ 1 & \lambda_i & & \\ & \ddots & \ddots & \\ & & 1 & \lambda_i\end{bmatrix}_{n_i\times n_i}\tag{2.6}$$

为 $(\lambda-\lambda_i)^{n_i}$ 对应的 Jordan 块，称

$$\boldsymbol{J}=\begin{bmatrix}\boldsymbol{J}_1 & & & \\ & \boldsymbol{J}_2 & & \\ & & \ddots & \\ & & & \boldsymbol{J}_s\end{bmatrix}\tag{2.7}$$

为 $\boldsymbol{A}$ 的 Jordan 标准形. 由于

$$\lambda\boldsymbol{I}-\boldsymbol{J}_i=\begin{bmatrix}\lambda-\lambda_i & & & \\ -1 & \lambda-\lambda_i & & \\ & \ddots & \ddots & \\ & & -1 & \lambda-\lambda_i\end{bmatrix}$$

有一个 n_i-1 阶子式为 $(-1)^{n_i-1}$，因此其行列式因子 $D_{n_i-1}(\lambda)=\cdots=D_1(\lambda)=1$，从而

$$\lambda\boldsymbol{I}-\boldsymbol{J}_i=\begin{bmatrix}\lambda-\lambda_i & & & \\ -1 & \lambda-\lambda_i & & \\ & \ddots & \ddots & \\ & & -1 & \lambda-\lambda_i\end{bmatrix}\cong\begin{bmatrix}1 & & & \\ & \ddots & & \\ & & 1 & \\ & & & (\lambda-\lambda_i)^{n_i}\end{bmatrix},$$

即 $\boldsymbol{J}_i$ 的初等因子为 $(\lambda-\lambda_i)^{n_i}$.

为了求出 $\boldsymbol{J}$ 的不变因子和初等因子，先给一个简单结论.

定理 2.11 设 $f(\lambda), g(\lambda)$ 是两个互素的复系数多项式，即 $f(\lambda)$ 与 $g(\lambda)$ 的首 1 最大公因式为 1，则

$$\begin{bmatrix} f(\lambda) & 0 \\ 0 & g(\lambda) \end{bmatrix} \cong \begin{bmatrix} 1 & 0 \\ 0 & f(\lambda)g(\lambda) \end{bmatrix}.$$

证明 因为这两个 λ 矩阵有相同的一阶行列式因子和相同的二阶行列式因子，所以它们有相同的不变因子. □

利用定理 2.11，通过互换两行两列 (即先互换第 i 行与第 j 行，再互换第 i 列与第 j 列) 的初等变换，可以求出某些特殊的对角 λ 矩阵的不变因子和初等因子. 例如

$$\begin{bmatrix} \lambda-1 & & & \\ & (\lambda-1)^2 & & \\ & & \lambda-2 & \\ & & & \lambda-2 \end{bmatrix} \cong \begin{bmatrix} \lambda-1 & & & \\ & \lambda-2 & & \\ & & (\lambda-1)^2 & \\ & & & \lambda-2 \end{bmatrix}$$

$$\cong \begin{bmatrix} 1 & & & \\ & (\lambda-1)(\lambda-2) & & \\ & & 1 & \\ & & & (\lambda-1)^2(\lambda-2) \end{bmatrix}$$

$$\cong \begin{bmatrix} 1 & & & \\ & 1 & & \\ & & (\lambda-1)(\lambda-2) & \\ & & & (\lambda-1)^2(\lambda-2) \end{bmatrix}.$$

设 $\boldsymbol{A}$ 的全部不变因子为 1, 1, $\cdots$, 1, $\varphi_1(\lambda)$, $\varphi_2(\lambda)$, $\cdots$, $\varphi_k(\lambda)$，$\boldsymbol{A}$ 的全部初等因子为 $(\lambda-\lambda_1)^{n_1}$，$(\lambda-\lambda_2)^{n_2}, \cdots, (\lambda-\lambda_s)^{n_s}$. 对于 $\boldsymbol{A}$ 的 Jordan 标准形 $\boldsymbol{J}$，有

$$\begin{aligned} \lambda \boldsymbol{I} - \boldsymbol{J} &= \begin{bmatrix} \lambda \boldsymbol{I}_{n_1} - \boldsymbol{J}_1 & & & \\ & \lambda \boldsymbol{I}_{n_2} - \boldsymbol{J}_2 & & \\ & & \ddots & \\ & & & \lambda \boldsymbol{I}_{n_s} - \boldsymbol{J}_s \end{bmatrix} \\ &\cong \operatorname{diag}(1,\cdots,1,(\lambda-\lambda_1)^{n_1},1,\cdots,1,(\lambda-\lambda_2)^{n_2},\cdots,1,\cdots,1,(\lambda-\lambda_s)^{n_s}) \\ &\cong \operatorname{diag}(1,\cdots,1,(\lambda-\lambda_1)^{n_1},\cdots,(\lambda-\lambda_s)^{n_s}), \end{aligned}$$

由上知，通过互换两行两列的初等变换可得

$$\operatorname{diag}(1,\ \cdots,1,(\lambda-\lambda_1)^{n_1},\cdots,(\lambda-\lambda_s)^{n_s}) \cong \operatorname{diag}(1,\ \cdots,1,\varphi_1(\lambda),\cdots,\varphi_k(\lambda)).$$

于是 $\boldsymbol{A}$ 与 $\boldsymbol{J}$ 具有相同的不变因子，从而 $\boldsymbol{A} \sim \boldsymbol{J}$.

Jordan 标准形是由方阵的初等因子确定的，如果不考虑分块对角矩阵 $\boldsymbol{J}$ 的 Jordan 块排列的顺序，则 $\boldsymbol{J}$ 是唯一的.

例 2.5　求 $\boldsymbol{A}=\begin{bmatrix} -1 & -2 & 6 \\ -1 & 0 & 3 \\ -1 & -1 & 4 \end{bmatrix}$ 的 Jordan 标准形.

解　因为

$$\lambda \boldsymbol{I}-\boldsymbol{A}=\begin{bmatrix} \lambda+1 & 2 & -6 \\ 1 & \lambda & -3 \\ 1 & 1 & \lambda-4 \end{bmatrix} \cong \begin{bmatrix} 1 & & \\ & \lambda-1 & \\ & & (\lambda-1)^2 \end{bmatrix},$$

所以 $\boldsymbol{A}$ 的全部初等因子为 $\lambda-1$，$(\lambda-1)^2$. 对于 $\lambda-1$，作 $\boldsymbol{J}_1=[1]$；对于 $(\lambda-1)^2$，作 $\boldsymbol{J}_2=\begin{bmatrix} 1 & 0 \\ 1 & 1 \end{bmatrix}$，故 $\boldsymbol{A}$ 的 Jordan 标准形为

$$\boldsymbol{J}=\begin{bmatrix} 1 & 0 & 0 \\ 0 & 1 & 0 \\ 0 & 1 & 1 \end{bmatrix}.$$

□

例 2.6　设 $\boldsymbol{A}=\begin{bmatrix} -1 & -2 & 6 \\ -1 & 0 & 3 \\ -1 & -1 & 4 \end{bmatrix}$，求相似变换矩阵 $\boldsymbol{P}$，使得 $\boldsymbol{P}^{-1}\boldsymbol{A}\boldsymbol{P}$ 为 Jordan 标准形.

解　由例 2.5，$\boldsymbol{A}$ 的 Jordan 标准形为 $\boldsymbol{J}=\begin{bmatrix} 1 & 0 & 0 \\ 0 & 1 & 0 \\ 0 & 1 & 1 \end{bmatrix}$，令 $\boldsymbol{P}=[\boldsymbol{x}\ \boldsymbol{y}\ \boldsymbol{z}]$，这里 $\boldsymbol{x},\boldsymbol{y},\boldsymbol{z} \in \mathbb{C}^3$，使得 $\boldsymbol{P}^{-1}\boldsymbol{A}\boldsymbol{P}=\boldsymbol{J}$，则 $\boldsymbol{A}\boldsymbol{P}=\boldsymbol{P}\boldsymbol{J}$，于是

$$\boldsymbol{A}\boldsymbol{P}=\boldsymbol{A}[\boldsymbol{x}\ \boldsymbol{y}\ \boldsymbol{z}]=[\boldsymbol{A}\boldsymbol{x}\ \boldsymbol{A}\boldsymbol{y}\ \boldsymbol{A}\boldsymbol{z}]=[\boldsymbol{x}\ \boldsymbol{y}\ \boldsymbol{z}]\begin{bmatrix} 1 & 0 & 0 \\ 0 & 1 & 0 \\ 0 & 1 & 1 \end{bmatrix}=[\boldsymbol{x}\ \boldsymbol{y}+\boldsymbol{z}\ \boldsymbol{z}].$$

故

$$\begin{cases} \boldsymbol{A}\boldsymbol{x}=\boldsymbol{x}, \\ \boldsymbol{A}\boldsymbol{y}=\boldsymbol{y}+\boldsymbol{z}, \\ \boldsymbol{A}\boldsymbol{z}=\boldsymbol{z}. \end{cases}$$

要找满足上面三个方程组的 $\boldsymbol{x},\boldsymbol{y},\boldsymbol{z}$，并使得 $\boldsymbol{x},\boldsymbol{y},\boldsymbol{z}$ 线性无关. 线性方程组 $\boldsymbol{A}\boldsymbol{x}=\boldsymbol{x}$ 的全部解为

$$\boldsymbol{x}=k_1(-1,1,0)^{\mathrm{T}}+k_2(3,0,1)^{\mathrm{T}},\quad k_1,k_2\in\mathbb{C}.$$

线性方程组 $\boldsymbol{A}\boldsymbol{z}=\boldsymbol{z}$ 的全部解为

$$\boldsymbol{z}=l_1(-1,1,0)^{\mathrm{T}}+l_2(3,0,1)^{\mathrm{T}},\quad l_1,l_2\in\mathbb{C}.$$

将上述 $\boldsymbol{z}$ 的表达式代入方程组 $\boldsymbol{A}\boldsymbol{y}=\boldsymbol{y}+\boldsymbol{z}$ 得

$$(\boldsymbol{A}-\boldsymbol{I})\boldsymbol{y}=\begin{bmatrix}-l_1+3l_2\\ l_1\\ l_2\end{bmatrix}.$$

仅当 $l_1=l_2$ 时，上述方程组关于 $\boldsymbol{y}$ 有解，并且解为

$$\boldsymbol{y}=(-l_1,0,0)^{\mathrm{T}}+t_1(-1,1,0)^{\mathrm{T}}+t_2(3,0,1)^{\mathrm{T}},\quad t_1,t_2\in\mathbb{C}.$$

取 $\boldsymbol{x}=(-1,1,0)^{\mathrm{T}}$，$\boldsymbol{z}=(2,1,1)^{\mathrm{T}}$(这时 $l_1=l_2=1$) 相应的取 $\boldsymbol{y}=(-1,0,0)^{\mathrm{T}}$，则

$$\boldsymbol{P}=[\boldsymbol{x}\ \boldsymbol{y}\ \boldsymbol{z}]=\begin{bmatrix}-1&-1&2\\1&0&1\\0&0&1\end{bmatrix}.$$ □

作为一个应用，下面利用 Jordan 标准形来求方阵的幂.

设 $\boldsymbol{A}\in\mathbb{C}^{n\times n}$，其 Jordan 标准形为 $\boldsymbol{J}$，即存在可逆矩阵 $\boldsymbol{P}$，使得 $\boldsymbol{A}=\boldsymbol{P}\boldsymbol{J}\boldsymbol{P}^{-1}$，其中 $\boldsymbol{J}=\mathrm{diag}(\boldsymbol{J}_1,\ \boldsymbol{J}_2,\ \cdots,\ \boldsymbol{J}_s)$, $\boldsymbol{J}_i$ 是初等因子 $(\lambda-\lambda_i)^{n_i}$ 对应的 Jordan 块 $(i=1,2,\cdots,s)$. 于是对于任何非负整数 m，有 $\boldsymbol{A}^m=\boldsymbol{P}\boldsymbol{J}^m\boldsymbol{P}^{-1}$，且由分块矩阵乘法知

$$\boldsymbol{J}^m=\mathrm{diag}(\boldsymbol{J}_1^m,\ \boldsymbol{J}_2^m,\ \cdots,\ \boldsymbol{J}_s^m).$$

将 Jordan 块 $\boldsymbol{J}_i$ 分解为两个方阵之和：$\boldsymbol{J}_i=\lambda_i\boldsymbol{I}_{n_i}+\boldsymbol{T}_i$，不难验证

$$\boldsymbol{T}_i=\begin{bmatrix}0&&&&\\1&0&&&\\&1&\ddots&&\\&&\ddots&\ddots&\\&&&1&0\end{bmatrix}_{n_i\times n_i},\boldsymbol{T}_i^2=\begin{bmatrix}0&&&&&\\0&0&&&&\\1&0&\ddots&&&\\&\ddots&\ddots&\ddots&&\\&&1&0&0\end{bmatrix}_{n_i\times n_i},\cdots,$$

$$T_i^{n_i-1}=\begin{bmatrix}0&&&&\\0&0&&&\\\vdots&0&\ddots&&\\\vdots&\vdots&\ddots&\ddots&\\1&0&\cdots&0&0\end{bmatrix}_{n_i\times n_i},T_i^{n_i}=T_i^{n_i+1}=\cdots=\mathbf{0}.$$

于是

$$\begin{aligned}J_i^m&=(\lambda_i I_{n_i}+T_i)^m\\&=\lambda_i^m I_{n_i}+\begin{pmatrix}m\\1\end{pmatrix}\lambda_i^{m-1}T_i+\begin{pmatrix}m\\2\end{pmatrix}\lambda_i^{m-2}T_i^2+\cdots+\begin{pmatrix}m\\n_i-1\end{pmatrix}\lambda_i^{m-n_i+1}T_i^{n_i-1}\\&=\lambda_i^m I_{n_i}+(\lambda_i^m)'T_i+\frac{1}{2!}(\lambda_i^m)''T_i^2+\cdots+\frac{1}{(n_i-1)!}(\lambda_i^m)^{(n_i-1)}T_i^{n_i-1}\\&=\begin{bmatrix}\lambda_i^m&&&&\\(\lambda_i^k)'&\lambda_i^m&&&\\\dfrac{(\lambda_i^m)''}{2!}&(\lambda_i^m)'&\ddots&&\\\vdots&\ddots&\ddots&\lambda_i^m&\\\dfrac{(\lambda_i^m)^{(n_i-1)}}{(n_i-1)!}&\cdots&\dfrac{(\lambda_i^m)''}{2!}&(\lambda_i^m)'&\lambda_i^m\end{bmatrix}_{n_i\times n_i},\end{aligned}$$

这里 $(\lambda_i^m)^{(l)}$ 表示 z^m 的 l 阶导数在 $z=\lambda_i$ 处取值，$l=0,1,2,\cdots,n_i-1$.

上述的讨论表明，方阵 A 的幂与其 Jordan 块的幂有着非常简单的关系，而且 Jordan 块的幂能够方便地求出.

2.3　方阵的相似对角化

2.2 节介绍了方阵的 Jordan 标准形，但是最为简单的相似标准形当属对角矩阵. 为了方便，常常将与对角矩阵相似的方阵称为可对角化. 本节首先通过引进最小多项式来讨论方阵可对角化的充要条件，然后研究如何将 Hermite 矩阵对角化.

2.3.1　方阵的最小多项式

设非零多项式

$$g(\lambda)=b_0\lambda^t+b_1\lambda^{t-1}+\cdots+b_{t-1}\lambda+b_t\in\mathbb{F}[\lambda],$$

方阵 $A\in\mathbb{F}^{n\times n}$ 且 $A\neq\mathbf{0}$，称

$$g(A)=b_0A^t+b_1A^{t-1}+\cdots+b_{t-1}A+b_tI$$

为方阵 $\boldsymbol{A}$ 的多项式.

定理 2.12 (Hamilton-Caylay) 设 $\boldsymbol{A}\in\mathbb{F}^{n\times n}$，$\boldsymbol{A}$ 的特征多项式

$$f(\lambda)=\det(\lambda\boldsymbol{I}-\boldsymbol{A})=\lambda^n+a_1\lambda^{n-1}+\cdots+a_{n-1}\lambda+a_n,$$

则 $f(\boldsymbol{A})=\boldsymbol{0}$.

证明 设 $\boldsymbol{B}(\lambda)$ 为特征矩阵 $\lambda\boldsymbol{I}-\boldsymbol{A}$ 的伴随矩阵，则

$$\boldsymbol{B}(\lambda)(\lambda\boldsymbol{I}-\boldsymbol{A})=\det(\lambda\boldsymbol{I}-\boldsymbol{A})\boldsymbol{I}=f(\lambda)\boldsymbol{I}.$$

由于 $\boldsymbol{B}(\lambda)$ 中元素是 $\lambda\boldsymbol{I}-\boldsymbol{A}$ 的各个元素的代数余子式，因此都是次数不超过 $n-1$ 的多项式，$\boldsymbol{B}(\lambda)$ 可以写成如下形式

$$\boldsymbol{B}(\lambda)=\lambda^{n-1}\boldsymbol{B}_0+\lambda^{n-2}\boldsymbol{B}_1+\cdots+\boldsymbol{B}_{n-1},\quad \boldsymbol{B}_1,\boldsymbol{B}_2,\cdots,\boldsymbol{B}_{n-1}\in\mathbb{F}^{n\times n}.$$

于是

$$\begin{aligned}\boldsymbol{B}(\lambda)(\lambda\boldsymbol{I}-\boldsymbol{A})&=(\lambda^{n-1}\boldsymbol{B}_0+\lambda^{n-2}\boldsymbol{B}_1+\cdots+\boldsymbol{B}_{n-1})(\lambda\boldsymbol{I}-\boldsymbol{A})\\&=\lambda^n\boldsymbol{B}_0+\lambda^{n-1}(\boldsymbol{B}_1-\boldsymbol{B}_0\boldsymbol{A})+\lambda^{n-2}(\boldsymbol{B}_2-\boldsymbol{B}_1\boldsymbol{A})+\cdots+\lambda(\boldsymbol{B}_{n-1}-\boldsymbol{B}_{n-2}\boldsymbol{A})-\boldsymbol{B}_{n-1}\boldsymbol{A}.\end{aligned}$$

又

$$\begin{aligned}f(\lambda)\boldsymbol{I}&=(\lambda^n+a_1\lambda^{n-1}+\cdots+a_{n-1}\lambda+a_n)\boldsymbol{I}\\&=\lambda^n\boldsymbol{I}+\lambda^{n-1}(a_1\boldsymbol{I})+\cdots+\lambda(a_{n-1}\boldsymbol{I})+a_n\boldsymbol{I},\end{aligned}$$

故

$$\begin{cases}\boldsymbol{B}_0=\boldsymbol{I},\\ \boldsymbol{B}_1-\boldsymbol{B}_0\boldsymbol{A}=a_1\boldsymbol{I},\\ \boldsymbol{B}_2-\boldsymbol{B}_1\boldsymbol{A}=a_2\boldsymbol{I},\\ \qquad\cdots\cdots\\ \boldsymbol{B}_{n-1}-\boldsymbol{B}_{n-2}\boldsymbol{A}=a_{n-1}\boldsymbol{I},\\ -\boldsymbol{B}_{n-1}\boldsymbol{A}=a_n\boldsymbol{I}.\end{cases}$$

以 $\boldsymbol{A}^n$，$\boldsymbol{A}^{n-1}$，$\cdots$，$\boldsymbol{A}$，$\boldsymbol{I}$ 依次右乘以上各式两端，再相加，得左边为 $\boldsymbol{0}$，右边为 $f(\boldsymbol{A})$，故 $f(\boldsymbol{A})=\boldsymbol{0}$. □

定义 2.12 设 $\boldsymbol{A}\in\mathbb{F}^{n\times n}$，$\boldsymbol{A}\neq\boldsymbol{0}$，如果存在非零多项式 $\varphi(\lambda)\in\mathbb{F}[\lambda]$，使得 $\varphi(\boldsymbol{A})=\boldsymbol{0}$，则称 $\varphi(\lambda)$ 是 $\boldsymbol{A}$ 的零化多项式. 首 1 的且次数最低的零化多项式称为 $\boldsymbol{A}$ 的最小多项式，记为 $m_{\boldsymbol{A}}(\lambda)$.

由定理 2.12 可知，n 阶方阵 $\boldsymbol{A}$ 的零化多项式一定存在，但其零化多项式不唯一.

定理 2.13　最小多项式具有如下性质:

(1) 方阵 $\boldsymbol{A}$ 的最小多项式整除 $\boldsymbol{A}$ 的零化多项式;

(2) 方阵 $\boldsymbol{A}$ 的最小多项式是唯一的;

(3) 方阵 $\boldsymbol{A}$ 的最小多项式与 $\boldsymbol{A}$ 的特征多项式有相同的零点;

(4) 相似矩阵具有相同的最小多项式.

证明　(1) 设 $m_{\boldsymbol{A}}(\lambda)$ 是 $\boldsymbol{A}$ 的最小多项式, $\varphi(\lambda)$ 为 $\boldsymbol{A}$ 的零化多项式, 由多项式的带余除法, 存在 $q(\lambda)$, $r(\lambda) \in \mathbb{F}[\lambda]$, 使得 $\varphi(\lambda) = m_{\boldsymbol{A}}(\lambda)q(\lambda) + r(\lambda)$, 其中 $r(\lambda) = 0$ 或 $\deg r(\lambda) < \deg m_{\boldsymbol{A}}(\lambda)$. 如果 $r(\lambda) \neq 0$, 则 $\deg r(\lambda) < \deg m_{\boldsymbol{A}}(\lambda)$, 并且 $r(\boldsymbol{A}) = \varphi(\boldsymbol{A}) - m_{\boldsymbol{A}}(\boldsymbol{A})q(\boldsymbol{A}) = \boldsymbol{0}$, 这与 $m_{\boldsymbol{A}}(\lambda)$ 为最小多项式矛盾! 故 $r(\lambda) = 0$, 从而 $m_{\boldsymbol{A}}(\lambda)|\varphi(\lambda)$.

(2) 设 $m_{\boldsymbol{A}}^{(1)}(\lambda)$, $m_{\boldsymbol{A}}^{(2)}(\lambda)$ 均为 $\boldsymbol{A}$ 的最小多项式, 则

$$m_{\boldsymbol{A}}^{(1)}(\lambda)|m_{\boldsymbol{A}}^{(2)}(\lambda), \quad m_{\boldsymbol{A}}^{(2)}(\lambda)|m_{\boldsymbol{A}}^{(1)}(\lambda),$$

又 $m_{\boldsymbol{A}}^{(1)}(\lambda)$, $m_{\boldsymbol{A}}^{(2)}(\lambda)$ 均为首 1 多项式, 故 $m_{\boldsymbol{A}}^{(1)}(\lambda) = m_{\boldsymbol{A}}^{(2)}(\lambda)$.

(3) 设 $m_{\boldsymbol{A}}(\lambda)$ 是 $\boldsymbol{A}$ 的最小多项式, $f(\lambda)$ 是 $\boldsymbol{A}$ 的特征多项式, 则

$$f(\lambda) = m_{\boldsymbol{A}}(\lambda)h(\lambda).$$

若 λ_0 是 $m_{\boldsymbol{A}}(\lambda)$ 的零点, 即 $m_{\boldsymbol{A}}(\lambda_0) = 0$, 则有 $f(\lambda_0) = m_{\boldsymbol{A}}(\lambda_0)h(\lambda_0) = 0$. 反之, 若 λ_0 是 $f(\lambda)$ 的零点, 则 λ_0 是 $\boldsymbol{A}$ 的特征值, 设 $\boldsymbol{x}_0$ 是 $\boldsymbol{A}$ 的对应 λ_0 的特征向量, 即 $\boldsymbol{A}\boldsymbol{x}_0 = \lambda_0\boldsymbol{x}_0$, 从而有 $m_{\boldsymbol{A}}(\boldsymbol{A})\boldsymbol{x}_0 = m_{\boldsymbol{A}}(\lambda_0)\boldsymbol{x}_0$, 由 $m_{\boldsymbol{A}}(\boldsymbol{A}) = \boldsymbol{0}$, $\boldsymbol{x}_0 \neq \boldsymbol{0}$, 得 $m_{\boldsymbol{A}}(\lambda_0) = 0$, 即 λ_0 是 $m_{\boldsymbol{A}}(\lambda)$ 的零点.

(4) 设 $\boldsymbol{A}, \boldsymbol{B} \in \mathbb{F}^{n\times n}$, 并且 $\boldsymbol{A} \sim \boldsymbol{B}$, 则存在可逆矩阵 $\boldsymbol{P}$, 使得 $\boldsymbol{P}^{-1}\boldsymbol{A}\boldsymbol{P} = \boldsymbol{B}$, 于是对任意的多项式 $\varphi(\lambda)$, $\varphi(\boldsymbol{B}) = \boldsymbol{P}^{-1}\varphi(\boldsymbol{A})\boldsymbol{P}$, 所以 $\varphi(\boldsymbol{A}) = \boldsymbol{0}$ 当且仅当 $\varphi(\boldsymbol{B}) = \boldsymbol{0}$. 从而 $\boldsymbol{A}$ 与 $\boldsymbol{B}$ 具有相同的最小多项式. □

尽管相似矩阵具有相同的最小多项式, 但其逆命题不成立, 例如

$$\boldsymbol{A} = \begin{bmatrix} 2 & 0 & 0 \\ 0 & 3 & 0 \\ 0 & 0 & 3 \end{bmatrix}, \quad \boldsymbol{B} = \begin{bmatrix} 2 & 0 & 0 \\ 0 & 2 & 0 \\ 0 & 0 & 3 \end{bmatrix},$$

则最小多项式 $m_{\boldsymbol{A}}(\lambda) = m_{\boldsymbol{B}}(\lambda) = (\lambda - 2)(\lambda - 3)$, 但方阵 $\boldsymbol{A}$ 与 $\boldsymbol{B}$ 不相似.

定理 2.12 和定理 2.13 给出了求方阵 $\boldsymbol{A}$ 的最小多项式的第一种方法: 分解一检验法.

例 2.7　求 $\boldsymbol{A} = \begin{bmatrix} 0 & 1 & 0 \\ 0 & 0 & 1 \\ 2 & 3 & 0 \end{bmatrix}$ 的最小多项式, 并计算 $2\boldsymbol{A}^8 - 3\boldsymbol{A}^5 + \boldsymbol{A}^4 + \boldsymbol{A}^2 - 4\boldsymbol{I}$.

解 因为

$$f(\lambda)=\det(\lambda\boldsymbol{I}-\boldsymbol{A})=\begin{vmatrix}\lambda & -1 & 0\\ 0 & \lambda & -1\\ -2 & -3 & \lambda\end{vmatrix}=(\lambda+1)^2(\lambda-2),$$

所以方阵 $\boldsymbol{A}$ 的相异特征值为 -1, 2，且必为 $\boldsymbol{A}$ 的最小多项式的零点，故 $\boldsymbol{A}$ 的最小多项式可能为 $(\lambda+1)(\lambda-2)$，$(\lambda+1)^2(\lambda-2)$. 可以验证:

$$(\boldsymbol{A}+\boldsymbol{I})(\boldsymbol{A}-2\boldsymbol{I})\neq\boldsymbol{0},$$

故 $m_{\boldsymbol{A}}(\lambda)=(\lambda+1)^2(\lambda-2)$. 令

$$\varphi(\lambda)=2\lambda^8-3\lambda^5+\lambda^4+\lambda^2-4,$$

用 $m_{\boldsymbol{A}}(\lambda)$ 除 $\varphi(\lambda)$ 得余式 $r(\lambda)=60\lambda^2+83\lambda+30$. 从而

$$\varphi(\boldsymbol{A})=r(\boldsymbol{A})=60\boldsymbol{A}^2+83\boldsymbol{A}+26\boldsymbol{I}=\begin{bmatrix}26 & 83 & 60\\ 120 & 206 & 83\\ 166 & 369 & 206\end{bmatrix}.$$ □

例 2.8 求 Jordan 块 $\boldsymbol{J}=\begin{bmatrix}\lambda_i & & & & \\ 1 & \lambda_i & & & \\ & 1 & \ddots & & \\ & & \ddots & \lambda_i & \\ & & & 1 & \lambda_i\end{bmatrix}_{m\times m}$ 的最小多项式.

解 由于 $\det(\lambda\boldsymbol{I}-\boldsymbol{J})=(\lambda-\lambda_i)^m$，因此 $m_{\boldsymbol{J}}(\lambda)=(\lambda-\lambda_i)^k$, $k\leqslant m$. 根据 2.2.2 小节最后的讨论，可知

$$(\boldsymbol{J}-\lambda_i\boldsymbol{I})^k=\begin{bmatrix}0 & & & & \\ 1 & 0 & & & \\ & 1 & \ddots & & \\ & & \ddots & \ddots & \\ & & & 1 & 0\end{bmatrix}^k\neq\boldsymbol{0}(k<m),\quad(\boldsymbol{J}-\lambda_i\boldsymbol{I})^m=\boldsymbol{0},$$

所以当 $k<m$ 时，$(\lambda-\lambda_i)^k$ 不是 $\boldsymbol{J}$ 的零化多项式，故 $m_{\boldsymbol{J}}(\lambda)=(\lambda-\lambda_i)^m$. □

下面的定理指出了最小多项式与不变因子的关系.

定理 2.14 方阵 $\boldsymbol{A}$ 的最小多项式就是其最后一个不变因子.

证明　设 $\boldsymbol{A}$ 的 Jordan 标准形形如 (2.7) 式，每个 Jordan 块形如 (2.6) 式. 由定理 2.13 可知，$\boldsymbol{A}$ 与 $\boldsymbol{J}$ 有相同的最小多项式. $\forall\varphi(\lambda)\in\mathbb{F}[\lambda]$，因

$$\varphi(\boldsymbol{J})=\begin{bmatrix}\varphi(\boldsymbol{J}_1)&&&\\&\varphi(\boldsymbol{J}_2)&&\\&&\ddots&\\&&&\varphi(\boldsymbol{J}_s)\end{bmatrix},$$

故 $\varphi(\boldsymbol{J})=\boldsymbol{0}$ 当且仅当 $\varphi(\boldsymbol{J}_i)=\boldsymbol{0}(1\leqslant i\leqslant s)$，因此 $\boldsymbol{J}_1$，$\boldsymbol{J}_2$，$\cdots,\boldsymbol{J}_s$ 的最小多项式整除 $\boldsymbol{A}$ 的最小多项式，于是 $\boldsymbol{A}$ 的最小多项式应为 $\boldsymbol{J}_1$，$\boldsymbol{J}_2$，$\cdots,\boldsymbol{J}_s$ 的最小多项式的最小公倍式.

根据例 2.8 的结果，$\boldsymbol{J}_i$ 的最小多项式为 $(\lambda-\lambda_i)^{n_i}$，$i=1,2,\cdots,s$. 而 $\boldsymbol{A}$ 的全部初等因子 $(\lambda-\lambda_1)^{n_1}$，$(\lambda-\lambda_2)^{n_2},\cdots,(\lambda-\lambda_s)^{n_s}$ 的最小公倍式就是 $\boldsymbol{A}$ 的最后一个不变因子 $d_n(\lambda)$，这就证明了 $m_{\boldsymbol{A}}(\lambda)=d_n(\lambda)$. □

定理 2.14 给出了求方阵 $\boldsymbol{A}$ 的最小多项式的第二种方法: 不变因子法.

例 2.9　求 $\boldsymbol{A}=\begin{bmatrix}0&1&0\\0&0&1\\2&3&0\end{bmatrix}$ 的最小多项式.

解　因为特征矩阵

$$\lambda\boldsymbol{I}-\boldsymbol{A}=\begin{bmatrix}\lambda&-1&0\\0&\lambda&-1\\-2&-3&\lambda\end{bmatrix}$$

中存在二阶子式 $\begin{vmatrix}-1&0\\\lambda&-1\end{vmatrix}=1$，所以 $D_2(\lambda)=1,D_1(\lambda)=1.$而$D_3(\lambda)=|\lambda\boldsymbol{I}-\boldsymbol{A}|=(\lambda+1)^2(\lambda-2)$，因此 $\boldsymbol{A}$ 的不变因子为

$$d_1(\lambda)=D_1(\lambda)=1,\quad d_2(\lambda)=\frac{D_2(\lambda)}{D_1(\lambda)}=1,\quad d_3(\lambda)=\frac{D_3(\lambda)}{D_2(\lambda)}=(\lambda+1)^2(\lambda-2),$$

即知 $\boldsymbol{A}$ 的最小多项式为 $m_{\boldsymbol{A}}(\lambda)=(\lambda+1)^2(\lambda-2)$. □

2.3.2　方阵对角化的条件

设 n 阶方阵 $\boldsymbol{A}$ 可对角化，即存在可逆矩阵 P，使得

$$\boldsymbol{P}^{-1}\boldsymbol{A}\boldsymbol{P}=\begin{bmatrix}\lambda_1&&&0\\&\lambda_2&&\\&&\ddots&\\0&&&\lambda_n\end{bmatrix}=\mathrm{diag}(\lambda_1,\lambda_2,\cdots,\lambda_n).\tag{2.8}$$

若记 $\boldsymbol{P}=[\boldsymbol{p}_1\ \boldsymbol{p}_2\ \cdots\ \boldsymbol{p}_n]$，则 (2.8) 式等价于

$$[\boldsymbol{A}\boldsymbol{p}_1\ \boldsymbol{A}\boldsymbol{p}_2\ \cdots\ \boldsymbol{A}\boldsymbol{p}_n]=[\lambda_1\boldsymbol{p}_1\ \lambda_2\boldsymbol{p}_2\ \cdots\ \lambda_n\boldsymbol{p}_n],$$

这又等价于

$$\boldsymbol{A}\boldsymbol{p}_k=\lambda_k\boldsymbol{p}_k,\quad k=1,2,\cdots,n,$$

即相似变换矩阵的 n 个列向量就是 $\boldsymbol{A}$ 的特征向量，对角矩阵中主对角线上的元素就是 $\boldsymbol{A}$ 的特征值. 于是得到

定理 2.15 n 阶方阵 $\boldsymbol{A}$ 可对角化当且仅当 $\boldsymbol{A}$ 有 n 个线性无关的特征向量. □

不难证明：一个方阵的不同特征值对应的特征向量是线性无关的，因此有

推论 2.16 若 n 阶方阵 $\boldsymbol{A}$ 有 n 个相异的特征值，则 $\boldsymbol{A}$ 能相似于对角矩阵. □

例 2.10 判断下列矩阵能否对角化，若能, 求相似变换矩阵.

$$(1)\ \boldsymbol{A}=\begin{bmatrix}2&0&0\\1&1&0\\1&1&1\end{bmatrix};\quad(2)\ \boldsymbol{A}=\begin{bmatrix}1&2&2\\2&1&2\\2&2&1\end{bmatrix}.$$

解 (1) 由

$$\det(\lambda\boldsymbol{I}-\boldsymbol{A})=\begin{vmatrix}\lambda-2&0&0\\-1&\lambda-1&0\\-1&-1&\lambda-1\end{vmatrix}=(\lambda-1)^2(\lambda-2)$$

得 $\lambda_1=\lambda_2=1$，$\lambda_3=2$. 因

$$\boldsymbol{I}-\boldsymbol{A}=\begin{bmatrix}-1&0&0\\-1&0&0\\-1&-1&0\end{bmatrix}\to\begin{bmatrix}-1&0&0\\0&0&0\\0&-1&0\end{bmatrix},$$

故 $\operatorname{rank}(\boldsymbol{I}-\boldsymbol{A})=2$，于是 $(\boldsymbol{I}-\boldsymbol{A})\boldsymbol{x}=\boldsymbol{0}$ 的基础解系只含一个线性无关向量，即矩阵 $\boldsymbol{A}$ 只有 2 个线性无关的特征向量，所以 $\boldsymbol{A}$ 不能对角化.

(2) 由

$$\det(\lambda\boldsymbol{I}-\boldsymbol{A})=\begin{vmatrix}\lambda-1&-2&-2\\-2&\lambda-1&-2\\-2&-2&\lambda-1\end{vmatrix}=\begin{vmatrix}\lambda-5&-2&-2\\\lambda-5&\lambda-1&-2\\\lambda-5&-2&\lambda-1\end{vmatrix}=(\lambda+1)^2(\lambda-5)$$

得 $\lambda_1=\lambda_2=-1$，$\lambda_3=5$. 由于

$$-\boldsymbol{I}-\boldsymbol{A}=\begin{bmatrix}-2&-2&-2\\-2&-2&-2\\-2&-2&-2\end{bmatrix},$$

因此 $\operatorname{rank}(-\boldsymbol{I}-\boldsymbol{A})=1$, 从而 $(-\boldsymbol{I}-\boldsymbol{A})\boldsymbol{x}=\boldsymbol{0}$ 的基础解系含有两个线性无关向量, 即 $\boldsymbol{A}$ 有 3 个线性无关的特征向量，所以 $\boldsymbol{A}$ 可对角化. $(-\boldsymbol{I}-\boldsymbol{A})\boldsymbol{x}=\boldsymbol{0}$ 的一般解为

$$(x_1,x_2,x_3)^{\mathrm{T}}=c_1(-1,1,0)^{\mathrm{T}}+c_2(-1,0,1)^{\mathrm{T}}.$$

$\lambda_3=5$ 时，由初等行变换可知

$$5\boldsymbol{I}-\boldsymbol{A}=\begin{bmatrix}4&-2&-2\\-2&4&-2\\-2&-2&4\end{bmatrix}\to\begin{bmatrix}0&-6&6\\0&6&-6\\-2&-2&4\end{bmatrix}\to\begin{bmatrix}0&0&0\\0&1&-1\\1&0&-1\end{bmatrix},$$

从而得 $(5\boldsymbol{I}-\boldsymbol{A})\boldsymbol{x}=\boldsymbol{0}$ 的一般解为

$$(x_1,x_2,x_3)^{\mathrm{T}}=c(1,1,1)^{\mathrm{T}}.$$

所以相似变换矩阵为

$$\boldsymbol{P}=\begin{bmatrix}-1&-1&1\\1&0&1\\0&1&1\end{bmatrix}.$$ □

值得注意的是，相似变换矩阵是不唯一的, 这是因为线性方程组的基础解系不唯一.

下面给出方阵相似于对角矩阵的新的充要条件.

定理 2.17　设 $\boldsymbol{A}\in\mathbb{C}^{n\times n}$，则下列条件等价:

(1)$\boldsymbol{A}$ 相似于对角矩阵;

(2)$\boldsymbol{A}$ 的初等因子均为一次因式;

(3)$\boldsymbol{A}$ 的非常数不变因子无重零点;

(4)$\boldsymbol{A}$ 的最后一个不变因子 $d_n(\lambda)$ 无重零点;

(5)$\boldsymbol{A}$ 的最小多项式无重零点;

(6) 存在一个无重零点的零化多项式.

证明 (1)⇒(2) 设 $\boldsymbol{A} \sim \boldsymbol{J} = \mathrm{diag}(\lambda_1, \lambda_2, \cdots, \lambda_n)$，则

$$\lambda \boldsymbol{I} - \boldsymbol{A} \cong \lambda \boldsymbol{I} - \boldsymbol{J} = \begin{bmatrix} \lambda - \lambda_1 & & & \\ & \lambda - \lambda_2 & & \\ & & \ddots & \\ & & & \lambda - \lambda_n \end{bmatrix}.$$

$\boldsymbol{A}$ 的全部初等因子为 $\lambda - \lambda_1, \lambda - \lambda_2, \cdots, \lambda - \lambda_n$，故 $\boldsymbol{A}$ 的初等因子为一次的.

(2)⇒(3) 由于初等因子均是由非常数不变因子分解成一次因式的幂的乘积而来，因此当 $\boldsymbol{A}$ 的初等因子均为一次因式时，$\boldsymbol{A}$ 的非常数不变因子无重零点.

(3)⇒(4) 显然.

(4)⇒(1) 因 $d_n(\lambda)$ 无重零点，且 $d_i(\lambda)|d_n(\lambda)\,(i = 1, 2, \cdots, n)$，故 $\boldsymbol{A}$ 的非常数不变因子无重零点，从而 $\boldsymbol{A}$ 的初等因子均为一次的，于是 $\boldsymbol{A}$ 的 Jordan 标准形 $\boldsymbol{J}$ 为对角阵，即 $\boldsymbol{A}$ 相似于对角阵.

(4)⇔(5) 这是显然的.

(5)⇒(6) 设 $\boldsymbol{A}$ 的最小多项式无重零点，则 $\boldsymbol{A}$ 存在无重零点的零化多项式.

(6)⇒(5) 设 $\boldsymbol{A}$ 存在一个无重零点的零化多项式，因为最小多项式是零化多项式的因子，所以最小多项式无重零点. □

例 2.11 设 $A \in \mathbb{R}^{n \times n}$，若 $\boldsymbol{A}^2 + \boldsymbol{A} = 2\boldsymbol{I}$，则 $\boldsymbol{A}$ 可对角化.

证明 由于$\boldsymbol{A}^2 + \boldsymbol{A} = 2\boldsymbol{I}$，因此 $\varphi(\lambda) = \lambda^2 + \lambda - 2$ 为 $\boldsymbol{A}$ 的一个零化多项式，而 $\varphi(\lambda)$ 恰有两个不同的零点 1 和 -2，于是 $\boldsymbol{A}$ 相似于对角阵. □

2.3.3 Hermite 矩阵

实对称矩阵可以通过正交变换对角化. 在复矩阵中，Hermite 矩阵具有与实对称矩阵相类似的性质.

设 $\boldsymbol{A} = [a_{ij}] \in \mathbb{C}^{n \times n}$，记 $\bar{\boldsymbol{A}} = [\bar{a}_{ij}]$，$\boldsymbol{A}^{\mathrm{H}} = \bar{\boldsymbol{A}}^{\mathrm{T}}$，称 $\bar{\boldsymbol{A}}$ 为 $\boldsymbol{A}$ 的共轭矩阵，$\boldsymbol{A}^{\mathrm{H}}$ 为 $\boldsymbol{A}$ 的共轭转置矩阵.

不难验证，共轭转置有如下基本性质：

(1) $\boldsymbol{A}^{\mathrm{H}} = \bar{\boldsymbol{A}}^{\mathrm{T}} = \overline{\boldsymbol{A}^{\mathrm{T}}}$；

(2) $(\boldsymbol{A} + \boldsymbol{B})^{\mathrm{H}} = \boldsymbol{A}^{\mathrm{H}} + \boldsymbol{B}^{\mathrm{H}}$；

(3) $(\boldsymbol{A}\boldsymbol{B})^{\mathrm{H}} = \boldsymbol{B}^{\mathrm{H}}\boldsymbol{A}^{\mathrm{H}}$；

(4) $(k\boldsymbol{A})^{\mathrm{H}} = \bar{k}\boldsymbol{A}^{\mathrm{H}}$，$k \in \mathbb{C}$；

(5) $(\boldsymbol{A}^{\mathrm{H}})^{\mathrm{H}} = \boldsymbol{A}$.

定义 2.13 设 $\boldsymbol{A} \in \mathbb{C}^{n \times n}$，如果 $\boldsymbol{A}^{\mathrm{H}}\boldsymbol{A} = \boldsymbol{A}\boldsymbol{A}^{\mathrm{H}} = \boldsymbol{I}$，则称 $\boldsymbol{A}$ 为酉矩阵.

定理 2.18　设 $\boldsymbol{A} \in \mathbb{C}^{n\times n}$，则 $\boldsymbol{A}$ 为酉矩阵的充分必要条件是 $\boldsymbol{A}$ 的列 (行) 向量组为酉空间 $\mathbb{C}^n$ 中的标准正交基.

证明　设 $\boldsymbol{\alpha}_1, \boldsymbol{\alpha}_2, \cdots, \boldsymbol{\alpha}_n$ 为 $\boldsymbol{A}$ 的列向量组，则 $\boldsymbol{A} = [\boldsymbol{\alpha}_1\ \boldsymbol{\alpha}_2\ \cdots\ \boldsymbol{\alpha}_n]$. 从而 $\boldsymbol{A}$ 为酉矩阵 $\Leftrightarrow \boldsymbol{A}^{\mathrm{H}}\boldsymbol{A} = \boldsymbol{I}$

$$\Leftrightarrow \begin{bmatrix} \boldsymbol{\alpha}_1^{\mathrm{H}}\boldsymbol{\alpha}_1 & \boldsymbol{\alpha}_1^{\mathrm{H}}\boldsymbol{\alpha}_2 & \cdots & \boldsymbol{\alpha}_1^{\mathrm{H}}\boldsymbol{\alpha}_n \\ \boldsymbol{\alpha}_2^{\mathrm{H}}\boldsymbol{\alpha}_1 & \boldsymbol{\alpha}_2^{\mathrm{H}}\boldsymbol{\alpha}_2 & \cdots & \boldsymbol{\alpha}_2^{\mathrm{H}}\boldsymbol{\alpha}_n \\ \vdots & \vdots & & \vdots \\ \boldsymbol{\alpha}_n^{\mathrm{H}}\boldsymbol{\alpha}_1 & \boldsymbol{\alpha}_n^{\mathrm{H}}\boldsymbol{\alpha}_2 & \cdots & \boldsymbol{\alpha}_n^{\mathrm{H}}\boldsymbol{\alpha}_n \end{bmatrix} = \boldsymbol{I} \Leftrightarrow \boldsymbol{\alpha}_i^{\mathrm{H}}\boldsymbol{\alpha}_j = \begin{cases} 1, & i = j \\ 0, & i \neq j \end{cases}$$

$$\Leftrightarrow \langle \boldsymbol{\alpha}_j, \boldsymbol{\alpha}_i \rangle = \begin{cases} 1, & i = j \\ 0, & i \neq j \end{cases} \Leftrightarrow \boldsymbol{\alpha}_1, \boldsymbol{\alpha}_2, \cdots, \boldsymbol{\alpha}_n \text{为 } \mathbb{C}^n \text{ 中的一组标准正交基.}$$

同理可证 $\boldsymbol{A}$ 为酉矩阵当且仅当 $\boldsymbol{A}$ 的行向量组为 $\mathbb{C}^n$ 的一组标准正交基.　□

因此，要构造一个 n 阶酉矩阵，只需在 $\mathbb{C}^n$ 中取一组基 $\boldsymbol{x}_1, \boldsymbol{x}_2, \cdots, \boldsymbol{x}_n$，然后利用 Gram-Schmidt 正交化过程将 $\boldsymbol{x}_1, \boldsymbol{x}_2, \cdots, \boldsymbol{x}_n$ 化为标准正交基 $\boldsymbol{e}_1, \boldsymbol{e}_2, \cdots, \boldsymbol{e}_n$，那么 $\boldsymbol{U} = [\boldsymbol{e}_1\ \boldsymbol{e}_2\ \cdots\ \boldsymbol{e}_n]$ 就是酉矩阵.

定义 2.14　设 $\boldsymbol{A}, \boldsymbol{B} \in \mathbb{C}^{n\times n}$，若存在酉矩阵 $\boldsymbol{U}$，使得 $\boldsymbol{U}^{-1}\boldsymbol{A}\boldsymbol{U} = \boldsymbol{U}^{\mathrm{H}}\boldsymbol{A}\boldsymbol{U} = \boldsymbol{B}$，则称 $\boldsymbol{A}$ 与 $\boldsymbol{B}$ 酉相似.

定义 2.15　设 $\boldsymbol{A} \in \mathbb{C}^{n\times n}$，如果 $\boldsymbol{A}^{\mathrm{H}} = \boldsymbol{A}$，则称 $\boldsymbol{A}$ 为 Hermite 矩阵.

很容易由 Hermite 矩阵的定义得到：

(1) Hermite 矩阵的主对角线上元素为实数，其余元素关于主对角线互为共轭；

(2) 设 $\boldsymbol{A}, \boldsymbol{B}$ 为 Hermite 矩阵，则 $\boldsymbol{A} + \boldsymbol{B}$ 为 Hermite 矩阵；

(3) 设 $\boldsymbol{A}, \boldsymbol{B}$ 为 Hermite 矩阵，则 $\boldsymbol{A}\boldsymbol{B}$ 为 Hermite 矩阵当且仅当 $\boldsymbol{A}\boldsymbol{B} = \boldsymbol{B}\boldsymbol{A}$.

酉矩阵是实正交矩阵的推广，Hermite 矩阵是实对称矩阵的推广.

定理 2.19　Hermite 矩阵的特征值为实数，并且对应于不同特征值的特征向量正交.

证明　设 $\boldsymbol{A}$ 为 n 阶 Hermite 矩阵，λ 为 $\boldsymbol{A}$ 的一个特征值，$\boldsymbol{\alpha}$ 为 $\boldsymbol{A}$ 的对应于 λ 的一个特征向量，则

$$\boldsymbol{A}\boldsymbol{\alpha} = \lambda\boldsymbol{\alpha}, \quad \boldsymbol{\alpha} \neq \boldsymbol{0},$$

因此 $\boldsymbol{\alpha}^{\mathrm{H}}\boldsymbol{A}^{\mathrm{H}} = \overline{\lambda}\boldsymbol{\alpha}^{\mathrm{H}}$，从而 $\boldsymbol{\alpha}^{\mathrm{H}}\boldsymbol{A} = \overline{\lambda}\boldsymbol{\alpha}^{\mathrm{H}}$，于是

$$\lambda\boldsymbol{\alpha}^{\mathrm{H}}\boldsymbol{\alpha} = \boldsymbol{\alpha}^{\mathrm{H}}\lambda\boldsymbol{\alpha} = \boldsymbol{\alpha}^{\mathrm{H}}(\boldsymbol{A}\alpha) = (\boldsymbol{\alpha}^{\mathrm{H}}\boldsymbol{A})\boldsymbol{\alpha} = (\overline{\lambda}\boldsymbol{\alpha}^{\mathrm{H}})\boldsymbol{\alpha} = \overline{\lambda}\boldsymbol{\alpha}^{\mathrm{H}}\boldsymbol{\alpha},$$

因此 $\boldsymbol{\alpha}^{\mathrm{H}}\boldsymbol{\alpha} \neq 0$，故 $\overline{\lambda} = \lambda$，即 λ 为实数.

如果 λ_1,λ_2 为 $\boldsymbol{A}$ 的两个相异特征值，$\boldsymbol{\alpha}_1,\boldsymbol{\alpha}_2$ 为分别对应于 λ_1,λ_2 的特征向量，则

$$\boldsymbol{A}\boldsymbol{\alpha}_1=\lambda_1\boldsymbol{\alpha}_1,\quad A\boldsymbol{\alpha}_2=\lambda_2\boldsymbol{\alpha}_2,$$

从而由 λ_1 为实数得 $\boldsymbol{\alpha}_1^{\mathrm{H}}\boldsymbol{A}=\lambda_1\boldsymbol{\alpha}_1^{\mathrm{H}}$. 因此

$$\lambda_1\boldsymbol{\alpha}_1^{\mathrm{H}}\boldsymbol{\alpha}_2=(\boldsymbol{\alpha}_1^{\mathrm{H}}\boldsymbol{A})\boldsymbol{\alpha}_2=\boldsymbol{\alpha}_1^{\mathrm{H}}(\boldsymbol{A}\boldsymbol{\alpha}_2)=\boldsymbol{\alpha}_1^{\mathrm{H}}(\lambda_2\boldsymbol{\alpha}_2)=\lambda_2\boldsymbol{\alpha}_1^{\mathrm{H}}\boldsymbol{\alpha}_2,$$

又 $\lambda_1\neq\lambda_2$，故 $\boldsymbol{\alpha}_1^{\mathrm{H}}\boldsymbol{\alpha}_2=0$，即证明了 $\boldsymbol{\alpha}_1$ 与 $\boldsymbol{\alpha}_2$ 正交. □

定理 2.20 设 $\boldsymbol{A}=[a_{ij}]\in\mathbb{C}^{n\times n}$，则 $\boldsymbol{A}$ 为 Hermite 矩阵当且仅当 $\forall\boldsymbol{\alpha},\boldsymbol{\beta}\in\mathbb{C}^n$，满足

$$\langle\boldsymbol{A}\boldsymbol{\alpha},\boldsymbol{\beta}\rangle=\langle\boldsymbol{\alpha},\boldsymbol{A}\boldsymbol{\beta}\rangle.$$

证明 必要性. 设 $\boldsymbol{A}$ 为 Hermite 矩阵，则 $\forall\boldsymbol{\alpha},\boldsymbol{\beta}\in\mathbb{C}^n$，有

$$\langle\boldsymbol{A}\boldsymbol{\alpha},\boldsymbol{\beta}\rangle=\boldsymbol{\beta}^{\mathrm{H}}\boldsymbol{A}\boldsymbol{\alpha}=\boldsymbol{\beta}^{\mathrm{H}}\boldsymbol{A}^{\mathrm{H}}\boldsymbol{\alpha}=\langle\boldsymbol{\alpha},\boldsymbol{A}\boldsymbol{\beta}\rangle.$$

充分性. 取

$$\boldsymbol{\alpha}=\boldsymbol{e}_j,\quad\boldsymbol{\beta}=\boldsymbol{e}_i\quad(i,\ j=1,2,\cdots,n),$$

其中 $\boldsymbol{e}_i=(0,\cdots,0,1,0,\cdots,0)^{\mathrm{T}}$ 表示第 i 个分量为 1，其余分量均为零的单位向量，那么

$$\langle\boldsymbol{A}\boldsymbol{e}_j,\boldsymbol{e}_i\rangle=\boldsymbol{e}_i^{\mathrm{H}}\boldsymbol{A}\boldsymbol{e}_j=a_{ij},\quad\langle\boldsymbol{e}_j,\boldsymbol{A}\boldsymbol{e}_i\rangle=\boldsymbol{e}_i^{\mathrm{H}}\boldsymbol{A}^{\mathrm{H}}\boldsymbol{e}_j=\bar{a}_{ji},$$

由已知，$\forall\boldsymbol{\alpha},\boldsymbol{\beta}\in\mathbb{C}^n$，总有 $\langle\boldsymbol{A}\boldsymbol{\alpha},\boldsymbol{\beta}\rangle=\langle\boldsymbol{\alpha},\boldsymbol{A}\boldsymbol{\beta}\rangle$，即 $a_{ij}=\bar{a}_{ji}$，故 $\boldsymbol{A}^{\mathrm{H}}=\boldsymbol{A}$. □

定理 2.21 设 $\boldsymbol{A}\in\mathbb{C}^{n\times n}$，则 $\boldsymbol{A}$ 为 Hermite 矩阵当且仅当 $\boldsymbol{A}$ 可酉对角化，即存在酉矩阵 $\boldsymbol{U}$，使得

$$\boldsymbol{U}^{\mathrm{H}}\boldsymbol{A}\boldsymbol{U}=\mathrm{diag}(\lambda_1,\lambda_2,\cdots,\lambda_n),$$

其中 $\lambda_i\in\mathbb{R}\ (i=1,2,\cdots,n)$，$\lambda_1,\lambda_2,\cdots,\lambda_n$ 为 $\boldsymbol{A}$ 的全部特征值.

证明 充分性. 设 $\boldsymbol{A}$ 酉相似于对角矩阵 $\mathrm{diag}(\lambda_1,\lambda_2,\cdots,\lambda_n)$，$\lambda_i\in\mathbb{R}(i=1,2,\cdots,n)$，即存在 n 阶酉矩阵 $\boldsymbol{U}$，使得

$$\boldsymbol{U}^{-1}\boldsymbol{A}\boldsymbol{U}=\boldsymbol{U}^{\mathrm{H}}\boldsymbol{A}\boldsymbol{U}=\mathrm{diag}(\lambda_1,\lambda_2,\cdots,\lambda_n),$$

于是

$$\boldsymbol{A}^{\mathrm{H}}=\Big(\boldsymbol{U}\mathrm{diag}(\lambda_1,\lambda_2,\cdots,\lambda_n)\boldsymbol{U}^{\mathrm{H}}\Big)^{\mathrm{H}}=\boldsymbol{U}\mathrm{diag}(\lambda_1,\lambda_2,\cdots,\lambda_n)\boldsymbol{U}^{\mathrm{H}}=\boldsymbol{A},$$

故 $\boldsymbol{A}$ 为 Hermite 矩阵.

必要性. 对 n 用数学归纳法. 当 $n=1$ 时，结论显然成立. 假设结论对 $n-1$ 阶 Hermite 矩阵成立. 对于 n 阶 Hermite 矩阵 $\boldsymbol{A}$，取 $\boldsymbol{A}$ 的一个特征值 λ_1 和相应

的单位特征向量 $\boldsymbol{\alpha}_1$. 按 Gram-Schmidt 正交化方法，将 $\boldsymbol{\alpha}_1$ 扩充为 $\mathbb{C}^n$ 中标准正交基 $\boldsymbol{\alpha}_1,\boldsymbol{\alpha}_2,\cdots,\boldsymbol{\alpha}_n$. 令 $\boldsymbol{U}_1=[\boldsymbol{\alpha}_1\ \boldsymbol{\alpha}_2\ \cdots\ \boldsymbol{\alpha}_n]$，于是 $\boldsymbol{U}_1$ 为 n 阶酉矩阵，并且

$$\boldsymbol{A}\boldsymbol{U}_1=[\boldsymbol{A}\boldsymbol{\alpha}_1\ \boldsymbol{A}\boldsymbol{\alpha}_2\ \cdots\ \boldsymbol{A}\alpha_n]=\left[\lambda_1\boldsymbol{\alpha}_1\ \sum_{j=1}^{n}t_{2j}\boldsymbol{\alpha}_j\ \cdots\ \sum_{j=1}^{n}t_{nj}\boldsymbol{\alpha}_j\right]$$

$$=[\boldsymbol{\alpha}_1\ \boldsymbol{\alpha}_2\ \cdots\ \boldsymbol{\alpha}_n]\begin{bmatrix}\lambda_1 & t_{21} & \cdots & t_{n1}\\ 0 & t_{22} & \cdots & t_{n2}\\ \vdots & \vdots & & \vdots\\ 0 & t_{2n} & \cdots & t_{nn}\end{bmatrix}=\boldsymbol{U}_1\begin{bmatrix}\lambda_1 & t_{21} & \cdots & t_{n1}\\ 0 & t_{22} & \cdots & t_{n2}\\ \vdots & \vdots & & \vdots\\ 0 & t_{2n} & \cdots & t_{nn}\end{bmatrix},$$

故

$$\boldsymbol{U}_1^{\mathrm{H}}\boldsymbol{A}\boldsymbol{U}_1=\begin{bmatrix}\lambda_1 & t_{21} & \cdots & t_{n1}\\ 0 & t_{22} & \cdots & t_{n2}\\ \vdots & \vdots & & \vdots\\ 0 & t_{2n} & \cdots & t_{nn}\end{bmatrix}.$$

容易验证 $\boldsymbol{U}_1^{\mathrm{H}}\boldsymbol{A}\boldsymbol{U}_1$ 为 Hermite 矩阵，从而 $t_{21}=t_{31}=\cdots=t_{n1}=0$，且

$$\boldsymbol{T}=\begin{bmatrix}t_{22} & \cdots & t_{n2}\\ \vdots & & \vdots\\ t_{2n} & \cdots & t_{nn}\end{bmatrix}$$

为 $n-1$ 阶 Hermite 矩阵. 由归纳假设，存在 $n-1$ 阶酉矩阵 $\boldsymbol{U}_2$，使得

$$\boldsymbol{U}_2^{\mathrm{H}}\boldsymbol{T}\boldsymbol{U}_2=\boldsymbol{U}_2^{-1}\boldsymbol{T}\boldsymbol{U}_2=\mathrm{diag}(\lambda_2,\lambda_3,\cdots,\lambda_n),\quad \lambda_i\in\mathbb{R}\ (i=2,3,\cdots,n).$$

取

$$\boldsymbol{U}=\boldsymbol{U}_1\begin{bmatrix}1 & \\ & \boldsymbol{U}_2\end{bmatrix},$$

则 $\boldsymbol{U}$ 为 n 阶酉矩阵，并且

$$\boldsymbol{U}^{\mathrm{H}}\boldsymbol{A}\boldsymbol{U}=\begin{bmatrix}1 & \\ & \boldsymbol{U}_2^{\mathrm{H}}\end{bmatrix}\boldsymbol{U}_1^{\mathrm{H}}\boldsymbol{A}\boldsymbol{U}_1\begin{bmatrix}1 & \\ & \boldsymbol{U}_2\end{bmatrix}=\begin{bmatrix}1 & \\ & \boldsymbol{U}_2^{\mathrm{H}}\end{bmatrix}\begin{bmatrix}\lambda_1 & \\ & \boldsymbol{T}\end{bmatrix}\begin{bmatrix}1 & \\ & \boldsymbol{U}_2\end{bmatrix}$$

$$=\begin{bmatrix}\lambda_1 & \\ & \boldsymbol{U}_2^{\mathrm{H}}\boldsymbol{T}\boldsymbol{U}_2\end{bmatrix}=\mathrm{diag}(\lambda_1,\lambda_2,\cdots,\lambda_n).$$

于是结论成立. □

例 2.12 求酉矩阵 $\boldsymbol{U}$，使得 $\boldsymbol{U}^{\mathrm{H}}\boldsymbol{A}\boldsymbol{U}$ 为对角矩阵. 其中

$$\boldsymbol{A}=\begin{bmatrix}0&1&\mathrm{i}\\1&0&-\mathrm{i}\\-\mathrm{i}&\mathrm{i}&0\end{bmatrix}.$$

解 由于 $\boldsymbol{A}^{\mathrm{H}}=\boldsymbol{A}$，即 $\boldsymbol{A}$ 为 Hermite 矩阵，因此 $\boldsymbol{A}$ 可酉对角化. 由

$$\det(\lambda\boldsymbol{I}-\boldsymbol{A})=\begin{vmatrix}\lambda&-1&-\mathrm{i}\\-1&\lambda&\mathrm{i}\\\mathrm{i}&-\mathrm{i}&\lambda\end{vmatrix}=(\lambda-1)^2(\lambda+2)=0$$

得 $\boldsymbol{A}$ 的全部特征值为 $\lambda_1=\lambda_2=1,\ \lambda_3=-2$.

对于 $\lambda=1$，由 $(\boldsymbol{I}-\boldsymbol{A})\boldsymbol{x}=\boldsymbol{0}$，求得对应于 1 的线性无关的特征向量为

$$\boldsymbol{\alpha}_1=(1,1,0)^{\mathrm{T}},\quad \boldsymbol{\alpha}_2=(\mathrm{i},0,1)^{\mathrm{T}},$$

将 $\boldsymbol{\alpha}_1,\boldsymbol{\alpha}_2$ 正交单位化得

$$\boldsymbol{\beta}_1=\left(\frac{1}{\sqrt{2}},\frac{1}{\sqrt{2}},0\right)^{\mathrm{T}},\quad \boldsymbol{\beta}_2=\left(\frac{\mathrm{i}}{\sqrt{6}},-\frac{\mathrm{i}}{\sqrt{6}},\frac{2}{\sqrt{6}}\right)^{\mathrm{T}}.$$

对于 $\lambda=-2$，由 $(-2\boldsymbol{I}-\boldsymbol{A})\boldsymbol{x}=\boldsymbol{0}$，求得对应于 -2 的一个特征向量为

$$\boldsymbol{\alpha}_3=(\mathrm{i},-\mathrm{i},-1)^{\mathrm{T}},$$

将其单位化得

$$\boldsymbol{\beta}_3=\left(\frac{\mathrm{i}}{\sqrt{3}},-\frac{\mathrm{i}}{\sqrt{3}},-\frac{1}{\sqrt{3}}\right)^{\mathrm{T}}.$$

取

$$\boldsymbol{U}=[\boldsymbol{\beta}_1\ \boldsymbol{\beta}_2\ \boldsymbol{\beta}_3]=\begin{bmatrix}\frac{1}{\sqrt{2}}&\frac{\mathrm{i}}{\sqrt{6}}&\frac{\mathrm{i}}{\sqrt{3}}\\\frac{1}{\sqrt{2}}&-\frac{\mathrm{i}}{\sqrt{6}}&-\frac{\mathrm{i}}{\sqrt{3}}\\0&\frac{2}{\sqrt{6}}&-\frac{1}{\sqrt{3}}\end{bmatrix},$$

则

$$\boldsymbol{U}^{\mathrm{H}}\boldsymbol{A}\boldsymbol{U}=\boldsymbol{U}^{-1}\boldsymbol{A}\boldsymbol{U}=\mathrm{diag}(1,1,-2).$$ □

下面介绍一种非常重要的 Hermite 矩阵.

定义 2.16　设 $\boldsymbol{A} \in \mathbb{C}^{n\times n}$ 为 Hermite 矩阵，λ_1，λ_2，$\cdots$，λ_n 为 $\boldsymbol{A}$ 的所有特征值，如果 $\lambda_i > 0(i=1,2,\cdots,n)$，则称方阵 $\boldsymbol{A}$ 正定；如果 $\lambda_i \geqslant 0(i=1,2,\cdots,n)$，则称方阵 $\boldsymbol{A}$ 半正定.

定理 2.22　设 $\boldsymbol{A}$ 为 n 阶 Hermite 矩阵，则 $\boldsymbol{A}$ 为正定矩阵的充要条件是存在正定矩阵 $\boldsymbol{H} \in \mathbb{C}^{n\times n}$，使得 $\boldsymbol{A} = \boldsymbol{H}^2$.

证明　必要性. 设 $\boldsymbol{A}$ 为正定矩阵，则 $\boldsymbol{A}$ 的全部特征值 $\lambda_i > 0(i=1,2,\cdots,n)$，于是由定理 2.21 知，存在酉矩阵 $\boldsymbol{U}$，使得

$$\boldsymbol{U}^{\mathrm{H}}\boldsymbol{A}\boldsymbol{U} = \mathrm{diag}(\lambda_1,\lambda_2,\cdots,\lambda_n) = \boldsymbol{D}.$$

令 $\boldsymbol{D}_0 = \mathrm{diag}(\sqrt{\lambda_1},\sqrt{\lambda_2},\cdots,\sqrt{\lambda_n})$，$\boldsymbol{H} = \boldsymbol{U}\boldsymbol{D}_0\boldsymbol{U}^{\mathrm{H}}$，则 $\boldsymbol{D} = \boldsymbol{D}_0^2$，且

$$\boldsymbol{A} = \boldsymbol{U}\boldsymbol{D}\boldsymbol{U}^{\mathrm{H}} = \boldsymbol{U}\boldsymbol{D}_0^2\boldsymbol{U}^{\mathrm{H}} = (\boldsymbol{U}\boldsymbol{D}_0\boldsymbol{U}^{\mathrm{H}})(\boldsymbol{U}\boldsymbol{D}_0\boldsymbol{U}^{\mathrm{H}}) = \boldsymbol{H}^2.$$

因为 $\boldsymbol{D}_0$ 的全部特征值 $\sqrt{\lambda_i} > 0(i=1,2,\cdots,n)$，从而 $\boldsymbol{H}$ 为正定矩阵.

充分性. 设有正定矩阵 $\boldsymbol{H}$，使得 $\boldsymbol{A} = \boldsymbol{H}^2$，则 $\boldsymbol{H}$ 的全部特征值大于零，而 $\boldsymbol{A}$ 的特征值为 $\boldsymbol{H}$ 的特征值的平方，故 $\boldsymbol{A}$ 为正定矩阵. □

定理 2.23　设 $\boldsymbol{A}$ 为 n 阶 Hermite 矩阵，则 $\boldsymbol{A}$ 为正定矩阵的充要条件是对任意非零向量 $\boldsymbol{\alpha} \in \mathbb{C}^n$，有 $\langle \boldsymbol{A}\boldsymbol{\alpha}, \boldsymbol{\alpha}\rangle > 0$.

证明　必要性. 设 $\boldsymbol{A}$ 为正定矩阵，则存在正定矩阵 $\boldsymbol{H} \in \mathbb{C}^{n\times n}$，使得 $\boldsymbol{A} = \boldsymbol{H}^2$. 则由定理 2.20 知，

$$\langle \boldsymbol{A}\boldsymbol{\alpha}, \boldsymbol{\alpha}\rangle = \langle \boldsymbol{H}^2\boldsymbol{\alpha}, \boldsymbol{\alpha}\rangle = \langle \boldsymbol{H}\boldsymbol{\alpha}, \boldsymbol{H}\boldsymbol{\alpha}\rangle > 0.$$

充分性. 若对任意非零向量 $\boldsymbol{\alpha} \in \mathbb{C}^n$，有 $\langle \boldsymbol{A}\boldsymbol{\alpha}, \boldsymbol{\alpha}\rangle > 0$. 假设 $\boldsymbol{A}$ 的全部特征值为 λ_1，λ_2，$\cdots$，λ_n，对应的单位正交特征向量分别为 $\boldsymbol{u}_1$，$\boldsymbol{u}_2$，$\cdots$，$\boldsymbol{u}_n$，则

$$0 < \langle \boldsymbol{A}\boldsymbol{u}_i, \boldsymbol{u}_i\rangle = \langle \lambda_i\boldsymbol{u}_i, \boldsymbol{u}_i\rangle = \lambda_i\langle \boldsymbol{u}_i, \boldsymbol{u}_i\rangle = \lambda_i, \quad i=1,2,\cdots,n,$$

所以 $\boldsymbol{A}$ 为正定矩阵. □

定理 2.24　设 $\boldsymbol{A}$ 为 n 阶 Hermite 矩阵，则 $\boldsymbol{A}$ 为正定矩阵的充要条件是 $\boldsymbol{A}$ 的各阶顺序主子阵为正定矩阵.

证明　必要性. 设 $\boldsymbol{A}$ 为正定矩阵，$\forall k \in \{1,2,\cdots,n\}$，任取非零向量 $\boldsymbol{\beta} \in \mathbb{C}^k$，令 $\boldsymbol{\alpha} = \begin{bmatrix} \boldsymbol{\beta} \\ \boldsymbol{0} \end{bmatrix} \in \mathbb{C}^n$，则由定理 2.23 知

$$0 < \langle \boldsymbol{A}\boldsymbol{\alpha}, \boldsymbol{\alpha}\rangle = \boldsymbol{\alpha}^{\mathrm{H}}\boldsymbol{A}\boldsymbol{\alpha} = [\boldsymbol{\beta}^{\mathrm{T}} \ \ \boldsymbol{0}]\begin{bmatrix} \boldsymbol{A}_k & \boldsymbol{R} \\ \boldsymbol{S} & \boldsymbol{T} \end{bmatrix}\begin{bmatrix} \boldsymbol{\beta} \\ \boldsymbol{0} \end{bmatrix} = \boldsymbol{\beta}^{\mathrm{H}}\boldsymbol{A}_k\boldsymbol{\beta} = \langle \boldsymbol{A}_k\boldsymbol{\beta}, \boldsymbol{\beta}\rangle,$$

其中 $\boldsymbol{A}_k$ 为 $\boldsymbol{A}$ 的 k 阶顺序主子阵. 再由定理 2.23 知，$\boldsymbol{A}_k$ 为正定矩阵.

充分性. 对 n 用数学归纳法. 当 $n=1$ 时，命题显然成立. 假设命题对 $n-1$ 阶 Hermite 矩阵成立. 对于 n 阶 Hermite 矩阵 $\boldsymbol{A}$，把 $\boldsymbol{A}$ 分块：

$$\boldsymbol{A}=\begin{bmatrix}\boldsymbol{A}_{n-1} & \boldsymbol{u}\\ \boldsymbol{u}^{\mathrm{H}} & a_{nn}\end{bmatrix},$$

这里 $\boldsymbol{A}_{n-1}$ 为 $n-1$ 阶 Hermite 矩阵. 因为 $\boldsymbol{A}$ 的各阶顺序主子式均大于零，所以 $\boldsymbol{A}_{n-1}$ 的各阶顺序主子式也都大于零，由归纳假设，$\boldsymbol{A}_{n-1}$ 是正定矩阵. 取

$$\boldsymbol{P}=\begin{bmatrix}\boldsymbol{I}_{n-1} & -\boldsymbol{A}_{n-1}^{-1}\boldsymbol{u}\\ 0 & 1\end{bmatrix},$$

则

$$\boldsymbol{P}^{\mathrm{H}}\boldsymbol{A}\boldsymbol{P}=\begin{bmatrix}\boldsymbol{A}_{n-1} & \boldsymbol{0}\\ \boldsymbol{0} & a_{nn}-\boldsymbol{u}^{\mathrm{H}}\boldsymbol{A}_{n-1}^{-1}\boldsymbol{u}\end{bmatrix}.$$

由于 $\det\boldsymbol{A}>0$，$\det\boldsymbol{A}_{n-1}>0$，$\det\boldsymbol{P}\neq 0$，因此

$$0<\overline{\det\boldsymbol{P}}\cdot\det\boldsymbol{A}\cdot\det\boldsymbol{P}=\det\boldsymbol{A}_{n-1}\cdot(a_{nn}-\boldsymbol{u}^{\mathrm{H}}\boldsymbol{A}_{n-1}^{-1}\boldsymbol{u}),$$

从而

$$b=a_{nn}-\boldsymbol{u}^{\mathrm{H}}\boldsymbol{A}_{n-1}^{-1}\boldsymbol{u}>0.$$

因 $\boldsymbol{A}_{n-1}$ 是正定矩阵，故存在可逆矩阵 $\boldsymbol{Q}_{n-1}$，使得 $\boldsymbol{A}_{n-1}=\boldsymbol{Q}_{n-1}^{\mathrm{H}}\boldsymbol{Q}_{n-1}$. 令

$$\boldsymbol{Q}=\begin{bmatrix}\boldsymbol{Q}_{n-1} & \boldsymbol{0}\\ \boldsymbol{0} & \sqrt{b}\end{bmatrix}\boldsymbol{P}^{-1},$$

则 $\boldsymbol{Q}$ 可逆，且

$$\boldsymbol{A}=(\boldsymbol{P}^{-1})^{\mathrm{H}}\begin{bmatrix}\boldsymbol{A}_{n-1} & \boldsymbol{0}\\ \boldsymbol{0} & b\end{bmatrix}\boldsymbol{P}^{-1}=\boldsymbol{Q}^{\mathrm{H}}\boldsymbol{Q},$$

因为

$$\langle\boldsymbol{A}\boldsymbol{\alpha},\boldsymbol{\alpha}\rangle=\langle\boldsymbol{Q}^{\mathrm{H}}\boldsymbol{Q}\boldsymbol{\alpha},\boldsymbol{\alpha}\rangle=\boldsymbol{\alpha}^{\mathrm{H}}\boldsymbol{Q}^{\mathrm{H}}\boldsymbol{Q}\boldsymbol{\alpha}=\ \|\boldsymbol{Q}\boldsymbol{\alpha}\|_2^2>0,$$

所以由定理 2.23 知 $\boldsymbol{A}$ 为正定矩阵. □

2.4 方阵的范数

范数是方阵的重要数学特征，它在讨论方阵序列、方阵级数的收敛性以及方阵函数时起着关键性作用. 本节将重点介绍方阵的自相容范数和算子范数.

2.4.1　方阵的自相容范数

n 阶方阵作为 n^2 维复线性空间 $\mathbb{C}^{n\times n}$ 上的元素，可以定义各种范数．例如，$\forall \boldsymbol{A}=[a_{ij}]\in\mathbb{C}^{n\times n}$，定义

$$\begin{aligned}
\|\boldsymbol{A}\|_{\mathrm{m}} &= \max_{1\leqslant i,j\leqslant n}|a_{ij}|;\\
\|\boldsymbol{A}\|_{(p)} &= \left(\sum_{i=1}^{n}\sum_{j=1}^{n}|a_{ij}|^p\right)^{\frac{1}{p}}\quad (1\leqslant p<\infty);\\
\|\boldsymbol{A}\|_{\mathrm{F}} &= \left(\sum_{i=1}^{n}\sum_{j=1}^{n}|a_{ij}|^2\right)^{\frac{1}{2}}=\sqrt{\mathrm{tr}(\boldsymbol{A}^{\mathrm{H}}\boldsymbol{A})};\\
\|\boldsymbol{A}\|_1 &= \max_{1\leqslant j\leqslant n}\sum_{i=1}^{n}|a_{ij}|;\\
\|\boldsymbol{A}\|_\infty &= \max_{1\leqslant i\leqslant n}\sum_{j=1}^{n}|a_{ij}|.
\end{aligned}$$

容易验证 $\|\bullet\|_{\mathrm{m}}$，$\|\bullet\|_{(p)}$，$\|\bullet\|_{\mathrm{F}}$，$\|\bullet\|_1$，$\|\bullet\|_\infty$ 均为 $\mathbb{C}^{n\times n}$ 中的范数，分别称为最大值范数、p 范数、Frobenius 范数、列和范数与行和范数.

在研究与方阵相关的问题时，经常遇到方阵之间或方阵与向量之间的乘法运算, 自然希望方阵范数对矩阵乘法满足所谓的相容性.

定义 2.17　设 $\|\bullet\|$ 是方阵空间 $\mathbb{C}^{n\times n}$ 中的范数，如果

$$\|\boldsymbol{AB}\|\leqslant\|\boldsymbol{A}\|\,\|\boldsymbol{B}\|,\quad \forall \boldsymbol{A},\boldsymbol{B}\in\mathbb{C}^{n\times n}$$

则称 $\|\bullet\|$ 是与矩阵乘积相容的方阵范数，简称自相容范数.

定义 2.18　设 $\|\bullet\|$ 为方阵空间 $\mathbb{C}^{n\times n}$ 中的范数，$\|\bullet\|_\alpha$ 为向量空间 $\mathbb{C}^n$ 中的范数. 如果

$$\|\boldsymbol{Ax}\|_\alpha\leqslant\|\boldsymbol{A}\|\,\|\boldsymbol{x}\|_\alpha,\quad \forall \boldsymbol{A}\in\mathbb{C}^{n\times n},\quad \forall \boldsymbol{x}\in\mathbb{C}^n,$$

则称方阵范数 $\|\bullet\|$ 与向量范数 $\|\bullet\|_\alpha$ 是相容的.

例 2.13　Frobenius 范数是自相容范数，最大值范数不是自相容范数.

证明　对于任意 $\boldsymbol{A}=[a_{ik}]_{n\times n}$，$\boldsymbol{B}=[b_{kj}]_{n\times n}$，由 Cauchy-Schwarz 不等式有

$$\begin{aligned}
\|\boldsymbol{AB}\|_{\mathrm{F}}^2 &= \sum_{i=1}^{n}\sum_{j=1}^{n}\left|\sum_{k=1}^{n}a_{ik}b_{kj}\right|^2\leqslant\sum_{i=1}^{n}\sum_{j=1}^{n}\left(\sum_{k=1}^{n}|a_{ik}||b_{kj}|\right)^2\\
&\leqslant\sum_{i=1}^{n}\sum_{j=1}^{n}\left[\left(\sum_{k=1}^{n}|a_{ik}|^2\right)\left(\sum_{k=1}^{n}|b_{kj}|^2\right)\right]
\end{aligned}$$

$$= \left(\sum_{i=1}^{n}\sum_{k=1}^{n}|a_{ik}|^2\right)\left(\sum_{j=1}^{n}\sum_{k=1}^{n}|b_{jk}|^2\right) = ||\boldsymbol{A}||_{\mathrm{F}}^2||\boldsymbol{B}||_{\mathrm{F}}^2,$$

故 $||\boldsymbol{AB}||_{\mathrm{F}} \leqslant ||\boldsymbol{A}||_{\mathrm{F}}||\boldsymbol{B}||_{\mathrm{F}}$，即 $||\bullet||_{\mathrm{F}}$ 与矩阵乘积相容，因此它为自相容范数.

若取 $\boldsymbol{A} = \boldsymbol{B} = \begin{bmatrix} 1 & 1 \\ 1 & 1 \end{bmatrix}$，则 $\boldsymbol{AB} = \begin{bmatrix} 2 & 2 \\ 2 & 2 \end{bmatrix}$，$||\boldsymbol{AB}||_{\mathrm{m}} = 2$，$||\boldsymbol{A}||_{\mathrm{m}} = ||\boldsymbol{B}||_{\mathrm{m}} = 1$，这时 $||\boldsymbol{AB}||_{\mathrm{m}} > ||\boldsymbol{A}||_{\mathrm{m}}||\boldsymbol{B}||_{\mathrm{m}}$，最大值范数 $||\bullet||_{\mathrm{m}}$ 不是自相容范数. □

例 2.14 方阵的 Frobenius 范数与向量 2 范数 $||\bullet||_2$ 相容，但与向量 ∞ 范数 $||\bullet||_\infty$ 不相容.

证明 任取 $\boldsymbol{A} = [a_{ij}]_{n\times n}$，$\boldsymbol{x} = (x_1, x_2, \cdots, x_n)^{\mathrm{T}}$，由 Cauchy-Schwarz 不等式有

$$||\boldsymbol{Ax}||_2^2 = \sum_{i=1}^{n}\left|\sum_{j=1}^{n}a_{ij}x_j\right|^2 \leqslant \sum_{i=1}^{n}\left(\sum_{j=1}^{n}|a_{ij}||x_j|\right)^2 \leqslant \sum_{i=1}^{n}\left[\left(\sum_{j=1}^{n}|a_{ij}|^2\right)\left(\sum_{j=1}^{n}|x_j|^2\right)\right]$$

$$= \sum_{i=1}^{n}\sum_{j=1}^{n}|a_{ij}|^2\left(\sum_{j=1}^{n}|x_j|^2\right) = ||\boldsymbol{A}||_{\mathrm{F}}^2||\boldsymbol{x}||_2^2,$$

因此 $||\boldsymbol{Ax}||_2 \leqslant ||\boldsymbol{A}||_{\mathrm{F}}||\boldsymbol{x}||_2$，故 Frobenius 范数与向量 2 范数是相容的.

取 $\boldsymbol{A} = \begin{bmatrix} 1 & 0 \\ 1 & 1 \end{bmatrix}$，$\boldsymbol{x} = \begin{bmatrix} 1 \\ 1 \end{bmatrix}$，则 $||\boldsymbol{A}||_{\mathrm{F}} = \sqrt{3}$，$||\boldsymbol{x}||_\infty = 1$，$||\boldsymbol{Ax}||_\infty = 2$，这时，$||\boldsymbol{Ax}||_\infty > ||\boldsymbol{A}||_{\mathrm{F}}||\boldsymbol{x}||_\infty$. 因此 Frobenius 范数与向量的 ∞ 范数不相容. □

下面的定理表明，方阵的任何自相容范数都与某个向量范数相容.

定理 2.25 若 $||\bullet||$ 是方阵空间 $\mathbb{C}^{n\times n}$ 中的自相容范数，则在向量空间 $\mathbb{C}^n$ 中存在一个与它相容的向量范数.

证明 取定 $\mathbb{C}^n$ 中一个非零向量 $\boldsymbol{\beta}$，定义

$$||\boldsymbol{x}||_{\boldsymbol{\beta}} = ||\boldsymbol{x}\boldsymbol{\beta}^{\mathrm{T}}||, \quad \forall \boldsymbol{x} \in \mathbb{C}^n,$$

则 $||\bullet||_{\boldsymbol{\beta}}$ 是与 $||\bullet||$ 相容的向量范数. 事实上

(1) 非负性. $||\boldsymbol{x}||_{\boldsymbol{\beta}} = ||\boldsymbol{x}\boldsymbol{\beta}^{\mathrm{T}}|| \geqslant 0$，并且

$$||\boldsymbol{x}||_{\boldsymbol{\beta}} = 0 \Leftrightarrow ||\boldsymbol{x}\boldsymbol{\beta}^{\mathrm{T}}|| = 0 \Leftrightarrow \boldsymbol{x}\boldsymbol{\beta}^{\mathrm{T}} = \boldsymbol{0} \Leftrightarrow \boldsymbol{x} = \boldsymbol{0};$$

(2) 齐次性. $\forall \lambda \in \mathbb{C}$，有

$$||\lambda\boldsymbol{x}||_{\boldsymbol{\beta}} = ||(\lambda\boldsymbol{x})\boldsymbol{\beta}^{\mathrm{T}}|| = ||\lambda(\boldsymbol{x}\boldsymbol{\beta}^{\mathrm{T}})|| = |\lambda|||\boldsymbol{x}\boldsymbol{\beta}^{\mathrm{T}}|| = |\lambda|||\boldsymbol{x}||_{\boldsymbol{\beta}};$$

(3) 三角不等式. $\forall \boldsymbol{x}, \boldsymbol{y} \in \mathbb{C}^n$，有

$$||\boldsymbol{x}+\boldsymbol{y}||_{\boldsymbol{\beta}} = ||(\boldsymbol{x}+\boldsymbol{y})\boldsymbol{\beta}^{\mathrm{T}}|| \leqslant ||\boldsymbol{x}\boldsymbol{\beta}^{\mathrm{T}}|| + ||\boldsymbol{y}\boldsymbol{\beta}^{\mathrm{T}}|| = ||\boldsymbol{x}||_{\boldsymbol{\beta}} + ||\boldsymbol{y}||_{\boldsymbol{\beta}};$$

(4) 相容性. $\forall \boldsymbol{A} \in \mathbb{C}^{n\times n}, \forall \boldsymbol{x} \in \mathbb{C}^n$，有

$$||\boldsymbol{A}\boldsymbol{x}||_{\boldsymbol{\beta}} = ||(\boldsymbol{A}\boldsymbol{x})\boldsymbol{\beta}^{\mathrm{T}}|| = ||\boldsymbol{A}(\boldsymbol{x}\boldsymbol{\beta}^{\mathrm{T}})|| \leqslant ||\boldsymbol{A}||\ ||\boldsymbol{x}\boldsymbol{\beta}^{\mathrm{T}}|| = ||\boldsymbol{A}||\ ||\boldsymbol{x}||_{\boldsymbol{\beta}}.$$

因此，$||\bullet||_{\boldsymbol{\beta}}$ 为 $\mathbb{C}^n$ 中的向量范数，并且自相容范数 $||\bullet||$ 与 $||\bullet||_{\boldsymbol{\beta}}$ 相容. □

定义 2.19　方阵 $\boldsymbol{A}$ 的所有相异特征值的集合 $\sigma(\boldsymbol{A}) = \{\lambda_1, \lambda_2, \cdots, \lambda_s\}$ 称为 $\boldsymbol{A}$ 的谱，$\rho(\boldsymbol{A}) = \max\{|\lambda_1|, |\lambda_2|, \cdots, |\lambda_s|\}$ 称为 $\boldsymbol{A}$ 的谱半径.

下面的推论给出了方阵的谱半径与自相容范数之间的基本关系.

推论 2.26　设 $\boldsymbol{A} \in \mathbb{C}^{n\times n}$，则方阵 $\boldsymbol{A}$ 的谱半径 $\rho(\boldsymbol{A})$ 不大于 $\boldsymbol{A}$ 的任何一种自相容范数 $||\boldsymbol{A}||$，即 $\rho(\boldsymbol{A}) \leqslant ||\boldsymbol{A}||$.

证明　设 $||\bullet||$ 为 $\mathbb{C}^{n\times n}$ 上的任意自相容范数，λ 为 $\boldsymbol{A}$ 的任意特征值，$\boldsymbol{x}$ 为 $\boldsymbol{A}$ 的对应于 λ 的特征向量，则 $\boldsymbol{A}\boldsymbol{x} = \lambda\boldsymbol{x}$，$\boldsymbol{x} \neq \boldsymbol{0}$. 由定理 2.25，$\mathbb{C}^n$ 中存在一种与 $||\bullet||$ 相容的向量范数 $||\bullet||_\alpha$，于是由 $||\boldsymbol{A}\boldsymbol{x}||_\alpha = ||\lambda\boldsymbol{x}||_\alpha$ 得

$$|\lambda|\ ||\boldsymbol{x}||_\alpha = ||\boldsymbol{A}\boldsymbol{x}||_\alpha \leqslant ||\boldsymbol{A}||\ ||\boldsymbol{x}||_\alpha.$$

又 $||\boldsymbol{x}||_\alpha > 0$，故 $|\lambda| \leqslant ||\boldsymbol{A}||$. 由 λ 的任意性知，$\rho(\boldsymbol{A}) \leqslant ||\boldsymbol{A}||$. □

2.4.2　方阵的算子范数

设 $(\mathbb{C}^n, ||\bullet||_\alpha)$ 是赋范线性空间，对每个方阵 $\boldsymbol{A} \in \mathbb{C}^{n\times n}$，可以定义 $\mathbb{C}^n \to \mathbb{C}^n$ 的映射 $\boldsymbol{x} \mapsto \boldsymbol{A}\boldsymbol{x}$，这个映射显然是线性的. 因此，一个方阵 $\boldsymbol{A}$ 可以看作 $\mathbb{C}^n$ 到自身的一个线性算子. 以后就可以不加区别地认为 $\boldsymbol{A}$ 有两种含义：$\mathbb{C}^{n\times n}$ 的一个方阵；$\mathbb{C}^n \to \mathbb{C}^n$ 的一个线性算子.

结合范数和线性算子 (方阵)$\boldsymbol{A}$，可以定义 $(\mathbb{C}^n, ||\bullet||_\alpha)$ 上的一个函数 f:

$$f(\boldsymbol{x}) = ||\boldsymbol{A}\boldsymbol{x}||_\alpha, \quad \forall \boldsymbol{x} \in \mathbb{C}^n.$$

f 是由两个映射 $\boldsymbol{A}: \mathbb{C}^n \to \mathbb{C}^n$ 和 $||\bullet||_\alpha: \mathbb{C}^n \to \mathbb{R}$ 复合而成的. 根据定理 1.11 和定理 1.7，这是两个连续映射，因此由定理 1.6，f 是连续函数. 所以由多元微积分的结论知 f 在有界闭集 $\{\boldsymbol{x} \in \mathbb{C}^n |\ ||\boldsymbol{x}||_\alpha = 1\}$ 上能取到最大值和最小值.

定理 2.27　设 $||\bullet||_\alpha$ 是 $\mathbb{C}^n$ 的向量范数，则泛函

$$||\boldsymbol{A}||_\alpha = \max_{||\boldsymbol{x}||_\alpha = 1} ||\boldsymbol{A}\boldsymbol{x}||_\alpha, \quad \forall \boldsymbol{A} \in \mathbb{C}^{n\times n} \tag{2.9}$$

是 $\mathbb{C}^{n\times n}$ 上的一个范数.

证明 (1) 非负性. 显然 $\forall \boldsymbol{A} \in \mathbb{C}^{n\times n}$，有 $||\boldsymbol{A}||_\alpha \geqslant 0$. 当 $\boldsymbol{A}=\boldsymbol{0}$ 时，$||\boldsymbol{A}||_\alpha = 0$. 若 $||\boldsymbol{A}||_\alpha = 0$，即 $\max\limits_{||\boldsymbol{x}||_\alpha=1} ||\boldsymbol{A}\boldsymbol{x}||_\alpha = 0$，因此当 $||\boldsymbol{x}||_\alpha = 1$ 时，有 $\boldsymbol{A}\boldsymbol{x}=\boldsymbol{0}$. 特别地，对于单位矩阵的 n 个列向量 $\boldsymbol{e}_1, \boldsymbol{e}_2, \cdots, \boldsymbol{e}_n$，有

$$\boldsymbol{A}\boldsymbol{e}_i = ||\boldsymbol{e}_i||\boldsymbol{A}\left(\frac{\boldsymbol{e}_i}{||\boldsymbol{e}_i||}\right) = \boldsymbol{0}, \quad i=1,2,\cdots,n,$$

于是 $\boldsymbol{A} = \boldsymbol{A}[\boldsymbol{e}_1\ \boldsymbol{e}_2\ \cdots\ \boldsymbol{e}_n] = \boldsymbol{0}$.

(2) 齐次性. $\forall \lambda \in \mathbb{C}$，有 $||\lambda\boldsymbol{A}||_\alpha = \max\limits_{||\boldsymbol{x}||_\alpha=1} ||\lambda\boldsymbol{A}\boldsymbol{x}||_\alpha = |\lambda|\,||\boldsymbol{A}||_\alpha$.

(3) 三角不等式. 对任意 $\boldsymbol{A}$, $\boldsymbol{B} \in \mathbb{C}^{n\times n}$，存在 $\boldsymbol{x}_0 \in \mathbb{C}^n, ||\boldsymbol{x}_0||_\alpha = 1$，使得

$$||\boldsymbol{A}+\boldsymbol{B}||_\alpha = ||(\boldsymbol{A}+\boldsymbol{B})\boldsymbol{x}_0||_\alpha \leqslant ||\boldsymbol{A}\boldsymbol{x}_0||_\alpha + ||\boldsymbol{B}\boldsymbol{x}_0||_\alpha \leqslant ||\boldsymbol{A}||_\alpha + ||\boldsymbol{B}||_\alpha.$$ □

(2.9) 式定义的范数 $||\boldsymbol{A}||_\alpha$ 称为方阵 $\boldsymbol{A}$ 的由向量范数 $||\bullet||_\alpha$ 诱导的算子范数，简称方阵 $\boldsymbol{A}$ 的算子范数.

定理 2.28 由向量范数诱导的算子范数与该向量范数是相容的，并且方阵的算子范数是自相容范数.

证明 当 $\boldsymbol{x}=\boldsymbol{0}$ 时，显然有 $||\boldsymbol{A}\boldsymbol{x}||_\alpha \leqslant ||\boldsymbol{A}||_\alpha ||\boldsymbol{x}||_\alpha$. 当 $\boldsymbol{x} \neq \boldsymbol{0}$ 时，有

$$\frac{||\boldsymbol{A}\boldsymbol{x}||_\alpha}{||\boldsymbol{x}||_\alpha} = \left\|\boldsymbol{A}\left(\frac{\boldsymbol{x}}{||\boldsymbol{x}||_\alpha}\right)\right\|_\alpha \leqslant \max_{||\boldsymbol{x}||_\alpha=1} ||\boldsymbol{A}\boldsymbol{x}||_\alpha = ||\boldsymbol{A}||_\alpha,$$

因此，$\forall \boldsymbol{x} \in \mathbb{C}^n$，总有

$$||\boldsymbol{A}\boldsymbol{x}||_\alpha \leqslant ||\boldsymbol{A}||_\alpha ||\boldsymbol{x}||_\alpha,$$

所以，向量范数与其诱导的算子范数是相容的.

又因 $\forall \boldsymbol{A}$, $\boldsymbol{B} \in \mathbb{C}^{n\times n}$，有 $\boldsymbol{A}\boldsymbol{B} \in \mathbb{C}^{n\times n}$，故存在 $\boldsymbol{y}_0 \in \mathbb{C}^n$, $||\boldsymbol{y}_0||_\alpha = 1$，使得

$$||\boldsymbol{A}\boldsymbol{B}||_\alpha = ||(\boldsymbol{A}\boldsymbol{B})\boldsymbol{y}_0||_\alpha \leqslant ||\boldsymbol{A}||_\alpha ||\boldsymbol{B}\boldsymbol{y}_0||_\alpha \leqslant ||\boldsymbol{A}||_\alpha ||\boldsymbol{B}||_\alpha ||\boldsymbol{y}_0||_\alpha = ||\boldsymbol{A}||_\alpha ||\boldsymbol{B}||_\alpha,$$

即知算子范数是自相容范数. □

这个定理表明，任何向量范数均存在一种与之相容的方阵自相容范数. 这是定理 2.25 的另一方面.

例 2.15 对于赋范线性空间 $(\mathbb{C}^n, ||\bullet||_1)$，由向量 1 范数诱导的算子范数 $||\bullet||_1$ 恰为列和范数，即

$$||\boldsymbol{A}||_1 = \max_{||\boldsymbol{x}||_1=1} ||\boldsymbol{A}\boldsymbol{x}||_1 = \max_{1\leqslant j\leqslant n} \sum_{i=1}^n |a_{ij}|.$$

证明 设 $\boldsymbol{A} = [a_{ij}] \in \mathbb{C}^{n\times n}$，对任意 $\boldsymbol{x} = (x_1, x_2, \cdots, x_n)^{\mathrm{T}} \in \mathbb{C}^n$，$||\boldsymbol{x}||_1 = 1$，有

$$\boldsymbol{A}\boldsymbol{x} = \left(\sum_{j=1}^n a_{1j}x_j, \sum_{j=1}^n a_{2j}x_j, \cdots, \sum_{j=1}^n a_{nj}x_j\right)^{\mathrm{T}}.$$

于是

$$\begin{aligned}||\boldsymbol{Ax}||_1 &= \sum_{i=1}^{n}\left|\sum_{j=1}^{n}a_{ij}x_j\right| \leqslant \sum_{i=1}^{n}\sum_{j=1}^{n}|a_{ij}||x_j| = \sum_{j=1}^{n}\left(|x_j|\sum_{i=1}^{n}|a_{ij}|\right)\\ &\leqslant \left(\max_{1\leqslant j\leqslant n}\sum_{i=1}^{n}|a_{ij}|\right)\sum_{j=1}^{n}|x_j| = \max_{1\leqslant j\leqslant n}\sum_{i=1}^{n}|a_{ij}|,\end{aligned}$$

从而 $||\boldsymbol{A}||_1 \leqslant \max\limits_{1\leqslant j\leqslant n}\sum\limits_{i=1}^{n}|a_{ij}|$.

设 $\sum\limits_{i=1}^{n}|a_{ik}| = \max\limits_{1\leqslant j\leqslant n}\sum\limits_{i=1}^{n}|a_{ij}|(1\leqslant k\leqslant n)$，取 $\boldsymbol{e}_k = (0,\cdots,0,1,0,\cdots,0)^{\mathrm{T}} \in \mathbb{C}^n$，即 $\boldsymbol{e}_k$ 的第 k 个分量为 1，其余分量为 0，则 $||\boldsymbol{e}_k||_1 = 1$，所以

$$||\boldsymbol{A}||_1 \geqslant ||\boldsymbol{Ae}_k||_1 = \sum_{i=1}^{n}|a_{ik}| = \max_{1\leqslant j\leqslant n}\sum_{i=1}^{n}|a_{ij}|.$$

从而 $||\boldsymbol{A}||_1 = \max\limits_{1\leqslant j\leqslant n}\sum\limits_{i=1}^{n}|a_{ij}|$. □

例 2.16　对于赋范线性空间 $(\mathbb{C}^n, ||\bullet||_\infty)$，由向量 ∞ 范数诱导的算子范数 $||\bullet||_\infty$ 恰为行和范数，即

$$||\boldsymbol{A}||_\infty = \max_{||\boldsymbol{x}||_\infty=1}||\boldsymbol{Ax}||_\infty = \max_{1\leqslant i\leqslant n}\sum_{j=1}^{n}|a_{ij}|.$$

证明　设 $\boldsymbol{A} = [a_{ij}] \in \mathbb{C}^{n\times n}$，$\forall \boldsymbol{x} = (x_1, x_2, \cdots, x_n)^{\mathrm{T}} \in \mathbb{C}^n$，$||\boldsymbol{x}||_\infty = 1$，有

$$\begin{aligned}||\boldsymbol{Ax}||_\infty &= \max_{1\leqslant i\leqslant n}\left|\sum_{j=1}^{n}a_{ij}x_j\right| \leqslant \max_{1\leqslant i\leqslant n}\sum_{j=1}^{n}|a_{ij}|\,|x_j|\\ &\leqslant \left(\max_{1\leqslant i\leqslant n}\sum_{j=1}^{n}|a_{ij}|\right)\left(\max_{1\leqslant j\leqslant n}|x_j|\right) = \max_{1\leqslant i\leqslant n}\sum_{j=1}^{n}|a_{ij}|,\end{aligned}$$

从而 $||\boldsymbol{A}||_\infty \leqslant \max\limits_{1\leqslant i\leqslant n}\sum\limits_{j=1}^{n}|a_{ij}|$.

设 $\sum\limits_{j=1}^{n}|a_{kj}| = \max\limits_{1\leqslant i\leqslant n}\sum\limits_{j=1}^{n}|a_{ij}|(1\leqslant k\leqslant n)$，对于 $j \in \{1, 2, \cdots, n\}$，取

$$y_j = \begin{cases}|a_{kj}|/a_{kj}, & a_{kj} \neq 0,\\ 1, & a_{kj} = 0,\end{cases}$$

则 $\boldsymbol{y}=(y_1,y_2,\cdots,y_n)^{\mathrm{T}}\in\mathbb{C}^n$，且 $||\boldsymbol{y}||_\infty=1$. 于是

$$||\boldsymbol{A}||_\infty \geqslant ||\boldsymbol{A}\boldsymbol{y}||_\infty = \max_{1\leqslant i\leqslant n}\left|\sum_{j=1}^n a_{ij}y_j\right| \geqslant \left|\sum_{j=1}^n a_{kj}y_j\right| = \sum_{j=1}^n |a_{kj}| = \max_{1\leqslant i\leqslant n}\sum_{j=1}^n |a_{ij}|,$$

从而 $||\boldsymbol{A}||_\infty = \max\limits_{1\leqslant i\leqslant n}\sum\limits_{j=1}^n |a_{ij}|$. □

例 2.17 对于赋范线性空间 $(\mathbb{C}^n, ||\cdot||_2)$，由向量 2 范数诱导的算子范数为

$$||\boldsymbol{A}||_2 = \max_{||\boldsymbol{x}||_2=1}||\boldsymbol{A}\boldsymbol{x}||_2 = \sqrt{\rho(\boldsymbol{A}^{\mathrm{H}}\boldsymbol{A})}.$$

证明 易知 $\boldsymbol{A}^{\mathrm{H}}\boldsymbol{A}$ 为 Hermite 矩阵. 于是存在酉矩阵 $\boldsymbol{U}$，使得

$$\boldsymbol{U}^{\mathrm{H}}(\boldsymbol{A}^{\mathrm{H}}\boldsymbol{A})\boldsymbol{U} = \mathrm{diag}(\lambda_1,\lambda_2,\cdots,\lambda_n),$$

易知 $\boldsymbol{A}^{\mathrm{H}}\boldsymbol{A}$ 的特征值 $\lambda_i\geqslant 0(i=1,2,\cdots,n)$. $\forall \boldsymbol{x}=(x_1,x_2,\cdots,x_n)^{\mathrm{T}}\in\mathbb{C}^n$，$||\boldsymbol{x}||_2=1$，作酉变换 $\boldsymbol{x}=\boldsymbol{U}\boldsymbol{y}$，$\boldsymbol{y}=(y_1,y_2,\cdots,y_n)^{\mathrm{T}}$，则

$$||\boldsymbol{y}||_2^2=\boldsymbol{y}^{\mathrm{H}}\boldsymbol{y}=\boldsymbol{y}^{\mathrm{H}}\boldsymbol{U}^{\mathrm{H}}\boldsymbol{U}\boldsymbol{y}=||\boldsymbol{U}\boldsymbol{y}||_2^2=||\boldsymbol{x}||_2^2=1,$$

从而

$$\begin{aligned}||\boldsymbol{A}||_2 &= \max_{||\boldsymbol{x}||_2=1}||\boldsymbol{A}\boldsymbol{x}||_2 = \max_{||\boldsymbol{x}||_2=1}\sqrt{(\boldsymbol{A}\boldsymbol{x})^{\mathrm{H}}(\boldsymbol{A}\boldsymbol{x})}\\ &= \max_{||\boldsymbol{y}||_2=1}\sqrt{\boldsymbol{y}^{\mathrm{H}}\boldsymbol{U}^{\mathrm{H}}\boldsymbol{A}^{\mathrm{H}}\boldsymbol{A}\boldsymbol{U}\boldsymbol{y}} = \max_{||\boldsymbol{y}||_2=1}\sqrt{\lambda_1\bar{y}_1y_1+\cdots+\lambda_n\bar{y}_ny_n}\\ &\leqslant \sqrt{\max_{1\leqslant j\leqslant n}|\lambda_j|}\sqrt{\bar{y}_1y_1+\cdots+\bar{y}_ny_n} = \sqrt{\max_{1\leqslant j\leqslant n}|\lambda_j|},\end{aligned}$$

即 $||\boldsymbol{A}||_2 \leqslant \sqrt{\rho(\boldsymbol{A}^{\mathrm{H}}\boldsymbol{A})}$.

设 $\rho(\boldsymbol{A}^{\mathrm{H}}\boldsymbol{A}) = \max\limits_{1\leqslant j\leqslant n}|\lambda_j| = \lambda_k\ (1\leqslant k\leqslant n)$，$\boldsymbol{x}_k$ 是 $\boldsymbol{A}^{\mathrm{H}}\boldsymbol{A}$ 的对应于 λ_k 的单位特征向量，则

$$||\boldsymbol{A}||_2 = \max_{||\boldsymbol{x}||_2=1}||\boldsymbol{A}\boldsymbol{x}||_2 \geqslant ||\boldsymbol{A}\boldsymbol{x}_k||_2 = \sqrt{(\boldsymbol{A}\boldsymbol{x}_k)^{\mathrm{H}}\boldsymbol{A}\boldsymbol{x}_k} = \sqrt{\lambda_k} = \sqrt{\rho(\boldsymbol{A}^{\mathrm{H}}\boldsymbol{A})},$$

因此 $||\boldsymbol{A}||_2 = \sqrt{\rho(\boldsymbol{A}^{\mathrm{H}}\boldsymbol{A})}$. □

由向量 2 范数诱导的方阵算子范数 $||\boldsymbol{A}||_2$ 称为方阵 $\boldsymbol{A}$ 的谱范数.

上面的三个例子表明，行和范数、列和范数与谱范数均为自相容范数. 由于 $\mathbb{C}^{n\times n}$ 是有限维线性空间范数，因此行和范数、列和范数与谱范数是等价的. 行和范数与列和范数更多地用于计算, 而谱范数则主要用于理论证明.

2.5 矩阵分析

前面主要研究了矩阵的代数运算，本节利用方阵范数来讨论方阵的分析运算，主要研究方阵序列的极限、方阵级数的收敛性和方阵函数的计算.

2.5.1 方阵序列

定义 2.20 设 $\boldsymbol{A}_m\ (m=0,1,2,\cdots)$ 是赋范线性空间 $(\mathbb{C}^{n\times n},\|\bullet\|)$ 中的方阵. 若存在方阵 $\boldsymbol{A}\in\mathbb{C}^{n\times n}$，使得

$$\lim_{m\to\infty}\|\boldsymbol{A}_m-\boldsymbol{A}\|=0,$$

则称方阵序列 $\{\boldsymbol{A}_m\}$ 收敛于 $\boldsymbol{A}$，称方阵 $\boldsymbol{A}$ 是序列 $\{\boldsymbol{A}_m\}$ 的极限，记为 $\lim\limits_{m\to\infty}\boldsymbol{A}_m=\boldsymbol{A}$，或 $\boldsymbol{A}_m\to\boldsymbol{A}$. 若方阵序列不收敛，则称方阵序列发散.

由于方阵空间 $\mathbb{C}^{n\times n}$ 是 n^2 维线性空间，因此仿照例 1.18 和例 1.20 的讨论，容易得到下面的结论.

定理 2.29 设 $\boldsymbol{A}=[a_{ij}]$，$\boldsymbol{A}_m=[a_{ij}^{(m)}]\in\mathbb{C}^{n\times n}$, $m=0,1,2,\cdots$，则方阵序列 $\{\boldsymbol{A}_m\}$ 收敛于 $\boldsymbol{A}$ 当且仅当 $\forall i,j\in\{1,2,\cdots,n\}$，有 $\lim\limits_{m\to\infty}a_{ij}^{(m)}=a_{ij}$. □

因此, 方阵序列依范数是否收敛当且仅当相应的元素序列作为复数序列在复数范围内是否收敛.

下面利用自相容范数来研究方阵序列的极限运算性质，得到

定理 2.30 设 $\boldsymbol{A}_m$, $\boldsymbol{B}_m$, $\boldsymbol{A}$, $\boldsymbol{B}\in\mathbb{C}^{n\times n}$, $m=0,1,2,\cdots$，且 $\lim\limits_{m\to\infty}\boldsymbol{A}_m=\boldsymbol{A}$, $\lim\limits_{m\to\infty}\boldsymbol{B}_m=\boldsymbol{B}$，则

(1) $\forall a,\ b\in\mathbb{C}$，有 $\lim\limits_{m\to\infty}(a\boldsymbol{A}_m+b\boldsymbol{B}_m)=a\boldsymbol{A}+b\boldsymbol{B}$;

(2) $\lim\limits_{m\to\infty}\boldsymbol{A}_m\boldsymbol{B}_m=\boldsymbol{A}\boldsymbol{B}$;

(3) 如果 $\boldsymbol{A}^{-1},\boldsymbol{A}_m^{-1}\ (m=0,1,2,\cdots)$ 都存在，则 $\lim\limits_{m\to\infty}\boldsymbol{A}_m^{-1}=\boldsymbol{A}^{-1}$.

证明 (1) 由于 $\mathbb{C}^{n\times n}$ 上的各种范数彼此等价，因此对于 $\mathbb{C}^{n\times n}$ 中自相容范数 $\|\bullet\|$，有

$$\|(a\boldsymbol{A}_m+b\boldsymbol{B}_m)-(a\boldsymbol{A}+b\boldsymbol{B})\|=\|a(\boldsymbol{A}_m-\boldsymbol{A})+b(\boldsymbol{B}_m-\boldsymbol{B})\|$$
$$\leqslant|a|\,\|(\boldsymbol{A}_m-\boldsymbol{A})\|+|b|\,\|(\boldsymbol{B}_m-\boldsymbol{B})\|\to0\quad(m\to\infty),$$

因此 $\lim\limits_{m\to\infty}(a\boldsymbol{A}_m+b\boldsymbol{B}_m)=a\boldsymbol{A}+b\boldsymbol{B}$.

(2) 同理，对于 $\mathbb{C}^{n\times n}$ 中自相容范数 $\|\bullet\|$，有

$$\|\boldsymbol{A}_m\boldsymbol{B}_m-\boldsymbol{A}\boldsymbol{B}\|=\|\boldsymbol{A}_m\boldsymbol{B}_m-\boldsymbol{A}_m\boldsymbol{B}+\boldsymbol{A}_m\boldsymbol{B}-\boldsymbol{A}\boldsymbol{B}\|$$

$$
\begin{aligned}
&\leqslant \|\boldsymbol{A}_m(\boldsymbol{B}_m-\boldsymbol{B})\|+\|(\boldsymbol{A}_m-\boldsymbol{A})\boldsymbol{B}\|\\
&\leqslant \|\boldsymbol{A}_m\|\,\|\boldsymbol{B}_m-\boldsymbol{B}\|+\|\boldsymbol{A}_m-\boldsymbol{A}\|\,\|\boldsymbol{B}\|.
\end{aligned}
$$

注意到收敛序列必为有界序列，故

$$
\lim_{m\to\infty}\|\boldsymbol{A}_m\|\,\|\boldsymbol{B}_m-\boldsymbol{B}\|=0,\quad \lim_{m\to\infty}\|\boldsymbol{A}_m-\boldsymbol{A}\|\,\|\boldsymbol{B}\|=0.
$$

于是 $\lim\limits_{m\to\infty}\|\boldsymbol{A}_m\boldsymbol{B}_m-\boldsymbol{A}\boldsymbol{B}\|=0$，从而 $\lim\limits_{m\to\infty}\boldsymbol{A}_m\boldsymbol{B}_m=\boldsymbol{A}\boldsymbol{B}$.

(3) 由于一个方阵的行列式是 $n!$ 项的代数和，它的每一项是来自于该方阵不同行不同列的 n 个元素的乘积，而且 $\lim\limits_{m\to\infty}a_{ij}^{(m)}=a_{ij}$ 对任意 $i,j=1,2,\cdots,n$ 都成立，因此，利用数项序列的极限运算与加法和乘法运算的可交换性得到

$$
\lim_{m\to\infty}\det\boldsymbol{A}_m=\det\boldsymbol{A}.
$$

再由伴随矩阵的定义及定理 2.29 知 $\lim\limits_{m\to\infty}\boldsymbol{A}_m^*=\boldsymbol{A}^*$. 于是

$$
\lim_{m\to\infty}\boldsymbol{A}_m^{-1}=\lim_{m\to\infty}\frac{\boldsymbol{A}_m^*}{\det\boldsymbol{A}_m}=\frac{\boldsymbol{A}^*}{\det\boldsymbol{A}}=\boldsymbol{A}^{-1}. \qquad \square
$$

在方阵序列中，最常见的是方阵幂序列.

定理 2.31 设 $\boldsymbol{A}\in\mathbb{C}^{n\times n}$，则 $\lim\limits_{k\to\infty}\boldsymbol{A}^k=\boldsymbol{0}$ 当且仅当 $\rho(\boldsymbol{A})<1$.

证明 必要性. 如果 $\lim\limits_{k\to\infty}\boldsymbol{A}^k=\boldsymbol{0}$，则对于任意一种方阵自相容范数 $\|\bullet\|$，均有 $\lim\limits_{m\to\infty}\|\boldsymbol{A}^k\|=0$，于是

$$
(\rho(\boldsymbol{A}))^k=\rho(\boldsymbol{A}^k)\leqslant\|\boldsymbol{A}^k\|\to 0\quad(k\to\infty).
$$

故 $\rho(\boldsymbol{A})<1$.

充分性. 设 $\boldsymbol{A}$ 的 Jordan 标准形为 $\boldsymbol{J}$，即存在可逆矩阵 $\boldsymbol{P}$，使得 $\boldsymbol{A}=\boldsymbol{P}\boldsymbol{J}\boldsymbol{P}^{-1}$，其中 $\boldsymbol{J}=\mathrm{diag}(\boldsymbol{J}_1,\ \boldsymbol{J}_2,\ \cdots,\ \boldsymbol{J}_s)$，$\boldsymbol{J}_i$ 是初等因子 $(\lambda-\lambda_i)^{n_i}$ 对应的 Jordan 块 $(i=1,2,\cdots,s)$. 由 2.2.2 小节最后的讨论可知 $\boldsymbol{A}^k=\boldsymbol{P}\boldsymbol{J}^k\boldsymbol{P}^{-1}$，$\boldsymbol{J}^k=\mathrm{diag}(\boldsymbol{J}_1^k,\boldsymbol{J}_2^k,\cdots,\boldsymbol{J}_s^k)$，且

$$
\boldsymbol{J}_i^k=\begin{bmatrix}
\lambda_i^k & & & & \\
(\lambda_i^k)' & \lambda_i^k & & & \\
\dfrac{(\lambda_i^k)''}{2!} & (\lambda_i^k)' & \ddots & & \\
\vdots & \ddots & \ddots & \lambda_i^k & \\
\dfrac{(\lambda_i^k)^{(n_i-1)}}{(n_i-1)!} & \cdots & \dfrac{(\lambda_i^k)''}{2!} & (\lambda_i^k)' & \lambda_i^k
\end{bmatrix}_{n_i\times n_i},\quad i=1,2,\cdots,s,
$$

这里 $(\lambda_i^k)^{(l)}$ 表示 z^k 的 l 阶导数在 $z=\lambda_i$ 处取值，$l=0,1,2,\cdots,n_i-1$.

这表明当 $k\to\infty$ 时，$\boldsymbol{A}^k\to\boldsymbol{0}$ 等价于 $\boldsymbol{J}_i^k\to\boldsymbol{0}\,(i=1,2,\cdots,s)$.

若 $\rho(\boldsymbol{A})<1$，则 $|\lambda_i|<1$，从而不难验证

$$\lim_{k\to\infty}\frac{(\lambda_i^k)^{(l)}}{l!}=0\quad(l=0,1,2,\cdots,n_i-1),$$

故 $\lim\limits_{k\to\infty}\boldsymbol{J}_i^k=\boldsymbol{0}$，所以 $\lim\limits_{k\to\infty}\boldsymbol{A}^k=\boldsymbol{0}$. □

2.5.2　方阵级数

定义 2.21　设 $(\mathbb{C}^{n\times n},\ \|\bullet\|)$ 是赋范线性空间，$\boldsymbol{A}_m\in\mathbb{C}^{n\times n}$，$m=0,1,2,\cdots$，表达式

$$\sum_{m=0}^{\infty}\boldsymbol{A}_m=\boldsymbol{A}_0+\boldsymbol{A}_1+\boldsymbol{A}_2+\cdots+\boldsymbol{A}_m+\cdots$$

称为方阵级数，对于任一正整数 N，$\boldsymbol{S}_N=\sum\limits_{m=0}^{N}\boldsymbol{A}_m$ 称为方阵级数 $\sum\limits_{m=0}^{\infty}\boldsymbol{A}_m$ 的部分和. 如果部分和序列 $\{\boldsymbol{S}_N\}$ 在 $(\mathbb{C}^{n\times n},\ \|\bullet\|)$ 中收敛，即存在 $\boldsymbol{S}\in\mathbb{C}^{n\times n}$，使得 $\lim\limits_{N\to\infty}\boldsymbol{S}_N=\boldsymbol{S}$，则称方阵级数 $\sum\limits_{m=0}^{\infty}\boldsymbol{A}_m$ 在 $(\mathbb{C}^{n\times n},\ \|\bullet\|)$ 中收敛于方阵 $\boldsymbol{S}$，并称 $\boldsymbol{S}$ 为方阵级数 $\sum\limits_{m=0}^{\infty}\boldsymbol{A}_m$ 的和，记为 $\sum\limits_{m=0}^{\infty}\boldsymbol{A}_m=\boldsymbol{S}$；否则称 $\sum\limits_{m=0}^{\infty}\boldsymbol{A}_m$ 在 $(\mathbb{C}^{n\times n},\ \|\bullet\|)$ 中发散.

定理 2.29 的结论可以推广到方阵级数.

定理 2.32　设 $\boldsymbol{A}_m=[a_{ij}^{(m)}]\in\mathbb{C}^{n\times n}$，$m=0,1,2,\cdots$，$\boldsymbol{S}=[s_{ij}]\in\mathbb{C}^{n\times n}$，则方阵级数 $\sum\limits_{m=0}^{\infty}\boldsymbol{A}_m$ 收敛于方阵 $\boldsymbol{S}$ 的充要条件是 $\forall i,j=1,2,\cdots,n$，数项级数 $\sum\limits_{m=0}^{\infty}a_{ij}^{(m)}$ 收敛于 s_{ij}. □

例 2.18　已知

$$\boldsymbol{A}_m=\begin{bmatrix}\dfrac{1}{2^m} & \dfrac{\pi}{4^m}\\ 0 & \dfrac{1}{(m+1)(m+2)}\end{bmatrix},\quad m=0,1,2,\cdots,$$

试讨论方阵级数 $\sum\limits_{m=0}^{\infty}\boldsymbol{A}_m$ 的敛散性，并求其和.

解 因为

$$S_N=\sum_{m=0}^{N}A_m=\begin{bmatrix}\displaystyle\sum_{m=0}^{N}\frac{1}{2^m} & \displaystyle\sum_{m=0}^{N}\frac{\pi}{4^m}\\ 0 & \displaystyle\sum_{m=0}^{N}\frac{1}{(m+1)(m+2)}\end{bmatrix}$$

$$=\begin{bmatrix}2-\dfrac{1}{2^N} & \dfrac{\pi}{3}\left(4-\dfrac{1}{4^N}\right)\\ 0 & 1-\dfrac{1}{N+2}\end{bmatrix},$$

所以

$$\lim_{N\to\infty}S_N=\lim_{N\to\infty}\begin{bmatrix}2-\dfrac{1}{2^N} & \dfrac{\pi}{3}\left(4-\dfrac{1}{4^N}\right)\\ 0 & 1-\dfrac{1}{N+2}\end{bmatrix}=\begin{bmatrix}2 & \dfrac{4}{3}\pi\\ 0 & 1\end{bmatrix}=S,$$

故所给方阵级数收敛，其和为 S. □

正如实数级数一样，也可以考虑方阵级数的绝对收敛问题.

定义 2.22 设 $(\mathbb{C}^{n\times n},\ \|\bullet\|)$ 是赋范线性空间，$A_m\in\mathbb{C}^{n\times n}$, $m=0,1,2,\cdots$. 若级数 $\sum\limits_{m=0}^{\infty}\|A_m\|$ 收敛，则称方阵级数 $\sum\limits_{m=0}^{\infty}A_m$ 绝对收敛.

定理 2.33 设 $A_m=[a_{ij}^{(m)}]\in\mathbb{C}^{n\times n}$, $m=0,1,2,\cdots$，则方阵级数 $\sum\limits_{m=0}^{\infty}A_m$ 绝对收敛当且仅当 $\forall i,j=1,2,\cdots,n$，数项级数 $\sum\limits_{m=0}^{\infty}a_{ij}^{(m)}$ 绝对收敛.

证明 由有限维线性空间范数的等价性可知，$\sum\limits_{m=0}^{\infty}A_m$ 绝对收敛当且仅当 $\sum\limits_{m=0}^{\infty}\|A_m\|_{\mathrm{m}}=\sum\limits_{m=0}^{\infty}\max\limits_{1\leqslant i,j\leqslant n}\left|a_{ij}^{(m)}\right|$ 收敛，这又等价于 $\sum\limits_{m=0}^{\infty}|a_{ij}^{(m)}|$ 收敛，即 $\sum\limits_{m=0}^{\infty}a_{ij}^{(m)}$ 绝对收敛. □

由此立刻得到

推论 2.34 设 $A_m\in\mathbb{C}^{n\times n}$, $m=0,1,2,\cdots$. 如果 $\sum\limits_{m=0}^{\infty}A_m$ 绝对收敛，则 $\sum\limits_{m=0}^{\infty}A_m$ 收敛. □

2.5.3 方阵幂级数

前面讨论了方阵序列和方阵级数的收敛性，下面来分析方阵幂级数的收敛性.

定义 2.23 设 $\boldsymbol{X}$ 是任意的 n 阶方阵，$\{c_m\}$ 是一个复数列，称 $\sum_{m=0}^{\infty} c_m \boldsymbol{X}^m$ 为方阵 $\boldsymbol{X}$ 的幂级数，c_m 为幂级数第 m 项系数，约定 $\boldsymbol{X}^0 = \boldsymbol{I}$.

当 $\boldsymbol{X} = \boldsymbol{A} \in \mathbb{C}^{n\times n}$ 时，如果 $\sum_{m=0}^{\infty} c_m \boldsymbol{A}^m$ 收敛 (或绝对收敛)，则称方阵幂级数 $\sum_{m=0}^{\infty} c_m \boldsymbol{X}^m$ 在 $\boldsymbol{A} \in \mathbb{C}^{n\times n}$ 处收敛 (或绝对收敛).

若方阵幂级数 $\sum_{m=0}^{\infty} c_m \boldsymbol{X}^m$ 在 $\Omega \subseteq \mathbb{C}^{n\times n}$ 内的每一点 $\boldsymbol{X}$ 处都收敛 (或绝对收敛)，则称它在 Ω 内收敛 (或绝对收敛).

下面定理表明方阵幂级数 $\sum_{m=0}^{\infty} c_m \boldsymbol{X}^m$ 的收敛域是空间 $\mathbb{C}^{n\times n}$ 中一个球形域.

定理 2.35 设幂级数 $\sum_{m=0}^{\infty} c_m z^m$ 的收敛半径为 R，$\boldsymbol{A} \in \mathbb{C}^{n\times n}$ 的谱半径为 $\rho(\boldsymbol{A})$，则

(1) 当 $\rho(\boldsymbol{A}) < R$ 时，$\sum_{m=0}^{\infty} c_m \boldsymbol{A}^m$ 绝对收敛；

(2) 当 $\rho(\boldsymbol{A}) > R$ 时，$\sum_{m=0}^{\infty} c_m \boldsymbol{A}^m$ 发散.

证明 设 $\boldsymbol{A}$ 的 Jordan 标准形为 $\boldsymbol{J}$，即存在可逆矩阵 $\boldsymbol{P}$，使得 $\boldsymbol{A} = \boldsymbol{P}\boldsymbol{J}\boldsymbol{P}^{-1}$，其中 $\boldsymbol{J} = \operatorname{diag}(\boldsymbol{J}_1, \boldsymbol{J}_2, \cdots, \boldsymbol{J}_s)$，$\boldsymbol{J}_i$ 是初等因子 $(\lambda - \lambda_i)^{n_i}$ 对应的 Jordan 块 $(i = 1, 2, \cdots, s)$. 由 2.2.2 小节最后的讨论可知

$$
\begin{aligned}
\sum_{m=0}^{\infty} c_m \boldsymbol{A}^m &= \sum_{m=0}^{\infty} c_m \boldsymbol{P}\boldsymbol{J}^m\boldsymbol{P}^{-1} = \boldsymbol{P}\left(\sum_{m=0}^{\infty} c_m \boldsymbol{J}^m\right)\boldsymbol{P}^{-1} = \boldsymbol{P}\left(\lim_{N\to\infty}\sum_{m=0}^{N} c_m \boldsymbol{J}^m\right)\boldsymbol{P}^{-1} \\
&= \boldsymbol{P}\lim_{N\to\infty}\operatorname{diag}\left(\sum_{m=0}^{N} c_m \boldsymbol{J}_1^m, \sum_{m=0}^{N} c_m \boldsymbol{J}_2^m, \cdots, \sum_{m=0}^{N} c_m \boldsymbol{J}_s^m\right)\boldsymbol{P}^{-1} \\
&= \boldsymbol{P}\operatorname{diag}\left(\sum_{m=0}^{\infty} c_m \boldsymbol{J}_1^m, \sum_{m=0}^{\infty} c_m \boldsymbol{J}_2^m, \cdots, \sum_{m=0}^{\infty} c_m \boldsymbol{J}_s^m\right)\boldsymbol{P}^{-1},
\end{aligned}
$$

且对一切 $i = 1, 2, \cdots, s$，有

$$\sum_{m=0}^{\infty} c_m \boldsymbol{J}_i^m$$

$$= \begin{bmatrix} \sum\limits_{m=0}^{\infty} c_m\lambda_i^m & & & & \\ \sum\limits_{m=0}^{\infty} c_m(\lambda_i^m)' & \sum\limits_{m=0}^{\infty} c_m\lambda_i^m & & & \\ \dfrac{1}{2!}\sum\limits_{m=0}^{\infty} c_m(\lambda_i^m)'' & \ddots & \ddots & & \\ \vdots & \ddots & \ddots & \ddots & \\ \dfrac{1}{(n_i-1)!}\sum\limits_{m=0}^{\infty} c_m(\lambda_i^m)^{(n_i-1)} & \cdots & \dfrac{1}{2!}\sum\limits_{m=0}^{\infty} c_m(\lambda_i^m)'' & \sum\limits_{m=0}^{\infty} c_m(\lambda_i^m)' & \sum\limits_{m=0}^{\infty} c_m\lambda_i^m \end{bmatrix}.$$

由于幂级数 $\frac{1}{k!}\sum\limits_{m=0}^{\infty} c_m(z^m)^{(k)}$ 的收敛半径都为 $R(k=1,2,\cdots,n_i-1)$，因此当 $\rho(\boldsymbol{A})<R$ 时，$\frac{1}{k!}\sum\limits_{m=0}^{\infty} c_m(\lambda_i^m)^{(k)}$ 都绝对收敛 $(i=1,2,\cdots,s；k=1,2,\cdots,n_i-1)$，故方阵幂级数 $\sum\limits_{m=0}^{\infty} c_m\boldsymbol{A}^m$ 绝对收敛.

当 $\rho(\boldsymbol{A})>R$ 时，设 $\rho(\boldsymbol{A})=|\lambda_{i_0}|(1\leqslant i_0\leqslant s)$，幂级数 $\sum\limits_{m=0}^{\infty} c_m\lambda_{i_0}^m$ 发散，从而 $\sum\limits_{m=0}^{\infty} c_m\boldsymbol{A}^m$ 发散. □

由定理 2.35 很容易得到下面两个推论.

推论 2.36 若 $\sum\limits_{m=0}^{\infty} c_m z^m$ 在 $\mathbb{C}$ 上收敛，则 $\sum\limits_{m=0}^{\infty} c_m\boldsymbol{X}^m$ 在 $\mathbb{C}^{n\times n}$ 上绝对收敛. □

推论 2.37 设 $\sum\limits_{m=0}^{\infty} c_m(z-\lambda_0)^m$ 的收敛半径为 R. 若 $\boldsymbol{A}\in\mathbb{C}^{n\times n}$ 的所有特征值 λ_j 都满足 $|\lambda_j-\lambda_0|<R(j=1,2,\cdots,n)$，则方阵幂级数 $\sum\limits_{m=0}^{\infty} c_m(\boldsymbol{A}-\lambda_0\boldsymbol{I})^m$ 绝对收敛. 若存在 $\boldsymbol{A}$ 的一个特征值 λ_k，使得 $|\lambda_k-\lambda_0|>R$，则 $\sum\limits_{m=0}^{\infty} c_m(\boldsymbol{A}-\lambda_0\boldsymbol{I})^m$ 发散. □

例 2.19 设 $\boldsymbol{A}\in\mathbb{C}^{n\times n}$，若 $\rho(\boldsymbol{A})<1$，或者存在自相容范数 $\|\bullet\|$，使 $\|\boldsymbol{A}\|<1$，则

$$\sum_{m=0}^{\infty}\boldsymbol{A}^m=(\boldsymbol{I}-\boldsymbol{A})^{-1},\quad \|(\boldsymbol{I}-\boldsymbol{A})^{-1}\|\leqslant\frac{1}{1-\|\boldsymbol{A}\|}.$$

证明 若存在自相容范数 $\|\bullet\|$，使 $\|\boldsymbol{A}\|<1$，则由推论 2.26 知，也有 $\rho(\boldsymbol{A})<1$. 注意到，幂级数 $\sum\limits_{m=0}^{\infty} z^m$ 的收敛半径 $R=1$，根据定理 2.35，方阵幂级数 $\sum\limits_{m=0}^{\infty}\boldsymbol{A}^m$

收敛. 设 $\sum_{m=0}^{\infty} \boldsymbol{A}^m = \boldsymbol{S}$，则

$$
\begin{aligned}
(\boldsymbol{I}-\boldsymbol{A})\boldsymbol{S} &= (\boldsymbol{I}-\boldsymbol{A})\sum_{m=0}^{\infty} \boldsymbol{A}^m = (\boldsymbol{I}-\boldsymbol{A})\lim_{N\to\infty}\sum_{m=0}^{N} \boldsymbol{A}^m \\
&= \lim_{N\to\infty}(\boldsymbol{I}-\boldsymbol{A})(\boldsymbol{I}+\boldsymbol{A}+\cdots+\boldsymbol{A}^N) = \lim_{N\to\infty}(\boldsymbol{I}-\boldsymbol{A}^{N+1}).
\end{aligned}
$$

由 $\rho(\boldsymbol{A})<1$ 知 $\lim\limits_{N\to\infty}\boldsymbol{A}^{N+1}=\boldsymbol{0}$，故 $(\boldsymbol{I}-\boldsymbol{A})\boldsymbol{S}=\boldsymbol{I}$，即 $\boldsymbol{S}=(\boldsymbol{I}-\boldsymbol{A})^{-1}$. 并且

$$
\begin{aligned}
\|(\boldsymbol{I}-\boldsymbol{A})^{-1}\| &= \left\|\lim_{N\to\infty}\sum_{m=0}^{N}\boldsymbol{A}^m\right\| = \lim_{N\to\infty}\left\|\sum_{m=0}^{N}\boldsymbol{A}^m\right\| \\
&\leqslant \lim_{N\to\infty}\sum_{m=0}^{N}\|\boldsymbol{A}\|^m = \sum_{m=0}^{\infty}\|\boldsymbol{A}\|^m = \frac{1}{1-\|\boldsymbol{A}\|}.
\end{aligned}
$$

□

2.5.4 方阵函数及其计算

设 $f(z)$ 是一个复变函数，$f(z)$ 的 Taylor 展开式为

$$
f(z)=\sum_{m=0}^{\infty}c_m z^m, \quad |z|<R.
$$

当 $\boldsymbol{X}\in\mathbb{C}^{n\times n}$，$\rho(\boldsymbol{X})<R$ 时，方阵幂级数 $\sum\limits_{m=0}^{\infty}c_m\boldsymbol{X}^m$ 收敛，将它的和记为 $f(\boldsymbol{X})$，称 $f(\boldsymbol{X})=\sum\limits_{m=0}^{\infty}c_m\boldsymbol{X}^m$ 为方阵函数.

由于指数函数、正弦函数、余弦函数、对数函数、幂函数有如下的 Taylor 展开式：

$$
\mathrm{e}^z=\sum_{m=0}^{\infty}\frac{z^m}{m!}=1+z+\frac{z^2}{2!}+\cdots+\frac{z^m}{m!}+\cdots, \quad |z|<\infty;
$$

$$
\sin z=\sum_{m=0}^{\infty}\frac{(-1)^m z^{2m+1}}{(2m+1)!}=z-\frac{z^3}{3!}+\frac{z^5}{5!}-\cdots+\frac{(-1)^m z^{2m+1}}{(2m+1)!}+\cdots, \quad |z|<\infty;
$$

$$
\cos z=\sum_{m=0}^{\infty}\frac{(-1)^m z^{2m}}{(2m)!}=1-\frac{z^2}{2!}+\frac{z^4}{4!}-\cdots+\frac{(-1)^m z^{2m}}{(2m)!}+\cdots, \quad |z|<\infty;
$$

$$
\ln(1+z)=\sum_{m=0}^{\infty}\frac{(-1)^m z^{m+1}}{m+1}=z-\frac{z^2}{2}+\frac{z^3}{3}-\frac{z^4}{4}-\cdots+\frac{(-1)^m z^{m+1}}{m+1}+\cdots, \quad |z|<1;
$$

$$
(1+z)^a=\sum_{m=0}^{\infty}\frac{a(a-1)\cdots(a-m+1)}{m!}z^m=1+az+\frac{a(a-1)}{2!}z^2+\cdots, \quad |z|<1.
$$

因此得到方阵的指数函数、正弦函数、余弦函数、对数函数和幂函数:

$$\mathrm{e}^{\boldsymbol{X}}=\sum_{m=0}^{\infty}\frac{\boldsymbol{X}^m}{m!}=\boldsymbol{I}+\boldsymbol{X}+\frac{\boldsymbol{X}^2}{2!}+\cdots+\frac{\boldsymbol{X}^m}{m!}+\cdots,\quad \rho(\boldsymbol{X})<\infty;$$

$$\sin\boldsymbol{X}=\sum_{m=0}^{\infty}\frac{(-1)^m\boldsymbol{X}^{2m+1}}{(2m+1)!}=\boldsymbol{X}-\frac{\boldsymbol{X}^3}{3!}+\frac{\boldsymbol{X}^5}{5!}-\cdots+\frac{(-1)^m\boldsymbol{X}^{2m+1}}{(2m+1)!}+\cdots,\quad \rho(\boldsymbol{X})<\infty;$$

$$\cos\boldsymbol{X}=\sum_{m=0}^{\infty}\frac{(-1)^m\boldsymbol{X}^{2m}}{(2m)!}=\boldsymbol{I}-\frac{\boldsymbol{X}^2}{2!}+\frac{\boldsymbol{X}^4}{4!}-\cdots+\frac{(-1)^m\boldsymbol{X}^{2m}}{(2m)!}+\cdots,\quad \rho(\boldsymbol{X})<\infty;$$

$$\ln(\boldsymbol{I}+\boldsymbol{X})=\sum_{m=0}^{\infty}\frac{(-1)^m\boldsymbol{X}^{m+1}}{m+1}=\boldsymbol{X}-\frac{\boldsymbol{X}^2}{2}+\frac{\boldsymbol{X}^3}{3}-\cdots+\frac{(-1)^m\boldsymbol{X}^{m+1}}{m+1}+\cdots,\quad \rho(\boldsymbol{X})<1;$$

$$(\boldsymbol{I}+\boldsymbol{X})^a=\sum_{m=0}^{\infty}\frac{a(a-1)\cdots(a-m+1)}{m!}\boldsymbol{X}^m=\boldsymbol{I}+a\boldsymbol{X}+\frac{a(a-1)}{2!}\boldsymbol{X}^2+\cdots,\rho(\boldsymbol{X})<1.$$

对于给定的 $\boldsymbol{X}=\boldsymbol{A}\in\mathbb{C}^{n\times n}$，如何计算方阵函数 $f(\boldsymbol{X})$ 在 $\boldsymbol{A}$ 处的值 $f(\boldsymbol{A})$，这是一个十分重要的问题.

设幂级数 $f(z)=\sum\limits_{m=0}^{\infty}c_mz^m$ 的收敛半径为 R，$\boldsymbol{A}\in\mathbb{C}^{n\times n}$，且 $\rho(\boldsymbol{A})<R$. 因为存在可逆矩阵 $\boldsymbol{P}$，使得 $\boldsymbol{P}^{-1}\boldsymbol{A}\boldsymbol{P}=\boldsymbol{J}=\mathrm{diag}(\boldsymbol{J}_1,\ \boldsymbol{J}_2,\ \cdots,\ \boldsymbol{J}_s)$，其中 $\boldsymbol{J}_i$ 是初等因子 $(\lambda-\lambda_i)^{n_i}$ 对应的 Jordan 块 $(i=1,2,\cdots,s)$，所以由定理 2.35 的构造性证明知

$$f(\boldsymbol{A})=\sum_{m=0}^{\infty}c_m\boldsymbol{A}^m=\boldsymbol{P}\,\mathrm{diag}\left(\sum_{m=0}^{\infty}c_m\boldsymbol{J}_1^m,\ \sum_{m=0}^{\infty}c_m\boldsymbol{J}_2^m,\ \cdots,\ \sum_{m=0}^{\infty}c_m\boldsymbol{J}_s^m\right)\boldsymbol{P}^{-1}.$$

由于 $\rho(\boldsymbol{J}_i)\leqslant\rho(\boldsymbol{J})<R$，因此 $\sum\limits_{m=0}^{\infty}c_m\boldsymbol{J}_i^m=f(\boldsymbol{J}_i)$，$i=1,2,\cdots,s$，于是

$$f(\boldsymbol{A})=\boldsymbol{P}\,\mathrm{diag}\,(f(\boldsymbol{J}_1),\ f(\boldsymbol{J}_2),\ \cdots,\ f(\boldsymbol{J}_s))\,\boldsymbol{P}^{-1}.\tag{2.10}$$

当 $|z|<R$ 时，$f(z)=\sum\limits_{m=0}^{\infty}c_mz^m$ 有任意阶导数且可逐项求导，即 $f^{(k)}(z)=\sum\limits_{m=0}^{\infty}c_m(z^m)^{(k)}$，$k=0,1,2,\cdots$，从而对一切 $i=1,2,\cdots,s$，有

$$f(\boldsymbol{J}_i)=\sum_{m=0}^{\infty}c_m\boldsymbol{J}_i^m$$

$$
=\begin{bmatrix}
\sum\limits_{m=0}^{\infty} c_m\lambda_i^m & & & & \\
\sum\limits_{m=0}^{\infty} c_m(\lambda_i^m)' & \sum\limits_{m=0}^{\infty} c_m\lambda_i^m & & & \\
\frac{1}{2!}\sum\limits_{m=0}^{\infty} c_m(\lambda_i^m)'' & \ddots & \ddots & & \\
\vdots & \ddots & \ddots & \ddots & \\
\frac{1}{(n_i-1)!}\sum\limits_{m=0}^{\infty} c_m(\lambda_i^m)^{(n_i-1)} & \cdots & \frac{1}{2!}\sum\limits_{m=0}^{\infty} c_m(\lambda_i^m)'' & \sum\limits_{m=0}^{\infty} c_m(\lambda_i^m)' & \sum\limits_{m=0}^{\infty} c_m\lambda_i^m
\end{bmatrix}
$$

$$
=\begin{bmatrix}
f(\lambda_i) & & & & \\
f'(\lambda_i) & f(\lambda_i) & & & \\
\frac{f''(\lambda)}{2!} & f'(\lambda_i) & \ddots & & \\
\vdots & \ddots & \ddots & \ddots & \\
\frac{f^{(n_i-1)}(\lambda)}{(n_i-1)!} & \cdots & \frac{f''(\lambda)}{2!} & f'(\lambda_i) & f(\lambda_i)
\end{bmatrix}. \tag{2.11}
$$

类似地，对于 $t\in\mathbb{C}$ 有

$$
f(t\boldsymbol{J}_i)=\begin{bmatrix}
f(t\lambda_i) & & & & \\
f'_\lambda(t\lambda_i) & f(t\lambda_i) & & & \\
\frac{f''_\lambda(t\lambda_i)}{2!} & f'_\lambda(t\lambda_i) & \ddots & & \\
\vdots & \ddots & \ddots & \ddots & \\
\frac{f_\lambda^{(n_i-1)}(t\lambda_i)}{(n_i-1)!} & \cdots & \frac{f''_\lambda(t\lambda_i)}{2!} & f'_\lambda(t\lambda_i) & f(t\lambda_i)
\end{bmatrix},
$$

$$
f(t\boldsymbol{A})=\boldsymbol{P}\,\mathrm{diag}\,(f(t\boldsymbol{J}_1),\ f(t\boldsymbol{J}_2),\ \cdots,\ f(t\boldsymbol{J}_s))\,\boldsymbol{P}^{-1},
$$

这里 $f_\lambda^{(k)}(t\lambda_i)$ 表示 $f(t\lambda)$ 对 λ 在 $\lambda=\lambda_i$ 处求 k 阶导数，$k=0,1,2,\cdots,n_i-1$.

上述得到的利用 Jordan 标准形求方阵函数值的方法，称为 Jordan 标准形法.

例 2.20 设 $\boldsymbol{A}=\begin{bmatrix}-1 & -2 & 6\\ -1 & 0 & 3\\ -1 & -1 & 4\end{bmatrix}$，求 $\mathrm{e}^{\boldsymbol{A}}$ 和 $\sin t\boldsymbol{A}$.

解 由例 2.6 知，$\boldsymbol{A}$ 的 Jordan 标准形为 $\boldsymbol{J}=\begin{bmatrix}1 & 0 & 0\\ 0 & 1 & 0\\ 0 & 1 & 1\end{bmatrix}$，且 $\boldsymbol{P}=\begin{bmatrix}-1 & -1 & 2\\ 1 & 0 & 1\\ 0 & 0 & 1\end{bmatrix}$，

$\boldsymbol{P}^{-1}\boldsymbol{A}\boldsymbol{P}=\boldsymbol{J}$.

当 $f(z)=\mathrm{e}^z$ 时，$f(1)=\mathrm{e}$, $f'(1)=\mathrm{e}$，于是有

$$\mathrm{e}^{\boldsymbol{A}}=\boldsymbol{P}\begin{bmatrix}\mathrm{e}&0&0\\0&\mathrm{e}&0\\0&\mathrm{e}&\mathrm{e}\end{bmatrix}\boldsymbol{P}^{-1}=\begin{bmatrix}-\mathrm{e}&-2\mathrm{e}&6\mathrm{e}\\-\mathrm{e}&0&3\mathrm{e}\\-\mathrm{e}&-\mathrm{e}&4\mathrm{e}\end{bmatrix};$$

当 $f(tz)=\sin tz$ 时，$f(1)=\sin t$, $f'(1)=t\cos t$，因此有

$$\begin{aligned}\sin t\boldsymbol{A}&=\boldsymbol{P}\begin{bmatrix}\sin t&0&0\\0&\sin t&0\\0&t\cos t&\sin t\end{bmatrix}\boldsymbol{P}^{-1}\\&=\begin{bmatrix}\sin t-2t\cos t&-2t\cos t&6t\cos t\\-t\cos t&\sin t-t\cos t&3t\cos t\\-t\cos t&-t\cos t&\sin t+3t\cos t\end{bmatrix}.\end{aligned}$$ □

在求出方阵 $\boldsymbol{A}$ 的 Jordan 标准形和相似变换矩阵 $\boldsymbol{P}$ 之后，根据 Jordan 标准形法计算方阵函数值 $f(\boldsymbol{A})$ 是一件容易的事. 但是 $\boldsymbol{P}$ 和 $\boldsymbol{P}^{-1}$ 的计算比较困难. 因此用 Jordan 标准形法求方阵函数值，计算量较大.

最后给出计算方阵函数值的谱方法.

定义 2.24 设 $\boldsymbol{A}\in\mathbb{C}^{n\times n}$，$\sigma(\boldsymbol{A})=\{\lambda_1,\lambda_2,\cdots,\lambda_t\}$，$\boldsymbol{A}$ 的最小多项式为

$$\varphi(\lambda)=(\lambda-\lambda_1)^{m_1}(\lambda-\lambda_2)^{m_2}\cdots(\lambda-\lambda_t)^{m_t},\quad \sum_{j=1}^{t}m_j=m.$$

如果函数 $f(z)$ 满足：对每个 $j(1\leqslant j\leqslant t)$，$f(\lambda_j),f'(\lambda_j),\cdots,f^{(m_j-1)}(\lambda_j)$ 均存在，则称 $f(z)$ 在 $\sigma(\boldsymbol{A})$ 上有定义，并称 $f(\lambda_j),f'(\lambda_j),\cdots,f^{(m_j-1)}(\lambda_j)(1\leqslant j\leqslant t)$ 为 f 在 $\sigma(\boldsymbol{A})$ 上的值.

由 (2.10) 和 (2.11) 式，立即得到下面的所谓谱定理.

定理 2.38 设 $\boldsymbol{A}\in\mathbb{C}^{n\times n}$ 的全部特征值为 $\lambda_1,\lambda_2,\cdots,\lambda_n$，如果函数 $f(z)$ 在 $\sigma(\boldsymbol{A})$ 上有定义，则 $f(\boldsymbol{A})$ 的全部特征值为 $f(\lambda_1),f(\lambda_2),\cdots,f(\lambda_n)$. □

在定理 2.38 的条件下，容易得到

$$\det f(\boldsymbol{A})=f(\lambda_1)f(\lambda_2)\cdots f(\lambda_n),$$

特别地，有

$$\det\mathrm{e}^{\boldsymbol{A}}=\mathrm{e}^{\lambda_1+\lambda_2+\cdots+\lambda_n}=\mathrm{e}^{\mathrm{tr}\boldsymbol{A}}.$$

定理 2.39 设 $A\in\mathbb{C}^{n\times n}$ 的最小多项式为

$$m(\lambda)=(\lambda-\lambda_1)^{m_1}(\lambda-\lambda_2)^{m_2}\cdots(\lambda-\lambda_t)^{m_t},$$

其中 $\sum_{j=1}^{t} m_j = m$. 复变幂级数 $f(z) = \sum_{k=0}^{\infty} c_k z^k$ 的收敛半径为 R，则当 $\rho(\boldsymbol{A}) < R$ 时，存在唯一的次数小于 m 的多项式 $T(z) = \sum_{k=0}^{\infty} a_k z^k$，使得 $T(z)$ 与 $f(z)$ 在 $\sigma(\boldsymbol{A})$ 上谱值相同，并且 $f(\boldsymbol{A}) = T(\boldsymbol{A})$.

证明　由于 $\rho(\boldsymbol{A}) < R$，因此 $f(z)$ 在 $\sigma(A) = \{\lambda_1, \lambda_2, \cdots, \lambda_t\}$ 上有定义，由插值多项式理论可知，满足 m 个条件

$$T^{(l)}(\lambda_j) = f^{(l)}(\lambda_j) \quad (l = 0, 1, \cdots, m_j - 1; j = 1, 2, \cdots, t)$$

的次数小于 m 的插值多项式 $T(z)$ 是唯一存在的.

下面证明 $f(\boldsymbol{A}) = T(\boldsymbol{A})$.

设 $\boldsymbol{A}$ 的 Jordan 标准形为 $\boldsymbol{J} = \mathrm{diag}(\boldsymbol{J}_1, \boldsymbol{J}_2, \cdots, \boldsymbol{J}_s)$，其中 $\boldsymbol{J}_i$ 是初等因子 $(\lambda - \lambda_i)^{n_i}$ 对应的 Jordan 块. 于是由 Jordan 标准形法的描述过程可知，存在可逆矩阵 $\boldsymbol{P}$，使得

$$f(\boldsymbol{A}) = \boldsymbol{P}\,\mathrm{diag}\,(f(\boldsymbol{J}_1), f(\boldsymbol{J}_2), \cdots, f(\boldsymbol{J}_s))\,\boldsymbol{P}^{-1},$$

$$T(\boldsymbol{A}) = \boldsymbol{P}\,\mathrm{diag}\,(T(\boldsymbol{J}_1), T(\boldsymbol{J}_2), \cdots, T(\boldsymbol{J}_s))\,\boldsymbol{P}^{-1},$$

这里

$$f(\boldsymbol{J}_i) = \begin{bmatrix} f(\lambda_i) & & & & \\ f'(\lambda_i) & f(\lambda_i) & & & \\ \frac{f''(\lambda_i)}{2!} & f'(\lambda_i) & \ddots & & \\ \vdots & \ddots & \ddots & \ddots & \\ \frac{f^{(n_i-1)}(\lambda_i)}{(n_i-1)!} & \cdots & \frac{f''(\lambda_i)}{2!} & f'(\lambda_i) & f(\lambda_i) \end{bmatrix},$$

$$T(\boldsymbol{J}_i) = \begin{bmatrix} T(\lambda_i) & & & & \\ T'(\lambda_i) & T(\lambda_i) & & & \\ \frac{T''(\lambda_i)}{2!} & T'(\lambda_i) & \ddots & & \\ \vdots & & \ddots & \ddots & \\ \frac{T^{(n_i-1)}(\lambda_i)}{(n_i-1)!} & \cdots & \frac{T''(\lambda_i)}{2!} & T'(\lambda_i) & T(\lambda_i) \end{bmatrix}.$$

注意到最小多项式 $m(\lambda)$ 等于最后一个不变因子 $d_n(\lambda)$，故 $\boldsymbol{A}$ 的每个 Jordan 块对应的初等因子 $(\lambda-\lambda_i)^{n_i}$ 一定为最小多项式中幂 $(\lambda-\lambda_i)^{m_i}$ 的因式，即 $n_i \leqslant m_i$，所以

$$T^{(l)}(\lambda_j) = f^{(l)}(\lambda_j), \quad l = 0, 1, 2, \cdots, n_i - 1; j = 1, 2, \cdots, t,$$

于是 $f(\boldsymbol{J}_i)=T(\boldsymbol{J}_i)$，从而 $f(\boldsymbol{A})=T(\boldsymbol{A})$. □

这个定理给出的方法称为谱方法，它将方阵函数值的计算转化为一个方阵多项式的计算. 类似地，对于 $t\in\mathbb{C}^{n\times n}$，有

$$f(t\boldsymbol{A})=T(t\boldsymbol{A})=\sum_{k=0}^{m-1}a_k(t)\boldsymbol{A}^k,$$

这里 $a_k(t)$ 为 t 的函数，$f(tz)$ 与 $T(tz)$ 在 $\sigma(\boldsymbol{A})$ 上的值相同.

例 2.21 设 $\boldsymbol{A}=\begin{bmatrix}0&1&0\\0&0&1\\2&-5&4\end{bmatrix}$，计算 $\mathrm{e}^{t\boldsymbol{A}}$.

解 由于

$$\lambda\boldsymbol{I}-\boldsymbol{A}=\begin{bmatrix}\lambda&-1&0\\0&\lambda&-1\\-2&5&\lambda-4\end{bmatrix}\simeq\begin{bmatrix}1&&\\&1&\\&&(\lambda-2)(\lambda-1)^2\end{bmatrix},$$

因此 $\boldsymbol{A}$ 的最小多项式为 $m(\lambda)=(\lambda-2)(\lambda-1)^2$，$\deg m(\lambda)=3$.

令 $T(tz)=a_0(t)+a_1(t)z+a_2(t)z^2$，由于 $T(tz)$ 与 $f(tz)=\mathrm{e}^{tz}$ 在 $\sigma(\boldsymbol{A})=\{2,1\}$ 上的值相同，即

$$\begin{cases}a_0(t)+2a_1(t)+4a_2(t)=\mathrm{e}^{2t},\\a_0(t)+a_1(t)+a_2(t)=\mathrm{e}^{t},\\a_1(t)+2a_2(t)=t\mathrm{e}^{t},\end{cases}$$

解得

$$\begin{cases}a_0(t)=-2t\mathrm{e}^t+\mathrm{e}^{2t},\\a_1(t)=(3t+2)\mathrm{e}^t-2\mathrm{e}^{2t},\\a_2(t)=-(t+1)\mathrm{e}^t+\mathrm{e}^{2t}.\end{cases}$$

于是

$$\begin{aligned}\mathrm{e}^{t\boldsymbol{A}}=&T(t\boldsymbol{A})=a_0(t)\boldsymbol{I}+a_1(t)\boldsymbol{A}+a_2(t)\boldsymbol{A}^2\\=&(-2t\mathrm{e}^t+\mathrm{e}^{2t})\begin{bmatrix}1&0&0\\0&1&0\\0&0&1\end{bmatrix}+((3t+2)\mathrm{e}^t-2\mathrm{e}^{2t})\begin{bmatrix}0&1&0\\0&0&1\\2&-5&4\end{bmatrix}\\&+(-(t+1)\mathrm{e}^t+\mathrm{e}^{2t})\begin{bmatrix}0&0&1\\2&-5&4\\8&-18&11\end{bmatrix}\end{aligned}$$

$$
= \begin{bmatrix} -2te^t + e^{2t} & (3t+2)e^t - 2e^{2t} & -(t+1)e^t + e^{2t} \\ -2(t+1)e^t + 2e^{2t} & (3t+5)e^t - 4e^{2t} & -(t+2)e^t + 2e^{2t} \\ -2(t+2)e^t + 4e^{2t} & (3t+8)e^t - 8e^{2t} & -(t+3)e^t + 4e^{2t} \end{bmatrix}. \qquad \square
$$

习 题 2

1. 求下列 λ 矩阵的行列式因子、不变因子和初等因子和等价标准形:

(1) $\begin{bmatrix} \lambda-3 & 0 & -8 \\ -3 & \lambda+1 & -6 \\ 2 & 0 & \lambda+5 \end{bmatrix}$;　(2) $\begin{bmatrix} \lambda-3 & -1 & 0 & 0 \\ 4 & \lambda+1 & 0 & 0 \\ -7 & -1 & \lambda-2 & -1 \\ 7 & 6 & 1 & \lambda \end{bmatrix}$;

(3) $\begin{bmatrix} 0 & 0 & 1 & \lambda+2 \\ 0 & 1 & \lambda+2 & 0 \\ 1 & \lambda+2 & 0 & 0 \\ \lambda+2 & 0 & 0 & 0 \end{bmatrix}$;　(4) $\begin{bmatrix} \lambda+\alpha & 0 & 1 & 0 \\ 0 & \lambda+\alpha & 0 & 1 \\ 0 & 0 & \lambda+\alpha & 0 \\ 0 & 0 & 0 & \lambda+\alpha \end{bmatrix}$.

2. 证明方阵 $\boldsymbol{A}$ 与 $\boldsymbol{A}$ 的转置矩阵 $\boldsymbol{A}^{\mathrm{T}}$ 具有相同的不变因子.

3. 证明:

(1) λ 方阵可逆的充要条件是其行列式为非零常数;

(2) λ 方阵可逆的充要条件是它可以写成有限个初等矩阵的乘积.

4. 证明下列矩阵中的任何两个都不相似:

$$
\boldsymbol{A} = \begin{bmatrix} a & 0 & 0 \\ 0 & a & 0 \\ 0 & 0 & a \end{bmatrix}; \quad \boldsymbol{B} = \begin{bmatrix} a & 0 & 0 \\ 0 & a & 1 \\ 0 & 0 & a \end{bmatrix}; \quad \boldsymbol{C} = \begin{bmatrix} a & 1 & 0 \\ 0 & a & 1 \\ 0 & 0 & a \end{bmatrix}.
$$

5. 求下列矩阵的 Jordan 标准形:

(1) $\begin{bmatrix} 1 & 2 & 0 \\ 0 & 2 & 0 \\ -2 & -2 & -1 \end{bmatrix}$;　(2) $\begin{bmatrix} 3 & 7 & -3 \\ -2 & -5 & 2 \\ -4 & -10 & 3 \end{bmatrix}$;

(3) $\begin{bmatrix} 3 & 1 & 0 & 0 \\ -4 & -1 & 0 & 0 \\ 7 & 1 & 2 & 1 \\ -17 & -6 & -1 & 0 \end{bmatrix}$;　(4) $\begin{bmatrix} 1 & 2 & 3 & 4 \\ 0 & 1 & 2 & 3 \\ 0 & 0 & 1 & 2 \\ 0 & 0 & 0 & 1 \end{bmatrix}$.

6. 求变换矩阵 $\boldsymbol{P}$, 使得 $\boldsymbol{P}^{-1}\boldsymbol{AP}$ 为 Jordan 标准形, 这里

(1) $\boldsymbol{A} = \begin{bmatrix} 4 & 5 & -2 \\ -2 & -2 & 1 \\ -1 & -1 & 1 \end{bmatrix}$;　(2) $\boldsymbol{A} = \begin{bmatrix} 0 & 1 & -1 \\ 1 & 1 & 0 \\ 1 & 0 & 1 \end{bmatrix}$.

7. 求下列矩阵的最小多项式:

(1) $\begin{bmatrix} 1 & 2 & 0 \\ 0 & 2 & 0 \\ -2 & -2 & -1 \end{bmatrix}$; (2) $\begin{bmatrix} 0 & 1 & 0 \\ 0 & 0 & 1 \\ 2 & 3 & 0 \end{bmatrix}$; (3) $\begin{bmatrix} 1 & 2 & 0 \\ 0 & 2 & 0 \\ -2 & -2 & -1 \end{bmatrix}$.

8. 设 $\boldsymbol{A} = \begin{bmatrix} -1 & 1 & 0 \\ -4 & 3 & 0 \\ 1 & 0 & 2 \end{bmatrix}$，计算 $g(\boldsymbol{A}) = \boldsymbol{A}^7 - \boldsymbol{A}^5 - 19\boldsymbol{A}^4 + 28\boldsymbol{A}^3 + 6\boldsymbol{A} - 4\boldsymbol{I}$.

9. 证明满足下列条件之一的矩阵 $\boldsymbol{A} \in \mathbb{C}^{n\times n}$ 可对角化:

(1) $\boldsymbol{A}^3 + 2\boldsymbol{A}^2 - \boldsymbol{A} = 2\boldsymbol{I}$; (2) $\boldsymbol{A}^4 + 3\boldsymbol{A}^2 = 2\boldsymbol{I}$; (3) $\boldsymbol{A}^8 = \boldsymbol{I}$.

10. 在某国, 每年有比例为 p 的农村居民移居城镇, 有比例为 q 的城镇居民移居农村, 假设该国总人口数不变, 且上述人口迁移的规律也不变. 把 n 年后农村人口和城镇人口占总人口的比例依次记为 x_n 和 $y_n(x_n + y_n = 1)$.

(1) 求关系式 $\begin{bmatrix} x_{n+1} \\ y_{n+1} \end{bmatrix} = \boldsymbol{A} \begin{bmatrix} x_n \\ y_n \end{bmatrix}$ 中的矩阵 $\boldsymbol{A}$;

(2) 设目前农村人口与城镇人口相等，即 $\begin{bmatrix} x_0 \\ y_0 \end{bmatrix} = \begin{bmatrix} 0.5 \\ 0.5 \end{bmatrix}$，求 $\begin{bmatrix} x_n \\ y_n \end{bmatrix}$.

11. 设矩阵 $\boldsymbol{A} = \begin{bmatrix} 2 & 0 & 1 \\ 3 & 1 & x \\ 4 & 0 & 5 \end{bmatrix}$ 可相似对角化，求 x.

12. 求方阵

$$\boldsymbol{A} = \begin{bmatrix} 1 & & & \\ & 3 & & \\ & & -2 & \\ & & & 4 \end{bmatrix}$$

的行列式因子、不变因子和初等因子.

13. 求方阵 $\boldsymbol{A} = \begin{bmatrix} -1 & -2 & 6 \\ -1 & 0 & 3 \\ -1 & -1 & 4 \end{bmatrix}$ 的不变因子和初等因子.

14. 已知 $\boldsymbol{p} = (1, 1, -1)^{\mathrm{T}}$ 是矩阵 $\boldsymbol{A} = \begin{bmatrix} 2 & -1 & 2 \\ 5 & a & 3 \\ -1 & b & -2 \end{bmatrix}$ 的一个特征向量.

(1) 求参数 a, b 及特征向量 $\boldsymbol{p}$ 所对应的特征值;

(2) 问 A 能否相似对角化? 并说明理由.

15. 设三阶 Hermite 矩阵 $\boldsymbol{A}$ 的特征值为 $\lambda_1 = \lambda_2 = 1$, $\lambda_3 = -1$，对应于特征值 1 的特征向量为 $\boldsymbol{p}_1 = (1, 2\mathrm{i}, 2)^{\mathrm{T}}, \boldsymbol{p}_2 = (2\mathrm{i}, 1, -2)^{\mathrm{T}}$，求 $\boldsymbol{A}$.

16. 已知三阶矩阵 $\boldsymbol{A}$ 与三维列向量 $\boldsymbol{x}$，使得 $\boldsymbol{x}, \boldsymbol{A}\boldsymbol{x}, \boldsymbol{A}^2\boldsymbol{x}$ 线性无关，且满足 $\boldsymbol{A}^3\boldsymbol{x} = 3\boldsymbol{A}\boldsymbol{x} - 2\boldsymbol{A}^2\boldsymbol{x}$.

(1) 记 $\boldsymbol{P} = [\boldsymbol{x}\ \boldsymbol{A}\boldsymbol{x}\ \boldsymbol{A}^2\boldsymbol{x}]$，求三阶矩阵 $\boldsymbol{B}$，使 $\boldsymbol{A} = \boldsymbol{P}\boldsymbol{B}\boldsymbol{P}^{-1}$;

(2) 计算行列式 $|\boldsymbol{A}+\boldsymbol{I}|$.

17. 设 λ 是 $\boldsymbol{A}\in\mathbb{C}^{n\times n}$ 的特征值，证明：

(1) λ^m 是 $\boldsymbol{A}^m$ 的特征值, m 为任一正整数；

(2) 若 $\boldsymbol{A}$ 可逆，则 λ^{-1} 是 $\boldsymbol{A}^{-1}$ 特征值.

18. 设 λ_1,λ_2 是 $\boldsymbol{A}\in\mathbb{C}^{n\times n}$ 的两个相异特征值，$\boldsymbol{p}_1,\boldsymbol{p}_2$ 是 $\boldsymbol{A}$ 的分别对应于 λ_1,λ_2 的特征向量，证明 $\boldsymbol{p}_1,\boldsymbol{p}_2$ 线性无关.

19. 将下列矩阵酉对角化：

(1) $\begin{bmatrix} 0 & \mathrm{i} & 1 \\ -\mathrm{i} & 0 & 0 \\ 1 & 0 & 0 \end{bmatrix}$；　(2) $\begin{bmatrix} 0 & 1 & -\mathrm{i} \\ 1 & 0 & \mathrm{i} \\ \mathrm{i} & -\mathrm{i} & 0 \end{bmatrix}$.

20. 证明：$\forall \boldsymbol{A}\in\mathbb{C}^{m\times n}$，均有 $\|\boldsymbol{A}\|_{\mathrm{F}}=\sqrt{\mathrm{tr}(\boldsymbol{A}^{\mathrm{H}}\boldsymbol{A})}$.

21. 设 $\|\bullet\|$ 是 $\mathbb{C}^{n\times n}$ 上的方阵自相容范数，$\boldsymbol{D}$ 是 n 阶可逆矩阵，$\forall \boldsymbol{A}\in\mathbb{C}^{n\times n}$，定义

$$\|\boldsymbol{A}\|_*=\|\boldsymbol{D}^{-1}\boldsymbol{A}\boldsymbol{D}\|,$$

证明 $\|\bullet\|_*$ 是 $\mathbb{C}^{n\times n}$ 上的自相容范数.

22. 设 $\|\bullet\|$ 是 $\mathbb{C}^{n\times n}$ 上的方阵自相容范数，$\boldsymbol{B}$ 和 $\boldsymbol{C}$ 都是 n 阶可逆矩阵，且 $\|\boldsymbol{B}^{-1}\|\leqslant 1$，$\|\boldsymbol{C}^{-1}\|\leqslant 1$. $\forall \boldsymbol{A}\in\mathrm{C}^{n\times n}$，定义

$$\|\boldsymbol{A}\|_*=\|\boldsymbol{B}\boldsymbol{A}\boldsymbol{C}\|,$$

证明 $\|\bullet\|_*$ 是 $\mathbb{C}^{n\times n}$ 上的方阵自相容范数.

23. 对于 $\mathbb{C}^{n\times n}$ 上的任何算子范数 $\|\bullet\|$，证明：

(1) 若 $\boldsymbol{I}\in\mathbb{C}^{n\times n}$ 是单位矩阵，则 $\|\boldsymbol{I}\|=1$；

(2) 若 $\boldsymbol{A}\in\mathbb{C}^{n\times n}$ 是可逆矩阵，则 $\|\boldsymbol{A}^{-1}\|\geqslant\|\boldsymbol{A}\|^{-1}$.

24. 设 $\|\bullet\|$ 是 $\mathbb{C}^{n\times n}$ 上的任意一种自相容范数，λ 是 $\boldsymbol{A}\in\mathbb{C}^{n\times n}$ 的特征值. 若 $\boldsymbol{A}$ 是可逆矩阵，证明 $\dfrac{1}{\|\boldsymbol{A}^{-1}\|}\leqslant|\lambda|\leqslant\|\boldsymbol{A}\|$.

25. 设 $\boldsymbol{A}\in\mathbb{C}^{n\times n}$，证明 $\dfrac{1}{\sqrt{n}}\|\boldsymbol{A}\|_{\mathrm{F}}\leqslant\|\boldsymbol{A}\|_2\leqslant\|\boldsymbol{A}\|_{\mathrm{F}}$.

26. 设 $\boldsymbol{A}\in\mathbb{C}^{n\times n}$，$\boldsymbol{A}$ 是酉矩阵，证明 $\rho(\boldsymbol{A})=1$.

27. 已知 $\boldsymbol{A}_m=\begin{bmatrix} \dfrac{(-1)^m}{m} & -1 \\ \dfrac{1}{m} & \left(1+\dfrac{1}{m}\right)^m \end{bmatrix}$，$m=1,2,\cdots$，求 $\lim\limits_{m\to\infty}\boldsymbol{A}_m$.

28. 设 $\boldsymbol{A}\in\mathbb{C}^{n\times n}$，$\boldsymbol{A}_m\in\mathbb{C}^{n\times n}(m=0,1,2,\cdots)$，试证：

(1) 若 $\lim\limits_{m\to\infty}\boldsymbol{A}_m=\boldsymbol{A}$，则 $\lim\limits_{m\to\infty}\boldsymbol{A}_m^{\mathrm{T}}=\boldsymbol{A}^{\mathrm{T}}$，$\lim\limits_{m\to\infty}\bar{\boldsymbol{A}}_m=\bar{\boldsymbol{A}}$，$\lim\limits_{m\to\infty}\boldsymbol{A}_m^{\mathrm{H}}=\boldsymbol{A}^{\mathrm{H}}$；

(2) 若 $\sum\limits_{m=0}^{\infty}c_m\boldsymbol{A}_m$ 收敛，则 $\sum\limits_{m=0}^{\infty}c_m(\boldsymbol{A}^{\mathrm{T}})^m=\left(\sum\limits_{m=0}^{\infty}c_m\boldsymbol{A}^m\right)^{\mathrm{T}}$.

29. 设 $\boldsymbol{A}=\begin{bmatrix} 0.2 & 0.5 \\ 0.7 & 0.4 \end{bmatrix}$，试判断方阵幂级数 $\sum\limits_{m=0}^{\infty}\boldsymbol{A}_m$ 的敛散性，若收敛则求其和.

30. 设 $\boldsymbol{A}=\begin{bmatrix}2 & 0 & 0\\ 1 & 1 & 1\\ 1 & -1 & 3\end{bmatrix}$，若 $\boldsymbol{B}=\dfrac{1}{3}\boldsymbol{A}$，证明 $\lim\limits_{k\to\infty}\boldsymbol{B}^k=\boldsymbol{0}$.

31. 设 $\boldsymbol{A}\in\mathbb{C}^{n\times n}$，则 $\lim\limits_{k\to\infty}\boldsymbol{A}^k=\boldsymbol{0}$ 的充要条件是 $\forall\boldsymbol{x}\in\mathbb{C}^n$，有 $\lim\limits_{k\to\infty}\boldsymbol{A}^k\boldsymbol{x}=\boldsymbol{0}$.

32. 设 $\boldsymbol{A}_m\in\mathbb{C}^{n\times n}$，$m=0,1,\cdots$，若 $\sum\limits_{m=0}^{\infty}\boldsymbol{A}_m$ 绝对收敛，证明：$\forall\boldsymbol{P}$，$\boldsymbol{Q}\in\mathbb{C}^{n\times n}$，$\sum\limits_{m=0}^{\infty}\boldsymbol{P}\boldsymbol{A}_m\boldsymbol{Q}$ 绝对收敛.

33. 设 $\boldsymbol{A}=\begin{bmatrix}2 & -1 & 1\\ 0 & 3 & -1\\ 2 & 1 & 3\end{bmatrix}$，计算 $\det \mathrm{e}^{t\boldsymbol{A}}$ 和 $\det\sin t\boldsymbol{A}$.

34. 已知 $\boldsymbol{A}=\begin{bmatrix}4 & 6 & 0\\ -3 & -5 & 0\\ -3 & -6 & 1\end{bmatrix}$，求 $\mathrm{e}^{t\boldsymbol{A}}$ 和 $\cos\boldsymbol{A}$.

35. 计算 $\mathrm{e}^{t\boldsymbol{A}}$ 和 $\sin t\boldsymbol{A}$.

(1) $\boldsymbol{A}=\begin{bmatrix}2 & 0 & 0\\ 1 & 1 & 1\\ 1 & -1 & 3\end{bmatrix}$；　(2) $\boldsymbol{A}=\begin{bmatrix}2 & -1 & 1\\ 0 & 3 & -1\\ 2 & 1 & 3\end{bmatrix}$.

第 3 章　线性方程组

线性方程组经常出现在科学和工程的许多领域中，如最优化理论、数据分析、网络分析及非线性方程组和微分方程组的数值解等. 尽管线性代数中已经给出了一些求解线性方程组的方法，但在使用这些方法时，还会遇到许多困难，因此研究线性方程组的有效解法是科学与工程计算的重要课题.

本章首先介绍解线性方程组的 Gauss 消元法、Doolittle 分解法和迭代法，然后讨论相容方程组的通解、最小范数解以及矛盾方程组的最小二乘解.

3.1　Gauss 消元法

线性方程组的求解可分为直接法和迭代法.

直接法是在方程组求解过程中所有运算都精确的前提下，经过有限次运算得到方程组精确解的方法. 由于实际计算过程中会有舍入误差，因此，“精确” 只是对计算方式而言. Gauss 消元法是解线性方程组最基本的一种直接法，它适用于求解系数矩阵为低阶稠密方阵的方程组.

迭代法则是按照某种规则生成一个迭代序列，使其收敛于方程组的解. 迭代过程就是逐次逼近方程组解的过程，在实际计算时，只能迭代有限步得到方程组的满足精度要求的近似解. 收敛性是迭代法的前提，收敛速度和误差估计是迭代法中必须考虑的两个重要因素.

3.1.1　引言

考虑 n 元线性方程组

$$\begin{cases} a_{11}x_1 + a_{12}x_2 + \cdots + a_{1n}x_n = b_1\,, \\ a_{21}x_1 + a_{22}x_2 + \cdots + a_{2n}x_n = b_2, \\ \qquad\qquad \cdots\cdots \\ a_{n1}x_1 + a_{n2}x_2 + \cdots + a_{nn}x_n = b_n, \end{cases} \tag{3.1}$$

其矩阵形式为

$$\boldsymbol{A}\boldsymbol{x} = \boldsymbol{b},$$

其中 $\boldsymbol{A} = [a_{ij}]_{n\times n} \in \mathbb{C}^{n\times n}$ 为系数矩阵，$\boldsymbol{b} = (b_1, b_2, \cdots, b_n)^{\mathrm{T}} \in \mathbb{C}^n$ 为常数向量，$\boldsymbol{x} = (x_1, x_2, \cdots, x_n)^{\mathrm{T}}$ 为解向量. 这里总是假设 $\boldsymbol{A}$ 为非奇异方阵，根据 Cramer

法则，方程组 (3.1) 式的唯一解可表示为

$$x_j = \frac{D_j}{D}, \quad j = 1, 2, \cdots, n,$$

其中 $D = \det \boldsymbol{A}$ 是线性方程组 (3.1) 的系数行列式，D_j 是用常数向量代替系数行列式 D 中第 j 列所得的行列式，$j = 1, 2, \cdots, n$.

用 Cramer 法则解方程组 (3.1)，乘除法的运算量为 $M = (n+1)!(n-1) + n$，加减法的运算量为 $S = (n+1)(n! - 1)$.

由此可见，当 n 较大时，将无法承受 Cramer 法则的计算量，因此有必要研究新的方法来求解线性方程组.

3.1.2 顺序 Gauss 消元法

求解线性方程组的消元法是一个经典的方法，其基本思想是对方程组进行初等变换 (互换两个方程的位置；某个方程乘以一个非零常数；将某个方程的常数倍加到另一个方程)，逐步减少方程中变元的数目，最终使每个方程只含一个变元，从而得到方程组的解.

对于线性方程组 (3.1)，记

$$a_{ij}^{(1)} = a_{ij}, \quad b_i^{(1)} = b_i, \quad j = 1, 2, \cdots, n.$$

首先对方程组 (3.1) 进行第三类初等变换. 对 $k = 1, 2, \cdots, n-1$，若 $a_{kk}^{(k)} \neq 0$，则依次计算

$$l_{ik} = \frac{a_{ik}^{(k)}}{a_{kk}^{(k)}}, \quad i = k+1, k+2, \cdots, n,$$

$$a_{ij}^{(k+1)} = a_{ij}^{(k)} - l_{ik} a_{kj}^{(k)}, \quad i, j = k+1, k+2, \cdots, n,$$

$$b_i^{(k+1)} = b_i^{(k)} - l_{ik} b_k^{(k)}, \quad i = k+1, k+2, \cdots, n.$$

得到与方程组 (3.1) 等价的上三角方程组

$$\begin{cases} a_{11}^{(1)} x_1 + a_{12}^{(1)} x_2 + \cdots + a_{1n}^{(1)} x_n = b_1^{(1)}, \\ \qquad\quad a_{22}^{(2)} x_2 + \cdots + a_{2n}^{(2)} x_n = b_2^{(2)}, \\ \qquad\qquad \cdots\cdots \\ \qquad\qquad\qquad\quad a_{nn}^{(n)} x_n = b_n^{(n)}, \end{cases} \tag{3.2}$$

上述过程称为消元.

然后对方程组 (3.2) 依次解出 $x_n, x_{n-1}, \cdots, x_1$，得

$$\begin{cases} x_n = \dfrac{b_n^{(n)}}{a_{nn}^{(n)}}, \\ x_k = \dfrac{1}{a_{kk}^{(k)}}\left(b_k^{(k)} - \displaystyle\sum_{j=k+1}^{n} a_{kj}^{(k)} x_j\right), \quad k = n-1, n-2, \cdots, 1, \end{cases}$$

这个过程称为回代.

以上求解方法，不改变方程组中方程的排列次序，由第一个方程开始，通过消元逐步把方程组化为上三角方程组，再由最后一个方程开始，逐个回代求得方程组的解，称这种求解方法为顺序 Gauss 消元法. 在消元过程中，元素 $a_{kk}^{(k)}(k = 1, 2, \cdots, n-1)$ 称为第 k 次消元的主元，$l_{ik}(k = 1, 2, \cdots, n-1;\ i = k+1, k+2, \cdots, n)$ 称为消元因子.

上述计算过程表明，仅当主元 $a_{kk}^{(k)}(k = 1, 2, \cdots, n-1)$ 均不为零时，消元过程才能进行到底，否则，消元过程将被迫终止，系数矩阵非奇异并不能确保消元过程中产生的主元均不为零. 那么方程组 (3.1) 的系数矩阵应满足什么条件才能使顺序 Gauss 消元进行到底呢?

定理 3.1　用顺序 Gauss 消元法能求出 n 阶线性方程组 $\boldsymbol{Ax} = \boldsymbol{b}$ 的唯一解的充要条件是系数矩阵 $\boldsymbol{A}$ 的各阶顺序主子式均不为零.

证明　记 $\boldsymbol{A}_k(k = 1, 2, \cdots, n)$ 为方阵 $\boldsymbol{A}$ 的第 k 阶顺序主子阵.

必要性. 假设用顺序 Gauss 消元法能求出 n 元线性方程组 $\boldsymbol{Ax} = \boldsymbol{b}$ 的唯一解，则 $a_{kk}^{(k)} \neq 0(k = 1, 2, \cdots, n)$. 在顺序 Gauss 消元中，记 $\boldsymbol{A}^{(1)} = \boldsymbol{A}$，$\boldsymbol{A}^{(k)}$ 是经过第 $k-1$ 次消元得到的方程组的系数矩阵，即

$$\boldsymbol{A}^{(k)} = \begin{bmatrix} a_{11}^{(1)} & a_{12}^{(1)} & \cdots & a_{1k}^{(1)} & \cdots & a_{1n}^{(1)} \\ & a_{22}^{(2)} & \cdots & a_{1k}^{(1)} & \cdots & a_{2n}^{(2)} \\ & & \ddots & \vdots & & \vdots \\ & & & a_{kk}^{(k)} & \cdots & a_{kn}^{(k)} \\ & & & \vdots & & \vdots \\ & & & a_{nk}^{(k)} & \cdots & a_{nn}^{(k)} \end{bmatrix}, \quad k = 1, 2, \cdots, n.$$

因为顺序 Gauss 消元过程就是进行第三类初等变换，所以

$$\det \boldsymbol{A}_k = a_{11}^{(1)} a_{22}^{(2)} \cdots a_{kk}^{(k)} \neq 0, \quad k = 1, 2, \cdots, n.$$

这就证明了系数矩阵 $\boldsymbol{A}$ 的各阶顺序主子式均不为零.

充分性. 若 A 的各阶顺序主子式均不为零, 即 $\det \boldsymbol{A}_k \neq 0\,(k=1,2,\cdots,n)$, 则

$$a_{11}^{(1)} \neq 0,$$

$$a_{kk}^{(k)} = \frac{\det \boldsymbol{A}_k}{\det \boldsymbol{A}_{k-1}} \neq 0, \quad k=2,3,\cdots,n.$$

从而顺序 Gauss 消元法可以进行到底. 又因为 $\det \boldsymbol{A} = \det \boldsymbol{A}_n \neq 0$, 所以方程组 $\boldsymbol{Ax}=\boldsymbol{b}$ 有唯一解. □

下面分析顺序 Gauss 消元法的计算量.

顺序 Gauss 消元法的消元和回代过程中, 乘除法的运算量为

$$M = \sum_{k=1}^{n-1}(n-k)(n-k+2) + \sum_{k=1}^{n} k = \frac{1}{3}n^3 + n^2 - \frac{1}{3}n;$$

加减法的运算量为

$$S = \sum_{k=1}^{n-1}(n-k)(n-k+1) + \sum_{k=1}^{n-1} k = \frac{1}{3}n^3 + \frac{1}{2}n^2 - \frac{5}{6}n.$$

由此可知, 顺序 Gauss 消元法的运算量比 Cramer 法则的运算量要小很多.

3.1.3 列主元 Gauss 消元法

顺序 Gauss 消元法的消元过程是按照原方程组中方程及未知量的自然顺序进行的. 因为在消元过程中必须要求主元 $a_{kk}^{(k)} \neq 0\ (k=1,2,\cdots,n)$, 这在具体计算时常常得不到保证, 所以顺序 Gauss 消元法具有很大的局限性.

另一方面, 即使 $a_{kk}^{(k)} \neq 0\ (k=1,2,\cdots,n)$, 如果某个 $|a_{kk}^{(k)}|$ 很小 (称为小主元), 则可能会使消元因子 l_{ik} 的绝对值很大, 从而导致其舍入误差的扩散, 造成解的完全失真, 这是顺序 Gauss 消元法的另一缺陷.

例 3.1 用顺序 Gauss 消元法解方程组

$$\begin{cases} 0.0003x_1 + 3.0000x_2 = 2.0001, \\ 1.0000x_1 + 1.0000x_2 = 1.0000. \end{cases}$$

解 方程组的精确解为 $x_1 = \frac{1}{3}$, $x_2 = \frac{2}{3}$. 若在顺序 Gauss 消元过程中用 5 位浮点数表示各系数, 则有

$$\begin{cases} 0.30000 \times 10^{-3}x_1 + 0.30000 \times 10^{1}x_2 = 0.20001 \times 10^{1}, \\ \qquad\qquad\qquad -0.99989 \times 10^{4}x_2 = -0.66659 \times 10^{4}, \end{cases}$$

回代得 $x_2 = 0.66667$, $x_1 = 0$，由此得到的解完全失真. 如果交换两个方程的顺序，则得到同解方程组

$$\begin{cases} 1.0000x_1 + 1.0000x_2 = 1.0000, \\ 0.0003x_1 + 3.0000x_2 = 2.0001, \end{cases}$$

经 Gauss 消元后有

$$\begin{cases} 1.0000x_1 + 1.0000x_2 = 1.0000, \\ \qquad\qquad\quad 2.9997x_2 = 1.9998, \end{cases}$$

所以 $x_2 = 0.66667$, $x_1 = 0.33333$. □

由此可以看到，在有些情况下，调换方程的次序对方程组的解有很大影响，对消元过程中抑制舍入误差的增长十分有效.

为了克服顺序 Gauss 消元法的弊端，下面介绍列主元 Gauss 消元法.

设 $\boldsymbol{A}^{(k)}(k = 1, 2, \cdots, n-1)$ 是经过第 $k-1$ 次消元所得方程组的增广矩阵，记

$$|a_{mk}^{(k)}| = \max\{|a_{kk}^{(k)}|, |a_{k+1,\,k}^{(k)}|, \cdots, |a_{nk}^{(k)}|\}, \quad k = 1, 2, \cdots, n-1, k \leqslant m \leqslant n,$$

取 $a_{mk}^{(k)}$ 为第 k 次消元的主元，互换第 k 个方程和第 m 个方程的位置；再进行进行第三类初等变换，将方程组化为上三角方程组，这就是列主元 Gauss 消元法的消元过程. 列主元 Gauss 消元法的回代过程与顺序 Gauss 消元法相同.

由于 $\det \boldsymbol{A} \neq 0$，因此，$|a_{kk}^{(k)}|$, $|a_{k+1,\,k}^{(k)}|$, $\cdots$, $|a_{nk}^{(k)}|$ 中至少有一个元素不为零，这从理论上保证了 Gauss 列主元消元法的可行性. 与顺序 Gauss 消元法相比，列主元 Gauss 消元法只增加了选主元和互换两个方程的过程.

以上介绍了 Gauss 消元法的基本原理和求解过程，针对具体情况，可以选用顺序 Gauss 消元法或列主元 Gauss 消元法. 很多数学软件，如 Matlab，Mathematica 都有 Gauss 消元法的计算程序，使用时可直接调用.

3.2　Doolittle 分解法

矩阵的三角分解是求解线性方程组的一个重要方法，本节利用矩阵的三角分解给出求解线性方程组的 Doolittle 分解法.

用顺序 Gauss 消元法求解线性方程组 $\boldsymbol{Ax} = \boldsymbol{b}$ 的消元过程，就是对增广矩阵

$$[\boldsymbol{A}\ \ \boldsymbol{b}] = \left[\begin{array}{cccc:c} a_{11}^{(1)} & a_{12}^{(1)} & \cdots & a_{1n}^{(1)} & b_1^{(1)} \\ a_{21}^{(1)} & a_{22}^{(1)} & \cdots & a_{2n}^{(1)} & b_2^{(1)} \\ \vdots & \vdots & & \vdots & \\ a_{n1}^{(1)} & a_{n2}^{(1)} & \cdots & a_{nn}^{(1)} & b_n^{(1)} \end{array}\right]$$

进行第三类初等行变换. 记

$$\boldsymbol{L}_1=\begin{bmatrix}1 & & & & \\ -l_{21} & 1 & & & \\ -l_{31} & & 1 & & \\ \vdots & & & \ddots & \\ -l_{n1} & & & & 1\end{bmatrix},$$

则第一次消元可表示为

$$\boldsymbol{L}_1[\boldsymbol{A}\ \ \boldsymbol{b}]=\left[\begin{array}{cccc:c}a_{11}^{(1)} & a_{12}^{(1)} & \cdots & a_{1n}^{(1)} & b_1^{(1)}\\ & a_{22}^{(2)} & \cdots & a_{2n}^{(2)} & b_2^{(2)}\\ & \vdots & & \vdots & \vdots\\ & a_{n2}^{(2)} & \cdots & a_{nn}^{(2)} & b_n^{(2)}\end{array}\right].$$

记

$$\boldsymbol{L}_2=\begin{bmatrix}1 & & & & \\ & 1 & & & \\ & -l_{32} & 1 & & \\ & \vdots & & \ddots & \\ & -l_{n2} & & & 1\end{bmatrix},$$

则前两次消元可表示为

$$\boldsymbol{L}_2\boldsymbol{L}_1[\boldsymbol{A}\ \ \boldsymbol{b}]=\left[\begin{array}{ccccc:c}a_{11}^{(1)} & a_{12}^{(1)} & a_{13}^{(1)} & \cdots & a_{1n}^{(1)} & b_1^{(1)}\\ & a_{22}^{(2)} & a_{23}^{(2)} & \cdots & a_{2n}^{(2)} & b_2^{(2)}\\ & & a_{33}^{(3)} & \cdots & a_{3n}^{(3)} & b_3^{(3)}\\ & & \vdots & & \vdots & \vdots\\ & & a_{n3}^{(3)} & \cdots & a_{nn}^{(3)} & b_n^{(3)}\end{array}\right].$$

类似地，前 $n-1$ 次消元可表示为

$$\boldsymbol{L}_{n-1}\cdots\boldsymbol{L}_2\boldsymbol{L}_1[\boldsymbol{A}\ \ \boldsymbol{b}]=\left[\begin{array}{cccc:c}a_{11}^{(1)} & a_{12}^{(1)} & \cdots & a_{1n}^{(1)} & b_1^{(1)}\\ & a_{22}^{(2)} & \cdots & a_{2n}^{(2)} & b_2^{(2)}\\ & & \ddots & \vdots & \vdots\\ & & & a_{nn}^{(n)} & b_n^{(n)}\end{array}\right], \tag{3.3}$$

其中

$$
\boldsymbol{L}_k = \begin{bmatrix} 1 & & & & & & \\ & 1 & & & & & \\ & & \ddots & & & & \\ & & & 1 & & & \\ & & & -l_{k+1,k} & 1 & & \\ & & & \vdots & & \ddots & \\ & & & -l_{nk} & & & 1 \end{bmatrix}, \quad k = 1, 2, \cdots, n-1.
$$

记

$$
\boldsymbol{U} = \begin{bmatrix} a_{11}^{(1)} & a_{12}^{(1)} & \cdots & a_{1n}^{(1)} \\ & a_{22}^{(2)} & \cdots & a_{2n}^{(2)} \\ & & \ddots & \vdots \\ & & & a_{nn}^{(n)} \end{bmatrix}, \quad \boldsymbol{y} = \begin{bmatrix} b_1^{(1)} \\ b_2^{(2)} \\ \vdots \\ b_n^{(n)} \end{bmatrix}, \quad \boldsymbol{L} = (\boldsymbol{L}_{n-1} \cdots \boldsymbol{L}_2 \boldsymbol{L}_1)^{-1},
$$

称 $\boldsymbol{U}$ 为回代矩阵，$\boldsymbol{L}$ 为消元因子矩阵，不难验证

$$
\boldsymbol{L} = \begin{bmatrix} 1 & & & & \\ l_{21} & 1 & & & \\ l_{31} & l_{32} & 1 & & \\ \vdots & \vdots & \vdots & \ddots & \\ l_{n1} & l_{n2} & l_{n3} & \cdots & 1 \end{bmatrix}.
$$

因此 (3.3) 式可表示为

$$
\boldsymbol{L}^{-1}[\boldsymbol{A}\ \ \boldsymbol{b}] = [\boldsymbol{U}\ \boldsymbol{y}],
$$

即

$$
\boldsymbol{L}^{-1}\boldsymbol{A} = \boldsymbol{U}, \quad \boldsymbol{L}^{-1}\boldsymbol{b} = \boldsymbol{y},
$$

从而

$$
\boldsymbol{A} = \boldsymbol{L}\boldsymbol{U}, \quad \boldsymbol{b} = \boldsymbol{L}\boldsymbol{y}.
$$

定义 3.1　设 $\boldsymbol{A} = [a_{ij}] \in \mathbb{C}^{n \times n}$，若有下三角矩阵 $\boldsymbol{L}$ 和上三角矩阵 $\boldsymbol{U}$，使得

$$
\boldsymbol{A} = \boldsymbol{L}\boldsymbol{U}, \tag{3.4}
$$

则称 (3.4) 式为 $\boldsymbol{A}$ 的三角分解或 $\boldsymbol{LU}$ 分解. 特别地，当 $\boldsymbol{L}$ 为单位下三角矩阵 (即主对角线上元素均为 1 的下三角矩阵) 时，称 (3.4) 式为 $\boldsymbol{A}$ 的 Doolittle 分解. 当

$\boldsymbol{U}$ 为单位上三角矩阵 (即主对角线上元素均为 1 的上三角矩阵) 时，称 (3.4) 式为 $\boldsymbol{A}$ 的 Courant 分解.

由此可知，顺序 Gauss 消元法的实质是可以将系数矩阵进行 Doolittle 分解.

为了讨论矩阵的 Doolittle 分解的存在性和唯一性，下面给出上 (下) 三角矩阵的一些性质:

(1) 若 $\boldsymbol{A}, \boldsymbol{B}$ 是两个 n 阶上 (下) 三角矩阵，则 $\boldsymbol{A}+\boldsymbol{B}$，$\boldsymbol{AB}$ 仍是上 (下) 三角矩阵;

(2) 若 $\boldsymbol{A}$ 是上 (下) 三角矩阵，则 $\boldsymbol{A}$ 可逆的充要条件是 $\boldsymbol{A}$ 的对角元均非零. 且 $\boldsymbol{A}$ 可逆时，其逆矩阵也是上 (下) 三角矩阵.

(3) 两个单位上 (下) 三角矩阵的乘积仍是单位上 (下) 三角矩阵，单位上 (下) 三角矩阵的逆矩阵也是单位上 (下) 三角矩阵.

定理 3.2 设 $\boldsymbol{A} \in \mathbb{C}^{n \times n}$ 为非奇异方阵，则 $\boldsymbol{A}$ 存在唯一的 Doolittle 分解的充要条件是 $\boldsymbol{A}$ 的各阶顺序主子式均非零.

证明 必要性. 设 $\boldsymbol{A}$ 存在 Doolittle 分解 $\boldsymbol{A}=\boldsymbol{LU}$，将它写成分块矩阵:

$$\begin{bmatrix} \boldsymbol{A}_{11} & \boldsymbol{A}_{12} \\ \boldsymbol{A}_{21} & \boldsymbol{A}_{22} \end{bmatrix} = \begin{bmatrix} \boldsymbol{L}_{11} & \boldsymbol{0} \\ \boldsymbol{L}_{21} & \boldsymbol{L}_{22} \end{bmatrix} \begin{bmatrix} \boldsymbol{U}_{11} & \boldsymbol{U}_{12} \\ \boldsymbol{0} & \boldsymbol{U}_{22} \end{bmatrix},$$

其中 $\boldsymbol{A}_{11}$，$\boldsymbol{L}_{11}$，$\boldsymbol{U}_{11}$ 分别为 $\boldsymbol{A}$，$\boldsymbol{L}$，$\boldsymbol{U}$ 的 k 阶顺序主子阵，则 $\boldsymbol{A}_{11}=\boldsymbol{L}_{11}\boldsymbol{U}_{11}$. 因为 $\boldsymbol{A}$ 可逆，所以 $\boldsymbol{L}$ 和 $\boldsymbol{U}$ 也都可逆，于是由

$$\det \boldsymbol{L} = \det \boldsymbol{L}_{11} \cdot \det \boldsymbol{L}_{22} = 1 \neq 0, \quad \det \boldsymbol{U} = \det \boldsymbol{U}_{11} \cdot \det \boldsymbol{U}_{22} \neq 0$$

可知 $\boldsymbol{L}_{11}$ 和 $\boldsymbol{U}_{11}$ 都可逆，从而 $\boldsymbol{A}_{11}$ 可逆，即 $\boldsymbol{A}$ 的 k 阶顺序主子式不等于零.

充分性. 设 n 阶矩阵 $\boldsymbol{A}$ 的各阶顺序主子式均非零，由定理 3.1 知，用顺序 Gauss 消元法求解方程组 $\boldsymbol{Ax}=\boldsymbol{b}$ 时，消元过程能进行到底，且消元因子矩阵 $\boldsymbol{L}$ 和回代矩阵 $\boldsymbol{U}$ 满足 $\boldsymbol{A}=\boldsymbol{LU}$，即 $\boldsymbol{A}$ 存在 Doolittle 分解.

再证 Doolittle 分解的唯一性. 假设 $\boldsymbol{A}$ 有两种 Doolittle 分解

$$\boldsymbol{A} = \boldsymbol{LU} = \tilde{\boldsymbol{L}}\tilde{\boldsymbol{U}},$$

其中 $\boldsymbol{L}$ 和 $\tilde{\boldsymbol{L}}$ 是单位下三角矩阵，$\boldsymbol{U}$ 和 $\tilde{\boldsymbol{U}}$ 是可逆的上三角矩阵，则

$$\tilde{\boldsymbol{L}}^{-1}\boldsymbol{L} = \tilde{\boldsymbol{U}}\boldsymbol{U}^{-1},$$

根据三角矩阵的性质，上式左边的矩阵是单位下三角矩阵，右边的矩阵是上三角矩阵，因而两端一定都是单位矩阵. 即

$$\boldsymbol{L} = \tilde{\boldsymbol{L}}, \quad \boldsymbol{U} = \tilde{\boldsymbol{U}}.$$

□

定义 3.2　设 $\boldsymbol{A}=[a_{ij}]\in\mathbb{C}^{n\times n}$，如果 $\boldsymbol{A}$ 的元素满足

$$|a_{ii}|\geqslant\sum_{j\neq i}|a_{ij}|,\quad i=1,2,\cdots,n,$$

则称 $\boldsymbol{A}$ 为行对角占优矩阵. 如果 $\boldsymbol{A}$ 的元素满足

$$|a_{ii}|>\sum_{j\neq i}|a_{ij}|,\quad i=1,2,\cdots,n,$$

则称 $\boldsymbol{A}$ 为严格行对角占优矩阵. 如果 $\boldsymbol{A}^{\mathrm{T}}$ 是 (严格) 行对角占优矩阵，则称 $\boldsymbol{A}$ 为 (严格) 列对角占优矩阵.

易知，(严格) 行 (或列) 对角占优矩阵的各阶顺序主子阵仍是 (严格) 行 (或列) 对角占优矩阵.

引理 3.3　若 $\boldsymbol{A}=[a_{ij}]\in\mathbb{C}^{n\times n}$ 是严格行 (列) 对角占优矩阵，则 $\boldsymbol{A}$ 是非奇异矩阵.

证明　反证法. 假设 $\boldsymbol{A}$ 是奇异矩阵，则 $\det\boldsymbol{A}=\boldsymbol{0}$，因此存在非零向量 $\boldsymbol{x}=(x_1,x_2,\cdots,x_n)^{\mathrm{T}}$，使得 $\boldsymbol{Ax}=\boldsymbol{0}$. 设 $|x_i|=\max\{|x_1|,|x_2|,\cdots,|x_n|\}$，则 $x_i\neq 0$. 由

$$a_{i1}x_1+a_{i2}x_2+\cdots+a_{ii}x_i+\cdots+a_{in}x_n=0$$

得

$$|a_{ii}x_i|\leqslant\sum_{j\neq i}|a_{ij}|\,|x_j|\leqslant|x_i|\sum_{j\neq i}|a_{ij}|.$$

于是

$$|a_{ii}|\leqslant\sum_{j\neq i}|a_{ij}|,$$

即 $\boldsymbol{A}$ 不是严格行对角占优矩阵，与已知条件矛盾，因此 $\boldsymbol{A}$ 为非奇异矩阵. 如果 $\boldsymbol{A}$ 为严格列对角占优矩阵，则 $\boldsymbol{A}^{\mathrm{T}}$ 是严格行对角占优矩阵，由已证结果知 $\boldsymbol{A}^{\mathrm{T}}$ 是非奇异矩阵，从而 $\boldsymbol{A}$ 为非奇异矩阵. □

由定理 2.24、定理 3.2 和引理 3.3 可得下面推论.

推论 3.4　如果 $\boldsymbol{A}=[a_{ij}]\in\mathbb{C}^{n\times n}$ 是严格行 (列) 对角占优矩阵或 $\boldsymbol{A}$ 是正定矩阵，则 $\boldsymbol{A}$ 存在唯一的 Doolittle 分解. □

现在给出方阵 $\boldsymbol{A}$ 的 Doolittle 分解的方法.

设 $\boldsymbol{A}=[a_{ij}]\in\mathbb{C}^{n\times n}$ 的各阶顺序主子阵都是非奇异的，$\boldsymbol{A}$ 的 Doolittle 分解为 $\boldsymbol{A}=\boldsymbol{LU}$. 用 l_{ij} 和 u_{ij} 分别表示矩阵 $\boldsymbol{L}$ 和 $\boldsymbol{U}$ 的元素，由定理 3.1 的必要性证

明知，$u_{ii} \neq 0,\ \ i=1,2,\cdots,n$. 比较

$$\begin{bmatrix} a_{11} & a_{12} & \cdots & a_{1n} \\ a_{21} & a_{22} & \cdots & a_{2n} \\ \vdots & \vdots & & \vdots \\ a_{n1} & a_{n2} & \cdots & a_{nn} \end{bmatrix} = \begin{bmatrix} 1 & & & \\ l_{21} & 1 & & \\ \vdots & \ddots & \ddots & \\ l_{n1} & \cdots & l_{n,n-1} & 1 \end{bmatrix} \begin{bmatrix} u_{11} & u_{12} & \cdots & u_{1n} \\ & u_{22} & \ddots & u_{2n} \\ & & \ddots & \vdots \\ & & & u_{nn} \end{bmatrix}$$

两边的元素，得

$$a_{1j} = u_{1j}, \quad j=1,2,\cdots,n, \tag{3.5}$$

$$a_{ij} = \begin{cases} \sum\limits_{t=1}^{j} l_{it}u_{tj}, & j<i, \\ \sum\limits_{t=1}^{i-1} l_{it}u_{tj} + u_{ij}, & j \geqslant i, \end{cases} \quad i=2,3,\cdots,n. \tag{3.6}$$

由 (3.5) 式，得 U 的第 1 行的元素

$$u_{1j} = a_{1j}, \quad j=1,2,\cdots,n.$$

在 (3.6) 的第一式中令 $j=1$，得 $\boldsymbol{L}$ 的第 1 列的元素

$$l_{i1} = \frac{a_{i1}}{u_{11}}, \quad i=2,3,\cdots,n.$$

在 (3.6) 的第二式中令 $i=2$，得 $\boldsymbol{U}$ 的第 2 行的元素

$$u_{2j} = a_{2j} - l_{21}u_{1j}, \quad j=2,3,\cdots,n.$$

在 (3.6) 的第一式中令，$j=2$ 得 $\boldsymbol{L}$ 的第 2 列的元素

$$l_{i2} = \frac{1}{u_{22}}(a_{i2} - l_{i1}u_{12}), \quad i=3,4,\cdots,n.$$

求出 $\boldsymbol{U}$ 的前 $k-1$ 行和 $\boldsymbol{L}$ 的 $k-1$ 列元素后，由下式计算 $\boldsymbol{U}$ 的第 k 行和 $\boldsymbol{L}$ 的第 k 列元素：

$$u_{kj} = a_{kj} - \sum_{t=1}^{k-1} l_{kt}u_{tj}, \quad j=k,k+1,\cdots,n, \tag{3.7}$$

$$l_{ik} = \frac{1}{u_{kk}}(a_{ik} - \sum_{t=1}^{k-1} l_{it}u_{tk}), \quad i=k+1,k+2,\cdots,n. \tag{3.8}$$

这样可求出 $\boldsymbol{U}$ 和 $\boldsymbol{L}$ 的全部元素.

在记录 U 和 L 的元素时可采用表 3.1 所示的方式. 这种记录方式称为紧凑格式.

表 3.1　Doolittle 分解的紧凑格式

u_{11}	u_{12}	$\cdots$	$\cdots$	$\cdots$	u_{1n}
l_{21}	u_{22}	$\cdots$	$\cdots$	$\cdots$	u_{2n}
l_{31}	l_{32}	$\ddots$			
$\vdots$	$\vdots$		$\ddots$		
$\vdots$	$\vdots$			$\ddots$	
l_{n1}	l_{n2}				u_{nn}

由 (3.7) 和 (3.8) 两式可知，在计算 u_{kj} 和 l_{ik} 时，不需用到 $\boldsymbol{A}$ 的前 $k-1$ 行和前 $k-1$ 列的元素，因此，在计算机上当不需要保留原矩阵 $\boldsymbol{A}$ 时，算出的 $\boldsymbol{U}$ 和 $\boldsymbol{L}$ 的元素可存放在 $\boldsymbol{A}$ 的相应的位置上，从而节省存储单元.

例 3.2　求 $\boldsymbol{A}$ 的 Doolittle 分解，其中

$$\boldsymbol{A}=\begin{bmatrix}1&2&3&4\\1&4&9&16\\1&8&27&64\\1&16&81&256\end{bmatrix}.$$

解　$\boldsymbol{A}$ 的各阶顺序主子式均为 Vandermonde 行列式，其值均不为零，故 $\boldsymbol{A}$ 存在 Doolittle 分解，根据 (3.7)，(3.8) 依次求出 $\boldsymbol{U}$ 的各行和 $\boldsymbol{L}$ 的各列元素，并用紧凑格式表示为表 3.2 的形式:

表 3.2　例 3.2 的紧凑格式

1	2	3	4	← 第一步
1	2	6	12	← 第三步
1	3	6	24	← 第五步
1	7	6	24	← 第七步
↑ 第二步	↑ 第四步	↑ 第六步		

因此

$$\boldsymbol{A}=\begin{bmatrix}1&0&0&0\\1&1&0&0\\1&3&1&0\\1&7&6&1\end{bmatrix}\begin{bmatrix}1&2&3&4\\0&2&6&12\\0&0&6&24\\0&0&0&24\end{bmatrix}.$$ □

设 $\boldsymbol{A}=[a_{ij}]\in\mathbb{C}^{n\times n}$ 的各阶顺序主子式均不为零，方阵 $\boldsymbol{A}$ 存在唯一的 Doolittle 分解 $\boldsymbol{A}=\boldsymbol{L}\boldsymbol{U}$，因此解线性方程组 $\boldsymbol{A}\boldsymbol{x}=\boldsymbol{b}$ 的问题转化为求解两个三角线性方程组

$$\boldsymbol{Ly}=\boldsymbol{b},\quad \boldsymbol{Ux}=\boldsymbol{y}.$$

因 $\boldsymbol{L}$ 为单位下三角矩阵，故解方程组 $\boldsymbol{Ly}=\boldsymbol{b}$，有

$$\begin{cases} y_1=b_1, \\ y_i=b_i-\displaystyle\sum_{j=1}^{i-1} l_{ij}y_j, \quad i=2,3,\cdots,n; \end{cases}$$

再解方程组 $\boldsymbol{Ux}=\boldsymbol{y}$，得

$$\begin{cases} x_n=\dfrac{y_n}{u_{nn}}, \\ x_i=\dfrac{1}{u_{ii}}\left(y_i-\displaystyle\sum_{j=i+1}^{n} u_{ij}x_j\right), \quad i=n-1,n-2,\cdots,1. \end{cases}$$

Doolittle 分解过程的乘除法的运算量为

$$M_1=\sum_{k=1}^{n}(n-k+1)(k-1)+\sum_{k=1}^{n-1}k(n-k)=\frac{1}{3}n^3+\frac{1}{6}n^2-\frac{1}{3}n,$$

解三角方程组的过程的乘除法的运算量为

$$M_2=\sum_{k=2}^{n-1}(k-1)+\sum_{k=1}^{n}(n-k+1)=n^2,$$

因此，用 Doolittle 分解法解线性方程组的乘除法的总运算量为

$$M=\frac{1}{3}n^3+\frac{7}{6}n^2-\frac{1}{3}n;$$

同理，加减法的总运算量为

$$S=\frac{1}{3}n^3+\frac{2}{3}n^2-\frac{5}{6}n.$$

由于线性方程组 $\boldsymbol{Ax}=\boldsymbol{b}$ 等价于两个线性方程组 $\boldsymbol{Ly}=\boldsymbol{b}$，$\boldsymbol{Ux}=\boldsymbol{y}$，因此根据 3.2.1 小节的讨论，有

$$\boldsymbol{L}^{-1}[\boldsymbol{A}\ \ \boldsymbol{b}]=[\boldsymbol{U}\ \ \boldsymbol{y}],$$

即通过对增广矩阵 $[\boldsymbol{A}\ \ \boldsymbol{b}]$ 作初等行变换，在求得 $\boldsymbol{U}$ 的同时可求出 $\boldsymbol{y}$，这只需在紧凑格式 (表 3.1) 的右边增加一列来记录 $\boldsymbol{y}$，其中 $\boldsymbol{y}$ 的计算与 $\boldsymbol{U}$ 的最后一列的计算完全类似.

例 3.3 用 Doolittle 分解法解方程组

$$\begin{cases} 2x_1+\ \ x_2+\ \ x_3=4, \\ \ \ x_1+3x_2+2x_3=6, \\ \ \ x_1+2x_2+2x_3=5. \end{cases}$$

解　方程组的增广矩阵

$$[\boldsymbol{A}\ \ \boldsymbol{b}]=\begin{bmatrix}2&1&1&4\\1&3&2&6\\1&2&2&5\end{bmatrix},$$

可以验证 $\boldsymbol{A}$ 的各阶顺序主子式均不为零，即 $\boldsymbol{A}$ 存在 Doolittle 分解. 采用 Doolittle 分解的紧凑格式，有

表 3.3　例 3.3 的紧凑格式

2	1	1	4	← 第一步
1/2	5/2	3/2	4	← 第三步
1/2	3/5	3/5	3/5	← 第五步
↑ 第二步	↑ 第四步			

因此

$$\boldsymbol{A}=\begin{bmatrix}1&0&0\\1/2&1&0\\1/2&3/5&1\end{bmatrix}\begin{bmatrix}2&1&1\\0&5/2&3/2\\0&0&3/5\end{bmatrix},\quad \boldsymbol{y}=\begin{bmatrix}4\\4\\3/5\end{bmatrix}.$$

解方程组 $\boldsymbol{Ux}=\boldsymbol{y}$，即

$$\begin{bmatrix}2&1&1\\0&5/2&3/2\\0&0&3/5\end{bmatrix}\begin{bmatrix}x_1\\x_2\\x_3\end{bmatrix}=\begin{bmatrix}4\\4\\3/5\end{bmatrix},$$

经回代得 $x_1=1,\ x_2=1,\ x_3=1$.　□

3.3　线性方程组的迭代解法

评价一个求方程解的方法好坏标准主要有两条：一是求得的近似解对其精确解的精度，二是运算量和存储量. 直接法虽然从理论上讲可求得精确解，但存储量大；而迭代法则具有程序简单、存储量小、易于在计算机上实现等优点.

3.3.1　迭代法的一般形式

考虑线性方程组 (3.1)，它的矩阵形式为 $\boldsymbol{Ax}=\boldsymbol{b}$，其中 $\boldsymbol{A}$ 是非奇异矩阵.

迭代法的基本思想是按照某种规则构造形如

$$\boldsymbol{x}_{k+1}=G(\boldsymbol{x}_k)$$

的递推公式，称之为迭代格式，G 称为迭代算子. 取定一个初始向量 $\boldsymbol{x}_0$，由迭代格式可生成一个迭代序列 $\{\boldsymbol{x}_k\}$，如果迭代序列 $\{\boldsymbol{x}_k\}$ 收敛于方程组 (3.1) 的精确解 $\boldsymbol{x}^*$，则称迭代格式收敛，否则称为发散. 当迭代格式收敛时，对于充分大的 k，有 $\boldsymbol{x}_k \approx \boldsymbol{x}^*$，进而可以用 $\boldsymbol{x}_k$ 作为方程组解的近似值.

构造迭代格式的方法很多，通常是对 $\boldsymbol{A}$ 作某种分裂，将方程组 $\boldsymbol{Ax}=\boldsymbol{b}$ 改写为等价形式

$$\boldsymbol{x}=\boldsymbol{Mx}+\boldsymbol{f}. \tag{3.9}$$

比如，令 $\boldsymbol{A}=\boldsymbol{B}-\boldsymbol{C}$，其中 $\boldsymbol{B}$ 是非奇异矩阵，则有

$$(\boldsymbol{B}-\boldsymbol{C})\boldsymbol{x}=\boldsymbol{b},$$

记 $\boldsymbol{M}=\boldsymbol{B}^{-1}\boldsymbol{C}$, $\boldsymbol{f}=\boldsymbol{B}^{-1}\boldsymbol{b}$, 则得 (3.9) 式的形式.

由 (3.9) 式可构造迭代格式

$$\boldsymbol{x}_{k+1}=\boldsymbol{Mx}_k+\boldsymbol{f}.$$

对系数矩阵 $\boldsymbol{A}$ 作不同的分裂，就会有不同的迭代格式，从而得到不同的迭代法. 这里主要介绍 Jacobi 迭代法和 Gauss-Seidel 迭代法.

3.3.2 Jacobi 迭代法

对于线性方程组 $\boldsymbol{Ax}=\boldsymbol{b}$，$\boldsymbol{A}=[a_{ij}]_{n\times n}$，$a_{ii}\neq 0\ (i=1,2,\cdots,n)$. 令

$$\boldsymbol{A}=\boldsymbol{D}-\boldsymbol{L}-\boldsymbol{U},$$

其中

$$\boldsymbol{D}=\mathrm{diag}(a_{11},\ a_{22},\ \cdots,\ a_{nn}),$$

$$\boldsymbol{L}=\begin{bmatrix} 0 & & & & \\ -a_{21} & 0 & & & \\ -a_{31} & -a_{32} & 0 & & \\ \vdots & \vdots & \ddots & \ddots & \\ -a_{n1} & -a_{n2} & \cdots & -a_{n,n-1} & 0 \end{bmatrix},$$

$$\boldsymbol{U}=\begin{bmatrix} 0 & -a_{12} & -a_{13} & \cdots & -a_{1n} \\ & 0 & -a_{23} & \cdots & -a_{2n} \\ & & \ddots & \ddots & \vdots \\ & & & 0 & -a_{n-1,n} \\ & & & & 0 \end{bmatrix}.$$

则方程组可等价于

$$\boldsymbol{D}\boldsymbol{x} = (\boldsymbol{L}+\boldsymbol{U})\boldsymbol{x} + \boldsymbol{b}.$$

因 $\boldsymbol{D}$ 可逆，故 $\boldsymbol{x} = \boldsymbol{D}^{-1}(\boldsymbol{L}+\boldsymbol{U})\boldsymbol{x} + \boldsymbol{D}^{-1}\boldsymbol{b}$，由此可构造迭代格式

$$\boldsymbol{x}_{k+1} = \boldsymbol{D}^{-1}(\boldsymbol{L}+\boldsymbol{U})\boldsymbol{x}_k + \boldsymbol{D}^{-1}\boldsymbol{b}, \quad k=0,1,2,\cdots, \tag{3.10}$$

令 $\boldsymbol{M} = \boldsymbol{D}^{-1}(\boldsymbol{L}+\boldsymbol{U})$，$\boldsymbol{f} = \boldsymbol{D}^{-1}\boldsymbol{b}$，则上述迭代格式可写成

$$\boldsymbol{x}_{k+1} = \boldsymbol{M}\boldsymbol{x}_k + \boldsymbol{f}$$

的形式，其中 (3.10) 式称为 Jacobi 迭代格式，$\boldsymbol{M}$ 称为 Jacobi 迭代矩阵. 将迭代格式用分量形式表示为

$$\begin{cases} x_1^{(k+1)} = \dfrac{1}{a_{11}}(-a_{12}x_2^{(k)} - a_{13}x_3^{(k)} - \cdots - a_{1,n-1}x_{n-1}^{(k)} - a_{1n}x_n^{(k)} + b_1), \\ x_2^{(k+1)} = \dfrac{1}{a_{22}}(-a_{21}x_1^{(k)} - a_{23}x_3^{(k)} - \cdots - a_{2,n-1}x_{n-1}^{(k)} - a_{2n}x_n^{(k)} + b_2), \\ \qquad\qquad\qquad\cdots\cdots \\ x_n^{(k+1)} = \dfrac{1}{a_{11}}(-a_{n1}x_1^{(k)} - a_{n2}x_2^{(k)} - a_{n3}x_3^{(k)} - \cdots - a_{n,n-1}x_{n-1}^{(k)} + b_n), \end{cases}$$

$k=0,1,2,\cdots$. 即

$$x_i^{(k+1)} = \frac{1}{a_{ii}}\left[-\sum_{j=1}^{i-1} a_{ij}x_j^{(k)} - \sum_{j=i+1}^{n} a_{ij}x_j^{(k)} + b_i\right], \quad i=1,2,\cdots,n; k=0,1,2,\cdots. \tag{3.11}$$

例 3.4　用 Jacobi 迭代法解线性方程组

$$\begin{cases} 2x_1 - x_2 - x_3 = -5, \\ x_1 + 5x_2 - x_3 = 8, \\ x_1 + x_2 + 10x_3 = 11. \end{cases}$$

解　显见方程组的精确解为 $\boldsymbol{x}^* = (-1,\ 2,\ 1)^{\mathrm{T}}$，其 Jacobi 迭代格式为

$$\begin{cases} x_1^{(k+1)} = 0.5x_2^{(k)} + 0.5x_3^{(k)} - 2.5, \\ x_2^{(k+1)} = -0.2x_1^{(k)} + 0.2x_3^{(k)} + 1.6, \\ x_3^{(k+1)} = -0.1x_1^{(k)} - 0.1x_2^{(k)} + 1.1. \end{cases}$$

取 $\boldsymbol{x}_0 = (1,\ 1,\ 1)^{\mathrm{T}}$，迭代 5 次得数据如表 3.4 所示:

表 3.4 例 3.4 迭代数据表

$\boldsymbol{x}_0$	$\boldsymbol{x}_1$	$\boldsymbol{x}_2$	$\boldsymbol{x}_3$	$\boldsymbol{x}_4$	$\boldsymbol{x}_5$
1	−1.5	−1.25	−0.915	−0.9575	−1.01445
1	1.6	2.08	2.068	1.9864	1.98844
1	0.9	1.09	1.017	0.9847	0.99711

从而 $\boldsymbol{x}_5=(-1.01445,\ 1.98844,\ 0.99711)^{\mathrm{T}}$ 可作为方程组的近似解. □

3.3.3 Gauss-Seidel 迭代法

在 Jacobi 迭代格式 (3.11) 中，由于 $x_1^{(k+1)}, x_2^{(k+1)}, \cdots, x_{i-1}^{(k+1)}$ 可能比 $x_1^{(k)}, x_2^{(k)}, \cdots, x_{i-1}^{(k)}$ 更接近于精确解的前 $i-1$ 个分量 x_1^*，x_2^*，$\cdots$，x_{i-1}^*，因此在计算 $x_i^{(k+1)}$ 时，用 $x_1^{(k+1)}$，$x_2^{(k+1)}$，$\cdots$，$x_{i-1}^{(k+1)}$ 替代 $x_1^{(k)}$，$x_2^{(k)}$，$\cdots$，$x_{i-1}^{(k)}$ 会使迭代格式收得更快，这样就得到了所谓的 Gauss-Seidel 迭代格式：

$$x_i^{(k+1)}=\frac{1}{a_{ii}}\left[-\sum_{j=1}^{i-1}a_{ij}x_j^{(k+1)}-\sum_{j=i+1}^{n}a_{ij}x_j^{(k)}+b_i\right],\quad i=1,2,\cdots,n;k=0,1,2,\cdots,\tag{3.12}$$

上式等价于

$$(\boldsymbol{D}-\boldsymbol{L})\boldsymbol{x}_{k+1}=\boldsymbol{U}\boldsymbol{x}_k+\boldsymbol{b},\quad k=0,1,2,\cdots.$$

因为 $a_{ii}\neq 0$，$i=1,2,\cdots,n$，所以 $\boldsymbol{D}-\boldsymbol{L}$ 可逆，故 Gauss-Seidel 迭代格式 (3.12) 的矩阵形式为

$$\boldsymbol{x}_{k+1}=(\boldsymbol{D}-\boldsymbol{L})^{-1}\boldsymbol{U}\boldsymbol{x}_k+(\boldsymbol{D}-\boldsymbol{L})^{-1}\boldsymbol{b},\quad k=0,1,2,\cdots,$$

称 $\boldsymbol{M}=(\boldsymbol{D}-\boldsymbol{L})^{-1}\boldsymbol{U}$ 为 Gauss-Seidel 迭代矩阵.

如果 Jacobi 迭代格式和 Gauss-Seidel 迭代格式都收敛，则 $x_i^{(k+1)}$ 比 $x_i^{(k)}$ 更接近于精确解的分量 x_i^*，因此在多数情况下，后者比前者收敛更快.

例 3.5 用 Gauss-Seidel 迭代法解线性方程组

$$\begin{cases}2x_1-x_2-x_3=-5,\\ x_1+5x_2-x_3=8,\\ x_1+x_2+10x_3=11.\end{cases}$$

解 方程组的 Gauss-Seidel 迭代格式为

$$\begin{cases}x_1^{(k+1)}=0.5x_2^{(k)}+0.5x_3^{(k)}-2.5,\\ x_2^{(k+1)}=-0.2x_1^{(k+1)}+0.2x_3^{(k)}+1.6,\\ x_3^{(k+1)}=-0.1x_1^{(k+1)}-0.1x_2^{(k+1)}+1.1.\end{cases}$$

取 $\boldsymbol{x}^{(0)}=(1,\ 1,\ 1)^{\mathrm{T}}$，有

表 3.5　例 3.5 迭代数据表

$\boldsymbol{x}_0$	$\boldsymbol{x}_1$	$\boldsymbol{x}_2$	$\boldsymbol{x}_3$
1	−1.5	−0.93	−1.0062
1	2.1	1.994	2.0000
1	1.04	0.9936	1.0006

因此 $\boldsymbol{x}_3=(-1.0062,\ 2.0000,\ 1.0006)^{\mathrm{T}}$ 可作为方程组的近似解. □

由此可知，用 Gauss-Seidel 迭代法迭代 3 次比用 Jacobi 迭代法迭代 5 次更接近真解 $\boldsymbol{x}^*=(-1,\ 2,\ 1)^{\mathrm{T}}$，说明 Gauss-Seidel 迭代法收敛速度比 Jacobi 迭代法快.

3.3.4　迭代法的收敛性

考虑线性方程组 $\boldsymbol{A}\boldsymbol{x}=\boldsymbol{b}$ 的一般迭代格式

$$\boldsymbol{x}_{k+1}=\boldsymbol{M}\boldsymbol{x}_k+\boldsymbol{f}. \tag{3.13}$$

引理 3.5　迭代格式 (3.13) 对任意的初始向量 $\boldsymbol{x}_0$ 收敛的充要条件是

$$\lim_{k\to\infty}\boldsymbol{M}^k=\boldsymbol{0}.$$

证明　设 $\boldsymbol{x}^*$ 是方程组 $\boldsymbol{A}\boldsymbol{x}=\boldsymbol{b}$ 的精确解，则 $\boldsymbol{x}^*$ 满足其等价形式

$$\boldsymbol{x}^*=\boldsymbol{M}\boldsymbol{x}^*+\boldsymbol{f}. \tag{3.14}$$

(3.13) 式与 (3.14) 式相减得

$$\boldsymbol{x}_{k+1}-\boldsymbol{x}^*=\boldsymbol{M}(\boldsymbol{x}_k-\boldsymbol{x}^*),$$

将上式递推可得

$$\boldsymbol{x}_k-\boldsymbol{x}^*=\boldsymbol{M}(\boldsymbol{x}_{k-1}-\boldsymbol{x}^*)=\cdots=\boldsymbol{M}^k(\boldsymbol{x}_0-\boldsymbol{x}^*).$$

所以由习题 2 第 31 题知，$\lim\limits_{k\to\infty}\boldsymbol{M}^k=\boldsymbol{0}$ 当且仅当 $\forall\boldsymbol{x}_0\in\mathbb{C}^n$，都有 $\lim\limits_{k\to\infty}\boldsymbol{x}_k=\boldsymbol{x}^*$. □

根据定理 2.31，$\lim\limits_{k\to\infty}\boldsymbol{M}^k=\boldsymbol{0}$ 当且仅当 $\rho(\boldsymbol{M})<1$，因此由引理 3.5 即得

定理 3.6　迭代格式 (3.13) 对任意的初始向量 $\boldsymbol{x}_0$ 收敛的充要条件是 $\boldsymbol{M}$ 的谱半径 $\rho(\boldsymbol{M})<1$. □

从这个定理可以看出，迭代格式 (3.13) 收敛取决于迭代矩阵 $\boldsymbol{M}$ 的谱半径，而与初始向量 $\boldsymbol{x}_0$ 和常数向量 $\boldsymbol{b}$ 无关.

在求解同一个方程组时，Jacobi 迭代矩阵和 Gauss-Seidel 迭代矩阵的谱半径不存在大小关系，所以 Jacobi 迭代格式的收敛性与 Gauss-Seidel 迭代格式收敛性没有内在联系. 例如，设两个线性方程组的系数矩阵分别为

$$\boldsymbol{A}_1 = \begin{bmatrix} 1 & 2 & -2 \\ 1 & 1 & 1 \\ 2 & 2 & 1 \end{bmatrix}, \quad \boldsymbol{A}_2 = \begin{bmatrix} 2 & -1 & 1 \\ 1 & 1 & 1 \\ 1 & 1 & -2 \end{bmatrix}.$$

对应于 $\boldsymbol{A}_1$ 的 Jacobi 迭代矩阵 $\boldsymbol{M}_1 = \boldsymbol{D}^{-1}(\boldsymbol{L}+\boldsymbol{U})$ 的特征方程为

$$|\lambda \boldsymbol{I} - \boldsymbol{M}_1| = |\boldsymbol{D}|^{-1} \begin{vmatrix} \lambda & 2 & -2 \\ 1 & \lambda & 1 \\ 2 & 2 & \lambda \end{vmatrix} = |\boldsymbol{D}|^{-1} \lambda^3 = 0,$$

得 $\rho(\boldsymbol{M}_1) = 0 < 1$，从而 Jacobi 迭代格式收敛.

对应于 $\boldsymbol{A}_1$ 的 Gauss-Seidel 迭代矩阵 $\boldsymbol{M}_2 = (\boldsymbol{D}-\boldsymbol{L})^{-1}\boldsymbol{U}$ 的特征方程为

$$|\lambda \boldsymbol{I} - \boldsymbol{M}_2| = |\boldsymbol{D}-\boldsymbol{L}|^{-1} \begin{vmatrix} \lambda & 2 & -2 \\ \lambda & \lambda & 1 \\ 2\lambda & 2\lambda & \lambda \end{vmatrix} = |\boldsymbol{D}-\boldsymbol{L}|^{-1} \lambda(\lambda-2)^2 = 0,$$

得 $\rho(\boldsymbol{M}_2) = 2 > 1$，所以 Gauss-Seidel 迭代格式发散.

同理可以验证，对于系数矩阵 $\boldsymbol{A}_2$，Gauss-Seidel 迭代格式收敛，而 Jacobi 迭代格式发散.

由于计算迭代矩阵的谱半径相对困难，用谱半径来判别迭代格式是否收敛不太方便，因此需要给出一些方便而易于计算的判别条件.

定理 3.7 若存在一种算子范数 $\|\bullet\|$，使 $\|\boldsymbol{M}\| = q < 1$，则迭代格式 (3.13) 对任意的初始向量 $\boldsymbol{x}_0$ 都收敛于方程组 (3.1) 的精确解 $\boldsymbol{x}^*$，且有误差估计式

$$\|\boldsymbol{x}_k - \boldsymbol{x}^*\| \leqslant \frac{q}{1-q}\|\boldsymbol{x}_k - \boldsymbol{x}_{k-1}\|; \tag{3.15}$$

$$\|\boldsymbol{x}_k - \boldsymbol{x}^*\| \leqslant \frac{q^k}{1-q}\|\boldsymbol{x}_1 - \boldsymbol{x}_0\|. \tag{3.16}$$

证明 由推论 2.26 和定理 3.6 知，迭代格式 (3.13) 收敛.

因 $\boldsymbol{x}^*$ 是方程组 $\boldsymbol{A}\boldsymbol{x} = \boldsymbol{b}$ 的精确解，故 $\boldsymbol{x}^*$ 满足 $\boldsymbol{x}^* = \boldsymbol{M}\boldsymbol{x}^* + \boldsymbol{f}$，即

$$(\boldsymbol{I}-\boldsymbol{M})\boldsymbol{x}^* = \boldsymbol{f}.$$

由 $\|\boldsymbol{M}\| = q < 1$ 和例 2.19 知，$\boldsymbol{I}-\boldsymbol{M}$ 非奇异，且

$$\|(\boldsymbol{I}-\boldsymbol{M})^{-1}\| \leqslant \frac{1}{1-\|\boldsymbol{M}\|} = \frac{1}{1-q},$$

从而

$$\boldsymbol{x}^* = (\boldsymbol{I} - \boldsymbol{M})^{-1}\boldsymbol{f}.$$

由于

$$\begin{aligned}\boldsymbol{x}_k - \boldsymbol{x}^* &= \boldsymbol{x}_k - (\boldsymbol{I} - \boldsymbol{M})^{-1}\boldsymbol{f} = (\boldsymbol{I} - \boldsymbol{M})^{-1}[(\boldsymbol{I} - \boldsymbol{M})\boldsymbol{x}_k - \boldsymbol{f}] \\ &= (\boldsymbol{I} - \boldsymbol{M})^{-1}(\boldsymbol{M}\boldsymbol{x}_{k-1} - \boldsymbol{M}\boldsymbol{x}_k) = (\boldsymbol{I} - \boldsymbol{M})^{-1}\boldsymbol{M}(\boldsymbol{x}_{k-1} - \boldsymbol{x}_k),\end{aligned}$$

因此两边同时取诱导算子范数的向量范数，得

$$\begin{aligned}||\boldsymbol{x}_k - \boldsymbol{x}^*|| &= ||(\boldsymbol{I} - \boldsymbol{M})^{-1}\boldsymbol{M}(\boldsymbol{x}_{k-1} - \boldsymbol{x}_k)|| \\ &\leqslant ||(\boldsymbol{I} - \boldsymbol{M})^{-1}||\ ||\boldsymbol{M}||\ ||\boldsymbol{x}_k - \boldsymbol{x}_{k-1}|| \leqslant \frac{q}{1-q}||\boldsymbol{x}_k - \boldsymbol{x}_{k-1}||,\end{aligned}$$

此即 (3.15) 式. 再由

$$\begin{aligned}||\boldsymbol{x}_k - \boldsymbol{x}_{k-1}|| &= ||(\boldsymbol{M}\boldsymbol{x}_{k-1} + \boldsymbol{f}) - (\boldsymbol{M}\boldsymbol{x}_{k-2} + \boldsymbol{f})|| \\ &\leqslant\ ||\boldsymbol{M}||\ ||\boldsymbol{x}_{k-1} - \boldsymbol{x}_{k-2}||\ \leqslant\ ||\boldsymbol{M}||^2\ ||\boldsymbol{x}_{k-2} - \boldsymbol{x}_{k-3}|| \\ &\leqslant \cdots \leqslant ||\boldsymbol{M}||^{k-1}||\boldsymbol{x}_1 - \boldsymbol{x}_0||.\end{aligned}$$

将上式代入 (3.15) 式，则得 (3.16) 式. □

从 (3.16) 式可以看出，由近似解的误差估计可以计算出满足精度要求的近似解需要的迭代次数 k；并且 $||\boldsymbol{M}||$ 越小，迭代序列 $\{\boldsymbol{x}_k\}$ 收敛的速度越快. (3.15) 式表明，对事先给定的精度要求 $\varepsilon > 0$，可以用 $||\boldsymbol{x}_k - \boldsymbol{x}_{k-1}|| < \varepsilon$ 来控制迭代次数，这对实际计算是非常有用的.

因为 Jacobi 迭代格式和 Gauss-Seidel 迭代格式都具有式 (3.13) 的形式，所以它们的收敛性可以用定理 3.6 和定理 3.7 来讨论，只是都需要求出迭代矩阵. 下面介绍直接由系数矩阵来判断收敛性的两个结论.

定理 3.8　设方程组 $\boldsymbol{A}\boldsymbol{x} = \boldsymbol{b}$ 的系数矩阵 $\boldsymbol{A}$ 是严格行 (或列) 对角占优矩阵，则 Jacobi 迭代格式和 Gauss-Seidel 迭代格式都收敛.

证明　设 $\boldsymbol{A} = [a_{ij}]_{n\times n}$，若 $\boldsymbol{A}$ 是严格行对角占优矩阵，有

$$\sum_{j\neq i}\left|\frac{a_{ij}}{a_{ii}}\right| < 1, \quad i = 1, 2, \cdots, n.$$

从而 Jacobi 迭代矩阵 $\boldsymbol{M}_1 = \boldsymbol{D}^{-1}(\boldsymbol{L} + \boldsymbol{U})$ 的行和范数

$$\|\boldsymbol{M}_1\|_\infty = \max_{1\leqslant i\leqslant n}\sum_{j\neq i}\left|\frac{a_{ij}}{a_{ii}}\right| < 1.$$

由定理 3.7 知，严格行对角占优矩阵 Jacobi 迭代格式收敛.

若 $\boldsymbol{A}$ 是严格列对角占优矩阵，则由

$$\boldsymbol{D}^{-1}(\boldsymbol{L}+\boldsymbol{U})=\boldsymbol{D}^{-1}[(\boldsymbol{L}+\boldsymbol{U})\boldsymbol{D}^{-1}]\boldsymbol{D},$$

有

$$\rho(\boldsymbol{D}^{-1}(\boldsymbol{L}+\boldsymbol{U}))=\rho((\boldsymbol{L}+\boldsymbol{U})\boldsymbol{D}^{-1}).$$

由于

$$||(\boldsymbol{L}+\boldsymbol{U})\boldsymbol{D}^{-1}||_1=\max_{1\leqslant j\leqslant n}\sum_{i\neq j}\left|\frac{a_{ij}}{a_{jj}}\right|<1,$$

因此，$\rho(\boldsymbol{D}^{-1}(\boldsymbol{L}+\boldsymbol{U}))<1$，根据定理 3.6，严格列对角占优矩阵 Jacobi 迭代格式收敛.

再证 $\boldsymbol{A}$ 是严格行 (或列) 对角占优矩阵时，Gauss-Seidel 迭代格式收敛.

若不然，则由定理 3.6 知，Gauss-Seidel 迭代矩阵 $\boldsymbol{M}_2=(\boldsymbol{D}-\boldsymbol{L})^{-1}\boldsymbol{U}$ 的谱半径 $\rho(\boldsymbol{M}_2)\geqslant 1$，即 $\boldsymbol{M}_2$ 必有一个特征值 λ 使 $|\lambda|\geqslant 1$. 因

$$\lambda\boldsymbol{I}-\boldsymbol{M}_2=\lambda\boldsymbol{I}-(\boldsymbol{D}-\boldsymbol{L})^{-1}\boldsymbol{U}=\lambda(\boldsymbol{D}-\boldsymbol{L})^{-1}(\boldsymbol{D}-\boldsymbol{L}-\lambda^{-1}\boldsymbol{U}),$$

故由 $\det(\lambda\boldsymbol{I}-\boldsymbol{M}_2)=0$，$\det[(\boldsymbol{D}-\boldsymbol{L})^{-1}]\neq 0$，$\lambda\neq 0$ 可知 $\det(\boldsymbol{D}-\boldsymbol{L}-\lambda^{-1}\boldsymbol{U})=0$. 又由 $\boldsymbol{A}$ 是严格行 (或列) 对角占优矩阵及 $|\lambda|\geqslant 1$ 知，$\boldsymbol{D}-\boldsymbol{L}-\lambda^{-1}\boldsymbol{U}$ 仍是严格行 (或列) 对角占优矩阵，从而可逆，导出矛盾. □

定理 3.9 设方程组 $\boldsymbol{Ax}=\boldsymbol{b}$ 的系数矩阵 $\boldsymbol{A}$ 是正定实对称矩阵，则 Gauss-Seidel 迭代格式收敛.

证明 由 $\boldsymbol{A}$ 是正定的实对称矩阵知 $a_{ii}>0\ (i=1,2,\cdots,n)$，从而 $(\boldsymbol{D}-\boldsymbol{L})^{-1}$ 存在，且 $\boldsymbol{U}=\boldsymbol{L}^{\mathrm{T}}$. 设 λ 为 Gauss–Seidel 迭代矩阵 $\boldsymbol{M}=(\boldsymbol{D}-\boldsymbol{L})^{-1}\boldsymbol{L}^{\mathrm{T}}$ 的任一特征值，$\boldsymbol{y}$ 为对应的特征向量，则

$$(\boldsymbol{D}-\boldsymbol{L})^{-1}\boldsymbol{L}^{\mathrm{T}}\boldsymbol{y}=\lambda\boldsymbol{y},$$

即

$$\boldsymbol{L}^{\mathrm{T}}\boldsymbol{y}=\lambda(\boldsymbol{D}-\boldsymbol{L})\boldsymbol{y},$$

从而

$$\boldsymbol{y}^{\mathrm{H}}\boldsymbol{L}^{\mathrm{T}}\boldsymbol{y}=\lambda(\boldsymbol{y}^{\mathrm{H}}\boldsymbol{D}\mathrm{y}-\boldsymbol{y}^{\mathrm{H}}\boldsymbol{L}\boldsymbol{y}). \tag{3.17}$$

记 $\boldsymbol{y}^{\mathrm{H}}\boldsymbol{D}\boldsymbol{y}=d$，$\boldsymbol{y}^{\mathrm{H}}\boldsymbol{L}\boldsymbol{y}=a+b\mathrm{i}$，则由 $a_{ii}>0\ (i=1,2,\cdots,n)$ 和 $\boldsymbol{y}\neq\boldsymbol{0}$，得 $d>0$，且

$$\boldsymbol{y}^{\mathrm{H}}\boldsymbol{L}^{\mathrm{H}}\boldsymbol{y}=(\boldsymbol{y}^{\mathrm{H}}\boldsymbol{L}\boldsymbol{y})^{\mathrm{H}}=\overline{\boldsymbol{y}^{\mathrm{H}}\boldsymbol{L}\boldsymbol{y}}=a-b\mathrm{i},$$

于是根据 (3.17) 式有

$$a-b\mathrm{i}=\lambda[d-(a+b\mathrm{i})].$$

两边取模，得

$$|\lambda|^2=\frac{a^2+b^2}{(d-a)^2+b^2}.$$

而

$$(d-a)^2+b^2=d(d-2a)+a^2+b^2,$$

由 $\boldsymbol{A}$ 正定和 $\boldsymbol{y}\neq\boldsymbol{0}$，有

$$0<\boldsymbol{y}^{\mathrm{H}}\boldsymbol{A}\boldsymbol{y}=\boldsymbol{y}^{\mathrm{H}}(\boldsymbol{D}-\boldsymbol{L}-\boldsymbol{L}^{\mathrm{T}})\boldsymbol{y}=d-2a,$$

因此，$|\lambda|<1$，Gauss-Seidel 迭代格式收敛. □

例 3.6　试判定下面解线性方程组的 Gauss-Seidel 迭代格式是否收敛：

$$\begin{cases}2x_1-x_2-x_3=24,\\-x_1+6x_2=8,\\-x_1+4x_2=11.\end{cases}$$

解　因为线性方程组的系数矩阵

$$\boldsymbol{A}=\begin{bmatrix}2&-1&-1\\-1&6&0\\-1&0&4\end{bmatrix}$$

是对称矩阵，并且它的顺序主子式

$$D_1=2>0,\quad D_2=\begin{vmatrix}2&-1\\-1&6\end{vmatrix}=11>0,\quad D_3=\begin{vmatrix}2&-1&-1\\-1&6&0\\-1&0&4\end{vmatrix}=38>0,$$

所以 $\boldsymbol{A}$ 正定，由定理 3.9 知，Gauss-Seidel 迭代格式收敛. □

3.4　相容方程组与矛盾方程组

众所周知，对于 n 元线性方程组 $\boldsymbol{Ax}=\boldsymbol{b}$，当 $\mathrm{rank}\boldsymbol{A}<\mathrm{rank}[\boldsymbol{A}\ \ \boldsymbol{b}]$ 时无解，当 $\mathrm{rank}\boldsymbol{A}=\mathrm{rank}[\boldsymbol{A}\ \ \boldsymbol{b}]=n$ 时有唯一解，当 $\mathrm{rank}\boldsymbol{A}=\mathrm{rank}[\boldsymbol{A}\ \ \boldsymbol{b}]<n$ 时有无穷多解. 若线性方程组 $\boldsymbol{Ax}=\boldsymbol{b}$ 有解，则称该方程组是相容方程组，否则称之为不相容或矛盾方程组.

前面三节讨论的线性方程组 $\boldsymbol{Ax}=\boldsymbol{b}$ 中系数矩阵 $\boldsymbol{A}$ 是非奇异的，利用逆矩阵可以将它的解简单表示为 $\boldsymbol{x}=\boldsymbol{A}^{-1}\boldsymbol{b}$. 但是，大量的线性方程组中系数矩阵是奇异矩阵，甚至不是方阵，此时要得到方程组解的类似表达式，就必须将逆矩阵的概念加以推广，从而产生了所谓的广义逆矩阵.

本节将应用广义逆矩阵的概念及计算方法，讨论相容方程组的通解、最小范数解和矛盾方程组的最小二乘解.

3.4.1 广义逆矩阵

广义逆矩阵是由 Moore 和 Penrose 提出的概念，它在系统理论、优化计算及统计学领域得到了广泛应用.

$\forall \boldsymbol{A}\in\mathbb{C}^{m\times n}$，Penrose 用下面的四个矩阵方程给出了矩阵 $\boldsymbol{A}$ 的广义逆矩阵的定义，通常称为 Penrose 方程.

(1) $\boldsymbol{AGA}=\boldsymbol{A}$;

(2) $\boldsymbol{GAG}=\boldsymbol{G}$;

(3) $(\boldsymbol{AG})^{\mathrm{H}}=\boldsymbol{AG}$;

(4) $(\boldsymbol{GA})^{\mathrm{H}}=\boldsymbol{GA}$.

定义 3.3 设 $\boldsymbol{A}\in\mathbb{C}^{m\times n}$，如果存在矩阵 $\boldsymbol{G}\in\mathbb{C}^{n\times m}$，满足 Penrose 方程的一部分或全部，则称 $\boldsymbol{G}$ 为 $\boldsymbol{A}$ 的广义逆矩阵.

满足 Penrose 方程 (i) 的广义逆矩阵 $\boldsymbol{G}$ 记为 $\boldsymbol{A}^{(i)}$，满足 Penrose 方程 (i), (j) 的广义逆矩阵 $\boldsymbol{G}$ 记为 $\boldsymbol{A}^{(i,j)}$，满足 Penrose 方程 (i), (j), (k) 的广义逆矩阵 $\boldsymbol{G}$ 记为 $\boldsymbol{A}^{(i,j,k)}$，满足全部 Penrose 方程的广义逆矩阵 $\boldsymbol{G}$ 记为 $\boldsymbol{A}^{(1,2,3,4)}$，并且将 $\boldsymbol{A}$ 的广义逆矩阵的集合依次用记号 $\boldsymbol{A}\{i\}$，$\boldsymbol{A}\{i,j\}$，$\boldsymbol{A}\{i,j,k\}$ 和 $\boldsymbol{A}\{1,2,3,4\}$ 表示.

为了简单起见，将 $\boldsymbol{A}^{(1)}$ 记为 $\boldsymbol{A}^{-}$，并称 $\boldsymbol{A}^{-}$ 为减号逆；将 $\boldsymbol{A}^{(1,2,3,4)}$ 记为 $\boldsymbol{A}^{+}$，称之为加号逆或 Moore-Penrose 逆. $\boldsymbol{A}^{-}$ 和 $\boldsymbol{A}^{+}$ 是最重要的两种广义逆. 广义逆 $\boldsymbol{A}^{(1,2)}$ 又称为自反广义逆，广义逆 $\boldsymbol{A}^{(1,3)}$ 称为最小二乘广义逆，广义逆 $\boldsymbol{A}^{(1,4)}$ 称为最小范数广义逆.

容易验证，在 $\mathbb{C}^{m\times n}$ 中，任意矩阵都是零矩阵的减号逆、最小二乘广义逆和最小范数广义逆，零矩阵是零矩阵的自反广义逆和加号逆.

设 $\boldsymbol{A}\in\mathbb{C}^{m\times n}$，$\operatorname{rank}\boldsymbol{A}=r\geqslant 1$，则由矩阵的等价标准形知，存在 m 阶可逆矩阵 $\boldsymbol{P}$ 和 n 阶可逆矩阵 $\boldsymbol{Q}$，使得

$$\boldsymbol{PAQ}=\begin{bmatrix}\boldsymbol{I}_r & \boldsymbol{0}\\ \boldsymbol{0} & \boldsymbol{0}\end{bmatrix}_{m\times n}. \tag{3.18}$$

这里 r 是由 $\boldsymbol{A}$ 唯一确定的，但是 $\boldsymbol{P}$ 和 $\boldsymbol{Q}$ 并不一定是唯一的.

下面根据矩阵的等价标准形 (3.18) 来讨论减号逆、自反广义逆、最小二乘广义逆、最小范数广义逆和加号逆的通式.

定理 3.10　设 $\boldsymbol{A}\in\mathbb{C}^{m\times n}$, 且 $\operatorname{rank}\boldsymbol{A}=r\geqslant 1$, 则 $\boldsymbol{A}$ 的减号逆的通式为

$$\boldsymbol{A}^{-}=\boldsymbol{Q}\begin{bmatrix}\boldsymbol{I}_r & \boldsymbol{R}\\ \boldsymbol{S} & \boldsymbol{T}\end{bmatrix}\boldsymbol{P}, \tag{3.19}$$

其中, $\boldsymbol{P}\in\mathbb{C}^{m\times m}$ 和 $\boldsymbol{Q}\in\mathbb{C}^{n\times n}$ 是满足 (3.18) 式的可逆矩阵, $\boldsymbol{R}\in\mathbb{C}^{r\times(m-r)}$, $\boldsymbol{S}\in\mathbb{C}^{(n-r)\times r}$ 和 $\boldsymbol{T}\in\mathbb{C}^{(n-r)\times(m-r)}$ 是任意矩阵.

证明　因为对任意 $\boldsymbol{R}\in\mathbb{C}^{r\times(m-r)}$, $\boldsymbol{S}\in\mathbb{C}^{(n-r)\times r}$ 和 $\boldsymbol{T}\in\mathbb{C}^{(n-r)\times(m-r)}$, 有

$$\begin{aligned}&\boldsymbol{A}\left(\boldsymbol{Q}\begin{bmatrix}\boldsymbol{I}_r & \boldsymbol{R}\\ \boldsymbol{S} & \boldsymbol{T}\end{bmatrix}\boldsymbol{P}\right)\boldsymbol{A}\\ =&\left(\boldsymbol{P}^{-1}\begin{bmatrix}\boldsymbol{I}_r & \boldsymbol{0}\\ \boldsymbol{0} & \boldsymbol{0}\end{bmatrix}\boldsymbol{Q}^{-1}\right)\left(\boldsymbol{Q}\begin{bmatrix}\boldsymbol{I}_r & \boldsymbol{R}\\ \boldsymbol{S} & \boldsymbol{T}\end{bmatrix}\boldsymbol{P}\right)\left(\boldsymbol{P}^{-1}\begin{bmatrix}\boldsymbol{I}_r & \boldsymbol{0}\\ \boldsymbol{0} & \boldsymbol{0}\end{bmatrix}\boldsymbol{Q}^{-1}\right)\\ =&\boldsymbol{P}^{-1}\begin{bmatrix}\boldsymbol{I}_r & \boldsymbol{0}\\ \boldsymbol{0} & \boldsymbol{0}\end{bmatrix}\boldsymbol{Q}^{-1}=\boldsymbol{A},\end{aligned}$$

所以 (3.19) 式右边的矩阵是 $\boldsymbol{A}$ 的减号逆.

另一方面, $\forall \boldsymbol{G}\in\boldsymbol{A}\{1\}$, 有 $\boldsymbol{AGA}=\boldsymbol{A}$, 从而由 (3.18) 式得

$$\left(\boldsymbol{P}^{-1}\begin{bmatrix}\boldsymbol{I}_r & \boldsymbol{0}\\ \boldsymbol{0} & \boldsymbol{0}\end{bmatrix}\boldsymbol{Q}^{-1}\right)\boldsymbol{G}\left(\boldsymbol{P}^{-1}\begin{bmatrix}\boldsymbol{I}_r & \boldsymbol{0}\\ \boldsymbol{0} & \boldsymbol{0}\end{bmatrix}\boldsymbol{Q}^{-1}\right)=\boldsymbol{P}^{-1}\begin{bmatrix}\boldsymbol{I}_r & \boldsymbol{0}\\ \boldsymbol{0} & \boldsymbol{0}\end{bmatrix}\boldsymbol{Q}^{-1},$$

即

$$\begin{bmatrix}\boldsymbol{I}_r & \boldsymbol{0}\\ \boldsymbol{0} & \boldsymbol{0}\end{bmatrix}\boldsymbol{Q}^{-1}\boldsymbol{G}\boldsymbol{P}^{-1}\begin{bmatrix}\boldsymbol{I}_r & \boldsymbol{0}\\ \boldsymbol{0} & \boldsymbol{0}\end{bmatrix}=\begin{bmatrix}\boldsymbol{I}_r & \boldsymbol{0}\\ \boldsymbol{0} & \boldsymbol{0}\end{bmatrix}.$$

若记

$$\boldsymbol{Q}^{-1}\boldsymbol{G}\boldsymbol{P}^{-1}=\begin{bmatrix}\boldsymbol{M} & \boldsymbol{R}\\ \boldsymbol{S} & \boldsymbol{T}\end{bmatrix},$$

这里 $\boldsymbol{M}\in\mathbb{C}^{r\times r}$, 则

$$\begin{bmatrix}\boldsymbol{I}_r & \boldsymbol{0}\\ \boldsymbol{0} & \boldsymbol{0}\end{bmatrix}\begin{bmatrix}\boldsymbol{M} & \boldsymbol{R}\\ \boldsymbol{S} & \boldsymbol{T}\end{bmatrix}\begin{bmatrix}\boldsymbol{I}_r & \boldsymbol{0}\\ \boldsymbol{0} & \boldsymbol{0}\end{bmatrix}=\begin{bmatrix}\boldsymbol{I}_r & \boldsymbol{0}\\ \boldsymbol{0} & \boldsymbol{0}\end{bmatrix},$$

于是

$$\begin{bmatrix}\boldsymbol{M} & \boldsymbol{0}\\ \boldsymbol{0} & \boldsymbol{0}\end{bmatrix}=\begin{bmatrix}\boldsymbol{I}_r & \boldsymbol{0}\\ \boldsymbol{0} & \boldsymbol{0}\end{bmatrix},$$

即知 $\boldsymbol{M}=\boldsymbol{I}_r$，因此

$$\boldsymbol{G}=\boldsymbol{Q}\begin{bmatrix}\boldsymbol{I}_r & \boldsymbol{R}\\ \boldsymbol{S} & \boldsymbol{T}\end{bmatrix}\boldsymbol{P},$$

故 $\boldsymbol{A}$ 的任何减号逆都可表示为 (3.19) 式的形式. □

定理 3.11 设 $\boldsymbol{A}\in\mathbb{C}^{m\times n}$，且 $\operatorname{rank}\boldsymbol{A}=r\geqslant 1$，则 $\boldsymbol{A}$ 的自反广义逆的通式为

$$\boldsymbol{A}^{(1,2)}=\boldsymbol{Q}\begin{bmatrix}\boldsymbol{I}_r & \boldsymbol{R}\\ \boldsymbol{S} & \boldsymbol{SR}\end{bmatrix}\boldsymbol{P},\tag{3.20}$$

其中，$\boldsymbol{P}\in\mathbb{C}^{m\times m}$ 和 $\boldsymbol{Q}\in\mathbb{C}^{n\times n}$ 是满足 (3.18) 式的可逆矩阵，$\boldsymbol{R}\in\mathbb{C}^{r\times(m-r)}$ 和 $\boldsymbol{S}\in\mathbb{C}^{(n-r)\times r}$ 是任意矩阵.

证明 记 (3.20) 式右边的矩阵为 $\boldsymbol{F}$，由定理 3.10 知 $\boldsymbol{F}$ 满足 $\boldsymbol{AFA}=\boldsymbol{A}$，并且

$$\boldsymbol{FAF}=\boldsymbol{Q}\begin{bmatrix}\boldsymbol{I}_r & \boldsymbol{R}\\ \boldsymbol{S} & \boldsymbol{SR}\end{bmatrix}\begin{bmatrix}\boldsymbol{I}_r & \boldsymbol{0}\\ \boldsymbol{0} & \boldsymbol{0}\end{bmatrix}\begin{bmatrix}\boldsymbol{I}_r & \boldsymbol{R}\\ \boldsymbol{S} & \boldsymbol{SR}\end{bmatrix}\boldsymbol{P}=\boldsymbol{Q}\begin{bmatrix}\boldsymbol{I}_r & \boldsymbol{R}\\ \boldsymbol{S} & \boldsymbol{SR}\end{bmatrix}\boldsymbol{P}=\boldsymbol{F},$$

所以 $\boldsymbol{F}\in\boldsymbol{A}\{1,2\}$.

另一方面，$\forall\boldsymbol{G}\in\boldsymbol{A}\{1,2\}$，有 $\boldsymbol{AGA}=\boldsymbol{A}$，$\boldsymbol{GAG}=\boldsymbol{G}$，从而由定理 3.10 知

$$\boldsymbol{G}=\boldsymbol{Q}\begin{bmatrix}\boldsymbol{I}_r & \boldsymbol{R}\\ \boldsymbol{S} & \boldsymbol{T}\end{bmatrix}\boldsymbol{P},$$

于是

$$\boldsymbol{GAG}=\boldsymbol{Q}\begin{bmatrix}\boldsymbol{I}_r & \boldsymbol{R}\\ \boldsymbol{S} & \boldsymbol{T}\end{bmatrix}\begin{bmatrix}\boldsymbol{I}_r & \boldsymbol{0}\\ \boldsymbol{0} & \boldsymbol{0}\end{bmatrix}\begin{bmatrix}\boldsymbol{I}_r & \boldsymbol{R}\\ \boldsymbol{S} & \boldsymbol{T}\end{bmatrix}\boldsymbol{P}=\boldsymbol{Q}\begin{bmatrix}\boldsymbol{I}_r & \boldsymbol{R}\\ \boldsymbol{S} & \boldsymbol{SR}\end{bmatrix}\boldsymbol{P},$$

因此

$$\boldsymbol{Q}\begin{bmatrix}\boldsymbol{I}_r & \boldsymbol{R}\\ \boldsymbol{S} & \boldsymbol{SR}\end{bmatrix}\boldsymbol{P}=\boldsymbol{Q}\begin{bmatrix}\boldsymbol{I}_r & \boldsymbol{R}\\ \boldsymbol{S} & \boldsymbol{T}\end{bmatrix}\boldsymbol{P},$$

由 $\boldsymbol{P}$ 和 $\boldsymbol{Q}$ 可逆即得 $\boldsymbol{T}=\boldsymbol{SR}$，故 $\boldsymbol{A}$ 的任何自反广义逆都可表示为 (3.20) 式的形式. □

定理 3.12 设 $\boldsymbol{A}\in\mathbb{C}^{m\times n}$，且 $\operatorname{rank}\boldsymbol{A}=r\geqslant 1$，则 $\boldsymbol{A}$ 的最小二乘广义逆的通式为

$$\boldsymbol{A}^{(1,3)}=\boldsymbol{Q}\begin{bmatrix}\boldsymbol{I}_r & -\boldsymbol{P}_3\boldsymbol{P}_2^{-1}\\ \boldsymbol{S} & \boldsymbol{T}\end{bmatrix}\boldsymbol{P},\tag{3.21}$$

其中，$\boldsymbol{P}\in\mathbb{C}^{m\times m}$ 和 $\boldsymbol{Q}\in\mathbb{C}^{n\times n}$ 是满足 (3.18) 式的可逆矩阵，$\boldsymbol{S}\in\mathbb{C}^{(n-r)\times r}$ 和 $\boldsymbol{T}\in\mathbb{C}^{(n-r)\times(m-r)}$ 是任意矩阵，且 $\boldsymbol{P}_2\in\mathbb{C}^{(m-r)\times(m-r)}$ 和 $\boldsymbol{P}_3\in\mathbb{C}^{r\times(m-r)}$ 满足

$$\boldsymbol{PP}^{\mathrm{H}}=\begin{bmatrix}\boldsymbol{P}_1 & \boldsymbol{P}_3\\ \boldsymbol{P}_3^{\mathrm{H}} & \boldsymbol{P}_2\end{bmatrix}.\tag{3.22}$$

证明　因为 $\boldsymbol{P}$ 是可逆矩阵，所以 $\boldsymbol{P}\boldsymbol{P}^{\mathrm{H}}$ 是正定 Hermite 矩阵，从而由定理 2.23 知，(3.22) 式中的 $\boldsymbol{P}_1$ 和 $\boldsymbol{P}_2$ 都是正定 Hermite 矩阵. 记 (3.21) 式右边的矩阵为 $\boldsymbol{F}$，则

$$\boldsymbol{A}\boldsymbol{F}=\boldsymbol{P}^{-1}\begin{bmatrix}\boldsymbol{I}_r & \boldsymbol{0}\\ \boldsymbol{0} & \boldsymbol{0}\end{bmatrix}\begin{bmatrix}\boldsymbol{I}_r & -\boldsymbol{P}_3\boldsymbol{P}_2^{-1}\\ \boldsymbol{S} & \boldsymbol{T}\end{bmatrix}\boldsymbol{P}=\boldsymbol{P}^{-1}\begin{bmatrix}\boldsymbol{I}_r & -\boldsymbol{P}_3\boldsymbol{P}_2^{-1}\\ \boldsymbol{0} & \boldsymbol{0}\end{bmatrix}\boldsymbol{P},$$

$$\begin{aligned}\boldsymbol{P}(\boldsymbol{A}\boldsymbol{F})\boldsymbol{P}^{\mathrm{H}}&=\begin{bmatrix}\boldsymbol{I}_r & -\boldsymbol{P}_3\boldsymbol{P}_2^{-1}\\ \boldsymbol{0} & \boldsymbol{0}\end{bmatrix}\boldsymbol{P}\boldsymbol{P}^{\mathrm{H}}=\begin{bmatrix}\boldsymbol{I}_r & -\boldsymbol{P}_3\boldsymbol{P}_2^{-1}\\ \boldsymbol{0} & \boldsymbol{0}\end{bmatrix}\begin{bmatrix}\boldsymbol{P}_1 & \boldsymbol{P}_3\\ \boldsymbol{P}_3^{\mathrm{H}} & \boldsymbol{P}_2\end{bmatrix}\\&=\begin{bmatrix}\boldsymbol{P}_1-\boldsymbol{P}_3\boldsymbol{P}_2^{-1}\boldsymbol{P}_3^{\mathrm{H}} & \boldsymbol{0}\\ \boldsymbol{0} & \boldsymbol{0}\end{bmatrix},\end{aligned}$$

进一步可得

$$\boldsymbol{P}(\boldsymbol{A}\boldsymbol{F})^{\mathrm{H}}\boldsymbol{P}^{\mathrm{H}}=\begin{bmatrix}\boldsymbol{P}_1-\boldsymbol{P}_3\boldsymbol{P}_2^{-1}\boldsymbol{P}_3^{\mathrm{H}} & \boldsymbol{0}\\ \boldsymbol{0} & \boldsymbol{0}\end{bmatrix}^{\mathrm{H}}=\begin{bmatrix}\boldsymbol{P}_1-\boldsymbol{P}_3\boldsymbol{P}_2^{-1}\boldsymbol{P}_3^{\mathrm{H}} & \boldsymbol{0}\\ \boldsymbol{0} & \boldsymbol{0}\end{bmatrix}=\boldsymbol{P}(\boldsymbol{A}\boldsymbol{F})\boldsymbol{P}^{\mathrm{H}},$$

故由 $\boldsymbol{P}$ 和 $\boldsymbol{P}^{\mathrm{H}}$ 可逆即得 $(\boldsymbol{A}\boldsymbol{F})^{\mathrm{H}}=\boldsymbol{A}\boldsymbol{F}$. 又由定理 3.10 知 $\boldsymbol{A}\boldsymbol{F}\boldsymbol{A}=\boldsymbol{A}$，因此 $\boldsymbol{F}\in\boldsymbol{A}\{1,3\}$.

另一方面，$\forall\boldsymbol{G}\in\boldsymbol{A}\{1,3\}$，有 $\boldsymbol{A}\boldsymbol{G}\boldsymbol{A}=\boldsymbol{A}$，$(\boldsymbol{A}\boldsymbol{G})^{\mathrm{H}}=\boldsymbol{A}\boldsymbol{G}$，从而由定理 3.10 知

$$\boldsymbol{G}=\boldsymbol{Q}\begin{bmatrix}\boldsymbol{I}_r & \boldsymbol{R}\\ \boldsymbol{S} & \boldsymbol{T}\end{bmatrix}\boldsymbol{P},$$

于是

$$\boldsymbol{A}\boldsymbol{G}=\boldsymbol{P}^{-1}\begin{bmatrix}\boldsymbol{I}_r & \boldsymbol{0}\\ \boldsymbol{0} & \boldsymbol{0}\end{bmatrix}\begin{bmatrix}\boldsymbol{I}_r & \boldsymbol{R}\\ \boldsymbol{S} & \boldsymbol{T}\end{bmatrix}\boldsymbol{P}=\boldsymbol{P}^{-1}\begin{bmatrix}\boldsymbol{I}_r & \boldsymbol{R}\\ \boldsymbol{0} & \boldsymbol{0}\end{bmatrix}\boldsymbol{P},$$

$$(\boldsymbol{A}\boldsymbol{G})^{\mathrm{H}}=\boldsymbol{P}^{\mathrm{H}}\begin{bmatrix}\boldsymbol{I}_r & \boldsymbol{0}\\ \boldsymbol{R}^{\mathrm{H}} & \boldsymbol{0}\end{bmatrix}(\boldsymbol{P}^{-1})^{\mathrm{H}},$$

所以

$$\boldsymbol{P}^{\mathrm{H}}\begin{bmatrix}\boldsymbol{I}_r & \boldsymbol{0}\\ \boldsymbol{R}^{\mathrm{H}} & \boldsymbol{0}\end{bmatrix}(\boldsymbol{P}^{-1})^{\mathrm{H}}=\boldsymbol{P}^{-1}\begin{bmatrix}\boldsymbol{I}_r & \boldsymbol{R}\\ \boldsymbol{0} & \boldsymbol{0}\end{bmatrix}\boldsymbol{P},$$

即

$$\boldsymbol{P}\boldsymbol{P}^{\mathrm{H}}\begin{bmatrix}\boldsymbol{I}_r & \boldsymbol{0}\\ \boldsymbol{R}^{\mathrm{H}} & \boldsymbol{0}\end{bmatrix}=\begin{bmatrix}\boldsymbol{I}_r & \boldsymbol{R}\\ \boldsymbol{0} & \boldsymbol{0}\end{bmatrix}\boldsymbol{P}\boldsymbol{P}^{\mathrm{H}},$$

因此由 (3.22) 式得

$$\begin{bmatrix} \boldsymbol{P}_1 & \boldsymbol{P}_3 \\ \boldsymbol{P}_3^{\mathrm{H}} & \boldsymbol{P}_2 \end{bmatrix}\begin{bmatrix} \boldsymbol{I}_r & \boldsymbol{0} \\ \boldsymbol{R}^{\mathrm{H}} & \boldsymbol{0} \end{bmatrix}=\begin{bmatrix} \boldsymbol{I}_r & \boldsymbol{R} \\ \boldsymbol{0} & \boldsymbol{0} \end{bmatrix}\begin{bmatrix} \boldsymbol{P}_1 & \boldsymbol{P}_3 \\ \boldsymbol{P}_3^{\mathrm{H}} & \boldsymbol{P}_2 \end{bmatrix},$$

也就是

$$\begin{bmatrix} \boldsymbol{P}_1+\boldsymbol{P}_3\boldsymbol{R}^{\mathrm{H}} & \boldsymbol{0} \\ \boldsymbol{P}_3^{\mathrm{H}}+\boldsymbol{P}_2\boldsymbol{R}^{\mathrm{H}} & \boldsymbol{0} \end{bmatrix}=\begin{bmatrix} \boldsymbol{P}_1+\boldsymbol{R}\boldsymbol{P}_3^{\mathrm{H}} & \boldsymbol{P}_3+\boldsymbol{R}\boldsymbol{P}_2 \\ \boldsymbol{0} & \boldsymbol{0} \end{bmatrix},$$

故 $\boldsymbol{R}=-\boldsymbol{P}_3\boldsymbol{P}_2^{-1}$，即 $\boldsymbol{A}$ 的任何最小二乘广义逆都可表示为 (3.21) 式的形式. □

用完全类似的方法可以证明

定理 3.13 设 $\boldsymbol{A}\in\mathbb{C}^{m\times n}$，且 $\mathrm{rank}\boldsymbol{A}=r\geqslant 1$，则 $\boldsymbol{A}$ 的最小范数广义逆的通式为

$$\boldsymbol{A}^{(1,4)}=\boldsymbol{Q}\begin{bmatrix} \boldsymbol{I}_r & \boldsymbol{R} \\ -\boldsymbol{Q}_2^{-1}\boldsymbol{Q}_3^{\mathrm{H}} & \boldsymbol{T} \end{bmatrix}\boldsymbol{P},$$

其中，$\boldsymbol{P}\in\mathbb{C}^{m\times m}$ 和 $\boldsymbol{Q}\in\mathbb{C}^{n\times n}$ 是满足 (3.18) 式的可逆矩阵，$\boldsymbol{R}\in\mathbb{C}^{r\times(m-r)}$ 和 $\boldsymbol{T}\in\mathbb{C}^{(n-r)\times(m-r)}$ 是任意矩阵，$\boldsymbol{Q}_2\in\mathbb{C}^{(n-r)\times(n-r)}$ 和 $\boldsymbol{Q}_3\in\mathbb{C}^{r\times(n-r)}$ 满足

$$\boldsymbol{Q}^{\mathrm{H}}\boldsymbol{Q}=\begin{bmatrix} \boldsymbol{Q}_1 & \boldsymbol{Q}_3 \\ \boldsymbol{Q}_3^{\mathrm{H}} & \boldsymbol{Q}_2 \end{bmatrix}. \tag{3.23}$$

□

上述四个定理中广义逆 $\boldsymbol{A}^{-}$，$\boldsymbol{A}^{(1,2)}$，$\boldsymbol{A}^{(1,3)}$ 和 $\boldsymbol{A}^{(1,4)}$ 的通式，不但说明了这四种广义逆都不是唯一的，而且也给出了求这四种广义逆的方法.

例 3.7 设矩阵 $\boldsymbol{A}=\begin{bmatrix} 1 & 0 & -1 \\ 0 & 2 & 4 \\ -1 & 2 & 5 \\ 1 & 2 & 3 \end{bmatrix}$，求 $\boldsymbol{A}^{-}$.

解 对 $\boldsymbol{A}$ 进行初等变换求出 $\boldsymbol{A}$ 的等价标准形，所有初等行变换对应的初等矩阵之积所得矩阵即为 $\boldsymbol{P}$，所有初等列变换对应的初等矩阵之积所得矩阵即为 $\boldsymbol{Q}$. 由于

$$\begin{bmatrix} \boldsymbol{A} & \boldsymbol{I}_4 \\ \boldsymbol{I}_3 & \boldsymbol{0} \end{bmatrix}=\left[\begin{array}{ccc:cccc} 1 & 0 & -1 & 1 & 0 & 0 & 0 \\ 0 & 2 & 4 & 0 & 1 & 0 & 0 \\ -1 & 2 & 5 & 0 & 0 & 1 & 0 \\ 1 & 2 & 3 & 0 & 0 & 0 & 1 \\ \hdashline 1 & 0 & 0 & 0 & 0 & 0 & 0 \\ 0 & 1 & 0 & 0 & 0 & 0 & 0 \\ 0 & 0 & 1 & 0 & 0 & 0 & 0 \end{array}\right]\rightarrow\left[\begin{array}{ccc:cccc} 1 & 0 & 0 & 1 & 0 & 0 & 0 \\ 0 & 1 & 0 & 0 & 1/2 & 0 & 0 \\ 0 & 0 & 0 & 1 & -1 & 1 & 0 \\ 0 & 0 & 0 & -2 & 0 & -1 & 1 \\ \hdashline 1 & 0 & 1 & 0 & 0 & 0 & 0 \\ 0 & 1 & -2 & 0 & 0 & 0 & 0 \\ 0 & 0 & 1 & 0 & 0 & 0 & 0 \end{array}\right],$$

因此

$$\begin{bmatrix} \boldsymbol{I}_2 & \boldsymbol{0} \\ \boldsymbol{0} & \boldsymbol{0} \end{bmatrix}_{4\times 3}=\begin{bmatrix} 1 & 0 & 0 \\ 0 & 1 & 0 \\ 0 & 0 & 0 \\ 0 & 0 & 0 \end{bmatrix},\quad \boldsymbol{P}=\begin{bmatrix} 1 & 0 & 0 & 0 \\ 0 & 1/2 & 0 & 0 \\ 1 & -1 & 1 & 0 \\ -2 & 0 & -1 & 1 \end{bmatrix},\quad \boldsymbol{Q}=\begin{bmatrix} 1 & 0 & 1 \\ 0 & 1 & -2 \\ 0 & 0 & 1 \end{bmatrix}.$$

于是

$$\boldsymbol{A}^{-}=\boldsymbol{Q}\begin{bmatrix} \boldsymbol{I}_2 & \boldsymbol{0} \\ \boldsymbol{0} & \boldsymbol{0} \end{bmatrix}_{3\times 4}\boldsymbol{P}=\begin{bmatrix} 1 & 0 & 0 & 0 \\ 0 & 1/2 & 0 & 0 \\ 0 & 0 & 0 & 0 \end{bmatrix}$$

为所求的一个减号逆矩阵 $\boldsymbol{A}^{-}$. □

由上述四个定理立即得到

定理 3.14　设 $\boldsymbol{A}\in\mathbb{C}^{m\times n}$，且 $\operatorname{rank}\boldsymbol{A}=r\geqslant 1$，则 $\boldsymbol{A}$ 的加号逆为

$$\boldsymbol{A}^{+}=\boldsymbol{Q}\begin{bmatrix} \boldsymbol{I}_r & -\boldsymbol{P}_3\boldsymbol{P}_2^{-1} \\ -\boldsymbol{Q}_2^{-1}\boldsymbol{Q}_3^{\mathrm{H}} & \boldsymbol{Q}_2^{-1}\boldsymbol{Q}_3^{\mathrm{H}}\boldsymbol{P}_3\boldsymbol{P}_2^{-1} \end{bmatrix}\boldsymbol{P},$$

其中，$\boldsymbol{P}\in\mathbb{C}^{m\times m}$ 和 $\boldsymbol{Q}\in\mathbb{C}^{n\times n}$ 是使得 (3.18) 式成立的可逆矩阵，$\boldsymbol{P}_2\in\mathbb{C}^{(m-r)\times(m-r)}$ 和 $\boldsymbol{P}_3\in\mathbb{C}^{r\times(m-r)}$ 满足 (3.22) 式，$\boldsymbol{Q}_2\in\mathbb{C}^{(n-r)\times(n-r)}$ 和 $\boldsymbol{Q}_3\in\mathbb{C}^{r\times(n-r)}$ 满足 (3.23) 式. □

定理 3.15　设 $\boldsymbol{A}\in\mathbb{C}^{m\times n}$，则 $\boldsymbol{A}$ 的加号逆 $\boldsymbol{A}^{+}$ 是唯一的.

证明　反证法. 假设 $\boldsymbol{X}$, $\boldsymbol{Y}$ 都是 $\boldsymbol{A}$ 的加号逆，则反复利用 Penrose 方程，有

$$\begin{aligned}\boldsymbol{X}&=\boldsymbol{XAX}=\boldsymbol{X}(\boldsymbol{AX})^{\mathrm{H}}=\boldsymbol{XX}^{\mathrm{H}}\boldsymbol{A}^{\mathrm{H}}=\boldsymbol{XX}^{\mathrm{H}}(\boldsymbol{AYA})^{\mathrm{H}}\\&=\boldsymbol{XX}^{\mathrm{H}}\boldsymbol{A}^{\mathrm{H}}(\boldsymbol{AY})^{\mathrm{H}}=\boldsymbol{X}(\boldsymbol{AX})^{\mathrm{H}}(\boldsymbol{AY})^{\mathrm{H}}=\boldsymbol{XAXAY}\\&=\boldsymbol{XAY}=\boldsymbol{XAYAY}=(\boldsymbol{XA})^{\mathrm{H}}(\boldsymbol{YA})^{\mathrm{H}}\boldsymbol{Y}=\boldsymbol{A}^{\mathrm{H}}\boldsymbol{X}^{\mathrm{H}}\boldsymbol{A}^{\mathrm{H}}\boldsymbol{Y}^{\mathrm{H}}Y\\&=(\boldsymbol{AXA})^{\mathrm{H}}\boldsymbol{Y}^{\mathrm{H}}\boldsymbol{Y}=\boldsymbol{A}^{\mathrm{H}}\boldsymbol{Y}^{\mathrm{H}}\boldsymbol{Y}=(\boldsymbol{YA})^{\mathrm{H}}\boldsymbol{Y}=\boldsymbol{YAY}=\boldsymbol{Y}.\end{aligned}$$

因此 $\boldsymbol{A}^{+}$ 是唯一的. □

例 3.8　求矩阵 $\boldsymbol{A}$ 的加号逆 $\boldsymbol{A}^{+}$，其中 $\boldsymbol{A}=\begin{bmatrix} 1 & 0 & 3 \\ 2 & 3 & 0 \\ 1 & 1 & 1 \end{bmatrix}$.

解 将矩阵 $\boldsymbol{A}$ 进行初等变换求出 $\boldsymbol{A}$ 的等价标准形:

$$\begin{bmatrix} \boldsymbol{A} & \boldsymbol{I}_3 \\ \boldsymbol{I}_3 & \boldsymbol{0} \end{bmatrix} = \left[\begin{array}{ccc:ccc} 1 & 0 & 3 & 1 & 0 & 0 \\ 2 & 3 & 0 & 0 & 1 & 0 \\ 1 & 1 & 1 & 0 & 0 & 1 \\ \hdashline 1 & 0 & 0 & 0 & 0 & 0 \\ 0 & 1 & 0 & 0 & 0 & 0 \\ 0 & 0 & 1 & 0 & 0 & 0 \end{array}\right] \to \left[\begin{array}{ccc:ccc} 1 & 0 & 0 & 1 & 0 & 0 \\ 0 & 1 & 0 & -1 & 0 & 1 \\ 0 & 0 & 0 & 1 & 1 & -3 \\ \hdashline 1 & 0 & -3 & 0 & 0 & 0 \\ 0 & 1 & 2 & 0 & 0 & 0 \\ 0 & 0 & 1 & 0 & 0 & 0 \end{array}\right],$$

于是

$$\begin{bmatrix} \boldsymbol{I}_2 & \boldsymbol{0} \\ \boldsymbol{0} & \boldsymbol{0} \end{bmatrix}_{3\times 3} = \begin{bmatrix} 1 & 0 & 0 \\ 0 & 1 & 0 \\ 0 & 0 & 0 \end{bmatrix}, \quad \boldsymbol{P} = \begin{bmatrix} 1 & 0 & 0 \\ -1 & 0 & 1 \\ 1 & 1 & -3 \end{bmatrix}, \quad \boldsymbol{Q} = \begin{bmatrix} 1 & 0 & -3 \\ 0 & 1 & 2 \\ 0 & 0 & 1 \end{bmatrix}.$$

从而

$$\boldsymbol{P}\boldsymbol{P}^{\mathrm{H}} = \begin{bmatrix} 1 & -1 & 1 \\ -1 & 2 & -4 \\ 1 & -4 & 11 \end{bmatrix}, \quad \boldsymbol{Q}^{\mathrm{H}}\boldsymbol{Q} = \begin{bmatrix} 1 & 0 & -3 \\ 0 & 1 & 2 \\ -3 & 2 & 14 \end{bmatrix},$$

于是由 (3.21) 式得

$$\begin{aligned} \boldsymbol{A}^{+} &= \begin{bmatrix} 1 & 0 & -3 \\ 0 & 1 & 2 \\ 0 & 0 & 1 \end{bmatrix} \begin{bmatrix} 1 & 0 & -1/11 \\ 0 & 1 & 4/11 \\ 3/14 & -2/14 & -1/14 \end{bmatrix} \begin{bmatrix} 1 & 0 & 0 \\ -1 & 0 & 1 \\ 1 & 1 & -3 \end{bmatrix} \\ &= \frac{1}{154} \begin{bmatrix} 8 & 19 & 9 \\ -10 & 34 & 8 \\ 44 & -11 & 11 \end{bmatrix}. \end{aligned}$$

□

3.4.2 相容方程组的通解

设 $\boldsymbol{A} \in \mathbb{C}^{m\times n}$, $\boldsymbol{x} = (x_1, x_2, \cdots, x_n)^{\mathrm{T}}$, $\boldsymbol{b} = (b_1, b_2, \cdots, b_m)^{\mathrm{T}}$, 下面利用广义逆矩阵研究线性方程组 $\boldsymbol{Ax} = \boldsymbol{b}$ 的通解.

定理 3.16 线性方程组 $\boldsymbol{Ax} = \boldsymbol{b}$ 有解的充要条件是 $\boldsymbol{AA}^{-}\boldsymbol{b} = \boldsymbol{b}$. 当 $\boldsymbol{Ax} = \boldsymbol{b}$ 有解时, 其通解为

$$\boldsymbol{x} = \boldsymbol{A}^{-}\boldsymbol{b} + (\boldsymbol{I} - \boldsymbol{A}^{-}\boldsymbol{A})\boldsymbol{y}, \tag{3.24}$$

其中 $\boldsymbol{y}$ 是任意的 n 维列向量.

证明 必要性. 设 $\boldsymbol{x}$ 是线性方程组 $\boldsymbol{Ax} = \boldsymbol{b}$ 的解, 则

$$\boldsymbol{b} = \boldsymbol{Ax} = \boldsymbol{AA}^{-}\boldsymbol{Ax} = \boldsymbol{AA}^{-}\boldsymbol{b}.$$

充分性. 设 $\boldsymbol{A}\boldsymbol{A}^{-}\boldsymbol{b}=\boldsymbol{b}$, 则 $\boldsymbol{x}=\boldsymbol{A}^{-}\boldsymbol{b}$ 线性方程组 $\boldsymbol{A}\boldsymbol{x}=\boldsymbol{b}$ 的解. 因为 $\forall \boldsymbol{y}\in\mathbb{C}^n$, 有

$$\boldsymbol{A}(\boldsymbol{A}^{-}\boldsymbol{b}+(\boldsymbol{I}-\boldsymbol{A}^{-}\boldsymbol{A})\boldsymbol{y})=\boldsymbol{A}\boldsymbol{A}^{-}\boldsymbol{b}+\boldsymbol{A}\boldsymbol{y}-\boldsymbol{A}\boldsymbol{A}^{-}\boldsymbol{A}\boldsymbol{y}=\boldsymbol{b}+\boldsymbol{A}\boldsymbol{y}-\boldsymbol{A}\boldsymbol{y}=\boldsymbol{b},$$

所以 (3.24) 式给出的 $\boldsymbol{x}$ 是方程组 $\boldsymbol{A}\boldsymbol{x}=\boldsymbol{b}$ 的解.

另一方面，设 $\boldsymbol{x}$ 是方程组 $\boldsymbol{A}\boldsymbol{x}=\boldsymbol{b}$ 的任意一个解，则

$$\boldsymbol{x}=\boldsymbol{x}+\boldsymbol{A}^{-}\boldsymbol{b}-\boldsymbol{A}^{-}\boldsymbol{b}=\boldsymbol{x}+\boldsymbol{A}^{-}\boldsymbol{b}-\boldsymbol{A}^{-}\boldsymbol{A}\boldsymbol{x}=\boldsymbol{A}^{-}\boldsymbol{b}+(\boldsymbol{I}-\boldsymbol{A}^{-}\boldsymbol{A})\boldsymbol{x},$$

即 $\boldsymbol{x}$ 具有式 (3.24) 的形式，故 (3.24) 式给出的 $\boldsymbol{x}$ 是方程组 $\boldsymbol{A}\boldsymbol{x}=\boldsymbol{b}$ 的通解. □

这个定理表明, 相容方程组 $\boldsymbol{A}\boldsymbol{x}=\boldsymbol{b}$ 的通解等于它的一个特解 $\boldsymbol{A}^{-}\boldsymbol{b}$ 加上对应的齐次方程组的通解 $(\boldsymbol{I}-\boldsymbol{A}^{-}\boldsymbol{A})\boldsymbol{y}$.

例 3.9　求下列线性方程组 $\boldsymbol{A}\boldsymbol{x}=\boldsymbol{b}$ 的通解，其中

$$\boldsymbol{A}=\begin{bmatrix}1&0&-1\\0&2&4\\-1&2&5\\1&2&3\end{bmatrix},\quad \boldsymbol{b}=\begin{bmatrix}-1\\2\\3\\1\end{bmatrix}.$$

解　由例 3.7 知

$$\boldsymbol{A}^{-}=\begin{bmatrix}1&0&0&0\\0&1/2&0&0\\0&0&0&0\end{bmatrix},$$

因此由定理 3.16 知方程组的通解为

$$\begin{aligned}\boldsymbol{x}&=\boldsymbol{A}^{-}\boldsymbol{b}+(\boldsymbol{I}-\boldsymbol{A}^{-}\boldsymbol{A})\boldsymbol{y}\\&=\begin{bmatrix}1&0&0&0\\0&1/2&0&0\\0&0&0&0\end{bmatrix}\begin{bmatrix}-1\\2\\3\\1\end{bmatrix}+\begin{bmatrix}0&0&1\\0&0&-2\\0&0&1\end{bmatrix}\begin{bmatrix}y_1\\y_2\\y_3\end{bmatrix}=\begin{bmatrix}-1\\1\\0\end{bmatrix}+y_3\begin{bmatrix}1\\-2\\1\end{bmatrix},\end{aligned}$$

其中 y_3 是任意常数. □

3.4.3　相容方程组的最小范数解

在相容方程组 $\boldsymbol{A}\boldsymbol{x}=\boldsymbol{b}$ 的所有解中，人们最为关心的是范数最小的解.

定义 3.4　在相容线性方程组 $\boldsymbol{A}\boldsymbol{x}=\boldsymbol{b}$ 的解集中，2 范数最小的解称为该方程组的最小范数解.

下面的定理指出了最小范数解的存在性和唯一性.

定理 3.17 设 $\boldsymbol{A}\in\mathbb{C}^{m\times n}$，$\forall\boldsymbol{G}\in\boldsymbol{A}\{1,4\}$，$\boldsymbol{x}=\boldsymbol{G}\boldsymbol{b}$ 为相容方程组 $\boldsymbol{A}\boldsymbol{x}=\boldsymbol{b}$ 的最小范数解，且最小范数解是唯一的.

证明 因为 $\boldsymbol{G}\in\boldsymbol{A}\{1,4\}\subset\boldsymbol{A}\{1\}$，所以由定理 3.16 知，$\boldsymbol{x}=\boldsymbol{G}\boldsymbol{b}$ 是相容线性方程组 $\boldsymbol{A}\boldsymbol{x}=\boldsymbol{b}$ 的一个特解，且其通解为 $\boldsymbol{x}=\boldsymbol{G}\boldsymbol{b}+(\boldsymbol{I}-\boldsymbol{G}\boldsymbol{A})\boldsymbol{y}$.

令 $\boldsymbol{z}$ 是 $\boldsymbol{A}\boldsymbol{x}=\boldsymbol{b}$ 的解，即 $\boldsymbol{A}\boldsymbol{z}=\boldsymbol{b}$，则 $\forall\boldsymbol{y}\in\mathbb{C}^n$，有

$$
\begin{aligned}
(\boldsymbol{G}\boldsymbol{b})^{\mathrm{H}}(\boldsymbol{I}-\boldsymbol{G}\boldsymbol{A})\boldsymbol{y}&=(\boldsymbol{G}\boldsymbol{A}\boldsymbol{z})^{\mathrm{H}}(\boldsymbol{I}-\boldsymbol{G}\boldsymbol{A})\boldsymbol{y}=\boldsymbol{z}^{\mathrm{H}}(\boldsymbol{G}\boldsymbol{A})^{\mathrm{H}}(\boldsymbol{I}-\boldsymbol{G}\boldsymbol{A})\boldsymbol{y}\\
&=\boldsymbol{z}^{\mathrm{H}}(\boldsymbol{G}\boldsymbol{A}-\boldsymbol{G}\boldsymbol{A}\boldsymbol{G}\boldsymbol{A})\boldsymbol{y}=\boldsymbol{z}^{\mathrm{H}}(\boldsymbol{G}\boldsymbol{A}-\boldsymbol{G}\boldsymbol{A})\boldsymbol{y}=0,
\end{aligned}
$$

因此

$$
[(\boldsymbol{I}-\boldsymbol{G}\boldsymbol{A})\boldsymbol{y}]^{\mathrm{H}}(\boldsymbol{G}\boldsymbol{b})=[(\boldsymbol{G}\boldsymbol{b})^{\mathrm{H}}(\boldsymbol{I}-\boldsymbol{G}\boldsymbol{A})\boldsymbol{y}]^{\mathrm{H}}=0.
$$

于是

$$
\begin{aligned}
\|\boldsymbol{x}\|_2^2&=\|\boldsymbol{G}\boldsymbol{b}+(\boldsymbol{I}-\boldsymbol{G}\boldsymbol{A})\boldsymbol{y}\|_2^2=[\boldsymbol{G}\boldsymbol{b}+(\boldsymbol{I}-\boldsymbol{G}\boldsymbol{A})\boldsymbol{y}]^{\mathrm{H}}[\boldsymbol{G}\boldsymbol{b}+(\boldsymbol{I}-\boldsymbol{G}\boldsymbol{A})\boldsymbol{y}]\\
&=\|\boldsymbol{G}\boldsymbol{b}\|_2^2+\|(\boldsymbol{I}-\boldsymbol{G}\boldsymbol{A})\boldsymbol{y}\|_2^2+(\boldsymbol{G}\boldsymbol{b})^{\mathrm{H}}(\boldsymbol{I}-\boldsymbol{G}\boldsymbol{A})\boldsymbol{y}+[(\boldsymbol{I}-\boldsymbol{G}\boldsymbol{A})\boldsymbol{y}]^{\mathrm{H}}(\boldsymbol{G}\boldsymbol{b})\\
&=\|\boldsymbol{G}\boldsymbol{b}\|_2^2+\|(\boldsymbol{I}-\boldsymbol{G}\boldsymbol{A})\boldsymbol{y}\|_2^2\geqslant\|\boldsymbol{G}\boldsymbol{b}\|_2^2,
\end{aligned}
$$

这说明 $\boldsymbol{x}=\boldsymbol{G}\boldsymbol{b}$ 为相容方程组 $\boldsymbol{A}\boldsymbol{x}=\boldsymbol{b}$ 的最小范数解.

下面证明唯一性. 设 $\tilde{\boldsymbol{x}}$ 也是相容方程组 $\boldsymbol{A}\boldsymbol{x}=\boldsymbol{b}$ 的最小范数解，则必存在某个 $\tilde{\boldsymbol{y}}$，使得 $\tilde{\boldsymbol{x}}=\boldsymbol{G}\boldsymbol{b}+(\boldsymbol{I}-\boldsymbol{G}\boldsymbol{A})\tilde{\boldsymbol{y}}$，且 $\|\tilde{\boldsymbol{x}}\|_2^2=\|\boldsymbol{G}\boldsymbol{b}\|_2^2$. 又根据上述证明可知

$$
\|\tilde{\boldsymbol{x}}\|_2^2=\|\boldsymbol{G}\boldsymbol{b}+(\boldsymbol{I}-\boldsymbol{G}\boldsymbol{A})\tilde{\boldsymbol{y}}\|_2^2=\|\boldsymbol{G}\boldsymbol{b}\|_2^2+\|(\boldsymbol{I}-\boldsymbol{G}\boldsymbol{A})\tilde{\boldsymbol{y}}\|_2^2,
$$

所以 $\|(\boldsymbol{I}-\boldsymbol{G}\boldsymbol{A})\tilde{\boldsymbol{y}}\|_2^2=0$，从而 $(\boldsymbol{I}-\boldsymbol{G}\boldsymbol{A})\tilde{\boldsymbol{y}}=\boldsymbol{0}$. 即

$$
\tilde{\boldsymbol{x}}=\boldsymbol{G}\boldsymbol{b}+(\boldsymbol{I}-\boldsymbol{G}\boldsymbol{A})\tilde{\boldsymbol{y}}=\boldsymbol{G}\boldsymbol{b}.
$$

□

例 3.10 求例 3.9 中线性方程组 $\boldsymbol{A}\boldsymbol{x}=\boldsymbol{b}$ 的最小范数解.

解 由例 3.7 知 $\mathrm{rank}\boldsymbol{A}=2$，且

$$
\begin{bmatrix}\boldsymbol{I}_2&\boldsymbol{0}\\\boldsymbol{0}&\boldsymbol{0}\end{bmatrix}_{4\times3}=\begin{bmatrix}1&0&0\\0&1&0\\0&0&0\\0&0&0\end{bmatrix},\quad \boldsymbol{P}=\begin{bmatrix}1&0&0&0\\0&1/2&0&0\\1&-1&1&0\\-2&0&-1&1\end{bmatrix},\quad \boldsymbol{Q}=\begin{bmatrix}1&0&1\\0&1&-2\\0&0&1\end{bmatrix}.
$$

从而

$$
\boldsymbol{Q}^{\mathrm{H}}\boldsymbol{Q}=\begin{bmatrix}1&0&1\\0&1&-2\\1&-2&6\end{bmatrix}=\begin{bmatrix}\boldsymbol{Q}_1&\boldsymbol{Q}_3\\\boldsymbol{Q}_3^{\mathrm{H}}&\boldsymbol{Q}_2\end{bmatrix},\quad -\boldsymbol{Q}_2^{-1}\boldsymbol{Q}_3^{\mathrm{H}}=\left(-\frac{1}{6},\frac{1}{3}\right),
$$

由最小范数解的唯一性，可取 $\boldsymbol{R}=\boldsymbol{0}$，$\boldsymbol{T}=\boldsymbol{0}$，于是

$$\boldsymbol{A}^{(1,4)}=\boldsymbol{Q}\begin{bmatrix}\boldsymbol{I}_2 & \boldsymbol{R}\\ -\boldsymbol{Q}_2^{-1}\boldsymbol{Q}_3^{\mathrm{H}} & \boldsymbol{T}\end{bmatrix}\boldsymbol{P}=\begin{bmatrix}5/6 & 1/6 & 0 & 0\\ 1/3 & 1/6 & 0 & 0\\ -1/6 & 1/6 & 0 & 0\end{bmatrix},$$

故方程组的最小范数解

$$\tilde{\boldsymbol{x}}=\boldsymbol{A}^{(1,4)}\boldsymbol{b}=\left(-\frac{1}{2},\ 0,\ \frac{1}{2}\right)^{\mathrm{T}}.$$

另解　由例 3.9 知该方程组的通解为

$$\boldsymbol{x}=\begin{bmatrix}-1\\1\\0\end{bmatrix}+k\begin{bmatrix}1\\-2\\1\end{bmatrix}=\begin{bmatrix}k-1\\-2k+1\\k\end{bmatrix},\quad k\text{ 是任意常数}.$$

记 $f(k)=\ ||\boldsymbol{x}||_2^2\ =(k-1)^2+(-2k+1)^2+k^2=6k^2-6k+2$，令 $f'(k)=12k-6=0$，得 $k=\dfrac{1}{2}$，即知它是 $f(k)$ 的最小值点，从而方程组的最小范数解

$$\tilde{\boldsymbol{x}}=\begin{bmatrix}-1\\1\\0\end{bmatrix}+\frac{1}{2}\begin{bmatrix}1\\-2\\1\end{bmatrix}=\left(-\frac{1}{2},\ 0,\ \frac{1}{2}\right)^{\mathrm{T}}.$$

□

3.4.4　矛盾方程组的最小二乘解

不相容 n 元方程组 $\boldsymbol{Ax}=\boldsymbol{b}$ 在实际问题中大量存在，它没有通常意义下的解，此时 $\forall\boldsymbol{x}\in\mathbb{C}^n$，有 $\boldsymbol{Ax}-\boldsymbol{b}\neq\boldsymbol{0}$. 因此，人们转而讨论使 $\boldsymbol{Ax}-\boldsymbol{b}$ 的范数达到最小的向量 $\boldsymbol{x}^*$，用 $\boldsymbol{Ax}^*$ 作为 $\boldsymbol{b}$ 的最佳逼近.

定义 3.5　设 $\boldsymbol{Ax}=\boldsymbol{b}$ 是矛盾方程组. 称

$$\mathrm{mim}\{||\boldsymbol{Ax}-\boldsymbol{b}||_2|\boldsymbol{x}\in\mathbb{C}^n\}$$

为线性最小二乘问题，使 $||\boldsymbol{Ax}-\boldsymbol{b}||_2$ 达到最小的 $\boldsymbol{x}$ 称为矛盾方程组 $\boldsymbol{Ax}=\boldsymbol{b}$ 的最小二乘解.

下面的定理给出了最小二乘解的存在性和计算方法.

定理 3.18　设 $\boldsymbol{Ax}=\boldsymbol{b}$ 是矛盾方程组，则 $\forall\boldsymbol{G}\in\boldsymbol{A}\{1,3\}$，$\boldsymbol{x}=\boldsymbol{Gb}$ 为 $\boldsymbol{Ax}=\boldsymbol{b}$ 的最小二乘解. 并且 $\boldsymbol{Ax}=\boldsymbol{b}$ 的最小二乘解的通式为

$$\boldsymbol{x}=\boldsymbol{A}^{(1,3)}\boldsymbol{b}+(\boldsymbol{I}-\boldsymbol{A}^{(1,3)}\boldsymbol{A})\boldsymbol{y},\tag{3.25}$$

其中 $\boldsymbol{y}$ 是任意的 n 维列向量.

证明 因为 $\boldsymbol{G}\in\boldsymbol{A}\{1,3\}$，即 $\boldsymbol{AGA}=\boldsymbol{A}$，$(\boldsymbol{AG})^{\mathrm{H}}=\boldsymbol{AG}$，所以 $\forall\boldsymbol{x}\in\mathbb{C}^n$，有

$$\begin{aligned}(\boldsymbol{AGb}-\boldsymbol{b})^{\mathrm{H}}(\boldsymbol{Ax}-\boldsymbol{AGb})&=[\boldsymbol{b}^{\mathrm{H}}(\boldsymbol{AG})^{\mathrm{H}}-\boldsymbol{b}^{\mathrm{H}}](\boldsymbol{Ax}-\boldsymbol{AGb})\\&=\boldsymbol{b}^{\mathrm{H}}\boldsymbol{AGAx}-\boldsymbol{b}^{\mathrm{H}}\boldsymbol{Ax}-\boldsymbol{b}^{\mathrm{H}}\boldsymbol{AGAGb}+\boldsymbol{b}^{\mathrm{H}}\boldsymbol{AGb}\\&=\boldsymbol{b}^{\mathrm{H}}\boldsymbol{Ax}-\boldsymbol{b}^{\mathrm{H}}\boldsymbol{Ax}-\boldsymbol{b}^{\mathrm{H}}\boldsymbol{AGb}+\boldsymbol{b}^{\mathrm{H}}\boldsymbol{AGb}=0,\end{aligned}$$

从而

$$(\boldsymbol{Ax}-\boldsymbol{AGb})^{\mathrm{H}}(\boldsymbol{AGb}-\boldsymbol{b})=[(\boldsymbol{AGb}-\boldsymbol{b})^{\mathrm{H}}(\boldsymbol{Ax}-\boldsymbol{AGb})]^{\mathrm{H}}=0,$$

于是 $\forall\boldsymbol{x}\in\mathbb{C}^n$，有

$$\begin{aligned}\|\boldsymbol{Ax}-\boldsymbol{b}\|_2^2&=\|\boldsymbol{AGb}-\boldsymbol{b}+\boldsymbol{Ax}-\boldsymbol{AGb}\|_2^2\\&=[\boldsymbol{AGb}-\boldsymbol{b}+\boldsymbol{Ax}-\boldsymbol{AGb}]^{\mathrm{H}}[\boldsymbol{AGb}-\boldsymbol{b}+\boldsymbol{Ax}-\boldsymbol{AGb}]\\&=(\boldsymbol{AGb}-\boldsymbol{b})^{\mathrm{H}}(\boldsymbol{AGb}-\boldsymbol{b})+(\boldsymbol{Ax}-\boldsymbol{AGb})^{\mathrm{H}}(\boldsymbol{Ax}-\boldsymbol{AGb})+\\&\quad(\boldsymbol{AGb}-\boldsymbol{b})^{\mathrm{H}}(\boldsymbol{Ax}-\boldsymbol{AGb})+(\boldsymbol{Ax}-\boldsymbol{AGb})^{\mathrm{H}}(\boldsymbol{AGb}-\boldsymbol{b})\\&=\|\boldsymbol{Ax}-\boldsymbol{AGb}\|_2^2+\|\boldsymbol{AGb}-\boldsymbol{b}\|_2^2\geqslant\|\boldsymbol{AGb}-\boldsymbol{b}\|_2^2,\end{aligned}$$

所以 $\boldsymbol{x}=\boldsymbol{Gb}$ 为 $\boldsymbol{Ax}=\boldsymbol{b}$ 的最小二乘解，并且还表明：$\boldsymbol{x}$ 是矛盾方程组 $\boldsymbol{Ax}=\boldsymbol{b}$ 的最小二乘解的充要条件是 $\|\boldsymbol{Ax}-\boldsymbol{AGb}\|_2^2=0$，这又等价于 $\boldsymbol{x}$ 是相容方程组 $\boldsymbol{Ax}=\boldsymbol{AGb}$ 的解.

设 $\boldsymbol{x}$ 是矛盾方程组 $\boldsymbol{Ax}=\boldsymbol{b}$ 的任一最小二乘解，则 $\boldsymbol{x}$ 是相容方程组 $\boldsymbol{Ax}=\boldsymbol{AA}^{(1,3)}\boldsymbol{b}$ 的解，从而由 $\boldsymbol{A}^{(1,3)}\in\boldsymbol{A}\{1\}$ 和定理 3.16 得

$$\boldsymbol{x}=\boldsymbol{A}^{(1,3)}\boldsymbol{AA}^{(1,3)}\boldsymbol{b}+(\boldsymbol{I}-\boldsymbol{A}^{(1,3)}\boldsymbol{A})\boldsymbol{y}.$$

根据 (3.24) 式，相容方程组的通解等于它的一个特解加上对应的齐次方程组的通解，而 $\boldsymbol{x}=\boldsymbol{A}^{(1,3)}\boldsymbol{b}$ 是相容方程组 $\boldsymbol{Ax}=\boldsymbol{AA}^{(1,3)}\boldsymbol{b}$ 的一个特解，因此

$$\boldsymbol{x}=\boldsymbol{A}^{(1,3)}\boldsymbol{b}+(\boldsymbol{I}-\boldsymbol{A}^{(1,3)}\boldsymbol{A})\boldsymbol{y}$$

是矛盾方程组 $\boldsymbol{Ax}=\boldsymbol{b}$ 的最小二乘解的通式，即 $\boldsymbol{x}$ 具有式 (3.25) 的形式. □

在矛盾方程组 $\boldsymbol{Ax}=\boldsymbol{b}$ 的所有最小二乘解中，2 范数最小者称为最小范数最小二乘解.

定理 3.19 设 $\boldsymbol{Ax}=\boldsymbol{b}$ 是矛盾方程组，则 $\boldsymbol{x}=\boldsymbol{A}^{+}\boldsymbol{b}$ 为 $\boldsymbol{Ax}=\boldsymbol{b}$ 的唯一最小范数最小二乘解.

证明 根据定理 3.17，$\boldsymbol{x}=\boldsymbol{A}^{(1,4)}\boldsymbol{AA}^{(1,3)}\boldsymbol{b}$ 为相容方程组 $\boldsymbol{Ax}=\boldsymbol{AA}^{(1,3)}\boldsymbol{b}$ 的唯一最小范数解. 不难直接验证 $\boldsymbol{A}^{+}=\boldsymbol{A}^{(1,4)}\boldsymbol{AA}^{(1,3)}$，因此 $\boldsymbol{x}=\boldsymbol{A}^{+}\boldsymbol{b}$ 是相容方程组

$\boldsymbol{Ax} = \boldsymbol{AA}^{(1,3)}\boldsymbol{b}$ 的唯一最小范数解，于是由定理 3.17 的证明过程可知，$\boldsymbol{x} = \boldsymbol{A}^{+}\boldsymbol{b}$ 是矛盾方程组 $\boldsymbol{Ax} = \boldsymbol{b}$ 的唯一最小范数最小二乘解. □

根据定理 3.17 和 3.19，对于线性方程组 $\boldsymbol{Ax} = \boldsymbol{b}$，若其有解，则 $\boldsymbol{x} = \boldsymbol{A}^{+}\boldsymbol{b}$ 是的最小范数解；若其无解，则 $\boldsymbol{x} = \boldsymbol{A}^{+}\boldsymbol{b}$ 是最小范数最小二乘解.

例 3.11　设有线性方程组

$$\begin{bmatrix} 1 & 0 & 3 \\ 2 & 3 & 0 \\ 1 & 1 & 1 \end{bmatrix}\begin{bmatrix} x_1 \\ x_2 \\ x_3 \end{bmatrix} = \begin{bmatrix} 1 \\ 1 \\ 1 \end{bmatrix},$$

试求其最小范数解或最小范数最小二乘解.

解　设方程组系数矩阵为 $\boldsymbol{A}$，因为 $\operatorname{rank}\boldsymbol{A} = 2$，$\operatorname{rank}[\boldsymbol{A}\ \ \boldsymbol{b}] = 3$，所以方程组无解.

由例 3.7 知

$$\boldsymbol{A}^{+} = \frac{1}{154}\begin{bmatrix} 8 & 19 & 9 \\ -10 & 34 & 8 \\ 44 & -11 & 11 \end{bmatrix},$$

所以该线性方程组的最小范数最小二乘解为

$$\boldsymbol{x} = \boldsymbol{A}^{+}\boldsymbol{b} = \frac{1}{154}\begin{bmatrix} 8 & 19 & 9 \\ -10 & 34 & 8 \\ 44 & -11 & 11 \end{bmatrix}\begin{bmatrix} 1 \\ 1 \\ 1 \end{bmatrix} = \frac{1}{154}\begin{bmatrix} 36 \\ 32 \\ 44 \end{bmatrix}.$$ □

习　题　3

1. 用顺序 Gauss 消元法解下列线性方程组

(1) $\begin{cases} 2x_1 + x_2 + x_3 = 4, \\ 3x_1 + x_2 + 2x_3 = 6, \\ x_1 + 2x_2 + 2x_3 = 5; \end{cases}$

(2) $\begin{bmatrix} 12 & -3 & 3 & 4 \\ -18 & 3 & -1 & -1 \\ 1 & 1 & 1 & 1 \\ 3 & 1 & -1 & 1 \end{bmatrix}\begin{bmatrix} x_1 \\ x_2 \\ x_3 \\ x_4 \end{bmatrix} = \begin{bmatrix} 15 \\ -15 \\ 6 \\ 2 \end{bmatrix}.$

2. 试用列主元 Gauss 消元法解方程组系

$$\boldsymbol{Ax} = \boldsymbol{b}, \quad \boldsymbol{Ay} = \boldsymbol{c}, \quad \boldsymbol{Az} = \boldsymbol{d},$$

其中

$$\boldsymbol{A}=\begin{bmatrix}4&0&-1\\2&1&-2\\0&3&2\end{bmatrix},\quad \boldsymbol{b}=\begin{bmatrix}0\\1\\4\end{bmatrix},\quad \boldsymbol{c}=\begin{bmatrix}0\\0\\-4\end{bmatrix},\quad \boldsymbol{d}=\begin{bmatrix}7\\-1\\4\end{bmatrix}.$$

3. 分别用顺序 Gauss 消元法和列主元 Gauss 消元法求矩阵

$$\boldsymbol{A}=\begin{bmatrix}10^{-8}&2&3\\-1&3.712&4.623\\-2&1.072&5.643\end{bmatrix}$$

的行列式 $\det\boldsymbol{A}$ 的值.

4. 设线性方程组 $\boldsymbol{Ax}=\boldsymbol{b}$，$\boldsymbol{A}=[a_{ij}]$，$a_{11}\neq 0$，用顺序 Gauss 消元法迭代一次得到矩阵

$$\boldsymbol{A}_2=[a_{ij}^{(2)}]_{n\times n}=\begin{bmatrix}a_{11}&\boldsymbol{a}_1^{\mathrm{T}}\\\boldsymbol{0}&\tilde{\boldsymbol{A}}\end{bmatrix}.$$

试证:

(1) 若 $\boldsymbol{A}$ 是对称矩阵，则 $\tilde{\boldsymbol{A}}$ 是对称矩阵;

(2) 若 $\boldsymbol{A}$ 是严格对角占优矩阵，则 $\tilde{\boldsymbol{A}}$ 是严格对角占优矩阵.

5. 求下列矩阵的 Doolittle 分解

$$\boldsymbol{A}=\begin{bmatrix}2&3&4\\1&1&9\\1&2&-6\end{bmatrix};\quad \boldsymbol{B}=\begin{bmatrix}4&2&1&5\\8&7&2&10\\4&8&3&6\\12&6&11&20\end{bmatrix}.$$

6. 用 Doolittle 分解法解下列方程组

(1) $\begin{cases}x_1+2x_2+3x_3=14,\\ \qquad x_2+2x_3=8,\\ 2x_1+4x_2+x_3=13.\end{cases}$

(2) $\begin{cases}10x_1+7x_2+8x_3+7x_4=10,\\ 7x_1+5x_2+6x_3+5x_4=8,\\ 8x_1+6x_2+10x_3+9x_4=6,\\ 7x_1+5x_2+9x_3+10x_4=7.\end{cases}$

7. 试推导矩阵 $\boldsymbol{A}=[a_{ij}]_{n\times n}\in\mathbb{C}^{n\times n}$ 的 Courant 分解 $\boldsymbol{A}=\boldsymbol{LU}$ 的计算公式，其中 $\boldsymbol{L}$ 为下三角矩阵，$\boldsymbol{U}$ 为单位上三角矩阵.

8. 给定线性方程组

$$\begin{cases}10x_1+x_3-x_4=-7,\\ x_1+8x_2-3x_3=11,\\ 3x_1+2x_2-8x_3+x_4=23,\\ x_1-2x_2+2x_3+7x_4=17.\end{cases}$$

(1) 写出 Jacobi 迭代格式和 Gauss-Seidel 迭代格式;

(2) 分析 Jacobi 迭代格式和 Gauss-Seidel 迭代格式的敛散性.

9. 证明对于线性方程组 $\boldsymbol{A}\boldsymbol{x}=\boldsymbol{b}$，Jacobi 迭代法发散，Gauss-Seidel 迭代法收敛，其中

$$\boldsymbol{A}=\begin{bmatrix}1 & 1/2 & 1/2\\ 1/2 & 1 & 1/2\\ 1/2 & 1/2 & 1\end{bmatrix}.$$

10. 给定线性方程组

$$\begin{cases} x_1+2x_2=-1,\\ 3x_1+\ \ x_2=2,\end{cases}$$

问用 Jacobi 迭代格式和 Gauss-Seidel 迭代格式求解时是否收敛?

11. 给定线性方程组 $\boldsymbol{A}\boldsymbol{x}=\boldsymbol{b}$，其中

$$\boldsymbol{A}=\begin{bmatrix}3 & 2\\ 1 & 2\end{bmatrix},\quad \boldsymbol{b}=\begin{bmatrix}3\\ -1\end{bmatrix},$$

用迭代公式

$$\boldsymbol{x}_{k+1}=\boldsymbol{x}_k+\alpha(\boldsymbol{b}-\boldsymbol{A}\boldsymbol{x}_k),\quad k=0,1,2,\cdots$$

求解 $\boldsymbol{A}\boldsymbol{x}=\boldsymbol{b}$. 问 α 取什么实数时可使迭代格式收敛? α 取什么实数时可使迭代格式收敛最快?

12. 设 $\boldsymbol{A}=\begin{bmatrix}1 & 1 & 1 & 0\\ -1 & -1 & -1 & 0\\ 1 & 1 & 0 & 0\end{bmatrix}$，求 $\boldsymbol{A}^-$，$\boldsymbol{A}^{(1,3)}$ 和 $\boldsymbol{A}^{(1,4)}$.

13. 设 $\boldsymbol{A}=\begin{bmatrix}1 & 2 & 1\\ -1 & 0 & 1\end{bmatrix}$，$\boldsymbol{B}=\begin{bmatrix}1 & 1\\ 1 & 1\\ 0 & 0\end{bmatrix}$，求 $\boldsymbol{A}^+$，$\boldsymbol{B}^+$.

14. 证明定理 4.13.

15. 求无解线性方程组 $\boldsymbol{A}\boldsymbol{x}=\boldsymbol{b}$ 的最小范数最小二乘解，其中

$$\boldsymbol{A}=\begin{bmatrix}1 & 0 & -1 & 1\\ 0 & 2 & 2 & 2\\ -1 & 4 & 5 & 3\end{bmatrix},\quad \boldsymbol{b}=\begin{bmatrix}4\\ 1\\ 2\end{bmatrix}.$$

第4章 线性规划

对于整个运筹学理论来说，线性规划是形成最早、理论最成熟、内容最丰富、应用最广泛的一个分支，是最优化理论的基础.

本章首先提出线性规划问题的数学模型和图解法，然后建立线性规划问题的基本理论，并给出单纯形法，最后讨论线性规划的对偶理论.

4.1 线性规划问题及其图解法

线性规划理论和方法在工程技术、科学研究、经济管理、交通运输和军事运筹等诸多领域都有广泛应用，本节主要讨论线性规划问题的基本概念、标准形和规范形，给出线性规划问题的图解法.

4.1.1 线性规划问题模型和基本概念

线性规划问题是一个线性实函数在线性等式或不等式的限制条件下的最值问题，其数学模型的一般形式为

$$\begin{cases} \max(\text{或}\min) f = \displaystyle\sum_{j=1}^{n} c_j x_j; \\ \text{s.t.} \quad \displaystyle\sum_{j=1}^{n} a_{ij} x_j \leqslant (\text{或} =,\ \text{或} \geqslant) b_i, \quad i = 1, 2, \cdots, m, \end{cases}$$

称 $x_j (j = 1, 2, \cdots, n)$ 为决策变量，$\displaystyle\sum_{j=1}^{n} a_{ij} x_j \leqslant$ (或 $=$，或 $\geqslant$) b_i $(i = 1, 2, \cdots, m)$ 为约束条件，$f = \displaystyle\sum_{j=1}^{n} c_j x_j$ 为目标函数，$a_{ij} (i = 1, 2, \cdots, m; j = 1, 2, \cdots, n)$ 为约束系数，$b_i (i = 1, 2, \cdots, m)$ 为资源常量，$c_j (j = 1, 2, \cdots, n)$ 为价值系数.

下面分析一个简单的实例.

例 4.1 生产安排问题. 某工厂拥有三种类型的设备 A, B, C，生产甲、乙两种产品. 每件产品在生产过程中需要占用设备的时数、每件产品的利润以及三种设备可使用的时间如表 4.1 所示. 应如何安排生产方可获最大利润？

表 4.1 生产安排问题数据表

	产品甲/(小时/件)	产品乙/(小时/件)	设备可使用时间/小时
设备 A	3	2	65
设备 B	2	1	40
设备 C	0	3	75
利润/(百元/件)	15	25	

解 (a) 设置决策变量.

设 x_1 和 x_2 分别为生产甲、乙两种产品的件数.

(b) 确定资源常量.

设备 A，B，C 可使用时间分别为 $b_1 = 65$，$b_2 = 40$，$b_3 = 75$.

(c) 找出决策变量及其与资源常量之间的相互关系.

两种产品生产所占用设备 A 的时数不能超过 65，即 $3x_1 + 2x_2 \leqslant 65$；

占用设备 B 的时数不能超过 40，即 $2x_1 + x_2 \leqslant 40$；

占用设备 C 的时数不能超过 75，即 $3x_2 \leqslant 75$.

(d) 找出决策变量的价值系数并形成目标函数.

生产计划问题的总利润为 $f = 15x_1 + 25x_2$，目标是获取最大利润.

(e) 确定每个决策变量的取值范围.

产品数为非负数，即 $x_1, x_2 \geqslant 0$.

(f) 整理所得的代数表达式，形成线性规划的数学模型.

$$
\begin{cases}
\max f = 15x_1 + 25x_2; \\
\text{s.t.} \quad 3x_1 + 2x_2 \leqslant 65, \\
\qquad 2x_1 + x_2 \leqslant 40, \\
\qquad 3x_2 \leqslant 75, \\
\qquad x_1, x_2 \geqslant 0.
\end{cases}
\tag{4.1}
$$

□

综上所述，建立线性规划问题的数学模型原则上都可以按照以上六个步骤进行，在建模过程中，应紧紧抓住四个要素 (决策变量、资源常量、约束系数、价值系数)，明确两个关系 (约束关系和目标函数关系).

4.1.2 线性规划的标准形和规范形

线性规划问题的数学模型形式上的差异将会对线性规划问题的求解带来麻烦，为了便于讨论，常常把线性规划模型统一表示成如下的标准形：

$$
\begin{cases}
\min f = \sum_{j=1}^{n} c_j \ x_j; \\
\text{s.t.} \quad \sum_{j=1}^{n} a_{ij} x_j = b_i, \quad i = 1, 2, \cdots, m, \\
\qquad\qquad x_j \geqslant 0, \quad j = 1, 2, \cdots, n.
\end{cases} \tag{4.2}
$$

采用矩阵和向量的记号，即令

$$
\boldsymbol{x} = \begin{bmatrix} x_1 \\ x_2 \\ \vdots \\ x_n \end{bmatrix}, \quad \boldsymbol{c} = \begin{bmatrix} c_1 \\ c_2 \\ \vdots \\ c_m \end{bmatrix}, \quad \boldsymbol{b} = \begin{bmatrix} b_1 \\ b_2 \\ \vdots \\ b_m \end{bmatrix}, \quad \boldsymbol{A} = \begin{bmatrix} a_{11} & a_{12} & \cdots & a_{1n} \\ a_{21} & a_{22} & \cdots & a_{2n} \\ \vdots & \vdots & & \vdots \\ a_{m1} & a_{m2} & \cdots & a_{mn} \end{bmatrix},
$$

则线性规划的标准形 (简记为 (LP)) 可写为

$$
\begin{cases}
\min \quad \boldsymbol{c}^{\mathrm{T}} \boldsymbol{x}; \\
\text{s.t.} \quad \boldsymbol{A} \ \boldsymbol{x} = \boldsymbol{b}, \\
\qquad\quad \boldsymbol{x} \geqslant \boldsymbol{0}.
\end{cases}
$$

矩阵 $\boldsymbol{A}$ 称为约束矩阵，$\boldsymbol{A}\boldsymbol{x} = \boldsymbol{b}$ 称为约束方程组，$\boldsymbol{x} \geqslant \boldsymbol{0}$ 称为非负约束.

用 $\boldsymbol{A}_{\cdot j}$ 表示矩阵 $\boldsymbol{A}$ 的第 j 列 $(j = 1, 2, \cdots, n)$，用 $\boldsymbol{A}_{i\cdot}$ 表示矩阵 $\boldsymbol{A}$ 的第 i 行 $(i = 1, 2, \cdots, m)$，这时约束条件中的方程组 $\boldsymbol{A}\boldsymbol{x} = \boldsymbol{b}$ 也可以写成 $\sum_{j=1}^{n} x_j \boldsymbol{A}_{\cdot j} = \boldsymbol{b}$.

任何线性规划问题都可以化为标准形，其方法如下:

(1) 若问题的目标是实现目标函数的最大化，即 $\max \boldsymbol{c}^{\mathrm{T}} \boldsymbol{x}$，则把它化成等价的形式 $\min(-\boldsymbol{c})^{\mathrm{T}} \boldsymbol{x}$.

(2) 若约束条件中某个约束为不等式 $\sum_{j=1}^{n} a_{ij} x_j \leqslant b_i$，则可引进一个非负变量 x_{n+i} (称为松弛变量)，把该不等式约束化成等价的形式

$$
\begin{cases}
\sum_{j=1}^{n} a_{ij} x_j + x_{n+i} = b_i, \\
x_{n+i} \geqslant 0.
\end{cases}
$$

(3) 若约束条件中某个约束为不等式 $\sum_{j=1}^{n} a_{kj} x_j \geqslant b_k$，则可引进一个新的变量

x_{n+k}(称为剩余变量)，把该不等式约束化成等价的形式

$$\begin{cases} \sum_{j=1}^{n} a_{kj}x_j - x_{n+k} = b_k, \\ x_{n+k} \geqslant 0. \end{cases}$$

(4) 若约束条件中某个决策变量 x_j 出现了约束 $x_j \geqslant h_j(h_j \neq 0)$，则可以引进一个新的变量 u_j，并令 $x_j = u_j + h_j$. 再将它代入问题的目标函数和全部约束条件中，消去 x_j，于是原来的约束条件 $x_j \geqslant h_j$ 就化成了 $u_j \geqslant 0$.

(5) 若约束条件中某个变量 x_j 没有正负性限制 (这种变量称为自由变量)，则可引进两个新的变量 v_j 和 w_j，并以 $x_j = v_j - w_j$ 代入问题的目标函数和全部约束条件中，消去 x_j. 再在约束条件中增加两个约束 $v_j \geqslant 0$ 和 $w_j \geqslant 0$.

线性规划还有一种重要的形式 —— 规范形，即

$$\begin{cases} \min f = \sum_{j=1}^{n} c_j \ x_j; \\ \text{s.t.} \qquad \sum_{j=1}^{n} a_{ij}\, x_j \geqslant b_i, \quad i = 1, 2, \cdots, m, \\ \qquad\qquad x_j \geqslant 0, \quad j = 1, 2, \cdots, n, \end{cases}$$

其矩阵形式为

$$\begin{cases} \min \quad \boldsymbol{c}^{\mathrm{T}} \boldsymbol{x}; \\ \text{s.t.} \quad \boldsymbol{A} \ \boldsymbol{x} \geqslant \boldsymbol{b}, \\ \qquad\quad \boldsymbol{x} \geqslant \boldsymbol{0}. \end{cases} \tag{4.3}$$

因为等式约束 $\sum_{j=1}^{n} a_{ij}x_j = b_i$ 等价于下列约束条件

$$\begin{cases} \sum_{j=1}^{n} a_{ij}x_j \geqslant b_i, \\ \sum_{j=1}^{n} (-a_{ij})x_j \geqslant -b_i, \end{cases}$$

所以线性规划的标准形可化成规范形，从而任何线性规划问题都可化为规范形.

为了方便，在本章中除特别说明外，我们总是假定：在 (LP) 中 $\boldsymbol{A}$ 是行满秩的，即 $\mathrm{rank}\boldsymbol{A} = m$；$\boldsymbol{b} \geqslant \boldsymbol{0}$；$n \geqslant m \geqslant 1$.

定义 4.1 在 (LP) 中满足约束方程组及非负约束的向量 $\boldsymbol{x}$ 称为 (LP) 的可行解或可行点；所有可行解的全体称为可行解集或可行域，记作 K，即

$$K = \{\boldsymbol{x} | \boldsymbol{A}\boldsymbol{x} = \boldsymbol{b}, \ \boldsymbol{x} \geqslant \boldsymbol{0}\}.$$

使目标函数在可行域 K 上取到最小值的可行解称为 (LP) 的最优解. 最优解对应的目标函数值称为 (LP) 的最优值.

根据习题 1 第 6 题，任何 (LP) 的可行域 $K = \{\boldsymbol{x} | \boldsymbol{A}\boldsymbol{x} = \boldsymbol{b},\ \boldsymbol{x} \geqslant \boldsymbol{0}\}$ 都是凸集.

对于线性规划问题的规范形，同样可定义它的可行解、可行域、最优解和最优值.

4.1.3 线性规划问题的图解法

线性规划问题的图解法就是用几何作图的方法分析并求出其最优解. 下面通过实例来说明图解法的具体步骤.

例 4.2 用图解法求解线性规划问题 (4.1).

解 (1) 以决策变量 x_1 为横坐标，x_2 为纵坐标，建立平面直角坐标系. 因为 x_1，$x_2 \geqslant 0$，所以决策变量的取值范围在第一象限.

(2) 画出问题 (4.3) 的可行域 (见图 4.1 中的凸集 $OABCD$)，简记为 K.

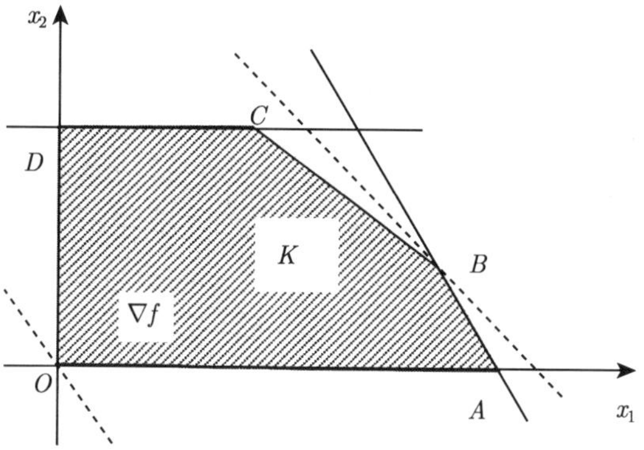

图 4.1 例 4.4 图解过程

(3) 在这个凸集 K 上找一点，使目标函数 f 在该点达到它在可行域 K 上的最大值. 目标函数 f 的等值线族是由方程 $15x_1 + 25x_2 = h$ (h 为参数) 所表示的平行直线束. 沿目标函数 f 的梯度 $\nabla f = (3,5)^{\mathrm{T}}$ 的方向移动等值线，目标函数值递增. 反之，沿目标函数 f 的负梯度 $-\nabla f$ 的方向移动，目标函数值递减. 因此，当等值线沿 ∇f 移动到即将脱离可行域 K 时，它与 K 的交点即为目标函数 f 取最大值的点.

由图 4.1 知，这个交点是凸集 K 的顶点 B，其坐标为 $(15,10)$，这便是问题 (4.1) 的最优解，其最优值为 $f(15,10) = 475$(百元). □

从例 4.2 中可知，用图解法解两个变量的线性规划问题的一般步骤为：首先在平面直角坐标系中画出同时满足所有约束条件的区域，即 (LP) 的可行域；然后画出目标函数的一条等值线，当目标为最大时，将目标函数等值线沿目标函数梯度方向移动，当目标为最小时，将目标函数等值线沿目标函数负梯度方向移动，以求得最优解或确定 (LP) 无解.

图解法适用于只含有 2 个或 3 个决策变量线性规划问题的求解，它具有直观、简便的特点，同时它有助于理解含 3 个以上决策变量的线性规划问题求解的基本思想.

4.2　线性规划的基本定理

本节主要研究线性规划问题中基本可行解的性质，为线性规划问题的求解提供理论依据.

在 4.1.3 小节中，我们从几何直观上考察了 (LP)，下面引进一些代数概念.

定义 4.2　在 (LP) 中，约束矩阵 $\boldsymbol{A}$ 的任一 m 阶满秩子方阵 $\boldsymbol{B}$ 称为 (LP) 的一个基；$\boldsymbol{B}$ 的列向量称为基向量，$\boldsymbol{x}$ 中与 $\boldsymbol{B}$ 的列对应的分量称为关于 $\boldsymbol{B}$ 的基变量，其余的变量称为关于 $\boldsymbol{B}$ 的非基变量.

由于 $\operatorname{rank} \boldsymbol{A} = m$，因此 (LP) 中总存在基，并且基的个数不超过 $\begin{pmatrix} n \\ m \end{pmatrix}$.

任取 (LP) 的一个基 $\boldsymbol{B} = [\boldsymbol{A}_{\cdot j_1}\ \ \boldsymbol{A}_{\cdot j_2} \cdots \boldsymbol{A}_{\cdot j_m}]$，此时关于基 $\boldsymbol{B}$ 的所有基变量构成的向量记为 $\boldsymbol{x_B} = (x_{j_1}, x_{j_2}, \cdots, x_{j_m})^{\mathrm{T}}$，若令关于 $\boldsymbol{B}$ 的非基变量都取 0，则约束方程 $\boldsymbol{Ax} = \boldsymbol{b}$ 变为

$$\boldsymbol{Bx_B} = \boldsymbol{b}. \tag{4.4}$$

因 $\boldsymbol{B}$ 是满秩方阵，故 (4.4) 式有唯一的解

$$\boldsymbol{x_B} = \boldsymbol{B}^{-1}\boldsymbol{b}.$$

记 $\boldsymbol{B}^{-1}\boldsymbol{b} = (\tilde{x}_{j_1}, \tilde{x}_{j_2}, \cdots, \tilde{x}_{j_m})^{\mathrm{T}}$，则由

$$x_{j_k} = \tilde{x}_{j_k}, \quad k = 1, 2, \cdots, m,$$

$$x_j = 0, \quad \forall j \in \{1, 2, \cdots, n\} \backslash \{j_1, j_2, \cdots, j_m\}$$

所构成的 n 维向量 $\tilde{\boldsymbol{x}}$ 是 $\boldsymbol{Ax} = \boldsymbol{b}$ 的一个解，称 $\tilde{\boldsymbol{x}}$ 为 (LP) 的关于 $\boldsymbol{B}$ 的基本解.

基本解满足约束方程组，但不一定满足非负约束，所以不一定是可行解. 若 $\boldsymbol{B}^{-1}\boldsymbol{b} \geqslant \boldsymbol{0}$，则称 $\tilde{\boldsymbol{x}}$ 为 (LP) 的关于基 $\boldsymbol{B}$ 的基本可行解，相应的基 $\boldsymbol{B}$ 称为 (LP) 的可行基；当 $\boldsymbol{B}^{-1}\boldsymbol{b} > \boldsymbol{0}$ 时，称 $\tilde{\boldsymbol{x}}$ 是非退化的，否则称之为退化的. 若一个 (LP) 的所有基本可行解都是非退化的，则称该 (LP) 是非退化的，否则称它是退化的.

例 4.3 求下面线性规划问题的所有基本可行解

$$\begin{cases} \min f = 4x_1 - 4x_2; \\ \text{s.t.} \quad x_1 - x_2 + x_3 = 4, \\ -x_1 + x_2 + x_4 = 2, \\ x_j \geqslant 0, \quad j = 1,2,3,4. \end{cases} \tag{4.5}$$

解 问题 (4.5) 的约束矩阵的 4 个列向量依次为

$$\boldsymbol{A}_{\cdot 1} = \begin{bmatrix} 1 \\ -1 \end{bmatrix}, \quad \boldsymbol{A}_{\cdot 2} = \begin{bmatrix} -1 \\ 1 \end{bmatrix}, \quad \boldsymbol{A}_{\cdot 3} = \begin{bmatrix} 1 \\ 0 \end{bmatrix}, \quad \boldsymbol{A}_{\cdot 4} = \begin{bmatrix} 0 \\ 1 \end{bmatrix},$$

问题 (4.5) 的全部基为

$$\boldsymbol{B}_1 = [\boldsymbol{A}_{\cdot 1} \ \boldsymbol{A}_{\cdot 3}], \quad \boldsymbol{B}_2 = [\boldsymbol{A}_{\cdot 1} \ \boldsymbol{A}_{\cdot 4}], \quad \boldsymbol{B}_3 = [\boldsymbol{A}_{\cdot 2} \ \boldsymbol{A}_{\cdot 3}],$$
$$\boldsymbol{B}_4 = [\boldsymbol{A}_{\cdot 2} \ \boldsymbol{A}_{\cdot 4}], \quad \boldsymbol{B}_5 = [\boldsymbol{A}_{\cdot 3} \ \boldsymbol{A}_{\cdot 4}].$$

对于 $\boldsymbol{B}_1$，x_1 和 x_3 为基变量，x_2 和 x_4 为非基变量. 令 $x_2 = x_4 = 0$，有

$$\begin{cases} x_1 + x_3 = 4, \\ -x_1 = 2, \end{cases}$$

得到关于 $\boldsymbol{B}_1$ 的基本解 $\boldsymbol{x}_1 = (-2,\ 0,\ 6,\ 0)^{\mathrm{T}}$，它不是可行解. 同理，可求得关于 $\boldsymbol{B}_2$，$\boldsymbol{B}_3$，$\boldsymbol{B}_4$，$\boldsymbol{B}_5$ 的基本解分别为

$$\boldsymbol{x}_2 = (4,0,0,6)^{\mathrm{T}}, \quad \boldsymbol{x}_3 = (0,2,6,0)^{\mathrm{T}}, \quad \boldsymbol{x}_4 = (0,-4,0,6)^{\mathrm{T}}, \quad \boldsymbol{x}_5 = (0,0,4,2)^{\mathrm{T}}.$$

显然，$\boldsymbol{x}_2$，$\boldsymbol{x}_3$ 和 $\boldsymbol{x}_5$ 均是非退化的基本可行解，而 $\boldsymbol{x}_4$ 不是可行解. 因此，问题 (4.5) 的所有基本可行解为 $\boldsymbol{x}_2, \boldsymbol{x}_3, \boldsymbol{x}_5$. 因为问题 (4.5) 的所有基本可行解都是非退化的，所以问题 (4.5) 是非退化的. □

下面讨论基本可行解的几何特征，为此给出凸集的极点的概念.

定义 4.3 设 $S \subset \mathbb{R}^n$ 是凸集，$\boldsymbol{x}_0 \in S$，若 $\boldsymbol{x}_0$ 不能表示成 S 中两个不同点的严格凸组合，则称 $\boldsymbol{x}_0$ 是 S 的极点. 换言之，$\boldsymbol{x}_0$ 为凸集 S 的极点是指: 若存在 $\boldsymbol{x}_1, \boldsymbol{x}_2 \in S$，使得 $\boldsymbol{x}_0 = \lambda_0 \boldsymbol{x}_1 + (1-\lambda_0)\boldsymbol{x}_2$, $0 < \lambda_0 < 1$，则必有 $\boldsymbol{x}_1 = \boldsymbol{x}_2$.

例如，在平面上闭三角形区域的极点是三角形的 3 个顶点；闭圆域的圆周上任一点都是极点；开圆域没有极点；原点是每个象限区域的唯一极点；整个平面没有极点.

定理 4.1 $\tilde{\boldsymbol{x}}$ 是 (LP) 的基本可行解当且仅当 $\tilde{\boldsymbol{x}}$ 为 (LP) 的可行域 K 的极点.

证明 不妨设 (LP) 的可行解 $\tilde{\boldsymbol{x}}$ 的只有前 r 个分量为正分量，即

$$\tilde{\boldsymbol{x}} = (\tilde{x}_1, \tilde{x}_2, \cdots, \tilde{x}_r, 0, \cdots, 0)^{\mathrm{T}}, \quad \tilde{x}_j > 0 \ (j = 1,2,\cdots,r).$$

必要性. 设 $\tilde{\boldsymbol{x}}$ 是 (LP) 的基本可行解, 则 $\tilde{\boldsymbol{x}}$ 的正分量对应的列向量 $\boldsymbol{A}_{\cdot 1}$, $\boldsymbol{A}_{\cdot 2}, \cdots$, $\boldsymbol{A}_{\cdot r}$ 线性无关. 若存在 $\boldsymbol{x}_1, \boldsymbol{x}_2 \in K$，使得

$$\tilde{\boldsymbol{x}} = \lambda_0 \boldsymbol{x}_1 + (1-\lambda_0)\boldsymbol{x}_2, \quad 0 < \lambda_0 < 1,$$

则由分量 $\tilde{x}_j = 0\ (r+1 \leqslant j \leqslant n)$ 可知

$$\tilde{x}_j^{(1)} = \tilde{x}_j^{(2)} = 0, \quad r+1 \leqslant j \leqslant n,$$

从而由 $\boldsymbol{A}\boldsymbol{x}_1 = \boldsymbol{b}$ 和 $\boldsymbol{A}\boldsymbol{x}_2 = \boldsymbol{b}$ 可知

$$\sum_{j=1}^{r} \tilde{x}_j^{(1)} \boldsymbol{A}_{\cdot j} = \boldsymbol{b}, \quad \sum_{j=1}^{r} \tilde{x}_j^{(2)} \boldsymbol{A}_{\cdot j} = \boldsymbol{b},$$

即

$$\sum_{j=1}^{r} (\tilde{x}_j^{(1)} - \tilde{x}_j^{(2)}) \boldsymbol{A}_{\cdot j} = \boldsymbol{0}.$$

再由 $\boldsymbol{A}_{\cdot 1}, \boldsymbol{A}_{\cdot 2}, \cdots, \boldsymbol{A}_{\cdot r}$ 线性无关，可知

$$\tilde{x}_j^{(1)} = \tilde{x}_j^{(2)}, \quad 1 \leqslant j \leqslant r,$$

于是 $\boldsymbol{x}_1 = \boldsymbol{x}_2$，所以 $\tilde{\boldsymbol{x}}$ 为 (LP) 的可行域 K 的极点.

充分性. 设 $\tilde{\boldsymbol{x}}$ 为 (LP) 的可行域 K 的极点. 若 $\boldsymbol{A}_{\cdot 1}, \boldsymbol{A}_{\cdot 2}, \cdots, \boldsymbol{A}_{\cdot r}$ 线性无关，则必有 $0 \leqslant r \leqslant m$，当 $r = m$ 时，$[\boldsymbol{A}_{\cdot 1}\ \ \boldsymbol{A}_{\cdot 2}\ \ \cdots\ \ \boldsymbol{A}_{\cdot r}]$ 就是 (LP) 的一个基；当 $r < m$ 时，一定可以从约束矩阵 $\boldsymbol{A}$ 的后 $n-r$ 个列向量中选出 $m-r$ 个，不妨设为 $\boldsymbol{A}_{\cdot r+1}, \boldsymbol{A}_{\cdot r+2}, \cdots, \boldsymbol{A}_{\cdot m}$，使得

$$\boldsymbol{B} = [\boldsymbol{A}_{\cdot 1}\ \ \boldsymbol{A}_{\cdot 2}\ \ \cdots\ \ \boldsymbol{A}_{\cdot r}\ \ \boldsymbol{A}_{\cdot r+1}\ \ \boldsymbol{A}_{\cdot r+2}\ \ \cdots\ \ \boldsymbol{A}_{\cdot m}]$$

成为 (LP) 的一个基. 由于 $\tilde{\boldsymbol{x}}$ 是可行解，因此

$$\sum_{j=1}^{r} \tilde{x}_j \boldsymbol{A}_{\cdot j} = \boldsymbol{b},$$

从而必有

$$\sum_{j=1}^{n} \tilde{x}_j \boldsymbol{A}_{\cdot j} = \boldsymbol{b},$$

由此可知 $\tilde{\boldsymbol{x}}$ 是关于 $\boldsymbol{B}$ 的基本可行解.

今设 $\boldsymbol{A}_{\cdot 1}, \boldsymbol{A}_{\cdot 2}, \cdots, \boldsymbol{A}_{\cdot r}$ 线性相关，则必有不全为 0 的数 $d_1, d_2, \cdots, d_r$，使得

$$\sum_{j=1}^{r} d_j \boldsymbol{A}_{\cdot j} = \boldsymbol{0}.$$

令 $\boldsymbol{d}=(d_1,d_2,\cdots,d_r,\ 0,\cdots,0)^{\mathrm{T}}\in\mathbb{R}^n$，因为 $\tilde{x}_j>0\ (1\leqslant j\leqslant r)$，所以可选取充分小的 $\varepsilon>0$，使得

$$\tilde{\boldsymbol{x}}+\varepsilon\boldsymbol{d}\geqslant\boldsymbol{0},\quad \tilde{\boldsymbol{x}}-\varepsilon\boldsymbol{d}\geqslant\boldsymbol{0}.$$

由于

$$\boldsymbol{A}(\tilde{\boldsymbol{x}}\pm\varepsilon\boldsymbol{d})=\boldsymbol{A}\tilde{\boldsymbol{x}}\pm\varepsilon\boldsymbol{A}\boldsymbol{d}=\boldsymbol{b},$$

因此 $\tilde{\boldsymbol{x}}+\varepsilon\boldsymbol{d},\ \tilde{\boldsymbol{x}}-\varepsilon\boldsymbol{d}\in K$，而

$$\tilde{\boldsymbol{x}}=\frac{1}{2}(\tilde{\boldsymbol{x}}+\varepsilon\boldsymbol{d})+\frac{1}{2}(\tilde{\boldsymbol{x}}-\varepsilon\boldsymbol{d}),$$

即 $\tilde{\boldsymbol{x}}$ 可表示为 K 中两个相异点的凸组合，故 $\tilde{\boldsymbol{x}}$ 不是 (LP) 可行域 K 的极点. □

根据这个定理，(LP) 的可行域 K 的极点个数不超过矩阵 $\boldsymbol{A}$ 中基的个数，所以 (LP) 的可行域 K 的极点个数是有限的. 同时，由于线性方程组 $\boldsymbol{B}\boldsymbol{x}_{\boldsymbol{B}}=\boldsymbol{b}$ 的系数矩阵 $\boldsymbol{B}$ 是满秩方阵，该方程组有唯一解，因此一个基本可行解对应着唯一的一个极点，但是不同的基对应的线性方程组可能有相同的解，即同一个极点可能对应着几个不同的基本可行解. 这就是说，(LP) 的基本可行解与 K 的极点不是一一对应的.

例 4.4 求下面线性规划问题的可行域的极点:

$$\begin{cases}\min f=x_1-\ x_2;\\ \text{s.t.}\qquad x_1+2x_2+x_3\qquad=2,\\ \qquad\quad x_1\qquad\qquad+x_4=2,\\ \qquad\quad x_j\geqslant 0,\quad j=1,2,3,4.\end{cases}\tag{4.6}$$

解 因为问题 (4.6) 的约束矩阵的 4 个列向量依次为

$$\boldsymbol{A}_{\cdot 1}=\begin{bmatrix}1\\1\end{bmatrix},\quad \boldsymbol{A}_{\cdot 2}=\begin{bmatrix}2\\0\end{bmatrix},\quad \boldsymbol{A}_{\cdot 3}=\begin{bmatrix}1\\0\end{bmatrix},\quad \boldsymbol{A}_{\cdot 4}=\begin{bmatrix}0\\1\end{bmatrix},$$

所以问题 (4.6) 的所有的基为

$$\boldsymbol{B}_1=[\boldsymbol{A}_{\cdot 1}\ \ \boldsymbol{A}_{\cdot 2}],\quad \boldsymbol{B}_2=[\boldsymbol{A}_{\cdot 1}\ \ \boldsymbol{A}_{\cdot 3}],\quad \boldsymbol{B}_3=[\boldsymbol{A}_{\cdot 1}\ \ \boldsymbol{A}_{\cdot 4}],$$
$$\boldsymbol{B}_4=[\boldsymbol{A}_{\cdot 2}\ \ \boldsymbol{A}_{\cdot 5}],\quad \boldsymbol{B}_5=[\boldsymbol{A}_{\cdot 3}\ \ \boldsymbol{A}_{\cdot 4}].$$

关于基 $\boldsymbol{B}_1,\ \boldsymbol{B}_2,\ \boldsymbol{B}_3,\boldsymbol{B}_4,\ \boldsymbol{B}_5$ 的基本解分别为

$$\boldsymbol{x}_1=(2,0,0,0)^{\mathrm{T}},\quad \boldsymbol{x}_2=(2,0,0,0)^{\mathrm{T}},\quad \boldsymbol{x}_3=(2,0,0,0)^{\mathrm{T}},$$
$$\boldsymbol{x}_4=(0,1,0,2)^{\mathrm{T}},\quad \boldsymbol{x}_5=(0,0,2,2)^{\mathrm{T}}.$$

显然，$\boldsymbol{x}_1,\ \boldsymbol{x}_2,\ \boldsymbol{x}_3$ 均为退化的基本可行解，$\boldsymbol{x}_4,\ \boldsymbol{x}_5$ 是非退化的基本可行解. 因此问题 (4.6) 的可行域有三个极点：$(2,0,0,0)^{\mathrm{T}}$，$(0,1,0,2)^{\mathrm{T}}$，$(0,0,2,2)^{\mathrm{T}}$.

由上可知，问题 (4.6) 是退化的，并且关于三个不同的基 $\boldsymbol{B}_1$, $\boldsymbol{B}_2$, $\boldsymbol{B}_3$ 的基本可行解 $\boldsymbol{x}_1$, $\boldsymbol{x}_2$, $\boldsymbol{x}_3$ 对应着同一个极点 $(2,0,0,0)^{\mathrm{T}}$. □

对于基本可行解，有如下重要结论:

定理 4.2 若 (LP) 有可行解，则它必有基本可行解.

证明 设 $\tilde{\boldsymbol{x}}$ 为 (LP) 的可行解，若 $\tilde{\boldsymbol{x}}=\boldsymbol{0}$，易知 $\tilde{\boldsymbol{x}}$ 就是 (LP) 的基本可行解. 下设 $\tilde{\boldsymbol{x}}$ 的非零分量为 $\tilde{x}_1$, $\tilde{x}_2,\cdots$, $\tilde{x}_r$. 如果 $\boldsymbol{A}_{\cdot 1},\boldsymbol{A}_{\cdot 2},\cdots,\boldsymbol{A}_{\cdot r}$ 线性相关，则必有不全为 0 的数 $d_1,d_2,\cdots,d_r$，使

$$\sum_{j=1}^{r} d_j\boldsymbol{A}_{\cdot j}=\boldsymbol{0}.$$

令 $\boldsymbol{d}=(d_1,d_2,\cdots,d_r,\ 0,\cdots,0)^{\mathrm{T}}\in\mathbb{R}^n$，并取

$$\varepsilon=\min\left\{\frac{\tilde{x}_j}{|d_j|}\,\middle|\, d_j\neq 0, j=1,2,\cdots,r\right\},$$

因为 $\tilde{x}_j>0\ (1\leqslant j\leqslant r)$，所以有

$$\tilde{\boldsymbol{x}}+\varepsilon\boldsymbol{d}\geqslant\boldsymbol{0},\quad \tilde{\boldsymbol{x}}-\varepsilon\boldsymbol{d}\geqslant\boldsymbol{0}.$$

由于

$$\boldsymbol{A}(\tilde{\boldsymbol{x}}\pm\varepsilon\boldsymbol{d})=\boldsymbol{A}\tilde{\boldsymbol{x}}\pm\varepsilon\boldsymbol{A}\boldsymbol{d}=\boldsymbol{b},$$

因此 $\tilde{\boldsymbol{x}}+\varepsilon\boldsymbol{d}$, $\tilde{\boldsymbol{x}}-\varepsilon\boldsymbol{d}\in K$. 并由 ε 的取法可知，可行解 $\tilde{\boldsymbol{x}}+\varepsilon\boldsymbol{d}$ 或 $\tilde{\boldsymbol{x}}-\varepsilon\boldsymbol{d}$ 的非零分量至少比 $\tilde{\boldsymbol{x}}$ 减少一个，如果这个可行解还不是基本可行解，则重复上述做法，得到新的可行解的非零分量又至少再减少一个，由于非零分量个数有限，当新的可行解只有一个非零分量时，若 $\boldsymbol{b}\neq\boldsymbol{0}$，此非零分量的对应列向量必为非零向量，因而线性无关，从而必然得到 (LP) 的基本可行解. 当新的可行解无非零分量时，有 $\boldsymbol{b}=\boldsymbol{0}$，前面已经指出它也是 (LP) 的基本可行解. □

定理 4.3 若 (LP) 有最优解，则至少有一个基本可行解为最优解.

证明 设 $\tilde{\boldsymbol{x}}$ 为 (LP) 的最优解，若 $\tilde{\boldsymbol{x}}$ 不是 (LP) 的基本可行解，则按定理 4.2 的证明中作出的两个可行解 $\tilde{\boldsymbol{x}}+\varepsilon\boldsymbol{d}$ 或 $\tilde{\boldsymbol{x}}-\varepsilon\boldsymbol{d}$，对于线性函数 f 有

$$f(\tilde{\boldsymbol{x}}+\varepsilon\boldsymbol{d})=f(\tilde{\boldsymbol{x}})+f(\varepsilon\boldsymbol{d}),\quad f(\tilde{\boldsymbol{x}}-\varepsilon\boldsymbol{d})=f(\tilde{\boldsymbol{x}})-f(\varepsilon\boldsymbol{d}).$$

由于 $f(\tilde{\boldsymbol{x}})=\boldsymbol{c}^{\mathrm{T}}\boldsymbol{x}$ 是 f 在可行域 K 上的最小值，因此

$$f(\varepsilon\boldsymbol{d})=f(\tilde{\boldsymbol{x}}+\varepsilon\boldsymbol{d})-f(\tilde{\boldsymbol{x}})\leqslant 0,$$

$$f(\varepsilon\boldsymbol{d})=f(\tilde{\boldsymbol{x}})-f(\tilde{\boldsymbol{x}}-\varepsilon\boldsymbol{d})\geqslant 0,$$

于是有 $f(\varepsilon \boldsymbol{d})=0$. 从而

$$f(\tilde{\boldsymbol{x}}+\varepsilon \boldsymbol{d})=f(\tilde{\boldsymbol{x}})=f(\tilde{\boldsymbol{x}}-\varepsilon \boldsymbol{d}).$$

若 $\tilde{\boldsymbol{x}}+\varepsilon \boldsymbol{d}$ 和 $\tilde{\boldsymbol{x}}-\varepsilon \boldsymbol{d}$ 不是 (LP) 的基本可行解，按定理 4.2 的证明中的方法重复上述过程，经过有限步后必能找到 (LP) 的一个基本可行解，同时也是 (LP) 的最优解. □

定理 4.2 和定理 4.3 称为线性规划的基本定理. 基本定理告诉我们，如果 (LP) 有最优解，则只需在基本可行解 (即可行域的极点) 中搜索最优解.

4.3 单纯形法

根据线性规划的基本定理，Dantzig 在 1947 年提出了单纯形法，其基本思想是从一个基本可行解出发，求出使目标函数值下降的另一个基本可行解；通过不断改进基本可行解，力图找出使目标函数值达到最小的基本可行解. 为此需要解决以下三个问题：

(1) 判别一个基本可行解是否为最优解的准则；

(2) 从一个基本可行解转换到使目标函数值下降的另一个基本可行解的方法；

(3) 求 (LP) 的初始基本可行解的方法.

4.3.1 单纯形法的一般原理

设 $\tilde{\boldsymbol{x}}$ 是线性规划问题 (LP) 的一个基本可行解，为了叙述上的方便，先设 $\tilde{\boldsymbol{x}}$ 对应的基为 $\boldsymbol{B}=[\boldsymbol{A}_{\cdot 1}\ \ \boldsymbol{A}_{\cdot 2}\ \ \cdots\ \ \boldsymbol{A}_{\cdot m}]$，记 $\boldsymbol{N}=[\boldsymbol{A}_{\cdot m+1}\ \ \boldsymbol{A}_{\cdot m+2}\ \ \cdots\ \ \boldsymbol{A}_{\cdot n}]$，对应基变量和非基变量分别记为 $\boldsymbol{x}_{\boldsymbol{B}}=(x_1,x_2,\cdots,x_m)^{\mathrm{T}}$，$\boldsymbol{x}_{\boldsymbol{N}}=(x_{m+1},x_{m+2},\cdots,x_n)^{\mathrm{T}}$，于是

$$\boldsymbol{A}=[\boldsymbol{B}\ \ \boldsymbol{N}],\quad \boldsymbol{x}=\begin{bmatrix}\boldsymbol{x}_{\boldsymbol{B}}\\ \boldsymbol{x}_{\boldsymbol{N}}\end{bmatrix},\quad \boldsymbol{c}=\begin{bmatrix}\boldsymbol{c}_{\boldsymbol{B}}\\ \boldsymbol{c}_{\boldsymbol{N}}\end{bmatrix},$$

即知 $\boldsymbol{A}\boldsymbol{x}=\boldsymbol{b}$ 等价于

$$[\boldsymbol{B}\ \ \boldsymbol{N}]\begin{bmatrix}\boldsymbol{x}_{\boldsymbol{B}}\\ \boldsymbol{x}_{\boldsymbol{N}}\end{bmatrix}=\boldsymbol{b},$$

因此

$$\boldsymbol{x}_{\boldsymbol{B}}=\boldsymbol{B}^{-1}\boldsymbol{b}-\boldsymbol{B}^{-1}\boldsymbol{N}\boldsymbol{x}_{\boldsymbol{N}}. \tag{4.7}$$

这是用非基变量表示基变量的公式.

在 (4.7) 式中，令 $\boldsymbol{x}_{\boldsymbol{N}}=\boldsymbol{0}$，即知 $\boldsymbol{x}_{\boldsymbol{B}}=\boldsymbol{B}^{-1}\boldsymbol{b}$，从而得 (LP) 的一个基本可行解

$$\tilde{\boldsymbol{x}}=\begin{bmatrix}\boldsymbol{B}^{-1}\boldsymbol{b}\\ \boldsymbol{0}\end{bmatrix}.$$

将 (4.7) 式代入目标函数，有

$$\begin{aligned}\boldsymbol{c}^{\mathrm{T}}\boldsymbol{x} &= \boldsymbol{c}_{\boldsymbol{B}}^{\mathrm{T}}\boldsymbol{x}_{\boldsymbol{B}} + \boldsymbol{c}_{\boldsymbol{N}}^{\mathrm{T}}\boldsymbol{x}_{\boldsymbol{N}} = \boldsymbol{c}_{\boldsymbol{B}}^{\mathrm{T}}(\boldsymbol{B}^{-1}\boldsymbol{b} - \boldsymbol{B}^{-1}\boldsymbol{N}\boldsymbol{x}_{\boldsymbol{N}}) + \boldsymbol{c}_{\boldsymbol{N}}^{\mathrm{T}}\boldsymbol{x}_{\boldsymbol{N}} \\ &= \boldsymbol{c}_{\boldsymbol{B}}^{\mathrm{T}}\boldsymbol{B}^{-1}\boldsymbol{b} - (\boldsymbol{c}_{\boldsymbol{B}}^{\mathrm{T}}\boldsymbol{B}^{-1}\boldsymbol{N} - \boldsymbol{c}_{\boldsymbol{N}}^{\mathrm{T}})\boldsymbol{x}_{\boldsymbol{N}},\end{aligned}$$

即得用非基变量表示目标函数的公式:

$$f = \boldsymbol{c}_{\boldsymbol{B}}^{\mathrm{T}}\boldsymbol{B}^{-1}\boldsymbol{b} - (\boldsymbol{c}_{\boldsymbol{B}}^{\mathrm{T}}\boldsymbol{B}^{-1}\boldsymbol{N} - \boldsymbol{c}_{\boldsymbol{N}}^{\mathrm{T}})\boldsymbol{x}_{\boldsymbol{N}}.$$

以上推导表明，对于给定的一个基 $\boldsymbol{B}$，(LP) 可化为如下的等价形式:

$$\begin{cases}\min f = \boldsymbol{c}_{\boldsymbol{B}}^{\mathrm{T}}\boldsymbol{B}^{-1}\boldsymbol{b} - (\boldsymbol{c}_{\boldsymbol{B}}^{\mathrm{T}}\boldsymbol{B}^{-1}\boldsymbol{N} - \boldsymbol{c}_{\boldsymbol{N}}^{\mathrm{T}})\boldsymbol{x}_{\boldsymbol{N}}; \\ \text{s.t.} \quad \boldsymbol{x}_{\boldsymbol{B}} + \boldsymbol{B}^{-1}\boldsymbol{N}\boldsymbol{x}_{\boldsymbol{N}} = \boldsymbol{B}^{-1}\boldsymbol{b}, \\ \qquad \boldsymbol{x} \geqslant \boldsymbol{0},\end{cases} \tag{4.8}$$

称 (4.8) 式为 (LP) 关于基 $\boldsymbol{B}$(或基本可行解 $\tilde{\boldsymbol{x}}$) 的典式.

如果 $\tilde{\boldsymbol{x}}$ 对应的基 $\boldsymbol{B}$ 为一般形式，即 $\boldsymbol{B} = [\boldsymbol{A}_{\cdot j_1} \;\; \boldsymbol{A}_{\cdot j_2} \;\; \cdots \;\; \boldsymbol{A}_{\cdot j_m}]$，类似可得关于一般基 $\boldsymbol{B}$ 的典式仍具有 (4.8) 式的形式. 只是此时，$\boldsymbol{x}_{\boldsymbol{B}} = (x_{j_1}, x_{j_2}, \cdots, x_{j_m})^{\mathrm{T}}$，$\boldsymbol{x}_{\boldsymbol{N}}$ 为非基变量构成的 $n-m$ 维向量; $\boldsymbol{N}$ 是非基变量对应的列向量构成的 $m \times (n-m)$ 矩阵; $\boldsymbol{c}_{\boldsymbol{B}} = (c_{j_1}, c_{j_2}, \cdots, c_{j_m})^{\mathrm{T}}$，$\boldsymbol{c}_{\boldsymbol{N}}$ 为目标函数中非基变量的系数构成的 $n-m$ 维向量.

下面把关于一般基 $\boldsymbol{B}$ 的典式 (4.8) 用代数式来表示.

记 $R = \{1, 2, \cdots, n\} \backslash \{j_1, j_2, \cdots, j_m\}$，它表示非基变量的指标集，并令

$$\boldsymbol{B}^{-1}\boldsymbol{b} = \begin{bmatrix} b_{10} \\ b_{20} \\ \vdots \\ b_{m0} \end{bmatrix}, \quad \boldsymbol{B}^{-1}\boldsymbol{A} = \begin{bmatrix} b_{11} & b_{12} & \cdots & b_{1n} \\ b_{21} & b_{22} & \cdots & b_{2n} \\ \vdots & \vdots & & \vdots \\ b_{m1} & b_{m2} & \cdots & b_{mn} \end{bmatrix},$$

$$\pi_j = \boldsymbol{c}_{\boldsymbol{B}}^{\mathrm{T}}\boldsymbol{B}^{-1}\boldsymbol{A}_{\cdot j} - c_j, \quad \forall j \in R, \tag{4.9}$$

$$\tilde{f} = \boldsymbol{c}_{\boldsymbol{B}}^{\mathrm{T}}\boldsymbol{B}^{-1}\boldsymbol{b},$$

则 (4.8) 式等价于

$$\begin{cases}\min f = \tilde{f} - \sum\limits_{j \in R} \pi_j x_j; \\ \text{s.t.} \quad x_{j_i} + \sum\limits_{j \in R} b_{ij} x_j = b_{i0}, \quad i = 1, 2, \cdots, m, \\ \qquad x_j \geqslant 0, \quad j = 1, 2, \cdots, n.\end{cases} \tag{4.10}$$

记

$$\boldsymbol{\pi} = (\boldsymbol{c}_{\boldsymbol{B}}^{\mathrm{T}}\boldsymbol{B}^{-1}\boldsymbol{A} - \boldsymbol{c}^{\mathrm{T}})^{\mathrm{T}},$$

则基变量对应的部分

$$\boldsymbol{\pi}_{\boldsymbol{B}} = (\boldsymbol{c}_{\boldsymbol{B}}^{\mathrm{T}}\boldsymbol{B}^{-1}\boldsymbol{B} - \boldsymbol{c}_{\boldsymbol{B}}^{\mathrm{T}})^{\mathrm{T}} = \mathbf{0};$$

而非基变量对应的部分

$$\boldsymbol{\pi}_{\boldsymbol{N}} = (\boldsymbol{c}_{\boldsymbol{B}}^{\mathrm{T}}\boldsymbol{B}^{-1}\boldsymbol{N} - \boldsymbol{c}_{\boldsymbol{N}}^{\mathrm{T}})^{\mathrm{T}},$$

它是由 (4.9) 式定义的 $\boldsymbol{\pi}_j\ (j \in R)$ 构成的向量.

下面的定理给出了判别一个基本可行解是否为最优解的准则.

定理 4.4 设 $\tilde{\boldsymbol{x}}$ 是 (LP) 的关于 $\boldsymbol{B}$ 的基本可行解，若 $\boldsymbol{\pi}_{\boldsymbol{N}} \leqslant \mathbf{0}$，则 $\tilde{\boldsymbol{x}}$ 是 (LP) 的最优解.

证明 设 $\boldsymbol{\pi}_{\boldsymbol{N}} \leqslant \mathbf{0}$，则由 (4.10) 式知，$\forall \boldsymbol{x} \in K$，有

$$\boldsymbol{c}^{\mathrm{T}}\boldsymbol{x} = \boldsymbol{c}_{\boldsymbol{B}}^{\mathrm{T}}\boldsymbol{B}^{-1}\boldsymbol{b} - (\boldsymbol{c}_{\boldsymbol{B}}^{\mathrm{T}}\boldsymbol{B}^{-1}\boldsymbol{N} - \boldsymbol{c}_{\boldsymbol{N}}^{\mathrm{T}})\boldsymbol{x}_{\boldsymbol{N}} \geqslant \boldsymbol{c}_{\boldsymbol{B}}^{\mathrm{T}}\boldsymbol{B}^{-1}\boldsymbol{b} = \boldsymbol{c}^{\mathrm{T}}\tilde{\boldsymbol{x}},$$

所以 $\tilde{\boldsymbol{x}}$ 是 (LP) 的最优解. □

在最优性检验中起决定作用的 $\pi_j = \boldsymbol{c}_{\boldsymbol{B}}^{\mathrm{T}}\boldsymbol{B}^{-1}\boldsymbol{A}_{\cdot j} - c_j(j \in R)$ 称为非基变量 x_j 的检验数. 定理 4.4 说明，对于一个基本可行解，当它的检验数全部非正时，它便是一个最优解；当它有正的检验数时，又会出现什么情况呢？

定理 4.5 设 $\tilde{\boldsymbol{x}}$ 为 (LP) 的基本可行解，若关于 $\tilde{\boldsymbol{x}}$ 的典式 (4.10) 中有某个检验数 $\pi_r > 0\ (r \in R)$，且

$$b_{ir} \leqslant 0, \quad i = 1, 2, \cdots, m,$$

则 (LP) 无最优解.

证明 令 $\boldsymbol{x}$ 的各分量为

$$\begin{cases} x_r = \theta, \\ x_j = 0, \quad j \in R \backslash \{r\}, \\ x_{j_i} = b_{i0} - b_{ir}\theta, \quad i = 1, 2, \cdots, m, \end{cases}$$

由 $b_{ir} \leqslant 0\ (i = 1, 2, \cdots, m)$ 知, 对任意的正数 θ，有

$$b_{i0} - b_{ir}\theta \geqslant 0 \quad (i = 1, 2, \cdots, m).$$

由此可知，对任意的正数 θ，向量 $\boldsymbol{x}$ 是 (LP) 的可行解，其对应的目标函数值

$$f(\boldsymbol{x}) = \tilde{f} - \pi_r\theta \to -\infty \quad (\varepsilon \to +\infty).$$

即目标函数在可行域上无下界，因此 (LP) 无最优解. □

现在考虑定理 4.4 和定理 4.5 均不满足的情形，有下面的结论:

定理 4.6　设 $\tilde{\boldsymbol{x}}$ 为 (LP) 的非退化的基本可行解，若关于 $\tilde{\boldsymbol{x}}$ 的典式 (4.10) 中有 $\pi_r > 0\ (r \in R)$，且至少有一个 $b_{ir} > 0(1 \leqslant i \leqslant m)$，则必存在另一个基本可行解 $\hat{\boldsymbol{x}}$，使得 $\boldsymbol{c}^{\mathrm{T}}\hat{\boldsymbol{x}} < \boldsymbol{c}^{\mathrm{T}}\tilde{\boldsymbol{x}}$.

证明　令 $\hat{\boldsymbol{x}}$ 的各分量为

$$\begin{cases} \hat{x}_r = \theta, \\ \hat{x}_j = 0, \quad j \in R\backslash\{r\}, \\ \hat{x}_{j_i} = b_{i0} - b_{ir}\theta, \quad i = 1, 2, \cdots, m, \end{cases}$$

其中

$$\theta = \min\left\{\frac{b_{i0}}{b_{ir}} \,\middle|\, b_{ir} > 0,\ i = 1, 2, \cdots, m\right\} = \frac{b_{s0}}{b_{sr}}. \tag{4.11}$$

由于 $\tilde{\boldsymbol{x}}$ 是非退化的基本可行解，即 $b_{i0} > 0(i = 1, 2, \cdots, m)$，因此 $\theta > 0$. 当 $b_{ir} \leqslant 0$ 时，有

$$b_{i0} - \theta b_{ir} \geqslant b_{i0} > 0;$$

当 $b_{ir} > 0$ 时，有

$$b_{i0} - \theta b_{ir} \geqslant b_{i0} - \frac{b_{i0}}{b_{ir}} b_{ir} = 0.$$

从而由 $\hat{\boldsymbol{x}}$ 的定义知 $\hat{x}_j \geqslant 0(j = 1, 2, \cdots, n)$，故 $\hat{\boldsymbol{x}}$ 为 (LP) 的可行解. 又因 (4.11) 式中的最小比值在 $i = s$ 处达到，故

$$\hat{x}_{j_s} = b_{s0} - b_{sr}\theta = 0,$$

即知 $\tilde{\boldsymbol{x}}$ 的非零分量至多为

$$\hat{x}_{j_1}, \hat{x}_{j_2}, \cdots, \hat{x}_{j_{s-1}}, \hat{x}_r, \hat{x}_{j_{s+1}}, \cdots, \hat{x}_{j_m},$$

于是，要证 $\hat{\boldsymbol{x}}$ 为 (LP) 的基本可行解，根据定理 4.1，只需证明列向量

$$\boldsymbol{A}_{\cdot j_1},\ \boldsymbol{A}_{\cdot j_2}, \cdots,\ \boldsymbol{A}_{\cdot j_{s-1}},\ \boldsymbol{A}_{\cdot r},\ \boldsymbol{A}_{\cdot j_{s+1}}, \cdots,\ \boldsymbol{A}_{\cdot j_m}$$

线性无关. 假设它们线性相关，由于 $\boldsymbol{A}_{\cdot j_1}, \boldsymbol{A}_{\cdot j_2}, \cdots, \boldsymbol{A}_{\cdot j_{s-1}}, \boldsymbol{A}_{\cdot j_{s+1}}, \cdots, \boldsymbol{A}_{\cdot j_m}$ 线性无关，故 $\boldsymbol{A}_{\cdot r}$ 可用 $\boldsymbol{A}_{\cdot j_1}, \boldsymbol{A}_{\cdot j_2}, \cdots, \boldsymbol{A}_{\cdot j_{s-1}}, \boldsymbol{A}_{\cdot j_{s+1}}, \cdots, \boldsymbol{A}_{\cdot j_m}$ 线性表示，即

$$\begin{aligned} \boldsymbol{A}_{\cdot r} &= k_1\boldsymbol{A}_{\cdot j_1} + k_2\boldsymbol{A}_{\cdot j_2} + \cdots + k_{s-1}\boldsymbol{A}_{\cdot j_{s-1}} + k_{s+1}\boldsymbol{A}_{\cdot j_{s+1}} + \cdots + k_m\boldsymbol{A}_{\cdot j_m} \\ &= [\boldsymbol{A}_{\cdot j_1}\ \boldsymbol{A}_{\cdot j_2}\ \cdots\ \boldsymbol{A}_{\cdot j_{s-1}}\ \boldsymbol{A}_{\cdot j_r}\ \boldsymbol{A}_{\cdot j_{s+1}}\ \cdots\ \boldsymbol{A}_{\cdot j_m}]\begin{bmatrix} k_1 \\ \vdots \\ 0 \\ \vdots \\ k_m \end{bmatrix} = \boldsymbol{B}\begin{bmatrix} k_1 \\ \vdots \\ 0 \\ \vdots \\ k_m \end{bmatrix}, \end{aligned}$$

从而

$$\begin{bmatrix} k_1 \\ \vdots \\ 0 \\ \vdots \\ k_m \end{bmatrix} = \boldsymbol{B}^{-1}\boldsymbol{A}_{\cdot r} = \begin{bmatrix} b_{1r} \\ \vdots \\ b_{sr} \\ \vdots \\ b_{mr} \end{bmatrix}.$$

即 $b_{sr}=0$，与 $b_{sr}>0$ 矛盾. 所以 $\hat{\boldsymbol{x}}$ 为 (LP) 的基本可行解. 并且由 $\theta>0$，$\pi_r>0$ 可知

$$\boldsymbol{c}^{\mathrm{T}}\hat{\boldsymbol{x}} = \boldsymbol{c}^{\mathrm{T}}\tilde{\boldsymbol{x}} - \theta\pi_r < \boldsymbol{c}^{\mathrm{T}}\tilde{\boldsymbol{x}}.$$ □

综上所述，对于一个非退化的 (LP)，假设已经找到基本可行解 $\tilde{\boldsymbol{x}}$，如果其检验数全部非正，则由定理 4.4 知 $\tilde{\boldsymbol{x}}$ 就是最优解；否则检查定理 4.5 的条件是否成立，若成立，就可以断定 (LP) 没有最优解，若不成立，就按定理 4.6 把 $\tilde{\boldsymbol{x}}$ 转换为一个新的基本可行解 $\hat{\boldsymbol{x}}$，并使 $f(\hat{\boldsymbol{x}})<f(\tilde{\boldsymbol{x}})$，重复以上过程. 由于基本可行解的个数是有限的，而每次迭代的基本可行解不会在后面出现，因此经过有限次迭代后，总可以判断 (LP) 无最优解或者求出 (LP) 的最优解. 这就是单纯形方法的一般原理.

4.3.2 单纯形法的算法步骤

在实际求解过程中，为了便于计算和检查，设计出一种表格，来实施计算过程，为此将典式 (4.10) 中的系数写成表 4.2 的表格形式.

表 4.2 单纯形表 $\boldsymbol{T}(\boldsymbol{B})$

基变量	x_1	$\cdots$	x_r	$\cdots$	x_n	
x_{j_1}	b_{11}	$\cdots$	b_{1r}	$\cdots$	b_n	b_{10}
$\vdots$	$\vdots$		$\vdots$		$\vdots$	$\vdots$
x_{j_s}	b_{s1}	$\cdots$	b_{sr}	$\cdots$	b_{sn}	b_{s0}
$\vdots$	$\vdots$		$\vdots$		$\vdots$	$\vdots$
x_{j_m}	b_{m1}	$\cdots$	b_{mr}	$\cdots$	b_{mn}	b_{m0}
f	π_1	$\cdots$	π_r	$\cdots$	π_n	$\tilde{f}$

这个表称为 (LP) 关于基 $\boldsymbol{B}$ 的单纯形表，记为 $T(\boldsymbol{B})$, 其矩阵形式为表 4.3.

表 4.3　单纯形表的矩阵形式

基变量	x_1　　x_2　　$\cdots$　　x_n	
x_{j_1} $\vdots$ x_{j_m}	$\boldsymbol{B}^{-1}\boldsymbol{A}$	$\boldsymbol{B}^{-1}\boldsymbol{b}$
f	$(\boldsymbol{c}_{\boldsymbol{B}}^{\mathrm{T}}\boldsymbol{B}^{-1}\boldsymbol{A}-\boldsymbol{c}^{\mathrm{T}})^{\mathrm{T}}$	$\boldsymbol{c}_{\boldsymbol{B}}^{\mathrm{T}}\boldsymbol{B}^{-1}\boldsymbol{b}$

下面讨论从关于基 $\boldsymbol{B}=[\boldsymbol{A}_{\cdot j_1}\quad \boldsymbol{A}_{\cdot j_2}\quad \cdots\quad \boldsymbol{A}_{\cdot j_m}]$ 的典式 (4.10) 式导出关于新基 $\hat{\boldsymbol{B}}=[\boldsymbol{A}_{\cdot j_1}\boldsymbol{A}_{\cdot j_2}\cdots\boldsymbol{A}_{\cdot j_{s-1}}\boldsymbol{A}_{\cdot r}\boldsymbol{A}_{\cdot j_{s+1}}\cdots\boldsymbol{A}_{\cdot j_m}]$ 的典式，即给出从原单纯形表 $T(\boldsymbol{B})$ 导出新的单形表 $T(\hat{\boldsymbol{B}})$ 的方法. 按照解线性方程组的 Gauss 消元法思想，可得单纯形表的变换规则如下:

(1) 把 $T(\boldsymbol{B})$ 中第 s 行同除以 b_{sr} 作为新的第 s 行 (这样把 x_r 所在的列中第 s 个元素变成 1)，即

$$(s\text{行}):=\frac{1}{b_{sr}}(s\text{行});$$

(2) 把表中新的第 s 行乘以 $(-b_{ir})$ 加到第 i 行 $(i\neq s)$，得到新的第 i 行 (把 x_r 所在的列中第 i 个元素变成 0)，即

$$(i\text{行}):=(i\text{行})-b_{sr}(s\text{行}),\ \forall i\in\{1,2,\cdots,m\}\backslash\{s\};$$

(3) 把表中新的第 s 行乘以 $(-\pi_r)$ 加到第 $m+1$ 行得到新的第 $m+1$ 行 (把 x_r 的检验数变成 0)，即

$$(m+1\text{行}):=(m+1\text{行})-\pi_r(s\text{行}).$$

上述变换称为 $\{s,r\}$ 旋转变换，元素 b_{sr} 称为主元，主元所在的行和列分别称为主元行和主元列. 对应于正检验数 π_r 的非基变量 x_r 变成基变量，称它为进基变量，而从原基变量中确定 x_{j_s} 变为非基变量，称它为离基变量.

综上所述，可得单纯形法的算法如下:

Step1　对于一个已知的可行基 $\boldsymbol{B}=[\boldsymbol{A}_{\cdot j_1}\quad \boldsymbol{A}_{\cdot j_2}\quad \cdots\quad \boldsymbol{A}_{\cdot j_m}]$，写出关于 $\boldsymbol{B}$ 的单纯形表 $T(\boldsymbol{B})$.

Step2　如果所有 $\pi_j\leqslant 0\ (j=1,2,\cdots,n)$，则关于 $\boldsymbol{B}$ 的基本可行解 $\tilde{\boldsymbol{x}}$ 便是 (LP) 的最优解，$\tilde{f}$ 是最优值，算法结束；否则转 Step3.

Step3　如果存在 $\pi_r>0$，使 $T(\boldsymbol{B})$ 中 x_r 所在的列

$$(b_{1r},b_{2r},\cdots,b_{mr})^{\mathrm{T}}\leqslant 0,$$

则 (LP) 无最优解，算法终止；否则转 Step4.

Step4 令 r 为最大正检验数中下指标最小者，即

$$r=\min\left\{l \;\middle|\; \pi_l=\max_{\pi_j>0}\pi_j\right\}, \tag{4.12}$$

取 x_r 为进基变量；令 j_s 为比值最小的行中指标最小者，即

$$j_s=\min\left\{j_k \;\middle|\; \frac{b_{k0}}{b_{kr}}=\min_{b_{ir}>0}\frac{b_{i0}}{b_{ir}}\right\}, \tag{4.13}$$

取 x_{j_s} 为离基变量.

Step5 以 b_{sr} 为主元进行 $\{s,r\}$ 旋转变换，得到新的单纯形表 $T(\hat{\boldsymbol{B}})$，以 $\hat{\boldsymbol{B}}$ 取代 $\boldsymbol{B}$，返回 Step2.

在 Step2 结束时得到的单纯形表称为最优单纯形表，此时对应的基称为最优基. 从 Step2 到 Step5 的每一次循环称为一次单纯形迭代. (4.12) 式和 (4.13) 式分别称为 Dantzig 进基规则和离基规则，统称为 Dantzig 规则.

例 4.5 求解线性规划问题

$$\begin{cases}\max f=-x_1-x_2+4x_3;\\ \text{s.t.}\qquad x_1+x_2+2x_3\leqslant 9,\\ \qquad\quad x_1+x_2-x_3\leqslant 2,\\ \qquad -x_1+x_2+x_3\leqslant 4,\\ \qquad\quad x_j\geqslant 0,\quad j=1,2,3.\end{cases}$$

解 先把问题化为标准形式. 为此，引进非负松弛变量 x_4,x_5,x_6，并把目标函数变号，得到

$$\begin{cases}\min(-f)=x_1+x_2-4x_3;\\ \text{s.t.}\qquad x_1+x_2+2x_3+x_4=9,\\ \qquad\quad x_1+x_2-x_3+x_5=2,\\ \qquad -x_1+x_2+x_3+x_6=4,\\ \qquad\quad x_j\geqslant 0,\quad j=1,2,\cdots,6.\end{cases}$$

取 $\boldsymbol{B}=[\boldsymbol{A}_{\cdot 4}\ \ \boldsymbol{A}_{\cdot 5}\ \ \boldsymbol{A}_{\cdot 6}]$ 为可行基，对应的基本可行解 $\tilde{\boldsymbol{x}}=(0,0,0,9,2,4)^{\mathrm{T}}$，相应的单纯形表为表 4.4.

表 4.4 例 4.5 初始单纯形表

	x_1	x_2	x_3	x_4	x_5	x_6	
x_4	1	1	2	1	0	0	9
x_5	1	1	-1	0	1	0	2
x_6	-1	1	1^*	0	0	1	4
$-f$	-1	-1	4	0	0	0	0

因为所有检验数中只有 $\pi_3 = 4 > 0$，并且 x_3 的系数有正值，所以取 x_3 为进基变量. 又因

$$\min\left\{\frac{b_{i0}}{b_{i3}}\middle| b_{i3} > 0, 1 \leqslant i \leqslant 3\right\} = \min\left\{\frac{9}{2}, \frac{4}{1}\right\} = 4 = \frac{b_{30}}{b_{33}},$$

故取 x_6 为离基变量，$b_{33} = 1$ 为主元，进行{3,3}旋转变换，得单纯形表 4.5.

表 4.5　例 4.5 第一轮迭代后的单纯形表

	x_1	x_2	x_3	x_4	x_5	x_6	
x_4	3*	−1	0	1	0	−2	1
x_5	0	2	0	0	1	1	6
x_3	−1	1	1	0	0	1	4
$-f$	3	−5	0	0	0	−4	−16

因为所有检验数中只有 $\pi_1 = 3 > 0$，并且 x_1 的系数有正值，所以取 x_1 为进基变量. 又

$$\min\left\{\frac{b_{i0}}{b_{i1}}\middle| b_{i1} > 0, 1 \leqslant i \leqslant 3\right\} = \min\left\{\frac{1}{3}\right\} = \frac{1}{3} = \frac{b_{10}}{b_{11}},$$

故取 x_4 为离基变量，$b_{11} = 3$ 为主元，进行{1,1}旋转变换，得单纯形表 4.6.

表 4.6　例 4.5 第二轮迭代后的单纯形表

	x_1	x_2	x_3	x_4	x_5	x_6	
x_1	1	−1/3	0	1/3	0	−2/3	1/3
x_5	0	2	0	0	1	1	6
x_3	0	2/3	1	1/3	0	1/3	13/3
$-f$	0	−4	0	−1	0	−2	−17

因为所有的检验数都是非正的，所以问题的最优解和最优值分别为

$$x_1 = \frac{1}{3}, \quad x_2 = 0, \quad x_3 = \frac{13}{3}, \quad \tilde{f} = 17. \qquad \square$$

对于非退化的 (LP)，使用单纯形法经有限次迭代，必能求得最优解或判定其无最优解. 同样，对于退化的 (LP)，只要在迭代过程中基不重复出现，可以照常使用单纯形法. 但如果在迭代过程中基重复出现，则会使以后的迭代成为前面迭代的重复，从而迭代会无限循环下去，算法无法结束，这种现象称为基的循环. 为了避免基的循环，1976 年 Bland 提出了如下的规则来确定进基变量和离基变量，称之为 Bland 规则.

(1) 进基规则：由

$$r = \min\{j \mid \pi_j > 0\}$$

确定 x_r 为进基变量，即当有多个检验数是正数时选对应变量中下标最小者为进基变量；

(2) 离基规则：由

$$j_s = \min \left\{ j_k \;\middle|\; \frac{b_{k0}}{b_{kr}} = \min_{b_{ir}>0} \frac{b_{i0}}{b_{ir}} \right\}$$

确定 x_{j_s} 为离基变量，即当有多行的比值 $\dfrac{b_{i0}}{b_{ir}}$ 同时达到最小比值 θ 时，选对应基变量中下标最小者为离基变量.

Bland 规则中离基规则与 Dantzig 离基规则相同，而进基规则与 Dantzig 进基规则有所不同，正是这一微小的改变避免基的循环.

从理论上看，在单纯形算法步骤中采用 Bland 规则，可以使算法在有限步结束. 但具体计算表明，Dantzig 规则的效果更好，即在求解同一个 (LP) 时，迭代次数较少. 在实际计算中，退化是常有的，但发生基的循环却是罕见的，因此，除非遇到基的循环，一般都按 Dantzig 规则进行单纯形迭代.

4.3.3 初始基本可行解

用单纯形法求解 (LP) 时，首先必须确定一个初始基本可行解. 如果在约束矩阵中含有一个 m 阶单位矩阵 $\boldsymbol{I}_m$，且 $\boldsymbol{b} \geqslant \boldsymbol{0}$，则可取初始可行基为 $\boldsymbol{B} = \boldsymbol{I}_m$，从而得到一个初始基本可行解. 但是在一般情况下，凭观察难以得出初始可行基，甚至有无可行基都难以判定. 因此有必要给出寻找初始基本可行解的一般方法.

不妨设在 (LP) 中 $\boldsymbol{b} \geqslant \boldsymbol{0}$，首先构造和求解辅助线性规划问题

$$\left\{\begin{array}{lll}
\min g = \displaystyle\sum_{i=1}^{m} y_i\,; & & \\
\text{s.t.} & \displaystyle\sum_{j=1}^{n} a_{ij}x_j + y_i = b_i, & i = 1,2,\cdots,m\,, \\
 & x_j \geqslant 0, & j = 1,2,\cdots,n, \\
 & y_i \geqslant 0, & i = 1,2,\cdots,m,
\end{array}\right. \tag{4.14}$$

其中 $y_i (i = 1,2,\cdots,m)$ 称为人工变量. 问题 (4.14) 有一明显的基本可行解

$$x_j = 0\ (j = 1,2,\cdots,n), \quad y_i = b_i\ (i = 1,2,\cdots,m).$$

用非基变量来表示目标函数 g，得

$$g = \sum_{i=1}^{m} y_i = \sum_{i=1}^{m}\left(b_i - \sum_{j=1}^{n} a_{ij}x_j\right) = \sum_{i=1}^{m} b_i - \sum_{i=1}^{m}\left(\sum_{j=1}^{n} a_{ij}\right)x_j,$$

于是得到问题 (4.14) 的一个单纯形表如表 4.7.

表 4.7　两阶段法初始单纯形表

	x_1	$\cdots$	x_n	y_1	$\cdots$	y_m	
y_1	a_{11}	$\cdots$	a_{1n}	1	$\cdots$	0	b_1
$\vdots$	$\vdots$		$\vdots$	$\vdots$		$\vdots$	$\vdots$
y_m	a_{m1}	$\cdots$	a_{mn}	0	$\cdots$	1	b_m
g	$\sum_{i=1}^{m} a_{i1}$	$\cdots$	$\sum_{i=1}^{m} a_{in}$	0	$\cdots$	0	$\sum_{i=1}^{m} b_i$

由于目标函数 $g \geqslant 0$，它在问题 (4.14) 的可行域上有下界，因此问题 (4.14) 有最优解. 从单纯形表 4.7 出发，通过单纯形迭代必可求得问题 (4.14) 的最优解. 设所得最优解为

$$(\tilde{x}_1, \tilde{x}_2, \cdots, \tilde{x}_n, \tilde{y}_1, \tilde{y}_2, \cdots, \tilde{y}_m)^{\mathrm{T}} = \begin{bmatrix} \tilde{\boldsymbol{x}} \\ \tilde{\boldsymbol{y}} \end{bmatrix},$$

对应的最优基为 $\tilde{\boldsymbol{B}}$，则有且仅有下列三种可能情形:

(1) $\min g > 0$，此时原问题 (LP) 无可行解. 因为，假若 (LP) 存在一个可行解 $\boldsymbol{x}$，则 $\begin{bmatrix} \boldsymbol{x} \\ \boldsymbol{0} \end{bmatrix}$ 为问题 (4.14) 的可行解，且对应的目标函数 g 值为 0，这与 $\min g > 0$ 相矛盾.

(2) $\min g = 0$，且人工变量都是非基变量. 这时 $\tilde{\boldsymbol{x}}$ 是 (LP) 的可行解. 又因变基量全在 $x_1, x_2, \cdots, x_n$ 之中，故对应的基 $\tilde{\boldsymbol{B}}$ 必为 $\boldsymbol{A}$ 的子方阵，所以 $\tilde{\boldsymbol{x}}$ 为 (LP) 的基本可行解.

(3) $\min g = 0$，且基变量中含有人工变量，设 y_t 为基变量，则问题 (4.14) 关于 $\tilde{\boldsymbol{B}}$ 的单纯形表 $T(\tilde{\boldsymbol{B}})$ 中 y_t 所在的第 t 行对应的方程为

$$y_t + \sum_{j \in J} b_{tj} x_j + \sum_{i \in S} b_{ti} y_i = 0, \tag{4.15}$$

这里 J 为 $x_1, x_2, \cdots, x_n$ 中非基变量的指标集，S 为人工变量中非基变量的指标集. 如果 (4.15) 式中所有 $b_{tj} = 0\ (j \in J)$，则有

$$y_t + \sum_{i \in S} b_{ti} y_i = 0.$$

这说明人工变量 y_t 可由人工变量中的非基变量 $y_i (i \in S)$ 线性表示，从而可知原约束方程组 $\boldsymbol{Ax} = \boldsymbol{b}$ 中第 t 个方程可由另外一些方程 (即人工变量 $y_i (i \in S)$ 对应的那些约束方程) 的适当线性组合来表示，因此，第 t 个约束方程是多余的，应当删去，这相当于从 $T(\tilde{\boldsymbol{B}})$ 删去第 t 行.

如果 (4.15) 式中存在 $r \in J$，使 $b_{sr} \neq 0$，则由定理 4.6 知，以 b_{sr} 为主元进行 $\{s,r\}$ 旋转变换，得到问题 (4.14) 的新的单纯形表，它对应的基本可行解仍为问题 (4.14) 的最优解. 但新的基变量中减少了一个人工变量. 若新的基变量中还有人工变量，再重复上述方法，经过有限次，必能使基变量中不含人工变量.

综上所述，对于不具有明显可行基的 (LP)，可先用单纯形法解问题 (4.14)，解的结果或者说明 (LP) 无可行解，或者找到 (LP) 的一个基本可行解. 然后再从这个基本可行解开始应用单纯形法求解 (LP)，这种方法称为两阶段法. 问题 (4.14) 又称为第一阶段问题. 两阶段法步骤如下:

Step1　用单纯形法解问题 (4.14)，得到关于基 $\tilde{\boldsymbol{B}}$ 的最优解 $\begin{bmatrix} \tilde{\boldsymbol{x}} \\ \tilde{\boldsymbol{y}} \end{bmatrix}$ 及单纯形表 $\boldsymbol{T}(\tilde{\boldsymbol{B}})$.

Step2　当 $\min g = 0$ 时，转 Step3，否则 (LP) 无可行解，算法结束.

Step3　若人工变量 $y_i\ (i = 1, 2, \cdots, m)$ 都是非基变量. 以 $\tilde{\boldsymbol{B}}$ 为 (LP) 的初始基，应用单纯形法求解 (LP)；否则转 Step4.

Step4　若 $T(\tilde{\boldsymbol{B}})$ 中存在 $r \in J$，使 $b_{sr} \neq 0$，以 b_{sr} 为主元进行 $\{s,r\}$ 旋转变换，得到问题 (4.14) 新的单纯形表 $\tilde{\boldsymbol{B}}$ 和 $T(\tilde{\boldsymbol{B}})$，转 Step3；否则从 $T(\tilde{\boldsymbol{B}})$ 删去第 s 行，转 Step3.

例 4.6　用两阶段法求解线性规划问题

$$\begin{cases} \min f = -x_1 - 3x_2 + x_3; \\ \text{s.t.} \quad x_2 + 2x_3 + x_4 = 4, \\ \quad -x_1 + 2x_2 + x_3 + x_5 = 4, \\ \quad 3x_1 + 3x_3 + x_4 = 4, \\ \quad x_j \geqslant 0, \quad j = 1, 2, 3, 4, 5. \end{cases} \tag{4.16}$$

解　因系数矩阵中含有一个单位向量 $\boldsymbol{A}_{\cdot 5}$，这时只需引进两个人工变量 y_1 和 y_2，则问题 (4.16) 相应地变为

$$\begin{cases} \min g = y_1 + y_2; \\ \text{s.t.} \quad x_2 + 2x_3 + x_4 + y_1 = 4, \\ \quad -x_1 + 2x_2 + x_3 + x_5 = 4, \\ \quad 3x_1 + 3x_3 + x_4 + y_2 = 4, \\ \quad x_j \geqslant 0, \quad j = 1, 2, \cdots, 5; y_1 \geqslant 0, y_2 \geqslant 0. \end{cases}$$

取 y_1，x_5，y_2 为基变量，相应的单纯形表如表 4.8.

表 4.8　例 4.6 第一阶段初始单纯形表

	x_1	x_2	x_3	x_4	x_5	y_1	y_2	
y_1	0	1	2	1	0	1	0	4
x_5	−1	2	1	1	1	0	0	4
y_2	3	0	3*	1	0	0	1	4
g	3	1	5	2	0	0	0	8
f	1	3	−1	0	0	0	0	0

用单纯形法进行迭代的过程见表 4.9 和表 4.10(因人工变量 y_2 离基，故在表中删去 y_2 所在的列).

表 4.9　例 4.6 第一阶段迭代一次后的单纯形表

	x_1	x_2	x_3	x_4	x_5	y_1	
y_1	−2	1	0	1/3	0	1	4/3
x_5	−2	2*	0	2/3	1	0	8/3
x_3	1	0	1	1/3	0	0	4/3
g	−2	1	0	1/3	0	0	4/3
f	2	3	0	1/3	0	0	−4/3

表 4.10　例 4.6 第一阶段迭代两次后的最优单纯形表

	x_1	x_2	x_3	x_4	x_5	y_1	
y_1	−1*	0	0	0	−1/2	1	0
x_2	−1	1	0	1/3	1/2	0	4/3
x_3	1	0	1	1/3	0	0	4/3
g	−1	0	0	0	−1/2	0	0
f	5	0	0	−2/3	−3/2	0	−8/3

至此得到了问题 (4.16) 的最优解，但是 y_1 为基变量且 $b_{11} \neq 0$，于是在表 4.10 中以 b_{11} 为主元作旋转变换，得表 4.11(同理，在表中删去已经离基的人工变量 y_1 所在的列).

表 4.11　例 4.6 第一阶段去人工变量后最优表的单纯形表

	x_1	x_2	x_3	x_4	x_5	
x_1	1	0	0	0	1/2	0
x_2	0	1	0	1/3	1	4/3
x_3	0	0	1	1/3	−1/2	4/3
g	0	0	0	0	0	0
f	0	0	0	−2/3	−4	−8/3

于是第一阶段结束，把表 4.11 中 g 行删除，便得原问题的初始单纯形表:

表 4.12 例 4.6 第二阶段初始单纯形表即最优单纯形表

	x_1	x_2	x_3	x_4	x_5	
x_1	1	0	0	0	1/2	0
x_2	0	1	0	1/3	1	4/3
x_3	0	0	1	1/3	−1/2	4/3
f	0	0	0	−2/3	−4	−8/3

因为表 4.12 中的检验数全部非正，所以原问题的最优解和最优值分别为

$$\tilde{\boldsymbol{x}} = \left(0, \frac{4}{3}, \frac{4}{3}, 0, 0\right)^{\mathrm{T}}, \quad \tilde{f} = -\frac{8}{3}. \qquad \square$$

4.4 线性规划问题的对偶理论

任何一个线性规划问题都伴随着另一个线性规划问题出现，二者之间存在密切的联系，因而常常把这两个问题放在一起研究，这就形成了线性规划问题中重要而有趣的对偶理论，它是线性规划的重要课题之一. 本节主要介绍线性规划与其对偶规划之间的关系和线性规划的对偶单纯形法.

4.4.1 对偶问题

对偶线性规划问题有两种重要形式：规范形的对偶规划问题和标准形的对偶规划问题，这两种形式是完全等价的.

定义 4.4 对于线性规划问题的规范形

$$\begin{cases} \min & \boldsymbol{c}^{\mathrm{T}}\boldsymbol{x}; \\ \text{s.t.} & \boldsymbol{A}\,\boldsymbol{x} \geqslant \boldsymbol{b}, \\ & \quad \boldsymbol{x} \geqslant \boldsymbol{0}, \end{cases} \tag{4.17}$$

考虑另一个与它相关的线性规划问题

$$\begin{cases} \max & \boldsymbol{b}^{\mathrm{T}}\,\boldsymbol{y}; \\ \text{s.t.} & \boldsymbol{A}^{\mathrm{T}}\boldsymbol{y} \leqslant \boldsymbol{c}, \\ & \quad \boldsymbol{y} \geqslant \boldsymbol{0}, \end{cases} \tag{4.18}$$

这里 $\boldsymbol{y} = (y_1, y_2, \cdots, y_m)^{\mathrm{T}}$，我们称问题 (4.18) 是问题 (4.17) 的对偶问题，并称问题 (4.17) 为原问题，问题 (4.17) 与问题 (4.18) 合称为对称型对偶规划问题.

下面以营养问题为例说明对偶规划问题的意义.

例 4.7 营养问题. 某饲料厂生产的饲料由 n 种配料混合而成，要求每种饲料必须含有 m 种营养成分，且每单位饲料中第 i 种营养成分的含量不能低于 b_i. 已

知第 i 种营养成分在每单位第 j 种配料中的含量为 a_{ij}，第 j 种配料的单价为 c_j. 问应如何配方才能既满足营养要求又花费最小?

解　设每单位饲料中第 j 种配料的含量为 $x_j(j=1,2,\cdots,n)$，则问题的数学模型为

$$\begin{cases} \min \displaystyle\sum_{j=1}^{n} c_j \ x_j; \\ \text{s.t.} \ \displaystyle\sum_{j=1}^{n} a_{ij} x_j \geqslant b_i, \quad i=1,2,\cdots,m, \\ \qquad\qquad x_j \geqslant 0, \quad j=1,2,\cdots,n. \end{cases} \tag{4.19}$$

现在从另一个角度提出如下问题：某饲料厂欲把这 m 种营养成分分别制成 m 种营养丸出售. 为了使饲料厂生产的营养丸替代天然配料，就必须做到营养丸的价格不超过与之相当的天然配料的价格. 问应如何确定各种营养丸的单价，才能使饲料厂获利最大?

设第 i 种营养丸的单价为 $y_i \ (i=1,2,\cdots,m)$，则 $a_{ij}y_i$ 表示把单位第 j 种配料中第 i 种营养成分拆合成营养丸的代价，于是这个问题的数学模型为

$$\begin{cases} \max \ \displaystyle\sum_{i=1}^{m} b_i \ y_i; \\ \text{s.t.} \ \displaystyle\sum_{i=1}^{m} a_{ij} y_i \leqslant c_j, \quad j=1,2,\cdots,n, \\ \qquad\qquad y_i \geqslant 0, \quad i=1,2,\cdots,m, \end{cases} \tag{4.20}$$

这里问题 (4.20) 式就是问题 (4.19) 的对偶问题. 这说明，原问题和对偶问题是同一件事情的两个不同的侧面，它们之间有着密切的依存关系. □

定理 4.7　对偶问题的对偶问题是原问题.

证明　将对偶问题 (4.18) 化成与原问题 (4.17) 相同的形式：

$$\begin{cases} \min \ (-\boldsymbol{b})^{\mathrm{T}} \ \boldsymbol{y}; \\ \text{s.t.} \ (-\boldsymbol{A})^{\mathrm{T}} \boldsymbol{y} \geqslant -\boldsymbol{c}, \\ \qquad \boldsymbol{y} \geqslant \boldsymbol{0}, \end{cases} \tag{4.21}$$

由定义 4.4 知，(4.21) 式的对偶问题为

$$\begin{cases} \max \ (-\boldsymbol{c})^{\mathrm{T}} \boldsymbol{x}; \\ \text{s.t.} \ -\boldsymbol{A} \ \boldsymbol{x} \leqslant -\boldsymbol{b}, \\ \qquad \boldsymbol{x} \geqslant \boldsymbol{0}, \end{cases} \tag{4.22}$$

而 (4.22) 式等价于 (4.17) 式. 这表明，问题 (4.22) 的对偶问题为 (4.17) 式. □

因此，定义 4.4 中所确定的对偶关系是互相的，即原问题与对偶问题的地位是可以相互转换的.

对于线性规划问题的标准形 (LP)

$$\begin{cases} \min & \boldsymbol{c}^{\mathrm{T}}\boldsymbol{x}; \\ \text{s.t.} & \boldsymbol{A}\boldsymbol{x}=\boldsymbol{b}, \\ & \boldsymbol{x}\geqslant \boldsymbol{0}, \end{cases}$$

可以改写为问题 (4.17) 的形式

$$\begin{cases} \min & \boldsymbol{c}^{\mathrm{T}}\boldsymbol{x}; \\ \text{s.t.} & \begin{bmatrix} \boldsymbol{A} \\ -\boldsymbol{A} \end{bmatrix}\boldsymbol{x}\geqslant \begin{bmatrix} \boldsymbol{b} \\ -\boldsymbol{b} \end{bmatrix}, \\ & \boldsymbol{x}\geqslant \boldsymbol{0}. \end{cases}$$

从而它的对偶问题为

$$\begin{cases} \max & (\boldsymbol{b}^{\mathrm{T}},-\boldsymbol{b}^{\mathrm{T}})\boldsymbol{w}; \\ \text{s.t.} & (\boldsymbol{A}^{\mathrm{T}},-\boldsymbol{A}^{\mathrm{T}})\boldsymbol{w}\leqslant \boldsymbol{c}, \\ & \boldsymbol{w}\geqslant \boldsymbol{0}. \end{cases} \tag{4.23}$$

再令 $\boldsymbol{w}=\begin{bmatrix} \boldsymbol{w}_1 \\ \boldsymbol{w}_2 \end{bmatrix}$ $(\boldsymbol{w}_1\geqslant \boldsymbol{0},\ \boldsymbol{w}_2\geqslant \boldsymbol{0})$，则 (4.23) 等价于

$$\begin{cases} \max & \boldsymbol{b}^{\mathrm{T}}(\boldsymbol{w}_1-\boldsymbol{w}_2); \\ \text{s.t.} & \boldsymbol{A}^{\mathrm{T}}(\boldsymbol{w}_1-\boldsymbol{w}_2)\leqslant \boldsymbol{c}, \\ & \boldsymbol{w}_1\geqslant \boldsymbol{0},\ \boldsymbol{w}_2\geqslant \boldsymbol{0}. \end{cases} \tag{4.24}$$

记 $\boldsymbol{y}=\boldsymbol{w}_1-\boldsymbol{w}_2$，由 (4.24) 式，得到 (LP) 的对偶问题 (简记为 (DP)) 如下：

$$\begin{cases} \max & \boldsymbol{b}^{\mathrm{T}}\boldsymbol{y}; \\ \text{s.t.} & \boldsymbol{A}^{\mathrm{T}}\boldsymbol{y}\leqslant \boldsymbol{c}, \end{cases}$$

其中 $\boldsymbol{y}$ 为自由变量. (LP) 与 (DP) 合称为非对称型对偶规划问题.

因为任何一个线性规划问题都可化成 (LP) 的形式，所以任一线性规划问题都有对偶问题.

对于一般的线性规划问题

$$\begin{cases} \min & \boldsymbol{c}_1^{\mathrm{T}}\boldsymbol{x}_1+\boldsymbol{c}_2^{\mathrm{T}}\boldsymbol{x}_2; \\ \text{s.t.} & \boldsymbol{A}_{11}\boldsymbol{x}_1+\boldsymbol{A}_{12}\boldsymbol{x}_2\geqslant \boldsymbol{b}_1, \\ & \boldsymbol{A}_{21}\boldsymbol{x}_1+\boldsymbol{A}_{22}\boldsymbol{x}_2=\boldsymbol{b}_2, \\ & \boldsymbol{x}_1\geqslant \boldsymbol{0}, \end{cases} \tag{4.25}$$

其中 $\boldsymbol{A}_{ij}$ 是 $m_i \times n_j$ 矩阵，$\boldsymbol{b}_i$ 为 m_i 维向量，$\boldsymbol{c}_j$ 为 n_j 维向量，$\boldsymbol{x}_j$ 为 n_j 维向量，$i = 1, 2$，$j = 1, 2$.

引入 n_1 维向量 $\boldsymbol{w} \geqslant \boldsymbol{0}$，且令 $\boldsymbol{x}_2 = \boldsymbol{x}_{21} - \boldsymbol{x}_{22}$，$\boldsymbol{x}_{21} \geqslant \boldsymbol{0}, \boldsymbol{x}_{22} \geqslant \boldsymbol{0}$，则 (4.25) 式可以化为标准形式:

$$
\begin{cases}
\min & \boldsymbol{c}_1^{\mathrm{T}}\boldsymbol{x}_1 + \boldsymbol{c}_2^{\mathrm{T}}\boldsymbol{x}_{21} - \boldsymbol{c}_2^{\mathrm{T}}\boldsymbol{x}_{22}; \\
\text{s.t.} & \boldsymbol{A}_{11}\boldsymbol{x}_1 + \boldsymbol{A}_{12}\boldsymbol{x}_{21} - \boldsymbol{A}_{12}\boldsymbol{x}_{22} - \boldsymbol{w} = \boldsymbol{b}_1, \\
& \boldsymbol{A}_{21}\boldsymbol{x}_1 + \boldsymbol{A}_{22}\boldsymbol{x}_{21} - \boldsymbol{A}_{22}\boldsymbol{x}_{22} = \boldsymbol{b}_2, \\
& \boldsymbol{x}_1 \geqslant \boldsymbol{0},\ \boldsymbol{x}_{21} \geqslant \boldsymbol{0},\ \boldsymbol{x}_{21} \geqslant \boldsymbol{0},\ \boldsymbol{w} \geqslant \boldsymbol{0}.
\end{cases}
$$

由前知，它的对偶问题为

$$
\begin{cases}
\max & \boldsymbol{b}_1^{\mathrm{T}}\boldsymbol{y}_1 + \boldsymbol{b}_2^{\mathrm{T}}\boldsymbol{y}_2; \\
\text{s.t.} & \boldsymbol{A}_{11}^{\mathrm{T}}\boldsymbol{y}_1 + \boldsymbol{A}_{21}^{\mathrm{T}}\boldsymbol{y}_2 \leqslant \boldsymbol{c}_1, \\
& \boldsymbol{A}_{12}^{\mathrm{T}}\boldsymbol{y}_1 + \boldsymbol{A}_{22}^{\mathrm{T}}\boldsymbol{y}_2 \leqslant \boldsymbol{c}_2, \\
& -\boldsymbol{A}_{12}^{\mathrm{T}}\boldsymbol{y}_1 - \boldsymbol{A}_{22}^{\mathrm{T}}\boldsymbol{y}_2 \leqslant -\boldsymbol{c}_2, \\
& -\boldsymbol{y}_1 \leqslant \boldsymbol{0}.
\end{cases}
$$

这等价于

$$
\begin{cases}
\max & \boldsymbol{b}_1^{\mathrm{T}}\boldsymbol{y}_1 + \boldsymbol{b}_2^{\mathrm{T}}\boldsymbol{y}_2; \\
\text{s.t.} & \boldsymbol{A}_{11}^{\mathrm{T}}\boldsymbol{y}_1 + \boldsymbol{A}_{21}^{\mathrm{T}}\boldsymbol{y}_2 \leqslant \boldsymbol{c}_1, \\
& \boldsymbol{A}_{12}^{\mathrm{T}}\boldsymbol{y}_1 + \boldsymbol{A}_{22}^{\mathrm{T}}\boldsymbol{y}_2 = \boldsymbol{c}_2, \\
& \boldsymbol{y}_1 \geqslant \boldsymbol{0}.
\end{cases}
\tag{4.26}
$$

这表明，(4.25) 式的对偶问题为 (4.26) 式. (4.25) 式与 (4.26) 式称为混合型对偶规划问题.

下面用表格形式给出由原问题构造对偶问题的一般方法.

表 4.13　原问题与对偶问题的对应关系

原问题	min	对偶问题	max
变	$\geqslant 0$	行	$\leqslant$
	$\leqslant 0$	约	$\geqslant$
量	无限制	束	$=$
行	$\geqslant$	变	$\geqslant 0$
约	$\leqslant$		$\leqslant 0$
束	$=$	量	无限制

根据表 4.13，由原问题构造对偶问题的具体方法如下:

(1) 原问题求目标函数的最大 (最小)，则对偶问题求目标函数的最小 (最大).

(2) 原问题一个行约束对应对偶问题一个变量 y_i，如果行约束是不等式 $\geqslant (\leqslant)$，则 $y_i \geqslant 0(y_i \leqslant 0)$，如果行约束是等式，则 y_i 无符号限制.

(3) 原问题中每个变量 x_j 的相应系数列向量对应对偶问题的一个行约束，如果 $x_j \geqslant 0(x_j \leqslant 0)$，则对偶问题的行约束的不等式为 $\leqslant (\geqslant)$，如果 x_j 无符号限制，则对偶问题的行约束为等式约束.

(4) 原问题价值系数向量是对偶问题的资源常量向量；原问题的资源常量向量是对偶问题的价值系数向量.

(5) 原问题约束系数矩阵的转置矩阵是对偶问题的约束系数矩阵.

例 4.8 求线性规划问题的对偶问题

$$\begin{cases} \min & z = 3x_1 + 2x_2 - 3x_3 + 4x_4; \\ \text{s.t.} & x_1 - 2x_2 + 3x_3 + 4x_4 \leqslant 3, \\ & x_2 + 3x_3 + 4x_4 \geqslant -5, \\ & 2x_1 - 3x_2 - 7x_3 - 4x_4 = 2, \\ & x_1 \geqslant 0, x_4 \leqslant 0. \end{cases}$$

解 所求线性规划问题的对偶问题为

$$\begin{cases} \max & 3y_1 - 5y_2 + 2y_3; \\ \text{s.t.} & y_1 + 2y_3 \leqslant 3, \\ & -2y_1 + y_2 - 3y_3 = 2, \\ & 3y_1 + 3y_2 - 7y_3 = -3, \\ & y_1 + y_2 - y_3 \geqslant 1, \\ & y_1 \leqslant 0, y_2 \geqslant 0. \end{cases}$$

□

4.4.2 对偶理论

下面仅以非对称型对偶规划问题 (LP) 和 (DP) 为例讨论原问题与对偶问题的内在联系. 对于对称型对偶规划也有相应的结论.

定理 4.8 设 (LP) 和 (DP) 有可行解 $\tilde{\boldsymbol{x}}$，$\tilde{\boldsymbol{y}}$，则 (LP) 和 (DP) 都有最优解. 如果满足 $\boldsymbol{c}^{\mathrm{T}}\tilde{\boldsymbol{x}} = \boldsymbol{b}^{\mathrm{T}}\tilde{\boldsymbol{y}}$，那么 $\tilde{\boldsymbol{x}}$ 和 $\tilde{\boldsymbol{y}}$ 分别是 (LP) 和 (DP) 的最优解.

证明 由 $\tilde{\boldsymbol{x}}$ 和 $\tilde{\boldsymbol{y}}$ 分别是 (LP) 和 (DP) 的可行解，有 $\tilde{\boldsymbol{x}} \geqslant \boldsymbol{0}$，$\boldsymbol{A}^{\mathrm{T}}\tilde{\boldsymbol{y}} \leqslant \boldsymbol{c}$. 对于 (LP) 的任一可行解 $\boldsymbol{x}$，

$$\boldsymbol{c}^{\mathrm{T}}\boldsymbol{x} \geqslant (\boldsymbol{A}^{\mathrm{T}}\tilde{\boldsymbol{y}})^{\mathrm{T}}\boldsymbol{x} = \tilde{\boldsymbol{y}}^{\mathrm{T}}\boldsymbol{A}\boldsymbol{x} = \tilde{\boldsymbol{y}}^{\mathrm{T}}\boldsymbol{b} = \boldsymbol{b}^{\mathrm{T}}\tilde{\boldsymbol{y}},$$

即知 (LP) 的目标函数在可行域上有下界，所以 (LP) 有最优解，因 $\boldsymbol{c}^{\mathrm{T}}\tilde{\boldsymbol{x}} = \boldsymbol{b}^{\mathrm{T}}\tilde{\boldsymbol{y}}$，故 $\boldsymbol{c}^{\mathrm{T}}\boldsymbol{x} \geqslant \boldsymbol{c}^{\mathrm{T}}\tilde{\boldsymbol{x}}$，于是 $\tilde{\boldsymbol{x}}$ 就是 (LP) 的最优解. 同样，对于 (DP) 的任一可行解 $\boldsymbol{y}$，有

$\boldsymbol{b}^{\mathrm{T}}\boldsymbol{y} \leqslant \boldsymbol{c}^{\mathrm{T}}\tilde{\boldsymbol{x}} = \boldsymbol{b}^{\mathrm{T}}\tilde{\boldsymbol{y}}$, 即 (DP) 的目标函数在可行域上有上界，故 (DP) 有最优解，$\tilde{\boldsymbol{y}}$ 是 (DP) 的最优解. □

对于问题 (LP) 和 (DP) 的最优解有下面的结论成立:

定理 4.9　设 $\tilde{\boldsymbol{x}} = \begin{bmatrix} \tilde{\boldsymbol{x}}_{\boldsymbol{B}} \\ \tilde{\boldsymbol{x}}_{\boldsymbol{N}} \end{bmatrix} = \begin{bmatrix} \boldsymbol{B}^{-1}\boldsymbol{b} \\ \boldsymbol{0} \end{bmatrix}$ 是 (LP) 的关于基 $\boldsymbol{B}$ 的最优基本可行解，则 $\tilde{\boldsymbol{y}} = (\boldsymbol{c}_{\boldsymbol{B}}^{\mathrm{T}}\boldsymbol{B}^{-1})^{\mathrm{T}}$ 是 (DP) 的最优解.

证明　由定理 4.4 知，设 $\tilde{\boldsymbol{x}}$ 是 (LP) 的关于 $\boldsymbol{B}$ 的最优解，则

$$\boldsymbol{\pi} = (\boldsymbol{c}_{\boldsymbol{B}}^{\mathrm{T}}\boldsymbol{B}^{-1}\boldsymbol{A} - \boldsymbol{c}^{\mathrm{T}})^{\mathrm{T}} \leqslant \boldsymbol{0}.$$

从而得知 $\tilde{\boldsymbol{y}} = (\boldsymbol{c}_{\boldsymbol{B}}^{\mathrm{T}}\boldsymbol{B}^{-1})^{\mathrm{T}}$ 满足 $\boldsymbol{A}^{\mathrm{T}}\tilde{\boldsymbol{y}} \leqslant \boldsymbol{c}$, 即 $\tilde{\boldsymbol{y}}$ 为 (DP) 的可行解. 又由

$$\tilde{\boldsymbol{x}} = \begin{bmatrix} \tilde{\boldsymbol{x}}_{\boldsymbol{B}} \\ \tilde{\boldsymbol{x}}_{\boldsymbol{N}} \end{bmatrix} = \begin{bmatrix} \boldsymbol{B}^{-1}\boldsymbol{b} \\ \boldsymbol{0} \end{bmatrix},$$

可知

$$\boldsymbol{b}^{\mathrm{T}}\tilde{\boldsymbol{y}} = \tilde{\boldsymbol{y}}^{\mathrm{T}}\boldsymbol{b} = \boldsymbol{c}_{\boldsymbol{B}}^{\mathrm{T}}\boldsymbol{B}^{-1}\boldsymbol{b} = \boldsymbol{c}_{\boldsymbol{B}}^{\mathrm{T}}\tilde{\boldsymbol{x}}_{\boldsymbol{B}} = \boldsymbol{c}^{\mathrm{T}}\tilde{\boldsymbol{x}}.$$

由定理 4.8 知，$\tilde{\boldsymbol{y}} = (\boldsymbol{c}_{\boldsymbol{B}}^{\mathrm{T}}\boldsymbol{B}^{-1})^{\mathrm{T}}$ 是 (DP) 的最优解. □

由定理 4.9 可以得到如下重要结论:

推论 4.10　如果在 (LP) 的约束矩阵 $\boldsymbol{A}$ 中含有一个 m 阶单位矩阵

$$[\boldsymbol{A}_{\cdot t_1} \ \ \boldsymbol{A}_{\cdot t_2} \ \ \cdots \ \ \boldsymbol{A}_{\cdot t_m}] = \boldsymbol{I}_m,$$

$\boldsymbol{B}$ 为 (LP) 的最优解对应的基，则在最优单纯形表 $T(\boldsymbol{B})$ 中，$\boldsymbol{B}^{-1}$ 下面的 m 个检验数组成的向量 $\boldsymbol{\pi}_{\boldsymbol{B}}$ 与目标函数表达式中对应系数组成的向量 $\boldsymbol{c}_{\boldsymbol{I}}$ 之差

$$\tilde{\boldsymbol{y}} = \boldsymbol{\pi}_{\boldsymbol{B}} + \boldsymbol{c}_{\boldsymbol{I}}$$

是对偶问题 (DP) 的最优解.

证明　由定理 4.9 知，向量 $\tilde{\boldsymbol{y}} = (\boldsymbol{c}_{\boldsymbol{B}}^{\mathrm{T}}\boldsymbol{B}^{-1})^{\mathrm{T}}$ 是 (DP) 的最优解. 在 $T(\boldsymbol{B})$ 中，$\boldsymbol{B}^{-1}$ 替换了初始单纯形表的单位矩阵，同时，$\boldsymbol{B}^{-1}$ 下面的 m 个检验数组成的 $\boldsymbol{\pi}_{\boldsymbol{B}} = (\boldsymbol{c}_{\boldsymbol{B}}^{\mathrm{T}}\boldsymbol{B}^{-1}\boldsymbol{I} - \boldsymbol{c}_{\boldsymbol{I}}^{\mathrm{T}})^{\mathrm{T}}$, 这样将 $(\boldsymbol{c}_{\boldsymbol{B}}^{\mathrm{T}}\boldsymbol{B}^{-1} - \boldsymbol{c}_{\boldsymbol{I}}^{\mathrm{T}})^{\mathrm{T}}$ 与 $\boldsymbol{c}_{\boldsymbol{I}}$ 相加，就获得了 (DP) 的最优解 $\tilde{\boldsymbol{y}} = (\boldsymbol{c}_{\boldsymbol{B}}^{\mathrm{T}}\boldsymbol{B}^{-1})^{\mathrm{T}}$. □

将定理 4.9 应用于对称型对偶规划问题 (4.17) 与 (4.18) 有如下结论:

推论 4.11　单纯形法求解问题(4.17)时，引入剩余变量x_{n+1}, x_{n+2}, $\cdots$, x_{n+m}, 则在最优单纯形表中，由剩余变量对应的检验数反号所组成的向量

$$\tilde{\boldsymbol{y}} = (-\pi_{n+1}, -\pi_{n+2}, \cdots, -\pi_{n+m})^{\mathrm{T}}$$

便是对偶问题 (4.18) 的最优解.

证明 把引入的剩余变量记为 $\boldsymbol{x}_s=(x_{n+1}, x_{n+2}, \cdots, x_{n+m})^{\mathrm{T}}$，问题 (4.17) 可化为

$$\begin{cases}\min & \boldsymbol{c}\boldsymbol{x}+\boldsymbol{c}_s\boldsymbol{x}_s;\\ \text{s.t.} & \boldsymbol{A}\boldsymbol{x}-\boldsymbol{I}_m\boldsymbol{x}_s=\boldsymbol{b},\\ & \boldsymbol{x}\geqslant\boldsymbol{0},\ \boldsymbol{x}_s\geqslant\boldsymbol{0},\end{cases}\tag{4.27}$$

其中 $\boldsymbol{c}_s=\boldsymbol{0}$. 设它的最优单纯形表对应于基 $\boldsymbol{B}$. (4.27) 的对偶问题仍是 (4.18). 由定理 4.9 知，向量 $\tilde{\boldsymbol{y}}=(\boldsymbol{c}_{\boldsymbol{B}}^{\mathrm{T}}\boldsymbol{B}^{-1})^{\mathrm{T}}$ 是 (4.18) 的最优解. 记

$$\boldsymbol{\pi}_s=(\pi_{n+1}, \pi_{n+2}, \cdots, \pi_{n+m})^{\mathrm{T}},$$

由检验数计算公式可知

$$\boldsymbol{\pi}_s=(\boldsymbol{c}_{\boldsymbol{B}}^{\mathrm{T}}\boldsymbol{B}^{-1})^{\mathrm{T}}(-\boldsymbol{I}_m)-\boldsymbol{c}_s=-(\boldsymbol{c}_{\boldsymbol{B}}^{\mathrm{T}}\boldsymbol{B}^{-1})^{\mathrm{T}}=-\tilde{\boldsymbol{y}},$$

即

$$\tilde{\boldsymbol{y}}=(-\pi_{n+1},-\pi_{n+2},\cdots,-\pi_{n+m})^{\mathrm{T}}.$$ □

同样，用单纯形法求解问题 (4.18) 时，引入松弛变量 $y_{m+1}, y_{m+2}, \cdots, y_{m+n}$，则在单纯形表中，由松弛变量对应的检验数反号所组成的向量

$$\tilde{\boldsymbol{x}}=(-\pi_{m+1},-\pi_{m+2},\cdots,-\pi_{m+n})^{\mathrm{T}}$$

便是原问题 (4.17) 的最优解.

定理 4.12 在 (LP) 和 (DP) 中，若其中一个问题有最优解，则另一个问题也有最优解，且二者的目标函数最优值相等. 若其中一个问题的目标函数值无界，则另一个问题无可行解.

证明 若 (LP) 有最优解，则可用单纯形法求得最优基本可行解 $\tilde{\boldsymbol{x}}$，设对应的基为 $\boldsymbol{B}$，由定理 4.9，$\tilde{\boldsymbol{y}}=(\boldsymbol{c}_{\boldsymbol{B}}^{\mathrm{T}}\boldsymbol{B}^{-1})^{\mathrm{T}}$ 是 (DP) 的最优解，并且

$$\boldsymbol{c}^{\mathrm{T}}\tilde{\boldsymbol{x}}=\boldsymbol{c}_{\boldsymbol{B}}^{\mathrm{T}}\tilde{\boldsymbol{x}}_{\boldsymbol{B}}=\boldsymbol{c}_{\boldsymbol{B}}^{\mathrm{T}}\boldsymbol{B}^{-1}\boldsymbol{b}=\tilde{\boldsymbol{y}}^{\mathrm{T}}\boldsymbol{b}=\boldsymbol{b}^{\mathrm{T}}\tilde{\boldsymbol{y}}.$$

若 (DP) 有最优解，由于任何线性规划问题都可化为标准形式，并根据定理 4.7 可知，(LP) 有最优解，且二者的目标函数最优值相等.

若 (LP) 的目标函数在可行域上无下界，则对偶问题 (DP) 无可行解. 否则，设 $\tilde{\boldsymbol{y}}$ 为 (DP) 的可行解，由定理 4.8 的证明知，对于 (LP) 的任一可行解 $\boldsymbol{x}$，有 $\boldsymbol{c}^{\mathrm{T}}\boldsymbol{x}\geqslant\boldsymbol{b}^{\mathrm{T}}\tilde{\boldsymbol{y}}$，即 (LP) 的目标函数在可行域上存在下界，与已知矛盾.

同样，若 (DP) 的目标函数在可行域上无上界，则 (LP) 无可行解. □

由于一个线性规划问题 (LP) 只能有三种情况：(1) 有最优解；(2) 有可行解，但目标函数值在可行域上无界；(3) 没有可行解. 因此，两个互为对偶的线性规划问题 (LP) 和 (DP) 的解之间只可能是下列三种情况之一：

(1) 两个问题都有最优解；

(2) 两个问题都没有可行解；

(3) 一个问题有可行解，但它的目标函数值在可行域上无界，而另一个问题没有可行解.

定理 4.13 设 $\tilde{\boldsymbol{x}}$ 和 $\tilde{\boldsymbol{y}}$ 分别为 (LP) 和 (DP) 的可行解，则 $\tilde{\boldsymbol{x}}$ 和 $\tilde{\boldsymbol{y}}$ 分别为 (LP) 和 (DP) 的最优解的充要条件是

$$(\boldsymbol{c}-\boldsymbol{A}^{\mathrm{T}}\tilde{\boldsymbol{y}})^{\mathrm{T}}\tilde{\boldsymbol{x}}=0. \tag{4.28}$$

证明 已知 $\tilde{\boldsymbol{x}}$ 和 $\tilde{\boldsymbol{y}}$ 分别为 (LP) 和 (DP) 的可行解，由定理 4.8 和定理 4.12 知，$\tilde{\boldsymbol{x}}$ 和 $\tilde{\boldsymbol{y}}$ 分别为 (LP) 和 (DP) 的最优解的充要条件是 $\boldsymbol{c}^{\mathrm{T}}\tilde{\boldsymbol{x}}=\boldsymbol{b}^{\mathrm{T}}\tilde{\boldsymbol{y}}$ 成立，即

$$\boldsymbol{c}^{\mathrm{T}}\tilde{\boldsymbol{x}}=\boldsymbol{b}^{\mathrm{T}}\tilde{\boldsymbol{y}}=\tilde{\boldsymbol{y}}^{\mathrm{T}}\boldsymbol{b}=\tilde{\boldsymbol{y}}^{\mathrm{T}}\boldsymbol{A}\tilde{\boldsymbol{x}},$$

所以

$$(\boldsymbol{c}-\boldsymbol{A}^{\mathrm{T}}\tilde{\boldsymbol{y}})^{\mathrm{T}}\tilde{\boldsymbol{x}}=0.$$ □

定理 4.13 称为松紧定理. 由松紧定理可得如下结论:

(1) 若 (LP) 有最优解 $\tilde{\boldsymbol{x}}$，使得某个分量 $\tilde{x}_j>0$，则对 (DP) 的一切最优解 $\tilde{\boldsymbol{y}}$，必有 $\boldsymbol{A}^{\mathrm{T}}_{\cdot j}\tilde{\boldsymbol{y}}=c_j$.

(2) 若 (DP) 有最优解 $\tilde{\boldsymbol{y}}$，使得某个约束 $\boldsymbol{A}^{\mathrm{T}}_{\cdot j}\tilde{\boldsymbol{y}}<c_j$，则对 (LP) 的一切最优解 $\tilde{\boldsymbol{x}}$，必有 $\tilde{x}_j=0$.

称 $\boldsymbol{A}^{\mathrm{T}}_{\cdot j}\tilde{\boldsymbol{y}}\leqslant c_j$ 和 $\tilde{x}_j\geqslant 0$ 是一对互为对偶的约束. 任意一个约束，如果它对于问题的一切最优解都取等号，则称它是紧约束；若存在一个最优解，使该约束取严格不等号，则称它是松约束. (4.28) 式表明松约束的对偶约束必是紧约束. (4.28) 式称为对偶规划 (LP) 和 (DP) 的互补松弛条件.

对于对称型对偶规划 (4.17) 和 (4.18) 也有如下相应的互补松弛条件.

设 $\tilde{\boldsymbol{x}}$ 和 $\tilde{\boldsymbol{y}}$ 分别为 (4.17) 和 (4.18) 的可行解，则 $\tilde{\boldsymbol{x}}$ 和 $\tilde{\boldsymbol{y}}$ 分别为 (4.17) 和 (4.18) 的最优解的充要条件是

$$\begin{cases}(\boldsymbol{c}-\boldsymbol{A}^{\mathrm{T}}\tilde{\boldsymbol{y}})^{\mathrm{T}}\tilde{\boldsymbol{x}}=0,\\ \tilde{\boldsymbol{y}}^{\mathrm{T}}(\boldsymbol{A}\tilde{\boldsymbol{x}}-\boldsymbol{b})=0.\end{cases} \tag{4.29}$$

例 4.9 利用互补松弛条件解线性规划问题

$$\begin{cases} \max \quad 4x_1+3x_2+6x_3; \\ \text{s.t.} \quad 4x_1+\ \ x_2+3x_3 \leqslant 30, \\ \qquad\quad x_1+2x_2+3x_3 \leqslant 40, \\ \qquad\quad x_1,x_2,x_3 \geqslant 0. \end{cases}$$

解 上述线性规划问题的对偶问题为

$$\begin{cases} \min \quad 30y_1+40y_2; \\ \text{s.t.} \quad 4y_1+\ \ y_2 \geqslant 4, \\ \qquad\quad y_1+2y_2 \geqslant 3, \\ \qquad\quad y_1+\ \ y_2 \geqslant 3, \\ \qquad\quad y_1 \geqslant 0, y_2 \geqslant 0. \end{cases}$$

用图解法求解此对偶问题如图 4.2 所示，得其最优解为 $\tilde{\boldsymbol{y}}=(1,1)^{\mathrm{T}}$.

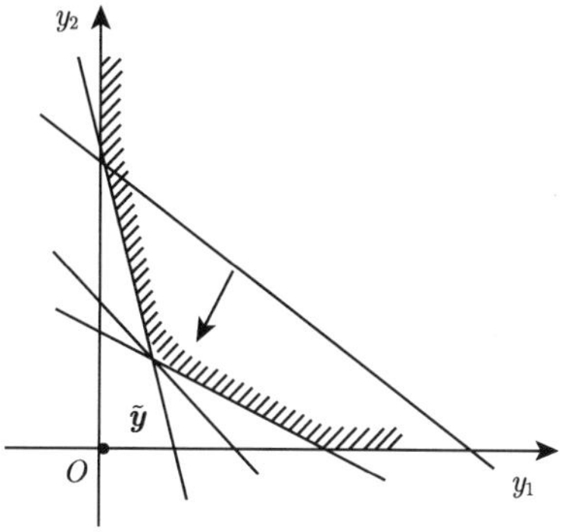

图 4.2 对偶问题的图解法

注意到 $\tilde{y}_1=1>0$, $\tilde{y}_2=1>0$, $4\tilde{y}_1+\tilde{y}_2>4$，根据互补松弛条件，原问题的最优解 $\tilde{\boldsymbol{x}}=(\tilde{x}_1,\tilde{x}_2,\tilde{x}_3)^{\mathrm{T}}$ 应满足

$$\begin{cases} 4\tilde{x}_1+\ \ \tilde{x}_2+3\tilde{x}_3=30, \\ \tilde{x}_1+2\tilde{x}_2+3\tilde{x}_3=40, \\ \tilde{x}_1=0. \end{cases}$$

由此解得原问题的最优解 $\tilde{\boldsymbol{x}}=\left(0,10,\dfrac{20}{3}\right)^{\mathrm{T}}$，最优值 $\tilde{f}=70$. □

4.4.3 影子价格

线性规划 (LP) 的对偶问题 (DP) 的最优解称为对偶最优解，它有很重要的经济意义.

设 $\tilde{\boldsymbol{x}}$ 是 (LP) 的关于基 $\boldsymbol{B}$ 的最优基本可行解，由定理 4.9 知，$\tilde{\boldsymbol{y}} = (\boldsymbol{c}_{\boldsymbol{B}}^{\mathrm{T}}\boldsymbol{B}^{-1})^{\mathrm{T}} = (\tilde{y}_1, \tilde{y}_2, \cdots, \tilde{y}_m)^{\mathrm{T}}$ 是对偶问题 (DP) 的最优解，记

$$\tilde{f} = \boldsymbol{c}^{\mathrm{T}}\tilde{\boldsymbol{x}} = \boldsymbol{b}^{\mathrm{T}}\tilde{\boldsymbol{y}} = \sum_{i=1}^{m} b_i\tilde{y}_i,$$

则

$$\frac{\partial \tilde{f}}{\partial b_i} = \tilde{y}_i \quad (i = 1, 2, \cdots, m).$$

上式表示在 (LP) 中资源常量每增加一个单位时，目标函数的变化速率与对偶变量 $\boldsymbol{y}$ 之间的关系. 一般地，称 $\dfrac{\partial \tilde{f}}{\partial b_i}(i = 1, 2, \cdots, m)$ 为第 i 个约束条件的边际价值或影子价格. 线性规划问题 (LP) 中各种资源的影子价格就是其对偶问题 (DP) 的最优解；同样，对于线性规划问题 (4.17)，各种资源的影子价格也是其对偶问题 (4.18) 的最优解，它们是最优单纯形表中剩余变量对应的检验数的相反数.

下面以营养问题为例来说明影子价格的经济意义. 某饲料厂生产的饲料由 n 种配料混合而成，要求每种饲料必须含有 m 种营养成分，影子价格 $\tilde{y}_i$ 表示当第 i 种营养成分每增加一个单位时，饲料厂增加的成本支出.

显然，影子价格不同于市场价格，它是针对具体的经济结构在最优计划前提下经计算得出的一种潜在价格. 由对称型对偶规划的互补松弛条件 (4.29) 可知:

(1) 当 $\tilde{y}_i > 0$ 时，有 $\sum\limits_{j=1}^{n} a_{ij}x_j = b_i$，这说明当影子价格大于 0 时，在最优计划条件下，第 i 种资源的现有量将全部用完 (称这种供不应求的资源为短线资源)，增加短线资源将使总利润提高.

(2) 当 $\sum\limits_{j=1}^{n} a_{ij}x_j > b_i$ 时，有 $\tilde{y}_i = 0$，这说明在最优计划条件下，当第 i 种资源的现有量有剩余 (称这种供大于求的资源为长线资源) 时，它的影子价格为零，增加长线资源不但不会提高总利润，反而会增加库存积压.

所以影子价格能为企业的经营管理提供很多有价值的信息，如增加哪种资源对经济效益最有利，花多大代价来增加资源才合算，如何考虑新产品的价格，产品价格变动时哪些资源最重要，分析工艺改变后对资源节约的收益等.

例 4.10 考虑例 4.1 的生产安排问题.

(1) 求问题的最优生产方案；

(2) 分析各种资源的影子价格.

解 将问题 (4.1) 化为标准形得

$$\begin{cases} \min(-f) = -15x_1 - 25x_2; \\ \text{s.t.} \quad 3x_1 + 2x_2 + x_3 = 65, \\ \quad 2x_1 + x_2 + x_4 = 40, \\ \quad 3x_2 + x_5 = 75, \\ \quad x_1, x_2, x_3, x_4, x_5 \geqslant 0, \end{cases}$$

其中 x_3, x_4, x_5 为松弛变量，利用单纯形法求得最优单纯形表为表 4.14.

表 4.14 例 4.10 生产安排问题最优单纯形表

	x_1	x_2	x_3	x_4	x_5	
x_1	1	0	1/3	0	−2/9	5
x_4	0	0	−2/3	1	1/9	5
x_2	0	1	0	0	1/3	25
$-f$	0	0	−5	0	−5	−700

因此，生产安排问题的最优解为 $x_1 = 5$, $x_2 = 25$，最优值为 $\tilde{f} = 700$(百元)，即甲、乙两种产品分别加工 5 件和 25 件可获最大利润 70000 元. 在最优单纯形表中，松弛变量对应检验数的相反数便是各资源的影子价格，即设备 A 的影子价格为 500 元，设备 B 的影子价格为 0 元，设备 C 的影子价格为 500 元. 由此可见，对该厂的最优生产安排来说，设备 B 是长线资源，设备 A 和设备 C 是短线资源. □

4.4.4 对偶单纯形法

首先利用对偶理论来解释单纯形法.

设 $\tilde{\boldsymbol{x}}$ 为 (LP) 中关于基 $\boldsymbol{B}$ 的基本解，令 $\tilde{\boldsymbol{y}} = (\boldsymbol{c}_{\boldsymbol{B}}^{\mathrm{T}}\boldsymbol{B}^{-1})^{\mathrm{T}}$. 若 $\tilde{\boldsymbol{x}}$ 和 $\tilde{\boldsymbol{y}}$ 分别是 (LP) 和 (DP) 的可行解，则

$$\boldsymbol{\pi} = (\boldsymbol{c}_{\boldsymbol{B}}^{\mathrm{T}}\boldsymbol{B}^{-1}\boldsymbol{A} - \boldsymbol{c}^{\mathrm{T}})^{\mathrm{T}} = \boldsymbol{A}^{\mathrm{T}}\tilde{\boldsymbol{y}} - \boldsymbol{c} \leqslant \boldsymbol{0},$$

即 $\tilde{\boldsymbol{x}}$ 对应的检验数全部非正，$\tilde{\boldsymbol{x}}$ 是 (LP) 的最优解. 而

$$\boldsymbol{b}^{\mathrm{T}}\tilde{\boldsymbol{y}} = \tilde{\boldsymbol{y}}^{\mathrm{T}}\boldsymbol{b} = \boldsymbol{c}_{\boldsymbol{B}}^{\mathrm{T}}\boldsymbol{B}^{-1}\boldsymbol{b} = \boldsymbol{c}^{\mathrm{T}}\tilde{\boldsymbol{x}},$$

所以 $\tilde{\boldsymbol{y}}$ 是 (DP) 的最优解. 这说明由 (LP) 的最优解可以得出 (DP) 的最优解，而且 (LP) 中关于基 $\boldsymbol{B}$ 的基本解 $\tilde{\boldsymbol{x}}$ 对应的检验数全部非正当且仅当 $\tilde{\boldsymbol{y}} = (\boldsymbol{c}_{\boldsymbol{B}}^{\mathrm{T}}\boldsymbol{B}^{-1})^{\mathrm{T}}$ 为 (DP) 的可行解.

定义 4.5 设 $\boldsymbol{B}$ 是 (LP) 的基，它对应的基本解为 $\tilde{\boldsymbol{x}}$，如果 $\tilde{\boldsymbol{x}}$ 对应的检验数全部非正，则称 $\tilde{\boldsymbol{x}}$ 为 (LP) 的对偶可行解或正则解，相应的基 $\boldsymbol{B}$ 称为对偶可行基或正则基.

单纯形法的实质是从一个基本解迭代到另一个基本解，在迭代过程中始终保持可行性，使其对偶不可行性 (非正则性) 逐步消失，一直到对偶可行性 (正则性) 被满足，便是最优解.

因为 (LP) 和 (DP) 互为对偶问题，所以基于对称的想法，可以给出求解 (LP) 的这样一个迭代过程：从 (LP) 的一个基本解迭代到它的另一个基本解，在迭代过程中保持对偶可行性 (正则性)，使 (LP) 的基本解的不可行性逐步消失，一旦满足可行性便得到 (LP) 的最优解，这就是对偶单纯形法的基本思想，简单地说，对偶单纯形法就是从一个正则解到另一个正则解的迭代过程. 相对而言，称 4.3 节介绍的单纯形法为原始单纯形法.

设已知 (LP) 的一个正则基 $\boldsymbol{B}=[\boldsymbol{A}_{\cdot j_1}\ \ \boldsymbol{A}_{\cdot j_2}\ \ \cdots\ \ \boldsymbol{A}_{\cdot j_m}]$，对应的正则解为 $\tilde{\boldsymbol{x}}$，仍用 R 表示非基变量的指标集，即 $R=\{1,2,\cdots,n\}\backslash\{j_1,j_2,\cdots,j_m\}$. 设 (LP) 关于基 $\boldsymbol{B}$ 的典式为

$$\begin{cases}\min f=\tilde{f}-\sum\limits_{j\in R}\pi_j x_j;\\ \text{s.t. } x_{j_i}=b_{i0}-\sum\limits_{j\in R}b_{ij}x_j,\quad i=1,\cdots,m,\\ \qquad x_j\geqslant 0,\quad j=1,\cdots,n.\end{cases}\tag{4.30}$$

因 $\tilde{\boldsymbol{x}}$ 是 (LP) 的正则解，故典式 (4.30) 中的检验数

$$\pi_j\leqslant 0,\quad \forall j\in R.$$

如果 $b_{i0}\geqslant 0\ (i=1,2,\cdots,m)$，则 $\tilde{\boldsymbol{x}}$ 为 (LP) 的最优解. 否则，如果有某些 $b_{i0}<0$，则可选满足

$$\min\{b_{i0}\mid b_{i0}<0\}=b_{s0}\tag{4.31}$$

的 x_{j_s} 为离基变量. 以下分两种情况讨论:

(1) 若所有 $b_{sj}\geqslant 0\ (j\in R)$，则 (LP) 无可行解. 这是因为假如 (LP) 有可行解 $\boldsymbol{x}'=(x_1',x_2',\cdots,x_n')^{\mathrm{T}}$，则有

$$x_{j_s}'=b_{s0}-\sum_{j\in R}b_{sj}x_j'.$$

由 $b_{s0}<0,\ b_{sj}\geqslant 0\ (j\in R)$ 和 $x_j'\geqslant 0\ (j\in R)$ 知 $x_{j_s}'<0$，此与 $\boldsymbol{x}'$ 为可行解矛盾.

(2) 若存在某些 $b_{sj}<0$，则可在这些元素所在列对应的非基变量中选取进基变量. 设 x_r 为进基变量，因 $b_{sr}\neq 0$，由定理 4.6 的证明知，约束矩阵 $\boldsymbol{A}$ 的列向量组

$$\boldsymbol{A}_{\cdot j_1},\boldsymbol{A}_{\cdot j_2},\cdots,\boldsymbol{A}_{\cdot j_{s-1}},\boldsymbol{A}_{\cdot r},\boldsymbol{A}_{\cdot j_{s+1}},\cdots,\boldsymbol{A}_{\cdot j_m}$$

线性无关，即上述列向量构成新基 $\hat{\boldsymbol{B}}$，将典式 (4.30) 作 $\{s,r\}$ 旋转变换：先解 x_r，得

$$x_r = \frac{b_{s0}}{b_{sr}} - \sum_{j\in R\setminus\{r\}} \frac{b_{sj}}{b_{sr}} x_j - \frac{1}{b_{sr}} x_{j_s},$$

再回代到典式 (4.30) 中，得

$$x_{j_i} = \left(b_{i0} - \frac{b_{s0}}{b_{sr}} b_{ir}\right) - \sum_{j\in R\setminus\{r\}} \left(b_{ij} - \frac{b_{sj}}{b_{sr}} b_{ir}\right) x_j + \frac{b_{ir}}{b_{sr}} x_{j_s}, \quad i \neq s,$$

$$f = \left(\tilde{f} - \pi_r \frac{b_{s0}}{b_{sr}}\right) - \sum_{j\in R\setminus\{r\}} \left(\pi_j - \pi_r \frac{b_{sj}}{b_{sr}}\right) x_j - \left(-\frac{\pi_r}{b_{sr}}\right) x_{j_s}.$$

为使新基 $\hat{\boldsymbol{B}}$ 仍为正则基，则应使 (4.30) 式中新的检验数非正，即

$$-\frac{\pi_r}{b_{sr}} \leqslant 0, \tag{4.32}$$

$$\pi_j - \pi_r \frac{b_{sj}}{b_{sr}} \leqslant 0, \quad \forall j \in R\setminus\{r\}. \tag{4.33}$$

要使 (4.32) 式成立，因 $\pi_r \leqslant 0$，故要求 $b_{sr} < 0$. 又当 $b_{sj} \geqslant 0$ 时，利用 (4.32) 式，(4.33) 式自然成立；当 $b_{sj} < 0$ 时，要使 (4.33) 式成立，则只要求

$$\frac{\pi_r}{b_{sr}} \leqslant \frac{\pi_j}{b_{sj}},$$

由此可知，只要选择 x_r 满足

$$\frac{\pi_r}{b_{sr}} = \min\left\{ \frac{\pi_j}{b_{sj}} \;\middle|\; b_{sj} < 0, j \in R \right\}, \tag{4.34}$$

那么 (4.32) 式和 (4.33) 式均能被满足，所以只需分别按 (4.31) 式和 (4.34) 式选取离基变量 x_{j_s} 和进基变量 x_r，就能得到关于新基 $\hat{\boldsymbol{B}}$ 的正则解 $\hat{\boldsymbol{x}}$.

以上所述的从一个正则解迭代到另一个正则解的方法，与原始单纯形法中从一个基本可行解迭代到另一个基本可行解的方法是类似的，都是作 $\{s,r\}$ 旋转变换，所不同的是离基变量和进基变量的选取方式. 因此，对偶单纯形法也可以在单纯形表上进行其步骤如下:

Step1 选取 (LP) 的一个关于正则基 $\boldsymbol{B}$ 的正则解 $\tilde{\boldsymbol{x}}$，列出单纯形表 $T(\boldsymbol{B})$.

Step2 若 $b_{i0} \geqslant 0 (i = 1, 2, \cdots, m)$，则 $\tilde{\boldsymbol{x}}$ 是最优解，算法结束；否则，按

$$j_s = \min\left\{ j_k \;\middle|\; b_{k0} = \min_{b_{i0}<0} b_{i0} \right\}$$

选取 x_{j_s} 为离基变量.

Step3　若 $b_{sj} \geqslant 0\ (j \in R)$，则 (LP) 无可行解，算法终止；否则，按

$$r = \min\left\{l \;\middle|\; \frac{\pi_l}{b_{sl}} = \min_{b_{sj}<0} \frac{\pi_j}{b_{sj}}\right\}$$

选取 x_r 为进基变量.

Step4　以 b_{sr} 为主元进行 $\{s,r\}$ 旋转变换，得到新的单纯形表 $T(\hat{\boldsymbol{B}})$，以 $\hat{\boldsymbol{B}}$ 取代 $\boldsymbol{B}$，返回 Step2.

例 4.11　用对偶单纯形法求解线性规划问题

$$\begin{cases} \min f = x_1 + 3x_2 + x_3; \\ \text{s.t. } 2x_1 + x_2 + x_3 \geqslant 3, \\ \quad 3x_1 + 2x_2 \geqslant 4, \\ \quad x_1 + 2x_2 - x_3 \geqslant 1, \\ \quad x_1, x_2, x_3 \geqslant 0. \end{cases}$$

解　引进变量 x_4, x_5, x_6，将给定的线性规划问题化为标准形式:

$$\begin{cases} \min f = x_1 + 3x_2 + x_3; \\ \text{s.t. } -2x_1 - x_2 - x_3 + x_4 = -3, \\ \quad -3x_1 - 2x_2 + x_5 = -4, \\ \quad -x_1 - 2x_2 + x_3 + x_6 = -1, \\ \quad x_1, x_2, x_3, x_4, x_5, x_6 \geqslant 0. \end{cases}$$

$\boldsymbol{B} = [\boldsymbol{A}_{\cdot 4}\ \boldsymbol{A}_{\cdot 5}\ \boldsymbol{A}_{\cdot 6}]$ 是一个正则基，对应的初始正则解 $\boldsymbol{x} = (0,0,0,-3,-4,-1)^{\mathrm{T}}$，相应的单纯形表为表 4.15.

表 4.15　例 4.11 初始单纯形表

	x_1	x_2	x_3	x_4	x_5	x_6	
x_4	−2	−1	−1	1	0	0	−3
x_5	−3*	−2	0	0	1	0	−4
x_6	−1	−2	1	0	0	1	−1
f	−1	−3	−1	0	0	0	0

因为 $\min\{-3,-4,-1\} = b_{20}$，所以取 x_5 为离基变量. 而

$$\min\left\{\frac{\pi_j}{b_{2j}} \;\middle|\; b_{2j} < 0\right\} = \min\left\{\frac{-1}{-3}, \frac{-3}{-2}\right\} = \frac{1}{3} = \frac{\pi_1}{b_{21}},$$

故取 x_1 为进基变量. 以 $b_{21} = -3$ 为主元作{2,1}旋转变换，得表 4.16.

表 4.16 例 4.11 迭代一次后的单纯形表

	x_1	x_2	x_3	x_4	x_5	x_6	
x_4	0	1/3	−1	1	−2/3*	0	−1/3
x_1	1	2/3	0	0	−1/3	0	4/3
x_6	0	−4/3	1	0	−1/3	1	1/3
f	0	−7/3	−1	0	−1/3	0	4/3

因为 $\min\{-1/3\} = b_{10}$，所以取 x_4 为离基变量. 而

$$\min\left\{\frac{\pi_j}{b_{1j}}\ \middle|\ b_{1j} < 0\right\} = \min\left\{\frac{-1}{-1}, \frac{-1/3}{-2/3}\right\} = \frac{1}{2} = \frac{\pi_5}{b_{15}},$$

故取 x_5 为进基变量. 故在表 4.17 中进行{1,5}旋转变换，得表 4.17.

表 4.17 例 4.11 迭代两次后的单纯形表

	x_1	x_2	x_3	x_4	x_5	x_6	
x_5	0	−1/2	3/2	−3/2	1	0	1/2
x_1	1	1/2	1/2	−1/2	0	0	3/2
x_6	0	−3/2	3/2	−1/2	0	1	1/2
f	0	−5/2	−1/2	−1/2	0	0	3/2

而表 4.17 对应的正则解已经是可行解，即知给定的问题的最优解和最优值分别为

$$x_1 = \frac{3}{2}, \quad x_2 = 0, \quad x_3 = 0, \quad \tilde{f} = \frac{3}{2}.$$ □

习 题 4

1. 许多国家的硬币都是用白铜 (75%铜，25%镍) 制作而成. 假设生产硬币的四种可用的合金 (碎金属片) A，B，C，D 所含铜和镍的百分比及单价如下表：

合金	A	B	C	D
铜/%	90	80	70	60
镍/%	10	20	30	40
百元 / 公斤	1.2	1.4	1.7	1.9

问应如何选取这四种合金组成一种新的混合物，使其含铜和镍的百分比符合白铜的要求，且费用最少？试建立其线性规划模型.

2. 某工厂生产某一种型号的机床，每台机床上需要 2.9 米、2.1 米、1.5 米的轴分别为 1 根、2 根、1 根. 这些轴用同一种圆钢制作，圆钢的长度为 7.4 米. 如果要生产 100 台机床，问应如何安排下料，才能使用料最省？试建立其线性规划模型.

3. 按照营养学家的建议，每人一天对蛋白质、维生素 A 和钙的需求如下：50g 蛋白质、4000IU(国际单位) 维生素 A 和 1000mg 钙，我们选用以下食物构成食谱：苹果 (生的、带

皮)、香蕉 (生的)、胡萝卜 (生的)、枣 (野生的、去核的、切碎的) 和鸡蛋 (生的、新鲜的、整个的). 每种食物的蛋白质、维生素 A 和钙的含量及价格如下表:

食物	单位	蛋白质/g	维生素 A/IU	钙/mg	价格/元
苹果	一个 (138g)	0.3	73	9.6	1
香蕉	一个 (118g)	1.2	96	7	0.7
胡萝卜	一个 (72g)	0.7	20 253	19	0.4
枣	一杯 (178g)	3.5	890	57	3
鸡蛋	一个 (44g)	5.5	279	22	0.5

问如何确定各种食物的用量, 以最少的开支满足人体所需的营养? 试建立线性规划模型.

4. 将下列线性规划问题化为标准形:

(1) $$\begin{cases} \max f = 2x_1 - 3x_2 + x_3; \\ \text{s.t.} \quad x_1 - x_2 + x_3 \geqslant 5, \\ 4x_1 - x_2 + 3x_3 = 6, \\ 3x_1 + x_2 + x_3 \leqslant 10, \\ x_1, x_2 \geqslant 0. \end{cases}$$

(2) $$\begin{cases} \min f = 2x_1 - x_2 + 2x_3; \\ \text{s.t.} \quad -x_1 + x_2 + x_3 = 4, \\ -x_1 + x_2 - 2x_3 \leqslant 8, \\ x_1 \leqslant 0, x_2 \geqslant 0. \end{cases}$$

5. 用图解法解下列线性规划问题:

(1) $$\begin{cases} \max f = 2x_1 + x_2; \\ \text{s.t.} \quad 5x_2 \leqslant 15, \\ 6x_1 + 2x_2 \leqslant 24, \\ x_1 + x_2 \leqslant 5, \\ x_1 \geqslant 0, x_2 \geqslant 0. \end{cases}$$

(2) $$\begin{cases} \min f = -2x_1 + x_2; \\ \text{s.t.} \quad x_1 + x_2 \geqslant 8, \\ x_1 - 3x_2 \geqslant -3, \\ x_1 \geqslant 0, x_2 \geqslant 0. \end{cases}$$

(3) $$\begin{cases} \max f = 2x_1 + 4x_2; \\ \text{s.t.} \quad x_1 + 2x_2 \leqslant 8, \\ 0 \leqslant x_1 \leqslant 4, \\ 0 \leqslant x_2 \leqslant 3. \end{cases}$$

(4) $$\begin{cases} \min f = 3x_1 + 4x_2; \\ \text{s.t.} \quad -x_1 + x_2 \geqslant 1, \\ x_1 + x_2 \leqslant -2, \\ x_1 \geqslant 0, x_2 \geqslant 0. \end{cases}$$

6. 找出如下问题的所有基本可行解, 比较这些基本可行解, 找出最优解:

$$\begin{cases} \max f = x_1 + 2x_2 + 4x_3 + x_5 + 2x_6; \\ \text{s.t.} \quad 2x_1 + 4x_2 + 3x_3 + 2x_4 + x_5 + 3x_6 \leqslant 120, \\ x_1, x_2, x_3, x_4, x_5, x_6 \geqslant 0. \end{cases}$$

7. 找出下列线性规划问题的所有基本解, 并指出其中的基本可行解和最优解:

(1) $$\begin{cases} \max f = 2x_1 + 3x_2 + 4x_3 + 7x_4; \\ \text{s.t.} \quad 2x_1 + 3x_2 - x_3 - 4x_4 = 8, \\ x_1 - 2x_2 + 6x_3 - 7x_4 = -3, \\ x_1, x_2, x_3, x_4 \geqslant 0. \end{cases}$$

$$(2)\begin{cases}\min f = 5x_1 - 2x_2 + 3x_3 - 6x_4;\\ \text{s.t.}\quad x_1 + 2x_2 + 3x_3 + 4x_4 = 7,\\ \qquad 2x_1 + x_2 + x_3 + 2x_4 = 3,\\ \qquad x_1, x_2, x_3, x_4 \geqslant 0.\end{cases}$$

8. 分别用图解法和单纯形法求解下列线性规划问题，并指出单纯形法迭代的每一步相当于图上的哪一点:

$$(1)\begin{cases}\max f = x_1 + 2x_2;\\ \text{s.t.}\quad 3x_1 + x_2 \leqslant 27,\\ \qquad 4x_1 + 3x_2 \leqslant 36,\\ \qquad x_1, x_2 \geqslant 0.\end{cases}\qquad (2)\begin{cases}\min f = -2x_1 - 3x_2;\\ \text{s.t.}\quad x_1 + 2x_2 \leqslant 6,\\ \qquad 3x_1 + x_2 \leqslant 15,\\ \qquad x_1, x_2 \geqslant 0.\end{cases}$$

9. 用单纯形法求解下列线性规划问题，并指出每步迭代中的基 $\boldsymbol{B}$ 和 $\boldsymbol{B}^{-1}$:

$$\begin{cases}\min f = 2x_1 + 3x_2 + x_3\\ \text{s.t.}\ 2x_1 - x_2 - 2x_3 \leqslant 3,\\ \qquad -x_1 + x_2 + 2x_3 \leqslant 5,\\ \qquad x_2 + x_3 \leqslant 6,\\ \qquad x_1, x_2, x_3 \geqslant 0.\end{cases}$$

10. 用单纯形法求解下列线性规划问题:

$$(1)\begin{cases}\min f = -2x_1 - x_2;\\ \text{s.t.}\quad x_1 + x_2 + x_3 = 5,\\ \qquad -x_1 + x_2 + x_4 = 0,\\ \qquad 6x_1 + 2x_2 + x_5 = 21,\\ \qquad x_j \geqslant 0, j = 1, 2, 3, 4, 5.\end{cases}$$

$$(2)\begin{cases}\min f = -2x_3 + 3x_5;\\ \text{s.t.}\quad x_1 + x_3 - x_5 = 1,\\ \qquad x_2 + 2x_3 + x_5 = 1,\\ \qquad 3x_3 + x_4 - 2x_5 = 2,\\ \qquad x_j \geqslant 0, j = 1, 2, 3, 4, 5.\end{cases}$$

11. 分别用 Dantzig 规则和 Bland 规则求解线性规划问题:

$$\begin{cases}\min f = -\dfrac{3}{4}x_4 + 20x_5 - \dfrac{1}{2}x_6 + 6x_7;\\ \text{s.t.}\ x_1 + \dfrac{1}{4}x_4 - 8x_5 - x_6 + 9x_7 = 0,\\ \qquad x_2 + \dfrac{1}{2}x_4 - 12x_5 - \dfrac{1}{2}x_6 + 3x_7 = 0,\\ \qquad x_3 + x_6 = 1,\\ \qquad x_j \geqslant 0,\quad j = 1, 2, 3, 4, 5, 6, 7.\end{cases}$$

12. 考虑下列线性规划问题:

$$\begin{cases} \max f = x_1 + 2x_2 \\ \text{s.t. } 2x_1 + x_2 \leqslant 8, \\ \quad -x_1 + 2x_2 \leqslant 6, \\ \quad x_1 + x_2 \leqslant 6, \\ \quad -x_1 + x_2 \leqslant 6, \\ \quad x_1, x_2 \geqslant 0. \end{cases}$$

(1) 用图解法证实最优点是一个退化基本可行解，且存在多余约束条件;

(2) 用单纯形法求解，在求解过程中证实 (1) 的结论;

(3) 由 (1) 剔除所有多余的约束条件，重解此问题，证实最优解不变.

13. 用两阶段法求解下列线性规划问题.

(1) $$\begin{cases} \min f = 4x_1 + 3x_3; \\ \text{s.t. } \frac{1}{2}x_1 + x_2 + \frac{1}{2}x_3 - \frac{2}{3}x_4 = 2, \\ \quad \frac{3}{2}x_1 + \frac{3}{4}x_3 = 3, \\ \quad 3x_1 - 6x_2 + 4x_4 = 0, \\ \quad x_j \geqslant 0, j = 1, 2, 3, 4. \end{cases}$$

(2) $$\begin{cases} \max f = x_1 + 2x_2 + 3x_3; \\ \text{s.t. } 5x_1 + 3x_2 + x_3 \leqslant 9, \\ \quad -5x_1 + 6x_2 + 15x_3 \leqslant 15, \\ \quad 2x_1 + x_2 + x_3 \geqslant 5, \\ \quad x_1, x_2, x_3 \geqslant 0. \end{cases}$$

14. 写出下列线性规划问题的对偶问题:

(1) $$\begin{cases} \min z = 3x_1 - 2x_2 + x_3; \\ \text{s.t. } 2x_1 - 3x_2 + x_3 = 1, \\ \quad 2x_1 + 3x_2 \geqslant 8, \\ \quad x_1, x_2, x_3 \geqslant 0. \end{cases}$$

(2) $$\begin{cases} \max z = -2x_1 + 3x_2 - 6x_3; \\ \text{s.t. } 3x_1 - 4x_2 - 6x_3 \leqslant 2, \\ \quad 2x_1 + x_2 + 2x_3 \geqslant 11, \\ \quad x_1 + 3x_2 - 2x_3 \leqslant 5, \\ \quad x_1, x_2, x_3 \geqslant 0. \end{cases}$$

(3) $$\begin{cases} \min z = -2x_1 - 6x_2 + x_3 + 4x_4 - x_5; \\ \text{s.t. } 2x_1 + x_2 + 4x_3 + x_4 + x_5 = 10, \\ \quad 3x_1 + 8x_2 - 3x_3 + x_4 = 7, \\ \quad 0 \leqslant x_1 \leqslant 3, \\ \quad 1 \leqslant x_2 \leqslant 4, \\ \quad 0 \leqslant x_3 \leqslant 8, \\ \quad 1 \leqslant x_4 \leqslant 2, \\ \quad x_5 \geqslant 0. \end{cases}$$

15. 证明设 $\tilde{\boldsymbol{x}}$ 和 $\tilde{\boldsymbol{y}}$ 分别为 (4.17) 和 (4.18) 的可行解，则 $\tilde{\boldsymbol{x}}$ 和 $\tilde{\boldsymbol{y}}$ 分别为 (4.17) 和 (4.18) 的最优解的充要条件是

$$\begin{cases} (\boldsymbol{c}-\boldsymbol{A}^{\mathrm{T}}\tilde{\boldsymbol{y}})^{\mathrm{T}}\tilde{\boldsymbol{x}}=0, \\ \tilde{\boldsymbol{y}}^{\mathrm{T}}(\boldsymbol{A}\tilde{\boldsymbol{x}}-\boldsymbol{b})=0. \end{cases}$$

16. 写出线性规划问题

$$\begin{cases} \max z = 3x_1 + x_2 + 4x_3 \\ \text{s.t.}\ \ 6x_1 + 3x_2 + 5x_3 \leqslant 25, \\ \qquad 3x_1 + 4x_2 + 5x_3 \leqslant 20, \\ \qquad x_1, x_2, x_3 \geqslant 0 \end{cases}$$

的对偶问题，用图解法解对偶问题，并利用对偶问题求解原问题.

17. 考虑下列问题

$$\begin{cases} \min f = x_1 - 5x_2 + 6x_3; \\ \text{s.t.}\ \ 2x_1 + \qquad 4x_3 \geqslant 15, \\ \qquad x_1 + 2x_2 \qquad \geqslant 9, \\ \qquad\qquad\qquad x_3 \geqslant 3, \\ \qquad x_1, x_2, x_3 \geqslant 0. \end{cases}$$

(1) 用单纯形法求解上述问题；

(2) 写出它的对偶问题，并求解对偶问题；

(3) 证明原问题的解无界，对偶问题无可行解，说明该情况的条件.

18. 用对偶单纯形法求解下列线性规划问题:

(1) $$\begin{cases} \max z = x_1 + x_2; \\ \text{s.t.}\ \ 2x_1 + x_2 \geqslant 4, \\ \qquad x_1 + 7x_2 \geqslant 7, \\ \qquad x_1, x_2 \geqslant 0. \end{cases}$$

(2) $$\begin{cases} \max z = 2x_1 - x_2 + x_3; \\ \text{s.t.}\ \ 2x_1 + 3x_2 - 5x_3 \geqslant 4, \\ \qquad -x_1 + 9x_2 - x_3 \geqslant 3, \\ \qquad 4x_1 + 6x_2 + 3x_3 \leqslant 8, \\ \qquad x_1, x_2, x_3 \geqslant 0. \end{cases}$$

第 5 章　二人有限博弈

博弈论是研究带有竞争或对抗性质的现象的数学理论和方法，它是运筹学的一个重要分支，在经济学、军事学、管理科学、政治学、生态学、博弈模拟、心理学、基因进化等诸多学科领域都有着极为广泛的应用.

本章从实例出发引出了博弈的概念，给出了矩阵博弈的基本理论和求解方法，介绍了非合作双矩阵博弈和合作双矩阵博弈.

5.1 博　　弈

现实生活中处处存在着竞争或对抗，例如，各种体育竞赛和游戏；经济领域内的贸易谈判、生产管理；政党之间的政治斗争；国家之间的外交谈判以及战争等. 这些现象都是冲突各方处于一种竞争或对抗中，并且由于参加的各方在竞争中采取不同策略而得到不同的结果. 这种带有竞争或对抗性质的行为，称之为博弈或对策.

朴素的博弈思想在中国古代源远流长，田忌赛马的故事就是一个重要的例证.

例 5.1　田忌赛马问题. 战国时期，齐国的国王与一名叫田忌的大将赛马. 双方各出三匹马，分别为上 (等) 马、中 (等) 马、下 (等) 马各一匹. 比赛时，每次双方各从自己的三匹马中任选一匹马来比，负者付给胜者 1000 两黄金，共赛三次. 当时，三种不同等级的马相差非常悬殊，而同等级的马，齐王的比田忌的要强. 谋士孙膑给田忌出了个主意：每次比赛先让齐王牵出他要参赛的马，然后用下马对齐王的上马，用中马对齐王的下马，用上马对齐王的中马. 结果田忌二胜一负，赢得 1000 两黄金. 由此看来，两人采取何种策略 (出马顺序) 对胜负是至关重要的. □

例 5.2　冬季取暖问题. 某单位在秋季要决定冬季取暖用煤储量. 在正常的冬季气温下要消耗 15 吨煤，但在较暖与较冷的冬季分别需要消耗 10 吨和 20 吨煤. 假定煤的价格随着冬季寒冷程度而有所变动：在较暖、正常、较冷的冬季气温下分别为 100 元/t、120 元/t、150 元/t，而秋季煤价为 100 元/t. 问在没有当年冬季准确的气象预报条件下，秋季储煤多少吨才较为合理？ □

在具有竞争或对抗性质的行为中，参加的各方为了达到各自的目标，必须考虑对手的各种可能的方案，并力图选取对自己最为有利或最为合理的方案. 博弈论就是研究博弈行为中竞争的各方是否存在最合理的方案，以及如何找到这个合理的行动方案的数学理论和方法.

博弈模型的形式千差万别，但本质上都必须包括三个基本要素：局中人、策略集和支付函数.

在一个博弈中，有权决定自己行动方案的参加者称为局中人，通常用 N 表示局中人的集合. 一个博弈中至少要有两个局中人. 局中人除了可以是一个自然人外，还可以是代表共同利益的一个集团，如球队、企业、国家. 在研究人与大自然作斗争时，人和大自然都是局中人.

例 5.1 中局中人是齐王和田忌；例 5.2 中局中人是人和大自然.

一个博弈中，可供局中人选择的一个实际可行的完整的行动方案称为一个策略. 每个局中人至少应有两个策略. 参加博弈的每个局中人 i 都有自己的策略集 $S_i, i \in N$，它是局中人 i 的所有策略的全体.

例 5.1 中，如果用 (上、中、下) 表示以上马、中马、下马依次参赛这样一个次序，就是一个完整的行动方案，即一个策略. 齐王和田忌均有 6 个策略：(上、中、下)，(上、下、中)，(中、上、下)，(中、下、上)，(下、中、上)，(下、上、中)，依次把齐王的策略记为 α_1，α_2，α_3，α_4，α_5，α_6，把田忌的策略记为 β_1，β_2，β_3，β_4，β_5，β_6.

例 5.2 中，人有 3 个策略：秋季买煤 10 吨、15 吨、20 吨，依次记为 α_1，α_2，α_3；大自然也有 3 个策略：冬季的气温较暖、正常、较冷，依次记为 β_1，β_2，β_3.

值得注意的是，这里的策略强调完整性，博弈行为中某一步所采取的局部行动方案不是一个策略，例如，在田忌赛马问题中，齐王的三匹马的出场次序是一个策略，但每次出哪匹马只是一个策略的组成部分，而不是一个完整的行动方案.

我们把博弈中每个局中人的策略集中各取一个策略所组成的策略组称为博弈的一个局势.

博弈的结果由局势唯一确定，或者说，一个局势确定了博弈的一种结果. 博弈的结果又决定了每个局中人的得与失，这种得失称为局中人的支付. 显然，每个局中人的支付都是局势的函数，因此称支付为支付函数. 局中人 i 的支付函数记为 P_i，$i \in N$.

对于田忌赛马问题，齐王的支付函数可以写成一个矩阵：

$$
\begin{array}{c}
\\ \alpha_1 \\ \alpha_2 \\ \alpha_3 \\ \alpha_4 \\ \alpha_5 \\ \alpha_6
\end{array}
\begin{array}{c}
\begin{array}{cccccc} \beta_1 & \beta_2 & \beta_3 & \beta_4 & \beta_5 & \beta_6 \end{array} \\
\left[\begin{array}{cccccc}
3 & 1 & 1 & 1 & 1 & -1 \\
1 & 3 & 1 & 1 & -1 & 1 \\
1 & -1 & 3 & 1 & 1 & 1 \\
-1 & 1 & 1 & 3 & 1 & 1 \\
1 & 1 & -1 & 1 & 3 & 1 \\
1 & 1 & 1 & -1 & 1 & 3
\end{array}\right]
\end{array};
$$

同样，田忌的支付函数也可以写成一个矩阵：

$$\begin{array}{c} \\ \alpha_1 \\ \alpha_2 \\ \alpha_3 \\ \alpha_4 \\ \alpha_5 \\ \alpha_6 \end{array} \begin{array}{c} \begin{array}{cccccc} \beta_1 & \beta_2 & \beta_3 & \beta_4 & \beta_5 & \beta_6 \end{array} \\ \left[\begin{array}{rrrrrr} -3 & -1 & -1 & -1 & -1 & 1 \\ -1 & -3 & -1 & -1 & 1 & -1 \\ -1 & 1 & -3 & -1 & -1 & -1 \\ 1 & -1 & -1 & -3 & -1 & -1 \\ -1 & -1 & 1 & -1 & -3 & -1 \\ -1 & -1 & -1 & 1 & -1 & -3 \end{array}\right] \end{array}.$$

对于冬季取暖问题，人的支付函数为

$$\begin{array}{c} \\ \alpha_1 \\ \alpha_2 \\ \alpha_3 \end{array} \begin{array}{c} \begin{array}{ccc} \beta_1 & \beta_2 & \beta_3 \end{array} \\ \left[\begin{array}{rrr} -1000 & -1600 & -2500 \\ -1500 & -1500 & -2250 \\ -2000 & -2000 & -2000 \end{array}\right] \end{array},$$

大自然的支付函数为

$$\begin{array}{c} \\ \alpha_1 \\ \alpha_2 \\ \alpha_3 \end{array} \begin{array}{c} \begin{array}{ccc} \beta_1 & \beta_2 & \beta_3 \end{array} \\ \left[\begin{array}{rrr} 1000 & 1600 & 2500 \\ 1500 & 1500 & 2250 \\ 2000 & 2000 & 2000 \end{array}\right] \end{array}.$$

局中人的集合 N，策略集 $\{S_i\}$ 以及支付函数 $\{P_i\}$，这三个基本要素确定之后，一个博弈 Γ 就完全确定了. 此时把这个博弈记为 $\Gamma = (N, \{S_i\}, \{P_i\})$.

只有两个局中人的博弈称为二人博弈. n 个局中人的博弈称为 n 人博弈.

如果一个博弈中每个局中人的的策略集都是有限的，则称之为有限博弈，否则称为无限博弈.

在一个博弈中，如果在任何局势下所有局中人的支付之和均为零，则称之为零和博弈. 如果在任何局势下所有局中人的支付之和均为同一个常数，则称之为常和博弈. 显然，零和博弈是常和博弈.

如果一个博弈中，局中人之间互不合作，对于策略的选择不允许事先有任何交换、传递信息的行为，不允许订立任何强制性约定，则称该博弈为非合作博弈. 合作博弈是指局中人可以事先商量，互通信息，协调行动，因而导致一些局中人进行合作而结成一个联盟.

二人有限博弈是一种最简单最基本的博弈，说它简单是因为只有两个局中人，而且每个局中人都只有有限个策略；说它基本是因为它的一套比较成熟理论和算法是研究其他各种博弈的基础. 在此，我们只讨论二人有限博弈.

5.2 矩阵博弈的基本理论

本节从二人零和有限博弈的基本要素出发，引出矩阵博弈的基本概念和基本理论.

5.2.1 基本概念

设 Γ 是二人零和有限博弈，局中人甲、乙的策略集分别为

$$S_1=\{\alpha_1,\alpha_2,\cdots,\alpha_m\},\quad S_2=\{\beta_1,\beta_2,\cdots,\beta_n\}.$$

又设在局势 (α_i,β_j) 中，甲得到的支付为 $a_{ij}(i=1,2,\cdots,m;j=1,2,\cdots,n)$，则甲的支付函数可写成矩阵的形式 $\boldsymbol{A}=[a_{ij}]_{m\times n}$；设在局势 (α_i,β_j) 中，乙得到的支付为 $b_{ij}(i=1,2,\cdots,m;j=1,2,\cdots,n)$，则乙的支付函数也可写成矩阵的形式 $\boldsymbol{B}=[b_{ij}]_{m\times n}$ 因为 Γ 是零和博弈，所以

$$a_{ij}+b_{ij}=0,\quad i=1,2,\cdots,m;j=1,2,\cdots,n,$$

即 $\boldsymbol{B}=-\boldsymbol{A}$. 从而 Γ 由甲的支付函数 (矩阵) $\boldsymbol{A}$ 唯一确定. 于是二人零和有限博弈可以记为 $\Gamma=(S_1,\ S_2;\ \boldsymbol{A})$. 因此二人零和有限博弈也称为矩阵博弈，$\boldsymbol{A}$ 称为支付矩阵.

矩阵博弈中一个局中人的所得就是另一个局中人的所失，所以矩阵博弈是完全对抗性的，两个局中人绝对不会合作，即矩阵博弈是非合作二人博弈.

如果甲采用策略 α_i，则他至少可以得到

$$p_i=\min_{1\leqslant j\leqslant n}a_{ij},$$

由于甲希望 p_i 越大越好，因此他可以选择策略 α_{i^*}，使他的所得不少于

$$p_{i^*}=\max_{1\leqslant i\leqslant m}p_i=\max_{1\leqslant i\leqslant m}\min_{1\leqslant j\leqslant n}a_{ij}.$$

同样，如果乙采用策略 β_j，则他至多失去

$$q_j=\max_{1\leqslant i\leqslant m}a_{ij},$$

由于乙希望 q_j 越小越好，因此他可以选择策略 β_{j^*}，使他的所失不多于

$$q_{j^*}=\min_{1\leqslant j\leqslant n}q_j=\min_{1\leqslant j\leqslant m}\max_{1\leqslant i\leqslant m}a_{ij},$$

也就是说，如果乙处理得当，则甲的所得不会大于 q_{j^*}.

既然甲可以选择策略 α_{i^*}，使自己至少得到 p_{i^*}，而乙可以选择策略 β_{j^*} 使甲至多得到 q_{j^*}，那么这两个值之间有什么关系呢?

在田忌赛马问题中，有

$$p_{i^*} = \max_{1\leqslant i\leqslant m} p_i = \max_{1\leqslant i\leqslant 6}\min_{1\leqslant j\leqslant 6} a_{ij} = -1,$$

$$q_{j^*} = \min_{1\leqslant j\leqslant n} q_j = \min_{1\leqslant j\leqslant 6}\max_{1\leqslant i\leqslant 6} a_{ij} = 3,$$

即 $p_{i^*} < q_{j^*}$.

在冬季取暖问题中，有

$$p_{i^*} = \max_{1\leqslant i\leqslant 3} p_i = \max_{1\leqslant i\leqslant 3}\min_{1\leqslant j\leqslant 3} a_{ij} = -2000,$$

$$q_{j^*} = \min_{1\leqslant j\leqslant 3} q_j = \min_{1\leqslant j\leqslant 3}\max_{1\leqslant i\leqslant 3} a_{ij} = -2000,$$

即 $p_{i^*} < q_{j^*}$.

容易证明，对于任何矩阵博弈 $\Gamma = (S_1, S_2; \boldsymbol{A})$，都有

$$\max_{1\leqslant i\leqslant m}\min_{1\leqslant j\leqslant n} a_{ij} \leqslant \min_{1\leqslant j\leqslant n}\max_{1\leqslant i\leqslant m} a_{ij}. \tag{5.1}$$

式 (5.1) 说明，局中人甲的最小所得一定不超过局中人乙的最大所失. 现在要问：在什么条件下，(5.1) 式中等号成立? 下面的定理回答了这个问题.

定理 5.1　矩阵博弈 $\Gamma = (S_1,\ S_2;\ \boldsymbol{A})$ 有等式

$$\max_{1\leqslant i\leqslant m}\min_{1\leqslant j\leqslant n} a_{ij} = \min_{1\leqslant j\leqslant n}\max_{1\leqslant i\leqslant m} a_{ij} \tag{5.2}$$

成立的充要条件是存在局势 $(\alpha_{i^*}, \beta_{j^*})$，使得

$$a_{ij^*} \leqslant a_{i^*j^*} \leqslant a_{i^*j}, \quad i = 1, 2, \cdots, m; j = 1, 2, \cdots, n. \tag{5.3}$$

证明　充分性. 假设 Γ 存在局势 $(\alpha_{i^*}, \beta_{j^*})$ 使得 (5.3) 式成立，从而

$$\max_{1\leqslant i\leqslant m} a_{ij^*} \leqslant a_{i^*j^*} \leqslant \min_{1\leqslant j\leqslant n} a_{i^*j},$$

所以

$$\min_{1\leqslant j\leqslant n}\max_{1\leqslant i\leqslant m} a_{ij} \leqslant a_{i^*j^*} \leqslant \max_{1\leqslant i\leqslant m}\min_{1\leqslant j\leqslant n} a_{ij}.$$

于是由 (5.1) 式得

$$\max_{1\leqslant i\leqslant m}\min_{1\leqslant j\leqslant n} a_{ij} = \min_{1\leqslant j\leqslant n}\max_{1\leqslant i\leqslant m} a_{ij} = a_{i^*j^*}.$$

必要性. 设 (5.2) 式成立. 易知有 $1\leqslant i^*\leqslant m$，$1\leqslant j^*\leqslant n$，使得

$$\min_{1\leqslant j\leqslant n} a_{i^*j} = \max_{1\leqslant i\leqslant m}\min_{1\leqslant j\leqslant n} a_{ij}, \quad \max_{1\leqslant i\leqslant m} a_{ij^*} = \min_{1\leqslant j\leqslant n}\max_{1\leqslant i\leqslant m} a_{ij},$$

则由 (5.2) 式有

$$\max_{1\leqslant i\leqslant m} a_{ij^*} = \min_{1\leqslant j\leqslant n} a_{i^*j} \leqslant a_{i^*j^*} \leqslant \max_{1\leqslant i\leqslant m} a_{ij^*} = \min_{1\leqslant j\leqslant n} a_{i^*j},$$

于是 (5.3) 式成立. □

从 (5.3) 式可以看出：当局中人甲采取策略 α_{i^*} 时，局中人乙为了使自己所失最少，只有选择策略 β_{j^*}，否则就可能失去更多；同样，当局中人乙采取策略 β_{j^*} 时，局中人甲为了得到最多，也只能选择策略 α_{i^*}，否则得到的将更少. 由此可知，双方的竞争在局势 $(\alpha_{i^*},\beta_{j^*})$ 下达到一个均衡状态. 由此给出下面的定义.

定义 5.1 设矩阵博弈 $\Gamma=(S_1,S_2;\boldsymbol{A})$，如果存在 $\alpha_{i^*}\in S_1$，$\beta_{j^*}\in S_2$，使得

$$a_{ij^*}\leqslant a_{i^*j^*}\leqslant a_{i^*j}, \quad i=1,2,\cdots,m; j=1,2,\cdots,n,$$

则称局势 $(\alpha_{i^*},\beta_{j^*})$ 为 Γ 的均衡局势或解；α_{i^*} 与 β_{j^*} 分别称为局中人甲与局中人乙的最优策略；$a_{i^*j^*}$ 称为 Γ 的值，记为 v_Γ.

由定理 5.2 的必要性的证明可得

$$v_\Gamma = a_{i^*j^*} = \max_{1\leqslant i\leqslant m}\min_{1\leqslant j\leqslant n} a_{ij} = \min_{1\leqslant j\leqslant n}\max_{1\leqslant i\leqslant m} a_{ij},$$

因此有以下的推论.

推论 5.2 矩阵博弈 $\Gamma=(S_1,S_2;\boldsymbol{A})$ 使得 (5.2) 式成立当且仅当 Γ 有解，且 Γ 的值等于 (5.2) 式的值. □

在冬季取暖问题中，由前面的计算可知

$$\max_{1\leqslant i\leqslant 3}\min_{1\leqslant j\leqslant 3} a_{ij} = \min_{1\leqslant j\leqslant 3}\max_{1\leqslant i\leqslant 3} a_{ij} = -2000,$$

因此该博弈有解 (α_3,β_3)，即秋季存贮 20 吨煤最为合理，博弈的值为 -2000.

仿照二元函数中鞍点的定义，称满足 (5.3) 式的局势 $(\alpha_{i^*},\beta_{j^*})$ 为 Γ 的鞍点.

根据以上讨论，可以给出求矩阵博弈 $\Gamma=(S_1,S_2;\boldsymbol{A})$ 的鞍点的一个方法：分别求出支付矩阵 $\boldsymbol{A}$ 中第 i 行的最小元素 $p_i(i=1,2,\cdots,m)$ 和第 j 列的最大元素 $q_j(j=1,2,\cdots,n)$，如果

$$\max_{1\leqslant i\leqslant m} p_i = \min_{1\leqslant j\leqslant n} q_j,$$

则 Γ 有解，并且满足

$$p_{i^*} = \max_{1\leqslant i\leqslant m} p_i, \quad q_{j^*} = \min_{1\leqslant j\leqslant n} q_j$$

的局势 $(\alpha_{i^*},\beta_{j^*})$ 是 Γ 的鞍点，且 $v_\Gamma = p_{i^*} = q_{j^*}$.

5.2.2　混合策略

在田忌赛马问题中，有

$$\max_{1\leqslant i\leqslant 6}\min_{1\leqslant j\leqslant 6} a_{ij} = -1 < 3 = \min_{1\leqslant j\leqslant 6}\max_{1\leqslant i\leqslant 6}, a_{ij},$$

所以博弈无解，即局中人找不到各自的最优策略，自然也求不出博弈的值.

例 5.3　给定矩阵博弈 $\Gamma = (S_1,\ S_2;\ \boldsymbol{A})$，其中

$$\boldsymbol{A} = \begin{bmatrix} 3 & 6 \\ 5 & 4 \end{bmatrix},$$

此时

$$\max_{1\leqslant i\leqslant 2}\min_{1\leqslant j\leqslant 2} a_{ij} = 4 < 5 = \min_{1\leqslant j\leqslant 2}\max_{1\leqslant i\leqslant 2}, a_{ij},$$

故 Γ 无解.

这说明按定义 5.1 中博弈的解的概念会使许多矩阵博弈不存在解，因此有必要把博弈问题中解的定义作一些修正. 下面通过例 5.3 来分析应如何修正博弈的解的定义.

从前面的讨论可以发现，当局中人双方根据“从最不利情形中选取最有利的结果”的原则选取策略时，例 5.3 中的局中人甲应选取 α_2，局中人乙应选取 β_1. 此时甲将得到 5，比其预期得到的 4 还要多，故 β_1 对乙来说并不是最优策略，因而乙会考虑选取 β_2. 甲亦会采取相应的办法，改选 α_1，以使其得到 6，而乙又可能仍取 β_1 来对付甲的策略 α_1. 这样甲选 α_1 或 α_2 的可能性及乙选 β_1 或 β_2 的可能性都不能排除. 于是，一个自然且符合实际的想法是给出局中人选取策略的概率分布.

假设局中人甲以概率 x_1 选取 α_1，以概率 x_2 选取 α_2；乙以概率 y_1 选取 β_1，以概率 y_2 选取 β_2，这里应有

$$x_1 + x_2 = 1, \quad y_1 + y_2 = 1.$$

记 $\boldsymbol{x} = (x_1, x_2)^{\mathrm{T}}$，$\boldsymbol{y} = (y_1, y_2)^{\mathrm{T}}$，则局中人甲的支付的期望值为

$$\begin{aligned} E(\boldsymbol{x},\boldsymbol{y}) &= \boldsymbol{x}^{\mathrm{T}}\boldsymbol{A}\boldsymbol{y} \\ &= 3x_1y_1 + 6x_1y_2 + 5x_2y_1 + 4x_2y_2 \\ &= 3x_1y_1 + 6x_1(1-y_1) + 5y_1(1-x_1) + 4(1-x_1)(1-y_1) \\ &= -4\left(x_1 - \frac{1}{4}\right)\left(y_1 - \frac{1}{2}\right) + \frac{9}{2}, \end{aligned}$$

由上式可知，当 $x_1 = \dfrac{1}{4}$时，$E(\boldsymbol{x},\boldsymbol{y}) = \dfrac{9}{2}$，这就是说. 当局中人甲以概率 $\dfrac{1}{4}$ 选取 α_1

时，他可得到 $\frac{9}{2}$. 但只要局中人乙以 $\frac{1}{2}$ 的概率选取 β_1，就可控制局中人甲的期望值不会超过 $\frac{9}{2}$，因此 $\frac{9}{2}$ 是局中人甲的支付的期望值. 同样，局中人乙以概率 $\frac{1}{2}$ 选取 β_1 时，他的所失的期望值也是 $\frac{9}{2}$. 于是，当局中人甲分别以概率 $\frac{1}{4}$ 与 $\frac{3}{4}$ 选取 α_1 与 α_2，局中人乙以等概率 $\frac{1}{2}$ 分别选取 β_1 与 β_2 时，甲乙双方都会得到满意的结果，或者说，以这种方式选取策略参加博弈，对双方都是最好的选择. □

把上述思想进行推广就得到如下概念.

定义 5.2 设有矩阵博弈 $\Gamma=(S_1,S_2;\boldsymbol{A})$，其中

$$S_1=\{\alpha_1,\alpha_2,\cdots,\alpha_m\},\quad S_2=\{\beta_1,\beta_2,\cdots,\beta_n\},\quad \boldsymbol{A}=[a_{ij}]_{m\times n},$$

记

$$S_1^*=\left\{\boldsymbol{x}\in\mathbb{R}^m\middle| x_i\geqslant 0(i=1,2,\cdots,m),\sum_{i=1}^m x_i=1\right\},$$

$$S_2^*=\left\{\boldsymbol{y}\in\mathbb{R}^n\middle| y_j\geqslant 0(j=1,2,\cdots,n),\sum_{j=1}^n y_j=1\right\},$$

则称 S_1^* 和 S_2^* 分别为局中人甲和局中人乙的混合策略集；$\boldsymbol{x}\in S_1^*$，$\boldsymbol{y}\in S_2^*$ 分别称为局中人甲和局中人乙的混合策略；$\forall\boldsymbol{x}\in S_1^*$，$\forall\boldsymbol{y}\in S_2^*$，称 $(\boldsymbol{x},\boldsymbol{y})$ 为 Γ 的一个混合局势，并称

$$E(\boldsymbol{x},\boldsymbol{y})=\boldsymbol{x}^{\mathrm{T}}\boldsymbol{A}\boldsymbol{y}=\sum_{i=1}^m\sum_{j=1}^n a_{ij}x_iy_j$$

为局中人甲的期望支付函数，或简称为支付函数. 这样得到的一个新的博弈记成 $\Gamma^*=(S_1^*,\ S_2^*;\ E)$，称之为 Γ 的混合扩充.

显然，Γ 中的策略是 Γ^* 中混合策略的特例. 相对于"混合策略"这个概念，称 Γ 中的策略为纯策略.

一个混合策略 $\boldsymbol{x}=(x_1,x_2,\cdots,x_m)^{\mathrm{T}}\in S_1^*$，可以设想为当两个局中人多次重复进行博弈 Γ 时，局中人甲分别采取纯策略 $\alpha_1,\alpha_2,\cdots,\alpha_m$ 的频率. 若只进行一次博弈，则混合策略 $\boldsymbol{x}$ 可以设想成局中人甲对各个策略的偏爱程度.

如果两个局中人仍按照"从最不利情形中选取最有利的结果"的原则，则局中人甲可保证自己的支付的期望值不少于

$$v_1=\max_{\boldsymbol{x}\in S_1^*}\min_{\boldsymbol{y}\in S_2^*}E(\boldsymbol{x},\boldsymbol{y});$$

局中人乙可保证自己的所失的期望值至多是

$$v_2 = \min_{\boldsymbol{y}\in S_2^*} \max_{\boldsymbol{x}\in S_1^*} E(\boldsymbol{x},\boldsymbol{y}).$$

易知，S_1^* 和 S_2^* 均为有界闭集，并且对于固定的 $\boldsymbol{x}\in S_1^*$，$E(\boldsymbol{x},\boldsymbol{y})$ 关于 $\boldsymbol{y}$ 是 S_2^* 上的线性函数，所以 $\min\limits_{\boldsymbol{y}\in S_2^*} E(\boldsymbol{x},\boldsymbol{y})$ 存在，而且 $\min\limits_{\boldsymbol{y}\in S_2^*} E(\boldsymbol{x},\boldsymbol{y})$ 关于 $\boldsymbol{x}$ 是 S_1^* 上的连续函数，从而 v_1 为有限数. 同理，v_2 也是有限数. 仿照定理 5.1，容易证明:

定理 5.3　设 $\Gamma^* = (S_1^*, S_2^*; E)$ 是矩阵博弈 $\Gamma = (S_1, S_2; \boldsymbol{A})$ 的混合扩充，则

$$\max_{\boldsymbol{x}\in S_1^*} \min_{\boldsymbol{y}\in S_2^*} E(\boldsymbol{x},\boldsymbol{y}) = \min_{\boldsymbol{y}\in S_2^*} \max_{\boldsymbol{x}\in S_1^*} E(\boldsymbol{x},\boldsymbol{y}) \tag{5.4}$$

的充要条件是存在 $\boldsymbol{x}^*\in S_1^*$，$\boldsymbol{y}^*\in S_2^*$，使得

$$E(\boldsymbol{x},\boldsymbol{y}^*) \leqslant E(\boldsymbol{x}^*,\boldsymbol{y}^*) \leqslant E(\boldsymbol{x}^*,\boldsymbol{y}), \quad \forall \boldsymbol{x}\in S_1^*, \forall \boldsymbol{y}\in S_2^*.$$ □

仿照定义 5.1，可以给出 Γ^* 的解的一个扩充.

定义 5.3　设 $\Gamma^* = (S_1^*, S_2^*; E)$ 为矩阵博弈 $\Gamma = (S_1, S_2; \boldsymbol{A})$ 的混合扩充，若存在 $\boldsymbol{x}^*\in S_1^*$，$\boldsymbol{y}^*\in S_2^*$，使得

$$E(\boldsymbol{x},\boldsymbol{y}^*) \leqslant E(\boldsymbol{x}^*,\boldsymbol{y}^*) \leqslant E(\boldsymbol{x}^*,\boldsymbol{y}), \quad \forall \boldsymbol{x}\in S_1^*, \forall \boldsymbol{y}\in S_2^*.$$

则称混合局势 $(\boldsymbol{x}^*,\boldsymbol{y}^*)$ 为 Γ 的混合均衡局势或在混合策略意义下的解 (简称为解)；$\boldsymbol{x}^*$ 和 $\boldsymbol{y}^*$ 分别为局中人甲和局中人乙的最优 (混合) 策略；$E(\boldsymbol{x}^*,\boldsymbol{y}^*)$ 称为 Γ 在混合策略意义下的值，记为 v_{Γ^*}.

由定义 5.3 和定理 5.3 立即得到

推论 5.4　矩阵博弈 $\Gamma = (S_1, S_2; \boldsymbol{A})$ 使得 (5.4) 式成立当且仅当 Γ 在混合策略意义下有解，且 Γ 在混合策略意义下的值等于 (5.4) 式的值. □

以后对矩阵博弈 $\Gamma = (S_1, S_2; \boldsymbol{A})$ 及其混合扩充 $\Gamma^* = (S_1^*, S_2^*; E)$ 一般不加区别，常常用 $\Gamma = (S_1, S_2; \boldsymbol{A})$ 来表示. 当不存在均衡局势时，自动转为讨论混合均衡局势；又因为混合策略是纯策略的扩充，所以若 Γ 存在均衡局势，则它也是 Γ 的混合均衡局势，且 $v_{\Gamma^*} = v_\Gamma$. 因此，把 v_{Γ^*} 和 v_Γ 都称为 Γ 的值.

现在讨论例 5.3 中的矩阵博弈在混合策略意义下的解. 由前面的分析可知，局中人甲的支付函数为

$$E(\boldsymbol{x},\boldsymbol{y}) = -4\left(x_1 - \frac{1}{4}\right)\left(y_1 - \frac{1}{2}\right) + \frac{9}{2},$$

取 $\boldsymbol{x}^* = \left(\dfrac{1}{4}, \dfrac{3}{4}\right)^{\mathrm{T}}, \boldsymbol{y}^* = \left(\dfrac{1}{2}, \dfrac{1}{2}\right)^{\mathrm{T}}$，则

$$E(\boldsymbol{x},\boldsymbol{y}^*) \leqslant E(\boldsymbol{x}^*,\boldsymbol{y}^*) \leqslant E(\boldsymbol{x}^*,\boldsymbol{y}), \quad \forall \boldsymbol{x}\in S_1^*, \forall \boldsymbol{y}\in S_2^*,$$

即 $\boldsymbol{x}^*$ 和 $\boldsymbol{y}^*$ 分别为局中人甲和局中人乙的最优策略，博弈值为 $\dfrac{9}{2}$.

下面引入两个记号.

当局中人甲取纯策略 α_i，局中人乙取混合策略 $\boldsymbol{y}$ 时，记甲的支付函数 $E(i,\boldsymbol{y})$，即

$$E(i,\boldsymbol{y})=\sum_{j=1}^{n}a_{ij}y_j.$$

当甲取混合策略 $\boldsymbol{x}$，乙取纯策略 β_j 时，记甲的支付函数为 $E(\boldsymbol{x},j)$，即

$$E(\boldsymbol{x},j)=\sum_{i=1}^{m}a_{ij}x_i,$$

则有

$$E(\boldsymbol{x},\boldsymbol{y})=\sum_{i=1}^{m}E(i,\boldsymbol{y})x_i,\quad E(\boldsymbol{x},\boldsymbol{y})=\sum_{j=1}^{n}E(\boldsymbol{x},j)y_j.$$

定理 5.5 矩阵博弈 $\Gamma=(S_1,S_2;\boldsymbol{A})$ 存在混合均衡局势的充要条件是

$$\max_{\boldsymbol{x}\in S_1^*}\min_{1\leqslant j\leqslant n}E(\boldsymbol{x},j)=\min_{\boldsymbol{y}\in S_2^*}\max_{1\leqslant i\leqslant m}E(i,\boldsymbol{y}),\tag{5.5}$$

并且上式的公共值等于 Γ 的值.

证明 因为纯策略是混合策略的特例，所以

$$\min_{1\leqslant j\leqslant n}E(\boldsymbol{x},j)\geqslant\min_{\boldsymbol{y}\in S_2^*}E(\boldsymbol{x},\boldsymbol{y}),\quad\forall\boldsymbol{x}\in S_1^*,$$

$$\max_{1\leqslant i\leqslant m}E(i,\boldsymbol{y})\leqslant\max_{\boldsymbol{x}\in S_1^*}E(\boldsymbol{x},\boldsymbol{y}),\quad\forall\boldsymbol{y}\in S_2^*,$$

从而

$$\max_{\boldsymbol{x}\in S_1^*}\min_{1\leqslant j\leqslant n}E(\boldsymbol{x},j)\geqslant\max_{\boldsymbol{x}\in S_1^*}\min_{\boldsymbol{y}\in S_2^*}E(\boldsymbol{x},\boldsymbol{y}),\tag{5.6}$$

$$\min_{\boldsymbol{y}\in S_2^*}\max_{1\leqslant i\leqslant m}E(i,\boldsymbol{y})\leqslant\min_{\boldsymbol{y}\in S_2^*}\max_{\boldsymbol{x}\in S_1^*}E(\boldsymbol{x},\boldsymbol{y}).\tag{5.7}$$

另一方面，$\forall\boldsymbol{x}\in S_1^*$，$\forall\boldsymbol{y}\in S_2^*$，有

$$E(\boldsymbol{x},\boldsymbol{y})=\sum_{j=1}^{n}E(\boldsymbol{x},j)y_j\geqslant\min_{1\leqslant j\leqslant n}E(\boldsymbol{x},j),$$

$$E(\boldsymbol{x},\boldsymbol{y})=\sum_{i=1}^{m}E(i,\boldsymbol{y})x_i\leqslant\max_{1\leqslant i\leqslant m}E(i,\boldsymbol{y}),$$

因此

$$\max_{\boldsymbol{x}\in S_1^*}\min_{\boldsymbol{y}\in S_2^*}E(\boldsymbol{x},\boldsymbol{y})\geqslant\max_{\boldsymbol{x}\in S_1^*}\min_{1\leqslant j\leqslant n}E(\boldsymbol{x},j),\tag{5.8}$$

$$\min_{\boldsymbol{y}\in S_2^*}\max_{\boldsymbol{x}\in S_1^*} E(\boldsymbol{x},\boldsymbol{y}) \leqslant \min_{\boldsymbol{y}\in S_2^*}\max_{1\leqslant i\leqslant m} E(i,\boldsymbol{y}). \tag{5.9}$$

由 (5.6) 和 (5.7) 两式以及 (5.8) 和 (5.9) 两式可得

$$\max_{\boldsymbol{x}\in S_1^*}\min_{\boldsymbol{y}\in S_2^*} E(\boldsymbol{x},\boldsymbol{y}) = \max_{\boldsymbol{x}\in S_1^*}\min_{1\leqslant j\leqslant n} E(\boldsymbol{x},j),$$

$$\min_{\boldsymbol{y}\in S_2^*}\max_{\boldsymbol{x}\in S_1^*} E(\boldsymbol{x},\boldsymbol{y}) = \min_{\boldsymbol{y}\in S_2^*}\max_{1\leqslant i\leqslant m} E(i,\boldsymbol{y}).$$

由此可知，(5.4) 式成立当且仅当 (5.5) 式成立，故由定理 5.3 知定理 5.5 成立. □

定理 5.6　设 $\Gamma=(S_1,\ S_2;\ \boldsymbol{A})$ 为矩阵博弈，$\boldsymbol{x}^*\in S_1^*$，$\boldsymbol{y}^*\in S_2^*$，则 $(\boldsymbol{x}^*,\boldsymbol{y}^*)$ 为 Γ 的解当且仅当存在数 v，使得

$$E(i,\boldsymbol{y}^*) \leqslant v \leqslant E(x^*,j), \quad i=1,2,\cdots,m; j=1,2,\cdots,n, \tag{5.10}$$

并且此时博弈 Γ 的值为 v.

证明　必要性. 设 $(\boldsymbol{x}^*,\boldsymbol{y}^*)$ 为 Γ 的解，则

$$E(\boldsymbol{x},\boldsymbol{y}^*) \leqslant E(\boldsymbol{x}^*,\boldsymbol{y}^*) \leqslant E(\boldsymbol{x}^*,\boldsymbol{y}), \quad \forall \boldsymbol{x}\in S_1^*, \forall \boldsymbol{y}\in S_2^*,$$

从而

$$E(i,\boldsymbol{y}^*) \leqslant E(\boldsymbol{x}^*,\boldsymbol{y}^*) \leqslant E(\boldsymbol{x}^*,j), \quad i=1,2,\cdots,m; j=1,2,\cdots,n,$$

只要取 $v=E(\boldsymbol{x}^*,\boldsymbol{y}^*)$ 即得 (5.10) 式.

充分性. 假设存在数 v，使 (5.10) 式成立，则

$$\sum_{i=1}^m E(i,\boldsymbol{y}^*)x_i \leqslant v\sum_{i=1}^m x_i = v, \quad \forall \boldsymbol{x}\in S_1^*,$$

$$v=\sum_{j=1}^n y_j v \leqslant \sum_{j=1}^n E(\boldsymbol{x}^*,j)y_j, \quad \forall \boldsymbol{y}\in S_2^*,$$

即

$$E(\boldsymbol{x},\boldsymbol{y}^*) \leqslant v \leqslant E(\boldsymbol{x}^*,\boldsymbol{y}), \quad \forall \boldsymbol{x}\in S_1^*, \forall \boldsymbol{y}\in S_2^*.$$

特别地，有

$$E(\boldsymbol{x}^*,\boldsymbol{y}^*) \leqslant v \leqslant E(\boldsymbol{x}^*,\boldsymbol{y}^*),$$

即 $v=E(\boldsymbol{x}^*,\boldsymbol{y}^*)$，于是 $(\boldsymbol{x}^*,\boldsymbol{y}^*)$ 为 Γ 的解，且 $v_\Gamma=E(\boldsymbol{x}^*,\boldsymbol{y}^*)=v$. □

这个定理的意义在于，它把矩阵博弈的解定义为满足

$$E(i,\boldsymbol{y}^*) \leqslant E(\boldsymbol{x}^*,\boldsymbol{y}^*) \leqslant E(\boldsymbol{x}^*,j), \quad i=1,2,\cdots,m; j=1,2,\cdots,n$$

的局势 $(\boldsymbol{x}^*,\boldsymbol{y}^*)$，这样把需要验证无限个不等式的问题转化为只需验证有限个不等式的问题，从而使得后面的研究大大简化.

记矩阵博弈 Γ 的解的集合为 $T(\Gamma)$.

定理 5.7 设有两个矩阵博弈 $\Gamma_1=(S_1,S_2;\boldsymbol{A}_1),\Gamma_2=(S_1,S_2;\boldsymbol{A}_2)$，其中 $\boldsymbol{A}_1=[a_{ij}]_{m\times n}$，$\boldsymbol{A}_2=[ca_{ij}+d]_{m\times n}$，$c>0$ 和 d 均为常数，则

(1) $T(\Gamma_1)=T(\Gamma_2)$;

(2) 当 $T(\Gamma_1)\neq\varnothing$ 时，有 $v_{\Gamma_2}=cv_{\Gamma_1}+d$.

证明 用 $E^{(i)}$ 表示 Γ_i 中局中人甲的期望支付函数，$i=1,2$，则 $\forall\boldsymbol{x}\in S_1^*$，$\forall\boldsymbol{y}\in S_2^*$，有

$$E^{(2)}(\boldsymbol{x},\boldsymbol{y})=\sum_{i=1}^{m}\sum_{j=1}^{n}(ca_{ij}+d)x_iy_j=cE^{(1)}(\boldsymbol{x},\boldsymbol{y})+d. \tag{5.11}$$

由解的定义可知，$(\boldsymbol{x}^*,\boldsymbol{y}^*)\in T(\Gamma_1)$ 当且仅当

$$E^{(1)}(\boldsymbol{x},\boldsymbol{y}^*)\leqslant E^{(1)}(\boldsymbol{x}^*,\boldsymbol{y}^*)\leqslant E^{(1)}(\boldsymbol{x}^*,\boldsymbol{y}),\quad \forall\boldsymbol{x}\in S_1^*,\forall\boldsymbol{y}\in S_2^*,$$

由 (5.11) 式知这又等价于

$$E^{(2)}(\boldsymbol{x},\boldsymbol{y}^*)\leqslant E^{(2)}(\boldsymbol{x}^*,\boldsymbol{y}^*)\leqslant E^{(2)}(\boldsymbol{x}^*,\boldsymbol{y}),\quad \forall\boldsymbol{x}\in S_1^*,\forall\boldsymbol{y}\in S_2^*.$$

而上式成立的充要条件是 $(\boldsymbol{x}^*,\boldsymbol{y}^*)\in T(\Gamma_2)$，这就证明了 $T(\Gamma_1)=T(\Gamma_2)$.

当 $T(\Gamma_1)\neq\varnothing$ 时，由定理 5.3 知

$$v_{\Gamma_i}=\max_{\boldsymbol{x}\in S_1^*}\min_{\boldsymbol{y}\in S_2^*}E^{(i)}(\boldsymbol{x},\boldsymbol{y}),\quad i=1,2,$$

从而由 (5.11) 式有 $v_{\Gamma_2}=cv_{\Gamma_1}+d$. □

5.2.3 最大最小定理

由定理 5.6 可知，$(\boldsymbol{x}^*,\boldsymbol{y}^*)$ 为矩阵博弈 $\Gamma=(S_1,S_2;\boldsymbol{A})$ 的解当且仅当存在数 v，使得 $\boldsymbol{x}^*$ 为不等式组

$$\begin{cases}\displaystyle\sum_{i=1}^{m}a_{ij}x_i\geqslant v,\quad j=1,2,\cdots,n,\\ \displaystyle\sum_{i=1}^{m}x_i=1,\\ x_i\geqslant 0,\quad i=1,2,\cdots,m\end{cases} \tag{5.12}$$

的解，$\boldsymbol{y}^*$ 为不等式组

$$
\begin{cases}
\sum\limits_{j=1}^{n} a_{ij}y_j \leqslant v, \quad i=1,2,\cdots,m, \\
\sum\limits_{j=1}^{n} y_j = 1, \\
y_j \geqslant 0, \quad j=1,2,\cdots,n
\end{cases}
\tag{5.13}
$$

的解，并且 $v=v_\Gamma$.

不失一般性, 可设支付矩阵 $\boldsymbol{A}$ 的每个元素都是正的，否则由定理 5.7，可以把 $\boldsymbol{A}$ 的每个元素都加上一个足够大的正数 d. 于是由定理 5.5 可知式 (5.12) 和 (5.13) 两式中的 $v>0$.

作变换

$$
\tilde{x}_i=\frac{x_i}{v}\ (i=1,2,\cdots,m), \quad \tilde{y}_j=\frac{y_j}{v}(j=1,2,\cdots,n).
$$

考虑两个线性规划问题

$$
\begin{cases}
\min \quad \sum\limits_{i=1}^{m} \tilde{x}_i; \\
\text{s.t.} \quad \sum\limits_{i=1}^{m} a_{ij}\tilde{x}_i \geqslant 1, \quad j=1,2,\cdots,n, \\
\qquad\quad \tilde{x}_i \geqslant 0, \quad i=1,2,\cdots,m
\end{cases}
\tag{5.14}
$$

和

$$
\begin{cases}
\max \quad \sum\limits_{j=1}^{n} \tilde{y}_j; \\
\text{s.t.} \quad \sum\limits_{j=1}^{n} a_{ij}\tilde{y}_j \leqslant 1, \quad i=1,2,\cdots,m, \\
\qquad\quad \tilde{y}_j \geqslant 0, \quad j=1,2,\cdots,n.
\end{cases}
\tag{5.15}
$$

显然，问题 (5.14) 和 (5.15) 是一对互为对偶的线性规划问题.

若 $(\boldsymbol{x}^*,\boldsymbol{y}^*)$ 为 Γ 的解，则存在常数 $v_\Gamma>0$，使得 $\boldsymbol{x}^*$ 满足不等式组 (5.12)，$\boldsymbol{y}^*$ 满足不等式组 (5.13)，从而 $\tilde{\boldsymbol{x}}^*=\dfrac{\boldsymbol{x}^*}{v_\Gamma}$ 为问题 (5.14) 的可行解，$\tilde{\boldsymbol{y}}^*=\dfrac{\boldsymbol{y}^*}{v_\Gamma}$ 为问题 (5.15) 的可行解，且它们各自对应的目标函数值

$$
\sum_{i=1}^{m}\tilde{x}_i^*=\frac{1}{v_\Gamma}=\sum_{j=1}^{n}\tilde{y}_j^*.
$$

从而由对偶理论 (见 4.4 节) 可知，$\tilde{\boldsymbol{x}}^*$ 为问题 (5.14) 的最优解，$\tilde{\boldsymbol{y}}^*$ 为问题 (5.15) 的最优解.

反过来，若 $\tilde{\boldsymbol{x}}^*$ 和 $\tilde{\boldsymbol{y}}^*$ 分别为问题 (5.14) 和 (5.15) 的最优解，则由对偶理论有

$$w=\sum_{i=1}^{n}\tilde{x}_i^*=\sum_{j=1}^{n}\tilde{y}_j^*,$$

显然 $w>0$. 令

$$\boldsymbol{x}^*=\frac{\tilde{\boldsymbol{x}}^*}{w},\quad y^*=\frac{\tilde{\boldsymbol{y}}^*}{w},$$

则

$$x^*\geqslant 0,\quad \sum_{i=1}^{m}x_i^*=1;\quad y^*\geqslant 0,\quad \sum_{i=1}^{n}y_i^*=1,$$

即 $\boldsymbol{x}^*\in S_1^*,\boldsymbol{y}^*\in S_2^*$，并且由问题 (5.14) 和 (5.15) 的约束条件可知

$$\sum_{j=1}^{n}a_{ij}\frac{\tilde{y}_j^*}{w}\leqslant\frac{1}{w}\leqslant\sum_{i=1}^{m}a_{ij}\frac{\tilde{x}_i^*}{w},\quad i=1,2,\cdots,m;j=1,2,\cdots,n,$$

即

$$E(i,\boldsymbol{y}^*)\leqslant\frac{1}{w}\leqslant E(\boldsymbol{x}^*,j),\quad i=1,2,\cdots,m;j=1,2,\cdots,n.$$

由定理 5.6，$(\boldsymbol{x}^*,\boldsymbol{y}^*)$ 是 Γ 的解，且 $v_\Gamma=\dfrac{1}{w}=\dfrac{1}{\sum\limits_{i=1}^{m}\tilde{x}_i^*}$.

综上所述，我们证明了下述定理:

定理 5.8 设矩阵 $\boldsymbol{A}$ 的每个元素都是正的. 若 $(\boldsymbol{x}^*,\boldsymbol{y}^*)$ 是矩阵博弈 $\Gamma=(S_1,\ S_2;\ \boldsymbol{A})$ 的解，则

$$\tilde{\boldsymbol{x}}^*=\frac{\boldsymbol{x}^*}{v_\Gamma},\quad \tilde{\boldsymbol{y}}^*=\frac{\boldsymbol{y}^*}{v_\Gamma}$$

分别是问题 (5.14) 和 (5.15) 的最优解; 若 $\tilde{\boldsymbol{x}}^*$ 和 $\tilde{\boldsymbol{y}}^*$ 分别是问题 (5.14) 和 (5.15) 的最优解，记

$$\boldsymbol{x}^*=\frac{\tilde{\boldsymbol{x}}^*}{\sum\limits_{i=1}^{m}\tilde{x}_i^*},\quad \boldsymbol{y}^*=\frac{\tilde{\boldsymbol{y}}^*}{\sum\limits_{i=1}^{m}\tilde{x}_i^*},$$

则 $(\boldsymbol{x}^*,\boldsymbol{y}^*)$ 为 Γ 的解，且 $v_\Gamma=\dfrac{1}{\sum\limits_{i=1}^{m}\tilde{x}_i^*}$. □

如果令

$$a=\frac{1}{\min\limits_{1\leqslant j\leqslant n}a_{1j}},\quad b=\frac{1}{\max\limits_{1\leqslant i\leqslant m}a_{i1}},$$

则容易验证

$$\tilde{\boldsymbol{x}}^* = (a, 0, \cdots, 0)^{\mathrm{T}} \in \mathbb{R}^m, \quad \tilde{\boldsymbol{y}}^* = (b, 0, \cdots, 0)^{\mathrm{T}} \in \mathbb{R}^n$$

分别是问题 (5.14) 和 (5.15) 的可行解，所以由对偶理论 (见 4.4 节) 可知，问题 (5.14) 和 (5.15) 分别存在最优解. 从而根据定理 5.8，矩阵博弈 $\Gamma = (S_1,\ S_2;\ \boldsymbol{A})$ 在混合策略意义下有解. 这样就得到了矩阵博弈的最大最小定理:

定理 5.9　任何矩阵博弈在混合策略意义下都有解. □

5.2.4　最优策略的性质

为了讨论矩阵博弈的解的计算方法，有必要研究最优策略的性质.

定理 5.10　设 $\Gamma = (S_1, S_2; \boldsymbol{A})$ 为矩阵博弈，设 $\boldsymbol{x}^*$ 为局中人甲任意一个最优策略，$\boldsymbol{y}^*$ 为局中人乙的任意一个最优策略，则 $(\boldsymbol{x}^*, \boldsymbol{y}^*)$ 是 Γ 的一个解.

证明　因 $\boldsymbol{x}^*$ 为局中人甲的最优策略，故存在 $\tilde{\boldsymbol{y}} \in S_2^*$，使得

$$E(\boldsymbol{x}, \tilde{\boldsymbol{y}}) \leqslant E(\boldsymbol{x}^*, \tilde{\boldsymbol{y}}) \leqslant E(\boldsymbol{x}^*, \boldsymbol{y}), \quad \forall \boldsymbol{x} \in S_1^*, \forall \boldsymbol{y} \in S_2^*;$$

同理存在 $\tilde{\boldsymbol{x}} \in S_1^*$，使得

$$E(\boldsymbol{x}, \boldsymbol{y}^*) \leqslant E(\tilde{\boldsymbol{x}}, \boldsymbol{y}^*) \leqslant E(\tilde{\boldsymbol{x}}, \boldsymbol{y}), \quad \forall \boldsymbol{x} \in S_1^*, \forall \boldsymbol{y} \in S_2^*.$$

从而

$$E(\tilde{\boldsymbol{x}}, \tilde{\boldsymbol{y}}) \leqslant E(\boldsymbol{x}^*, \tilde{\boldsymbol{y}}) \leqslant E(\boldsymbol{x}^*, \boldsymbol{y}^*) \leqslant E(\tilde{\boldsymbol{x}}, \boldsymbol{y}^*),$$

这表明

$$v_\Gamma = E(\boldsymbol{x}^*, \tilde{\boldsymbol{y}}) = E(\boldsymbol{x}^*, \boldsymbol{y}^*) = E(\tilde{\boldsymbol{x}}, \boldsymbol{y}^*) = E(\tilde{\boldsymbol{x}}, \tilde{\boldsymbol{y}}).$$

于是，$\forall \boldsymbol{x} \in S_1^*, \forall \boldsymbol{y} \in S_2^*$，有

$$E(\boldsymbol{x}, \boldsymbol{y}^*) \leqslant E(\tilde{\boldsymbol{x}}, \boldsymbol{y}^*) = E(\boldsymbol{x}^*, \boldsymbol{y}^*) = E(\boldsymbol{x}^*, \tilde{\boldsymbol{y}}) \leqslant E(\boldsymbol{x}^*, \boldsymbol{y}),$$

因此 $(\boldsymbol{x}^*, \boldsymbol{y}^*)$ 是 Γ 的一个解. □

由最大最小定理可以给出最优策略的充要条件.

定理 5.11　设 $\Gamma = (S_1, S_2; \boldsymbol{A})$ 为矩阵博弈，则

(1) $\boldsymbol{x}^* \in S_1^*$ 是局中人甲的最优策略当且仅当

$$E(\boldsymbol{x}^*, \boldsymbol{y}) \geqslant v_\Gamma, \quad \forall \boldsymbol{y} \in S_2^*.$$

(2) $\boldsymbol{y}^* \in S_2^*$ 是局中人乙的最优策略当且仅当

$$E(\boldsymbol{x}, \boldsymbol{y}^*) \leqslant v_\Gamma, \quad \forall \boldsymbol{x} \in S_1^*.$$

证明 (1) 必要性. 设 $\boldsymbol{x}^*$ 是甲的最优策略，则存在 $\boldsymbol{y}^* \in S_2^*$，使得

$$v_\Gamma = E(\boldsymbol{x}^*, \boldsymbol{y}^*) \leqslant E(\boldsymbol{x}^*, \boldsymbol{y}), \quad \forall \boldsymbol{y} \in S_2^*.$$

充分性. 由最大最小定理知，Γ 在混合策略意义下一定有解，故存在 $\hat{\boldsymbol{x}} \in S_1^*$，$\hat{\boldsymbol{y}} \in S_2^*$，使得

$$E(\boldsymbol{x}, \hat{\boldsymbol{y}}) \leqslant v_\Gamma = E(\hat{\boldsymbol{x}}, \hat{\boldsymbol{y}}), \quad \forall \boldsymbol{x} \in S_1^*, \tag{5.16}$$

从而

$$E(\boldsymbol{x}^*, \hat{\boldsymbol{y}}) \leqslant E(\hat{\boldsymbol{x}}, \hat{\boldsymbol{y}}),$$

再由条件有

$$E(\boldsymbol{x}^*, \hat{\boldsymbol{y}}) \geqslant v_\Gamma = E(\hat{\boldsymbol{x}}, \hat{\boldsymbol{y}}),$$

因此

$$E(\boldsymbol{x}^*, \hat{\boldsymbol{y}}) = E(\hat{\boldsymbol{x}}, \hat{\boldsymbol{y}}).$$

于是由 (5.16) 式和已知条件有

$$E(\boldsymbol{x}, \hat{\boldsymbol{y}}) \leqslant E(\boldsymbol{x}^*, \hat{\boldsymbol{y}}) \leqslant E(\boldsymbol{x}^*, \boldsymbol{y}), \quad \forall \boldsymbol{x} \in S_1^*, \forall \boldsymbol{y} \in S_2^*,$$

即 $(\boldsymbol{x}^*, \hat{\boldsymbol{y}})$ 为 Γ 的解，所以 $\boldsymbol{x}^*$ 是甲的最优策略.

(2) 同理可证. □

利用记号 $E(i, \boldsymbol{y})$ 和 $E(\boldsymbol{x}, j)$，可把定理 5.11 化成如下简单形式：

定理 5.12 设 $\Gamma = (S_1,\ S_2;\ \boldsymbol{A})$ 为矩阵博弈，则

(1) $\boldsymbol{x}^* \in S_1^*$ 是局中人甲的最优策略当且仅当

$$E(\boldsymbol{x}^*, j) \geqslant v_\Gamma, \quad j = 1, 2, \cdots, m;$$

(2) $\boldsymbol{y}^* \in S_2^*$ 是局中人乙的最优策略当且仅当

$$E(i, \boldsymbol{y}^*) \leqslant v_\Gamma, \quad i = 1, 2, \cdots, n.$$ □

由这个定理可以得到最优策略的如下性质：

定理 5.13 设 $\boldsymbol{x}^*$ 和 $\boldsymbol{y}^*$ 分别是矩阵博弈 $\Gamma = (S_1,\ S_2;\ \boldsymbol{A})$ 中局中人甲和局中人乙的最优策略，那么

(1) 若某个 $\boldsymbol{x}_{i_0}^* > 0$，则 $E(i_0, \boldsymbol{y}^*) = v_\Gamma$；

(2) 若某个 $\boldsymbol{y}_{j_0}^* > 0$，则 $E(\boldsymbol{x}^*, j_0) = v_\Gamma$；

(3) 若某个 $E(i_0, \boldsymbol{y}^*) < v_\Gamma$，则 $x_{i_0}^* = 0$；

(4) 若某个 $E(\boldsymbol{x}^*, j_0) > v_\Gamma$，则 $y_{j_0}^* = 0$.

证明　由定理 5.12 知

$$v_\Gamma - E(i, \boldsymbol{y}^*) \geqslant 0, \quad i = 1, 2, \cdots, m.$$

由定理 5.10 知 $v_\Gamma = E(\boldsymbol{x}^*, \boldsymbol{y}^*)$. 因此

$$\sum_{i=1}^{m} x_i^*(v_\Gamma - E(i, \boldsymbol{y}^*)) = v_\Gamma - E(\boldsymbol{x}^*, \boldsymbol{y}^*) = 0,$$

$$x_i^* \geqslant 0, \quad i = 1, 2, \cdots, m,$$

所以，当 $\boldsymbol{x}_{i_0}^* > 0$ 时，必有 $E(i_0, \boldsymbol{y}^*) = v_\Gamma$；当 $E(i_0, \boldsymbol{y}^*) < v_\Gamma$ 时，必有 $\boldsymbol{x}_{i_0}^* = 0$. 这就证明了 (1) 和 (3). 同理可证得 (2) 和 (4). □

下面介绍一种特殊的矩阵博弈.

定理 5.14　设矩阵博弈 $\Gamma = (S_1, S_2; \boldsymbol{A})$ 满足 $\boldsymbol{A} = -\boldsymbol{A}^{\mathrm{T}}$ (即 $\boldsymbol{A}$ 为反对称矩阵，此时称 Γ 是对称的)，则

(1) $T_1(\Gamma) = T_2(\Gamma)$,$T_1(\Gamma)$ 和 $T_2(\Gamma)$ 分别是局中人甲和乙的最优策略集；

(2) $v_\Gamma = 0$.

证明　$\forall \boldsymbol{x} \in T_1(\Gamma), \forall \boldsymbol{y} \in T_2(\Gamma)$，有 $(\boldsymbol{x}, \boldsymbol{y})$ 为 Γ 的解，从而由定理 5.6 知

$$E(i, \boldsymbol{y}) \leqslant E(\boldsymbol{x}, \boldsymbol{y}) \leqslant E(\boldsymbol{x}, j), \quad i = 1, 2, \cdots, m; j = 1, 2, \cdots, m, \tag{5.17}$$

由 $\boldsymbol{A} = -\boldsymbol{A}^{\mathrm{T}}$ 知

$$a_{ij} = -a_{ji}, \quad i = 1, 2, \cdots, m; j = 1, 2, \cdots, m,$$

于是有

$$E(i, \boldsymbol{y}) = \sum_{j=1}^{m} a_{ij} y_j = -\sum_{j=1}^{m} a_{ji} y_j = -E(\boldsymbol{y}, i),$$

$$E(\boldsymbol{x}, \boldsymbol{y}) = \sum_{i=1}^{m}\sum_{j=1}^{m} a_{ij} x_i y_j = -\sum_{i=1}^{m}\sum_{j=1}^{m} a_{ji} x_i y_j = -E(\boldsymbol{y}, \boldsymbol{x}),$$

$$E(\boldsymbol{x}, j) = \sum_{i=1}^{m} a_{ij} x_i = -\sum_{i=1}^{m} a_{ji} x_i = -E(j, \boldsymbol{x}),$$

从而由 (5.17) 式得

$$-E(\boldsymbol{y}, i) \leqslant -E(\boldsymbol{y}, \boldsymbol{x}) \leqslant -E(j, \boldsymbol{x}), \quad i = 1, 2, \cdots, m; j = 1, 2, \cdots, m,$$

即

$$E(j, \boldsymbol{x}) \leqslant E(\boldsymbol{y}, \boldsymbol{x}) \leqslant E(\boldsymbol{y}, i), \quad i = 1, 2, \cdots, m; j = 1, 2, \cdots, m,$$

由定理 5.6 得 $\boldsymbol{y} \in T_1(\Gamma), x \in T_2(\Gamma)$，故有 $T_1(\Gamma) = T_2(\Gamma)$.

由上知，对于 $\boldsymbol{x} \in T_1(\Gamma)$，有

$$v_\Gamma = \boldsymbol{x}^{\mathrm{T}}\boldsymbol{A}\boldsymbol{x} = -\boldsymbol{x}^{\mathrm{T}}\boldsymbol{A}^{\mathrm{T}}\boldsymbol{x} = -(\boldsymbol{x}^{\mathrm{T}}\boldsymbol{A}\boldsymbol{x})^{\mathrm{T}} = -v_\Gamma,$$

从而 $v_\Gamma = 0$. □

为了比较一个局中人的两个策略的优劣，需要给出策略的优超的概念.

定义 5.4 设有矩阵博弈 $\Gamma = (S_1, S_2; \boldsymbol{A})$，若有 $k_0 \neq i_0$，使得 $\boldsymbol{A}_{i_0\cdot} \geqslant \boldsymbol{A}_{k_0\cdot}$，即 $\boldsymbol{A}$ 的第 i_0 个行向量大于等于第 k_0 个行向量，则称局中人甲的纯策略 α_{i_0} 优超纯策略 α_{k_0}. 若有 $j_0 \neq l_0$，使得 $\boldsymbol{A}_{\cdot j_0} \leqslant \boldsymbol{A}_{\cdot l_0}$，即 $\boldsymbol{A}$ 的第 j_0 个列向量小于等于第 l_0 个列向量，则称局中人乙的纯策略 β_{j_0} 优超纯策略 β_{l_0}.

定理 5.15 设 $\Gamma = (S_1, S_2; \boldsymbol{A})$ 为矩阵博弈，其中

$$S_1 = \{\alpha_1, \alpha_2, \cdots, \alpha_m\}, \quad S_2 = \{\beta_1, \beta_2, \cdots, \beta_n\}, \quad \boldsymbol{A} = [a_{ij}]_{m\times n}.$$

如果纯策略 α_1 被 $\alpha_2, \alpha_3, \cdots, \alpha_m$ 中之一所优超，记 $\tilde{S}_1 = \{\alpha_2, \alpha_3, \cdots, \alpha_m\}$，$\tilde{\boldsymbol{A}}$ 为 $\boldsymbol{A}$ 删去第 1 行所得的 $(m-1)\times n$ 矩阵，那么新的矩阵博弈 $\tilde{\Gamma} = (\tilde{S}_1, S_2; \tilde{\boldsymbol{A}})$ 满足

(1) $v_{\tilde{\Gamma}} = v_\Gamma$；

(2) $\tilde{\Gamma}$ 中局中人乙的最优策略就是乙在 Γ 中的最优策略；

(3) 若 $(x_2^*, x_3^*, \cdots, x_m^*)^{\mathrm{T}}$ 是 $\tilde{\Gamma}$ 中局中人甲的最优策略，则

$$\boldsymbol{x}^* = (0, x_2^*, x_3^*, \cdots, x_m^*)^{\mathrm{T}}$$

是甲在 Γ 中的最优策略.

证明 不妨设 α_2 优超 α_1，即

$$a_{2j} \geqslant a_{1j}, \quad j = 1, 2, \cdots, n. \tag{5.18}$$

设 $(x_2^*, x_3^*, \cdots, x_m^*)^{\mathrm{T}}$，$\boldsymbol{y}^* = (y_1^*, y_2^*, \cdots, y_m^*)^{\mathrm{T}}$ 是 $\tilde{\Gamma}$ 的解，则由定理 5.6 有

$$\sum_{j=1}^{n} a_{ij}y_j^* \leqslant v_{\tilde{\Gamma}} \leqslant \sum_{i=2}^{m} a_{ij}x_i^*, \quad i = 2, 3, \cdots, m; j = 1, 2, \cdots, n.$$

从而由 (5.18) 式得

$$\sum_{j=1}^{n} a_{1j}y_j^* \leqslant \sum_{j=1}^{n} a_{2j}y_j^* \leqslant v_{\tilde{\Gamma}},$$

因此

$$\sum_{j=1}^{n} a_{ij}y_j^* \leqslant v_{\tilde{\Gamma}} \leqslant \sum_{i=2}^{m} a_{ij}x_i^* + a_{1j}\cdot 0, \quad i = 1, 2, \cdots, m; j = 1, 2, \cdots, n.$$

即

$$E(i,\boldsymbol{y}^*)\leqslant v_{\tilde{\Gamma}}\leqslant E(\boldsymbol{x}^*,j),\quad i=1,2,\cdots,m;j=1,2,\cdots,n,$$

其中 $\boldsymbol{x}^*=(0,x_2^*,x_3^*,\cdots,x_m^*)^{\mathrm{T}}$. 于是 $(\boldsymbol{x}^*,\boldsymbol{y}^*)$ 是 Γ 的解，且 $v_{\tilde{\Gamma}}=v_\Gamma$. □

此定理实际上给出了化简支付矩阵的一个原则，我们称之为优超原则. 根据这个原则，当局中人甲的某个纯策略 α_i 被其他纯策略所优超时，可在 $\boldsymbol{A}$ 中删去第 i 行从而得到一个与原博弈 Γ “等价” 但支付矩阵阶数较小的博弈 $\tilde{\Gamma}$，而 $\tilde{\Gamma}$ 比 Γ 更容易求解. 类似地，对局中人乙来说，可以在支付矩阵 $\boldsymbol{A}$ 中删去被其他纯策略所优超的那些纯策略所对应的列.

上述几个定理将在矩阵博弈求解中起着重要的作用，这可在下一节的例子中见到.

5.3　矩阵博弈的求解

本节将介绍求解矩阵博弈的三种方法: 图解法、线性方程组方法和线性规划方法.

5.3.1　图解法

图解法用在支付矩阵为 $2\times n$ 或 $m\times 2$ 的博弈上特别方便. 下面通过例子来说明这种解法.

例 5.4　红方攻击蓝方某一目标，红方有 2 架飞机，蓝方有 4 门防空高炮. 红方只要有一架飞机突破蓝方的防卫则表示攻击成功. 红方的飞机可由区域 I, II, III, IV 去接近目标，蓝方可在上述区域内任意设置高炮，但一门高炮只能防卫一个区域，且只能击落一架飞机，其射中的概率为 1. 求双方的最优战术.

解　这是一个矩阵博弈问题 Γ. 红方有两个策略: 派 2 架飞机自两个不同的区域侵入 (记为 α_1)，派 2 架飞机自同一区域侵入 (记为 α_2).

蓝方有五个策略:

β_1: 四个区域各设置 1 门高炮;

β_2: 两个区域设置 2 门高炮，另两个区域不设防;

β_3: 一个区域设置 2 门高炮，两个区域各设 1 门，另一区域不设防;

β_4: 一个区域设置 3 门高炮，一个区域设置 1 门高炮，另两个区域不设防;

β_5: 一个区域设置 4 门高炮，另三个区域不设防.

现在来计算红方的支付矩阵 $\boldsymbol{A}=[a_{ij}]_{2\times 5}$.

(α_1,β_1): 红方的 2 架飞机均被击落，攻击失败，故 $a_{11}=0$;

(α_1,β_2): 2 架飞机之一选择到未设防之区域的概率即为攻击成功的概率，因此

$$a_{12}=1-\begin{pmatrix}2\\2\end{pmatrix}\Bigg/\begin{pmatrix}4\\2\end{pmatrix}=\frac{5}{6}.$$

对于局势 (α_1,β_3) 和 (α_1,β_4)，同理有

$$a_{13}=1-\binom{3}{2}\Big/\binom{4}{2}=\frac{1}{2},\quad a_{14}=1-\binom{2}{2}\Big/\binom{4}{2}=\frac{5}{6}.$$

按上述同样方法，不难得支付矩阵

$$\boldsymbol{A}=\begin{bmatrix} 0 & \frac{5}{6} & \frac{1}{2} & \frac{5}{6} & 1 \\ 1 & \frac{1}{2} & \frac{3}{4} & \frac{3}{4} & \frac{3}{4} \end{bmatrix}.$$

易知 $\boldsymbol{A}$ 的第 3 列小于等于第 4 列和第 5 列，因此删去第 4 列和第 5 列，得到

$$\boldsymbol{A}_1=\begin{bmatrix} 0 & \frac{5}{6} & \frac{1}{2} \\ 1 & \frac{1}{2} & \frac{3}{4} \end{bmatrix}.$$

以 $\boldsymbol{A}_1$ 为支付矩阵的博弈记为 Γ_1，易知 Γ_1 没有鞍点. 用图解法求解 Γ_1.

设红方的混合策略为 $(x,1-x)^{\mathrm{T}}, x\in[0,1]$，作直角坐标系 Oxv，并在该坐标系中作三条直线

$$\begin{aligned} &l_1: 1-x=v,\\ &l_2: \frac{1}{3}x+\frac{1}{2}=v,\\ &l_3: -\frac{1}{4}x+\frac{3}{4}=v. \end{aligned}$$

直线 l_j 在 $x\in[0,1]$ 处的纵坐标值为红方取混合策略 $(x,1-x)^{\mathrm{T}}$，蓝方取策略 $\beta_j(j=1,2,3)$ 时红方的支付，见图 5.1.

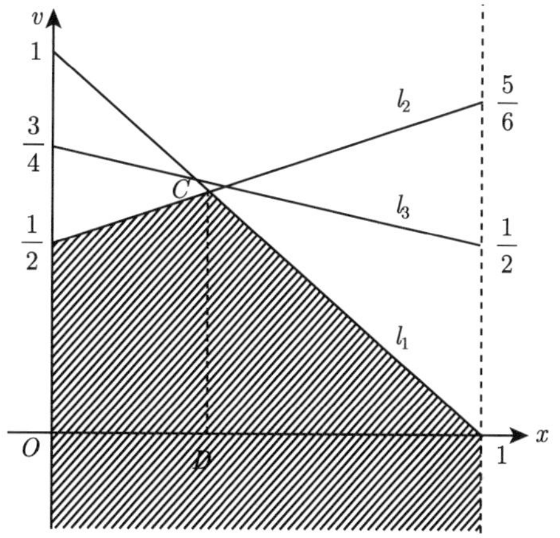

图 5.1 例 5.4 的图解

根据“从最不利情形中选取最有利结果”的原则，红方应当选取 x，使得三个纵坐标值中的最小值尽可能大，即取 $x = OD$. 为求出 x 和 v_{Γ_1}，可联立过点 C 的两条直线 l_1 和 l_2 所确定的方程

$$\begin{cases} 1 - x = v, \\ \dfrac{1}{3}x + \dfrac{1}{2} = v, \end{cases}$$

解得 $x = \dfrac{3}{8}$，$v_{\Gamma_1} = v = \dfrac{5}{8}$. 所以，红方的最优策略 $\tilde{\boldsymbol{x}} = \left(\dfrac{3}{8}, \dfrac{5}{8}\right)^{\mathrm{T}}$，$v = \dfrac{5}{8}$. 根据定理 5.13，求蓝方的最优策略可通过解下列方程组 (由图 5.1 知，蓝方的最优策略只由 β_1 和 β_2 组成，即 $y_3 = 0$)

$$\begin{cases} \dfrac{5}{6}y_2 = \dfrac{5}{8}, \\ y_1 + \dfrac{1}{2}y_2 = \dfrac{5}{8}, \\ y_1 + y_2 = 1, \end{cases}$$

得 $y_1 = \dfrac{1}{4}$，$y_2 = \dfrac{3}{4}$，$y_3 = 0$，因此蓝方的最优策略 $\tilde{\boldsymbol{y}} = \left(\dfrac{1}{4}, \dfrac{3}{4}\right)^{\mathrm{T}}$. 根据定理 5.15，在原来的博弈问题中，红方和蓝方的最优策略及博弈值分别为

$$\boldsymbol{x}^* = \left(\frac{3}{8}, \frac{5}{8}\right)^{\mathrm{T}}, \quad \boldsymbol{y}^* = \left(\frac{1}{4}, \frac{3}{4}, 0, 0\right)^{\mathrm{T}}, \quad v_\Gamma = \frac{5}{8}. \qquad \square$$

5.3.2 线性方程组方法

根据定理 5.6，求解矩阵博弈 $\Gamma = (S_1,\ S_2;\ \boldsymbol{A})$ 等价于求解不等式组

$$\begin{cases} \displaystyle\sum_{i=1}^{m} a_{ij}x_i \geqslant v, \quad j = 1, 2, \cdots, n, \\ \displaystyle\sum_{i=1}^{m} x_i = 1, \\ x_i \geqslant 0, \quad i = 1, 2, \cdots, m \end{cases}$$

和

$$\begin{cases} \displaystyle\sum_{j=1}^{n} a_{ij}y_j \leqslant v, \quad i = 1, 2, \cdots, m, \\ \displaystyle\sum_{j=1}^{n} y_j = 1, \\ y_j \geqslant 0, \quad j = 1, 2, \cdots, n. \end{cases}$$

先假设局中人甲和乙的最优策略中所有分量均大于 0，从而由定理 5.13，可将上述两个不等式组的求解问题化为求解下面两个线性方程组

$$\begin{cases} \sum_{i=1}^{m} a_{ij}x_i = v, \quad j = 1, 2, \cdots, n, \\ \sum_{i=1}^{m} x_i = 1 \end{cases} \tag{5.19}$$

和

$$\begin{cases} \sum_{j=1}^{n} a_{ij}y_j = v, \quad i = 1, 2, \cdots, m, \\ \sum_{j=1}^{n} y_j = 1. \end{cases} \tag{5.20}$$

如果方程组 (5.19) 和 (5.20) 分别存在非负解 $\boldsymbol{x}^*$ 和 $\boldsymbol{y}^*$，则便求得 Γ 的一个解 $(\boldsymbol{x}^*, \boldsymbol{y}^*)$ 和博弈值；否则，可视具体情况，将方程组 (5.19) 和 (5.20) 中某些等式改为不等式，继续试算求解，直至求出博弈的解. 由于事先假设最优策略 $\boldsymbol{x}^* > \boldsymbol{0}$ 和 $\boldsymbol{y}^* > \boldsymbol{0}$，因此当 $\boldsymbol{x}^*$ 或 $\boldsymbol{y}^*$ 的实际分量中有些为 0 时，方程组 (5.19) 和 (5.20) 一般无非负解. 所以这种方法本质上是一种枚举法.

例 5.5 求解田忌赛马问题.

解 已知田忌赛马问题中的支付矩阵

$$\boldsymbol{A} = \begin{bmatrix} 3 & 1 & 1 & 1 & 1 & -1 \\ 1 & 3 & 1 & 1 & -1 & 1 \\ 1 & -1 & 3 & 1 & 1 & 1 \\ -1 & 1 & 1 & 3 & 1 & 1 \\ 1 & 1 & -1 & 1 & 3 & 1 \\ 1 & 1 & 1 & -1 & 1 & 3 \end{bmatrix},$$

易知博弈 Γ 无鞍点. 把 $\boldsymbol{A}$ 中每个元素都减去 1，然后再乘以 $\frac{1}{2}$，得到矩阵

$$\tilde{\boldsymbol{A}} = \begin{bmatrix} 1 & 0 & 0 & 0 & 0 & -1 \\ 0 & 1 & 0 & 0 & -1 & 0 \\ 0 & -1 & 1 & 0 & 0 & 0 \\ -1 & 0 & 0 & 1 & 0 & 0 \\ 0 & 0 & -1 & 0 & 1 & 0 \\ 0 & 0 & 0 & -1 & 0 & 1 \end{bmatrix},$$

转而讨论以 $\tilde{\boldsymbol{A}}$ 为支付矩阵的博弈 $\tilde{\Gamma}$ 的解. 为此，先求解线性方程组

$$\begin{cases} x_1 - x_4 = v, \\ x_2 - x_3 = v, \\ x_3 - x_5 = v, \\ x_4 - x_6 = v, \\ -x_2 + x_5 = v, \\ -x_1 + x_6 = v, \\ x_1 + x_2 + x_3 + x_4 + x_5 + x_6 = 1 \end{cases} \tag{5.21}$$

和

$$\begin{cases} y_1 - y_6 = v, \\ y_2 - y_5 = v, \\ -y_2 + y_3 = v, \\ -y_1 + y_4 = v, \\ -y_3 + y_5 = v, \\ -y_4 + y_6 = v, \\ y_1 + y_2 + y_3 + y_4 + y_5 + y_6 = 1, \end{cases} \tag{5.22}$$

将方程组 (5.22) 中前 6 个方程相加，得 $v = 0$. 从而由方程组 (5.21) 和 (5.22) 解得

$$x_1 = x_4 = x_6, \quad x_2 = x_3 = x_5;$$

$$y_1 = y_4 = y_6, \quad y_2 = y_3 = y_5.$$

于是 $v_{\tilde{\Gamma}} = 0$，并且得到 $\tilde{\Gamma}$ 的一个解 (当然还有其他的解)

$$\boldsymbol{x}^* = \left(\frac{1}{6}, \frac{1}{6}, \frac{1}{6}, \frac{1}{6}, \frac{1}{6}, \frac{1}{6}\right)^{\mathrm{T}}, \quad \boldsymbol{y}^* = \left(\frac{1}{6}, \frac{1}{6}, \frac{1}{6}, \frac{1}{6}, \frac{1}{6}, \frac{1}{6}\right)^{\mathrm{T}},$$

因此 $v_\Gamma = 2v_{\tilde{\Gamma}} + 1 = 1$，齐王和田忌的最优策略分别是上述的 $\boldsymbol{x}^*$ 和 $\boldsymbol{y}^*$. □

这就是说，双方都以等概率选取各个策略，则结局是齐王赢田忌，赢得的期望值是 1000 两黄金. 在 5.1 节提到的历史故事中田忌却赢得了 1000 两黄金，这是因为田忌在知道了齐王的出马顺序 (上、中、下)，并且以 (下、上、中) 的出马顺序应对的情况下赢得的. 这说明，在博弈不存在鞍点时，竞争的双方必须对自己的策略保密，否则不保密的一方要吃亏.

例 5.6　求解矩阵博弈 Γ，其中支付矩阵为

$$\boldsymbol{A} = \begin{bmatrix} 3 & -2 & 1 \\ -1 & 4 & 2 \\ 2 & 2 & 3 \end{bmatrix}.$$

解 易知 Γ 无鞍点. 为了便于求解，可把 $\boldsymbol{A}$ 的每个元素均减去 2，使得支付矩阵含较多的零元素，得到

$$\boldsymbol{A}_1=\begin{bmatrix}1 & -4 & -1\\ -3 & 2 & 0\\ 0 & 0 & 1\end{bmatrix},$$

转化为求解以 $\boldsymbol{A}_1$ 为支付矩阵的博弈 Γ_1，为此，先求解线性方程组

$$\begin{cases} x_1-3x_2 = v_1,\\ -4x_1+2x_2 = v_1,\\ -x_1 + x_3 = v_1,\\ x_1+x_2+x_3=1\end{cases}$$

和

$$\begin{cases} y_1-4y_2-y_3 = v_1,\\ -3y_1+2y_2 = v_1,\\ y_3 = v_1,\\ y_1+y_2+y_3=1.\end{cases}$$

不难得知

$$x_1=-\frac{1}{2}v_1,\quad x_2=-\frac{1}{2}v_1,\quad x_3=\frac{1}{2}v_1,\quad v_1=-2;$$
$$y_1=-\frac{4}{5}v_1,\quad y_1=-\frac{7}{10}v_1,\quad y_3=v_1,\quad v_1=-2.$$

即知上述两个方程组不存在非负解. 因此必须把一些等式改为不等式.

首先考虑下面的不等式组

$$\begin{cases} x_1-3x_2 > v_1,\\ -4x_1+2x_2 = v_1,\\ -x_1 + x_3 = v_1,\\ x_1+x_2+x_3=1\end{cases}$$

和

$$\begin{cases} y_1-4y_2-y_3 = v_1,\\ -3y_1+2y_2 = v_1,\\ y_3 = v_1,\\ y_1+y_2+y_3=1.\end{cases}$$

易知上述不等式组无解. 继续讨论其他情形 (共有 $2^6=64$ 种情形). 根据计算，下面两个不等式组

$$\begin{cases} x_1 - 3x_2 = v_1, \\ -4x_1 + 2x_2 = v_1, \\ -x_1 + x_3 > v_1, \\ x_1 + x_2 + x_3 = 1 \end{cases}$$

和

$$\begin{cases} y_1 - 4y_2 - y_3 < v_1, \\ -3y_1 + 2y_2 = v_1, \\ y_3 = v_1, \\ y_1 + y_2 + y_3 = 1. \end{cases}$$

存在非负解

$$x_1 = 0, \quad x_2 = 0, \quad x_3 = 1, \quad v_1 = 0;$$
$$y_1 = \frac{2}{5}, \quad y_2 = \frac{3}{5}, \quad y_3 = 0, \quad v_1 = 0.$$

因此 Γ_1 的解为

$$\boldsymbol{x}^* = (0,0,1)^{\mathrm{T}}, \quad \boldsymbol{y}^* = \left(\frac{2}{5}, \frac{3}{5}\right)^{\mathrm{T}}, \quad v_{\Gamma_1} = 0.$$

从而 Γ 的解为

$$\boldsymbol{x}^* = (0,0,1)^{\mathrm{T}}, \quad \boldsymbol{y}^* = \left(\frac{2}{5}, \frac{3}{5}\right)^{\mathrm{T}}, \quad v_{\Gamma} = v_{\Gamma_1} + 2 = 2.$$ □

5.3.3 线性规划方法

根据定理 5.8，如果矩阵博弈 $\Gamma = (S_1,\ S_2;\ \boldsymbol{A})$ 的支付矩阵 $\boldsymbol{A}$ 中每个元素都是正的，则求解 Γ 等价于求解一对互为对偶的线性规划问题

$$\begin{cases} \min \quad \sum_{i=1}^{m} x_i; \\ \text{s.t.} \quad \sum_{i=1}^{m} a_{ij} x_i \geqslant 1, \quad j = 1, 2, \cdots, n, \\ \qquad x_i \geqslant 0, \quad i = 1, 2, \cdots, m \end{cases} \tag{5.23}$$

与

$$\begin{cases} \max \quad \sum_{j=1}^{n} y_j; \\ \text{s.t.} \quad \sum_{j=1}^{n} a_{ij} y_j \leqslant 1, \quad i = 1, 2, \cdots, m, \\ \qquad y_j \geqslant 0, \quad j = 1, 2, \cdots, n. \end{cases} \tag{5.24}$$

并且由问题 (5.23) 和 (5.24) 的最优解 $\tilde{\boldsymbol{x}}$ 和 $\tilde{\boldsymbol{y}}$ 可以得到 Γ 的值 $v_\Gamma = \dfrac{1}{\sum\limits_{i=1}^{m} x_i}$ 及 Γ 的解 $(v_\Gamma\tilde{\boldsymbol{x}}, v_\Gamma\tilde{\boldsymbol{y}})$.

求解线性规划问题时，一般先用单纯形法求解问题 (5.24)，这不但容易得到初始基本可行解，而且由推论 4.11 的说明可知，问题 (5.23) 的最优解可以直接从问题 (5.24) 的最优单纯形表中得到.

例 5.7 用线性规划方法求解例 5.6.

解 先把支付矩阵 $\boldsymbol{A}$ 的每个元素都加上 3，得到

$$\boldsymbol{A}_1 = \begin{bmatrix} 6 & 1 & 4 \\ 2 & 7 & 5 \\ 5 & 5 & 6 \end{bmatrix},$$

转而讨论以 $\boldsymbol{A}_1$ 为支付矩阵的矩阵博弈 Γ_1，为此求解两个互为对偶的线性规划问题

$$\begin{cases} \min & x_1 + x_2 + x_3; \\ \text{s.t.} & 6x_1 + 2x_2 + 5x_3 \geqslant 1, \\ & x_1 + 7x_2 + 5x_3 \geqslant 1, \\ & 4x_1 + 5x_2 + 6x_3 \geqslant 1, \\ & x_1, x_2, x_3 \geqslant 0 \end{cases} \tag{5.25}$$

和

$$\begin{cases} \max & y_1 + y_2 + y_3; \\ \text{s.t.} & 6y_1 + y_2 + 4y_3 \leqslant 1, \\ & 2y_1 + 7y_2 + 5y_3 \leqslant 1, \\ & 5y_1 + 5y_2 + 6y_3 \leqslant 1, \\ & y_1, y_2, y_3 \geqslant 0. \end{cases} \tag{5.26}$$

为了求解问题 (5.26)，引进松弛变量 u_1, u_2, u_3 化成标准形式

$$\begin{cases} \min & -y_1 - y_2 - y_3; \\ \text{s.t.} & 6y_1 + y_2 + 4y_3 + u_1 = 1, \\ & 2y_1 + 7y_2 + 5y_3 + u_2 = 1, \\ & 5y_1 + 5y_2 + 6y_3 + u_3 = 1, \\ & y_1, y_2, y_3, u_1, u_2, u_3 \geqslant 0. \end{cases} \tag{5.27}$$

用单纯形法求解问题 (5.27)，迭代两次得最优单纯形表如表 5.1 所示. 从而得到问题 (5.26) 的最优解为 $\tilde{\boldsymbol{y}} = \left(\dfrac{4}{25}, \dfrac{1}{25}, 0\right)^{\mathrm{T}}$，最优值为 $\dfrac{1}{5}$. 由表 5.1 可得问题 (5.25) 的

最优解 (由推论 5.11 的说明可知，把表 5.1 中松弛变量 u_1, u_2, u_3 对应的检验数反号就得到问题 (5.25) 的最优解) 为 $\tilde{\boldsymbol{x}} = \left(0, 0, \frac{1}{5}\right)^{\mathrm{T}}$，最优值为 $\frac{1}{5}$.

表 5.1　问题 (5.27) 的最优单纯形表

	y_1	y_2	y_3	u_1	u_2	u_3	
y_1	1	0	14/25	1/5	0	−1/25	4/25
u_2	0	0	−3/5	1	1	−8/5	2/5
y_2	0	1	16/25	−1/5	0	6/25	1/25
	0	0	−1/5	0	0	−1/5	−1/5

于是博弈 Γ_1 的值 $v_{\Gamma_1} = 5$，且 Γ_1 的解为

$$\boldsymbol{x}^* = v_\Gamma \tilde{\boldsymbol{x}} = (0,0,1)^{\mathrm{T}}, \quad \boldsymbol{y}^* = v_\Gamma \tilde{\boldsymbol{y}} = \left(\frac{4}{5}, \frac{1}{5}, 0\right)^{\mathrm{T}}.$$

因此，$(\boldsymbol{x}^*, \boldsymbol{y}^*)$ 为原博弈 Γ 的解，且 Γ 的值 $v_\Gamma = v_{\Gamma_1} - 3 = 2$. □

5.4　非合作双矩阵博弈

前面讨论了矩阵博弈，即二人零和有限博弈，但现实生活中还存在着许多非零和博弈.

例 5.8　裁军问题. 20 世纪 70 年代，美苏两个超级大国都面临着两种选择：扩充军备或裁军. 如果双方进行军备竞赛，则都将为此付出 3000 亿美元的代价；如果双方裁军，则可省下这笔钱. 但是倘若一方裁军而另一方扩军，则扩军一方发动侵略，占领对方国土，掠夺资源，可获利 10000 亿美元，裁军的一方由于军事失败而丧失国土则可认为损失是无限的. 问美苏双方应如何选择才能对自己有利?

解　在裁军问题中，两个局中人美国和苏联是敌对双方，彼此缺乏交流和沟通，因此这是非合作二人博弈. 美苏都有两个策略：扩军和裁军，其支付矩阵分别为

$$\boldsymbol{A} = \begin{bmatrix} -3000 & 10000 \\ -\infty & 0 \end{bmatrix}, \quad \boldsymbol{B} = \begin{bmatrix} -3000 & -\infty \\ 10000 & 0 \end{bmatrix}.$$

显然，这个博弈不是零和的. 因此它是非合作二人非零和有限博弈. □

一般地，二人有限博弈的支付函数也可以用两个矩阵来表述，所以称二人有限博弈为双矩阵博弈.

例 5.9　竞聘问题. 两个企业各有一个工作空缺，假设企业所给的工资不同：企业 i 给的工资为 $a_i (i = 1, 2)$，这里 $0 < \frac{1}{2}a_1 < a_2 < 2a_1$. 设想有两个工人，每人

只能申请一份工作，两人必须同时决定向哪个企业申请工作. 如果只有一个工人向一个企业申请工作，则他就会得到这份工作；如果两个工人同时向一个企业申请工作，则企业随机选择一个工人，另一个工人就会失业. 两个工人应如何选择呢？

解 如果不允许两名工人在竞聘之前协商和约定，则竞聘问题就是非合作二人博弈. 工人甲和工人乙都有两个策略：应聘企业 1 和应聘企业 2，他们的支付矩阵分别为

$$\boldsymbol{A}=\begin{bmatrix} a_1/2 & a_1 \\ a_2 & a_2/2 \end{bmatrix},\quad \boldsymbol{B}=\begin{bmatrix} a_1/2 & a_2 \\ a_1 & a_2/2 \end{bmatrix}.$$

此时，竞聘问题为非合作二人非零和有限博弈，也是非合作双矩阵博弈. □

下面介绍非合作双矩阵博弈的相关理论.

设 Γ 为非合作双矩阵博弈，其中局中人甲和局中人乙的策略集分别为

$$S_1=\{\alpha_1,\alpha_2,\cdots,\alpha_m\},\quad S_2=\{\beta_1,\beta_2,\cdots,\beta_n\};$$

局中人甲和局中人乙的支付矩阵分别为

$$\boldsymbol{A}=[a_{ij}]_{m\times n},\quad \boldsymbol{B}=[b_{ij}]_{m\times n},$$

记作 $\Gamma=(S_1,S_2;\boldsymbol{A},\boldsymbol{B})$.

我们知道，矩阵博弈的均衡局势定义为

$$a_{ij^*}\leqslant a_{i^*j^*}\leqslant a_{i^*j},\quad i=1,2,\cdots,m;j=1,2,\cdots,n,$$

或即

$$\begin{cases} a_{ij^*}\leqslant a_{i^*j^*}, & i=1,2,\cdots,m, \\ -a_{i^*j}\leqslant -a_{i^*j^*}, & j=1,2,\cdots,n. \end{cases}$$

仿此，可以定义非合作双矩阵博弈的均衡点.

定义 5.5 设 $(\alpha_{i^*},\beta_{j^*})$ 是非合作双矩阵博弈 $\Gamma=(S_1,\ S_2;\ \boldsymbol{A},\boldsymbol{B})$ 的一个局势. 若有

$$\begin{cases} a_{ij^*}\leqslant a_{i^*j^*}, & i=1,2,\cdots,m, \\ b_{i^*j}\leqslant b_{i^*j^*}, & j=1,2,\cdots,n, \end{cases}$$

则称 $(\alpha_{i^*},\beta_{j^*})$ 为 Γ 的一个均衡局势或均衡点.

均衡点的定义实际上给出了求双矩阵博弈 Γ 的均衡点的一个方法：分别把 $\boldsymbol{A}$ 的每列元素中最大者和 $\boldsymbol{B}$ 的每行元素的最大者均标以 “*” 号 (有多个元素同时为最大者，则都标以 “*” 号). 如果存在 $1\leqslant i_0\leqslant m$，$1\leqslant j_0\leqslant n$，使得 $a_{i_0j_0}$ 和 $b_{i_0j_0}$ 都有 “*” 号，则局势 $(\alpha_{i_0},\beta_{j_0})$ 就是 Γ 的均衡点.

例 5.10　在裁军问题中，对支付矩阵 $\boldsymbol{A}$ 和 $\boldsymbol{B}$ 的素进行标号，得

$$\boldsymbol{A}=\begin{bmatrix} -3000^* & 10000^* \\ -\infty & 0 \end{bmatrix},\quad \boldsymbol{B}=\begin{bmatrix} -3000^* & -\infty \\ 10000^* & 0 \end{bmatrix},$$

a_{11} 和 b_{11} 都有标号，所以，(扩军，扩军) 是裁军问题的均衡点. 这表明，两个超级大国只有通过军备竞赛才能互相牵制，从而达到均衡，避免战争. 这个结论虽然与善良人们的愿望大相径庭，但却是符合现实的一个结果. □

例 5.11　在竞聘问题中，对支矩阵 $\boldsymbol{A}$ 和 $\boldsymbol{B}$ 的元素进行标号，由于 $0<\dfrac{1}{2}a_1<a_2<2a_1$，得到

$$\boldsymbol{A}=\begin{bmatrix} a_1/2 & a_1^* \\ a_2^* & a_2/2 \end{bmatrix},\quad \boldsymbol{B}=\begin{bmatrix} a_1/2 & a_2^* \\ a_1^* & a_2/2 \end{bmatrix}.$$

a_{12} 和 b_{12} 以及 a_{21} 和 b_{21} 都有标号，因此，(应聘企业 1、应聘企业 2) 和 (应聘企业 2、应聘企业 1) 为竞聘问题的两个均衡点，如果甲应聘企业 1、乙应聘企业 2，则甲得到的支付为 a_1，乙得到的支付为 a_2；如果甲应聘企业 2、乙应聘企业 1，则甲得到的支付为 a_2，乙得到的支付为 a_1. □

矩阵博弈是非合作双矩阵博弈的一个特例，而矩阵博弈不一定存在均衡局势，所以非合作双矩阵博弈也不一定存在均衡点. 为此，同样需要引进混合策略. 由于非合作双矩阵博弈与矩阵博弈的不同之处仅仅在于支付矩阵，因此在非合作双矩阵博弈中，混合策略、混合局势等概念与矩阵博弈中相同.

设非合作双矩阵博弈 Γ 中局中人甲和局中人乙的混合策略集分别为 S_1^* 和 S_2^*，则可记 $\Gamma=(S_1^*,\ S_2^*;\ \boldsymbol{A},\boldsymbol{B})$. 在混合局势 $(\boldsymbol{x},\boldsymbol{y})$ 下，局中人甲和局中人乙的期望支付分别为

$$E_1(\boldsymbol{x},\boldsymbol{y})=\boldsymbol{x}^{\mathrm{T}}\boldsymbol{A}\boldsymbol{y},\quad E_2(\boldsymbol{x},\boldsymbol{y})=\boldsymbol{x}^{\mathrm{T}}\boldsymbol{B}\boldsymbol{y}.$$

定义 5.6　设 $\Gamma=(S_1^*,\ S_2^*;\ \boldsymbol{A},\boldsymbol{B})$ 为非合作双矩阵博弈，则存在混合局势 $(\boldsymbol{x}^*,\boldsymbol{y}^*)$，使得

$$\begin{cases} E_1(\boldsymbol{x},\boldsymbol{y}^*)\leqslant E_1(\boldsymbol{x}^*,\boldsymbol{y}^*), & \forall \boldsymbol{x}\in S_1^*, \\ E_2(\boldsymbol{x}^*,\boldsymbol{y})\leqslant E_2(\boldsymbol{x}^*,\boldsymbol{y}^*), & \forall \boldsymbol{y}\in S_2^*, \end{cases}$$

则称 $(\boldsymbol{x}^*,\boldsymbol{y}^*)$ 为 Γ 的一个混合均衡局势或 Nash 均衡点.

由例 5.11 可以发现，Nash 均衡点可能不唯一，而且不同的 Nash 均衡点给予同一个局中人的支付可能是不同的. 因此，非合作双矩阵博弈没有较简单的 “最优策略” 和 “博弈值” 的概念.

与定理 5.6 类似，可以给出关于 Nash 均衡点的下述结论.

定理 5.16 设 $\Gamma=(S_1^*,\ S_2^*;\ \boldsymbol{A},\boldsymbol{B})$ 为非合作双矩阵博弈，$\boldsymbol{x}^*\in S_1^*,\boldsymbol{y}^*\in S_2^*$，则 $(\boldsymbol{x}^*,\boldsymbol{y}^*)$ 为 Γ 的 Nash 均衡点当且仅当

$$\begin{cases}\boldsymbol{A}_{i\cdot}\boldsymbol{y}^*\leqslant\boldsymbol{x}^{*\mathrm{T}}\boldsymbol{A}\boldsymbol{y}^*, & i=1,2,\cdots,m,\\ \boldsymbol{x}^{*\mathrm{T}}\boldsymbol{B}_{\cdot j}\leqslant\boldsymbol{x}^{*\mathrm{T}}\boldsymbol{B}\boldsymbol{y}^*, & j=1,2,\cdots,n.\end{cases}$$ □

由定理 5.16 即得如下定理.

定理 5.17 设 $\Gamma=(S_1^*,\ S_2^*;\ \boldsymbol{A},\boldsymbol{B})$ 为非合作双矩阵博弈，$\boldsymbol{x}^*\in S_1^*,\ \boldsymbol{y}^*\in S_2^*$，则 $(\boldsymbol{x}^*,\boldsymbol{y}^*)$ 为 Γ 的 Nash 均衡点当且仅当

$$\begin{cases}\boldsymbol{x}^{*\mathrm{T}}\boldsymbol{A}\boldsymbol{y}^*=\max\limits_{1\leqslant i\leqslant m}\boldsymbol{A}_{i\cdot}\boldsymbol{y}^*,\\ \boldsymbol{x}^{*\mathrm{T}}\boldsymbol{B}\boldsymbol{y}^*=\max\limits_{1\leqslant j\leqslant n}\boldsymbol{x}^{*\mathrm{T}}\boldsymbol{B}_{\cdot j}.\end{cases}$$ □

推论 5.18 设 $\Gamma=(S_1^*,\ S_2^*;\ \boldsymbol{A},\boldsymbol{B})$ 为非合作双矩阵博弈，$(\boldsymbol{x}^*,\boldsymbol{y}^*)$ 为 Γ 的 Nash 均衡点，则有

$$\begin{cases}x_i^*(\boldsymbol{x}^{*\mathrm{T}}\boldsymbol{A}\boldsymbol{y}^*-\boldsymbol{A}_{i\cdot}\boldsymbol{y}^*)=0, & i=1,2,\cdots,m,\\ y_j^*(\boldsymbol{x}^{*\mathrm{T}}\boldsymbol{B}\boldsymbol{y}^*-\boldsymbol{x}^{*\mathrm{T}}\boldsymbol{B}_{\cdot j})=0, & j=1,2,\cdots,n.\end{cases}$$

证明 根据定理 5.16 有

$$\boldsymbol{x}^{*\mathrm{T}}\boldsymbol{A}\boldsymbol{y}^*-\boldsymbol{A}_{i\cdot}\boldsymbol{y}^{*\mathrm{T}}\geqslant 0,\quad i=1,2,\cdots,m,$$

$$\boldsymbol{x}^{*\mathrm{T}}\boldsymbol{B}\boldsymbol{y}^*-\boldsymbol{x}^*\boldsymbol{B}_{\cdot j}\geqslant 0,\quad j=1,2,\cdots,n.$$

而 $x_i^*\geqslant 0(i=1,2,\cdots,m),y_j^*\geqslant 0(j=1,2,\cdots,n)$，且

$$\sum_{i=1}^m x_i^*(\boldsymbol{x}^{*\mathrm{T}}\boldsymbol{A}\boldsymbol{y}^*-\boldsymbol{A}_{i\cdot}\boldsymbol{y}^*)=\boldsymbol{x}^{*\mathrm{T}}\boldsymbol{A}\boldsymbol{y}^*-\boldsymbol{x}^{*\mathrm{T}}\boldsymbol{A}\boldsymbol{y}^*=0,$$

$$\sum_{j=1}^n y_j^*(\boldsymbol{x}^{*\mathrm{T}}\boldsymbol{B}\boldsymbol{y}^*-\boldsymbol{x}^{*\mathrm{T}}\boldsymbol{B}_{\cdot j})=\boldsymbol{x}^{*\mathrm{T}}\boldsymbol{B}\boldsymbol{y}^*-\boldsymbol{x}^{*\mathrm{T}}\boldsymbol{B}\boldsymbol{y}^*=0,$$

因此结论成立. □

推论 5.19 设有两个非合作双矩阵博弈

$$\Gamma_i=(S_1^*,\ S_2^*;\ \boldsymbol{A}_i,\boldsymbol{B}_i),\quad i=1,2,$$

其中

$$\boldsymbol{A}_1=[a_{ij}]_{m\times n},\quad \boldsymbol{A}_2=[pa_{ij}+c]_{m\times n},\quad p>0\text{ 和 }c\text{ 为常数},$$

$$\boldsymbol{B}_1=[b_{ij}]_{m\times n},\quad \boldsymbol{B}_2=[qb_{ij}+d]_{m\times n},\quad q>0\text{ 和 }d\text{ 为常数},$$

则 $(\boldsymbol{x}^*, \boldsymbol{y}^*)$ 为 Γ_1 的 Nash 均衡点当且仅当 $(\boldsymbol{x}^*, \boldsymbol{y}^*)$ 为 Γ_2 的 Nash 均衡点. 并且

$$\boldsymbol{x}^{*\mathrm{T}}\boldsymbol{A}_2\boldsymbol{y}^* = p\boldsymbol{x}^{*\mathrm{T}}\boldsymbol{A}_1\boldsymbol{y}^* + c,$$

$$\boldsymbol{x}^{*\mathrm{T}}\boldsymbol{B}_2\boldsymbol{y}^* = q\boldsymbol{x}^{*\mathrm{T}}\boldsymbol{B}_1\boldsymbol{y}^* + d.$$

证明　由定理 5.16 容易得到，留作练习. □

同矩阵博弈类似，我们引进策略优超的概念.

定义 5.7　设有非合作双矩阵博弈 $\Gamma = (S_1^*,\ S_2^*;\ \boldsymbol{A}, \boldsymbol{B})$，如果存在 $i_0 \neq k_0$，使得 $\boldsymbol{A}_{i_0\cdot} \geqslant \boldsymbol{A}_{k_0\cdot}$，则称局中人甲的策略 α_{i_0} 优超策略 α_{k_0}；如果存在 $j_0 \neq l_0$，使得 $\boldsymbol{B}_{\cdot j_0} \geqslant \boldsymbol{B}_{\cdot l_0}$，则称局中人乙的策略 β_{j_0} 优超策略 β_{l_0}.

同样，根据策略优超的概念给出简化非合作双矩阵博弈中支付矩阵 $\boldsymbol{A}$ 和 $\boldsymbol{B}$ 的一个"优超原则"，它与矩阵博弈的优超原则类似，这里不再赘述.

下面证明非合作双矩阵博弈 Nash 均衡点的存在性.

由定理 5.16，$(\boldsymbol{x}^*, \boldsymbol{y}^*)$ 为非合作双矩阵博弈 $\Gamma = (S_1^*,\ S_2^*;\ \boldsymbol{A}, \boldsymbol{B})$ 的 Nash 均衡点当且仅当 $(\boldsymbol{x}^*, \boldsymbol{y}^*)$ 为如下不等式组的解：

$$\begin{cases} \boldsymbol{A}_{i\cdot}\boldsymbol{y} \leqslant \boldsymbol{x}^{\mathrm{T}}\boldsymbol{A}\boldsymbol{y}, \quad i = 1, 2, \cdots, m, \\ \boldsymbol{x}^{\mathrm{T}}\boldsymbol{B}_{\cdot j} \leqslant \boldsymbol{x}^{\mathrm{T}}\boldsymbol{B}\boldsymbol{y}, \quad j = 1, 2, \cdots, n, \\ \displaystyle\sum_{i=1}^{m} x_i = 1, \\ \displaystyle\sum_{j=1}^{n} y_j = 1, \\ x_i \geqslant 0, \quad i = 1, 2, \cdots, m, \\ y_j \geqslant 0, \quad j = 1, 2, \cdots, n. \end{cases} \tag{5.28}$$

不失一般性，可设支付矩阵 $\boldsymbol{A}$ 和 $\boldsymbol{B}$ 的每个元素都是正的，否则由推论 5.19，可把 $\boldsymbol{A}$ 的每个元素加上同一个足够大的正数 c，把 $\boldsymbol{B}$ 的每个元素加上同一个足够大的正数 d.

考虑如下的不等式组

$$\begin{cases} \boldsymbol{A}_{i\cdot}\boldsymbol{y} \leqslant 1, \quad i = 1, 2, \cdots, m, \\ \boldsymbol{x}^{\mathrm{T}}\boldsymbol{B}_{\cdot j} \leqslant 1, \quad j = 1, 2, \cdots, n, \\ \boldsymbol{x} \geqslant \boldsymbol{0}, \quad \boldsymbol{x} \neq \boldsymbol{0}, \\ \boldsymbol{y} \geqslant \boldsymbol{0}, \quad \boldsymbol{y} \neq \boldsymbol{0}, \\ x_i(1 - \boldsymbol{A}_{i\cdot}\boldsymbol{y}) = 0, \quad i = 1, 2, \cdots, m, \\ y_j(1 - \boldsymbol{x}^{\mathrm{T}}\boldsymbol{B}_{\cdot j}) = 0, \quad j = 1, 2, \cdots, n. \end{cases} \tag{5.29}$$

设 $(\tilde{\boldsymbol{x}}, \tilde{\boldsymbol{y}})$ 为不等式组 (5.29) 的解，则

$$\sum_{i=1}^{m} \tilde{x}_i = \sum_{i=1}^{m} \tilde{x}_i \boldsymbol{A}_{i\cdot} \tilde{\boldsymbol{y}} = \tilde{\boldsymbol{x}}^{\mathrm{T}} \boldsymbol{A} \tilde{\boldsymbol{y}} > 0, \quad \sum_{j=1}^{n} \tilde{y}_i = \sum_{j=1}^{n} \tilde{\boldsymbol{x}} \boldsymbol{B}_{\cdot j} \tilde{y}_j = \tilde{\boldsymbol{x}}^{\mathrm{T}} \boldsymbol{B} \tilde{\boldsymbol{y}} > 0.$$

令

$$\boldsymbol{x}^* = \frac{\tilde{\boldsymbol{x}}}{\sum\limits_{i=1}^{m} \tilde{x}_i}, \quad \boldsymbol{y}^* = \frac{\tilde{\boldsymbol{y}}}{\sum\limits_{j=1}^{n} \tilde{y}_j},$$

则 $\boldsymbol{x}^* \geqslant \boldsymbol{0}$，$\boldsymbol{y}^* \geqslant \boldsymbol{0}$，且

$$\sum_{i=1}^{m} x_i^* = 1, \quad \sum_{j=1}^{n} y_j^* = 1,$$

并且

$$\boldsymbol{x}^{*\mathrm{T}} \boldsymbol{A} \boldsymbol{y}^* = \frac{1}{(\tilde{\boldsymbol{x}}^{\mathrm{T}} \boldsymbol{A} \tilde{\boldsymbol{y}})(\tilde{\boldsymbol{x}}^{\mathrm{T}} \boldsymbol{B} \tilde{\boldsymbol{y}})} \tilde{\boldsymbol{x}}^{\mathrm{T}} \boldsymbol{A} \tilde{\boldsymbol{y}} = \frac{1}{\tilde{\boldsymbol{x}}^{\mathrm{T}} \boldsymbol{B} \tilde{\boldsymbol{y}}},$$

$$\boldsymbol{x}^{*\mathrm{T}} \boldsymbol{B} \boldsymbol{y}^* = \frac{1}{(\tilde{\boldsymbol{x}}^{\mathrm{T}} \boldsymbol{A} \tilde{\boldsymbol{y}})(\tilde{\boldsymbol{x}}^{\mathrm{T}} \boldsymbol{B} \tilde{\boldsymbol{y}})} \tilde{\boldsymbol{x}}^{\mathrm{T}} \boldsymbol{B} \tilde{\boldsymbol{y}} = \frac{1}{\tilde{\boldsymbol{x}}^{\mathrm{T}} \boldsymbol{A} \tilde{\boldsymbol{y}}}.$$

从而

$$\boldsymbol{A}_{i\cdot} \boldsymbol{y}^* = \frac{1}{\tilde{\boldsymbol{x}}^{\mathrm{T}} \boldsymbol{B} \tilde{\boldsymbol{y}}} \boldsymbol{A}_{i\cdot} \tilde{\boldsymbol{y}} \leqslant \frac{1}{\tilde{\boldsymbol{x}}^{\mathrm{T}} \boldsymbol{B} \tilde{\boldsymbol{y}}} = \boldsymbol{x}^{*\mathrm{T}} \boldsymbol{A} \boldsymbol{y}^*,$$

$$\boldsymbol{x}^{*\mathrm{T}} \boldsymbol{B}_{\cdot j} = \frac{1}{\tilde{\boldsymbol{x}}^{\mathrm{T}} \boldsymbol{A} \tilde{\boldsymbol{y}}} \tilde{\boldsymbol{x}}^{\mathrm{T}} \boldsymbol{B}_{\cdot j} \leqslant \frac{1}{\tilde{\boldsymbol{x}}^{\mathrm{T}} \boldsymbol{A} \tilde{\boldsymbol{y}}} = \boldsymbol{x}^{*\mathrm{T}} \boldsymbol{B} \boldsymbol{y}^*.$$

这就证明了 $(\boldsymbol{x}^*, \boldsymbol{y}^*)$ 为不等式组 (5.28) 的解，即 $(\boldsymbol{x}^*, \boldsymbol{y}^*)$ 为 Γ 的 Nash 均衡点.

反之，如果 $(\boldsymbol{x}^*, \boldsymbol{y}^*)$ 为 Γ 的 Nash 均衡点，则 $(\boldsymbol{x}^*, \boldsymbol{y}^*)$ 为不等式组 (5.28) 的解. 令

$$\tilde{\boldsymbol{x}} = \frac{1}{\boldsymbol{x}^{*\mathrm{T}} \boldsymbol{B} \boldsymbol{y}^*} \boldsymbol{x}^*, \quad \tilde{\boldsymbol{y}} = \frac{1}{\boldsymbol{x}^{*\mathrm{T}} \boldsymbol{A} \boldsymbol{y}^*} \boldsymbol{y}^*,$$

则 $\tilde{\boldsymbol{x}} \geqslant \boldsymbol{0}$, $\tilde{\boldsymbol{x}} \neq \boldsymbol{0}$; $\tilde{\boldsymbol{y}} \geqslant \boldsymbol{0}, \tilde{\boldsymbol{y}} \neq \boldsymbol{0}$; 且由不等式组 (5.28) 的第一、二式知

$$\boldsymbol{A}_{i\cdot} \tilde{\boldsymbol{y}} = \frac{1}{\boldsymbol{x}^{*\mathrm{T}} \boldsymbol{A} \boldsymbol{y}^*} \boldsymbol{A}_{i\cdot} \boldsymbol{x}^* \leqslant 1, \quad i = 1, 2, \cdots, m,$$

$$\tilde{\boldsymbol{x}}^{\mathrm{T}} \boldsymbol{B}_{\cdot j} = \frac{1}{\boldsymbol{x}^{*\mathrm{T}} \boldsymbol{B} \boldsymbol{y}^*} \boldsymbol{x}^{*\mathrm{T}} \boldsymbol{B}_{\cdot j} \leqslant 1, \quad j = 1, 2, \cdots, n.$$

又因

$$\begin{aligned} \sum_{i=1}^{m} \tilde{x}_i (1 - \boldsymbol{A}_{i\cdot} \tilde{\boldsymbol{y}}) &= \frac{1}{\boldsymbol{x}^{*\mathrm{T}} \boldsymbol{B} \boldsymbol{y}^*} \sum_{i=1}^{m} \left(x_i^* - x_i^* \boldsymbol{A}_{i\cdot} \tilde{\boldsymbol{y}}^* \frac{1}{\boldsymbol{x}^{*\mathrm{T}} \boldsymbol{A} \boldsymbol{y}^*} \right) \\ &= \frac{1}{\boldsymbol{x}^{*\mathrm{T}} \boldsymbol{B} \boldsymbol{y}^*} \left(1 - \boldsymbol{x}^{*\mathrm{T}} \boldsymbol{A} \boldsymbol{y}^* \frac{1}{\boldsymbol{x}^{*\mathrm{T}} \boldsymbol{A} \boldsymbol{y}^*} \right) = 0, \end{aligned}$$

且上式左端和式中每一项都是非负的，故

$$\tilde{x}_i(1-\boldsymbol{A}_{i\cdot}\tilde{\boldsymbol{y}})=0,\quad i=1,2,\cdots,m,$$

同理可证

$$\tilde{y}_j(1-\tilde{\boldsymbol{x}}^{\mathrm{T}}\boldsymbol{B}_{\cdot j})=0,\quad j=1,2,\cdots,n.$$

于是，$(\tilde{\boldsymbol{x}},\tilde{\boldsymbol{y}})$ 为不等式组 (5.29) 的解.

因此，非合作双矩阵博弈存在 Nash 均衡点等价于不等式组 (5.29) 有解. 引进松弛变量 $u_1,u_2,\cdots,u_m$ 和 $w_1,w_2,\cdots,w_n$，记 $\boldsymbol{u}=(u_1,u_2,\cdots,u_m)^{\mathrm{T}}$，$\boldsymbol{w}=(w_1,w_2,\cdots,w_n)^{\mathrm{T}}$，把不等式组 (5.29) 化为等价的形式：

$$\begin{cases}\boldsymbol{A}_{i\cdot}\boldsymbol{y}+u_i=1,\quad i=1,2,\cdots,m,\\ \boldsymbol{x}^{\mathrm{T}}\boldsymbol{B}_{\cdot j}+w_j=1,\quad j=1,2,\cdots,n,\\ \boldsymbol{x}\geqslant\boldsymbol{0},\quad \boldsymbol{x}\neq\boldsymbol{0},\\ \boldsymbol{y}\geqslant\boldsymbol{0},\quad \boldsymbol{y}\neq\boldsymbol{0},\\ \boldsymbol{u}\geqslant\boldsymbol{0},\quad \boldsymbol{w}\geqslant\boldsymbol{0},\\ x_iu_i=0,\quad i=1,2,\cdots,m,\\ y_jw_j=0,\quad j=1,2,\cdots,n.\end{cases}\tag{5.30}$$

为了求解问题 (5.30)，我们仿照单纯形表建立两个表格 (I) 和 (II)，见表 5.2 和表 5.3.

表 5.2　表格 (I)

	x_1 x_2 $\cdots$ x_m	w_1 w_2 $\cdots$ w_n	
w_1 w_2 $\vdots$ w_n	$\boldsymbol{B}^{\mathrm{T}}$	$\boldsymbol{I}_n$	$\boldsymbol{e}_n$

表 5.3　表格 (II)

	y_1 y_2 $\cdots$ y_n	u_1 u_2 $\cdots$ u_m	
u_1 u_2 $\vdots$ u_m	$\boldsymbol{A}$	$\boldsymbol{I}_m$	$\boldsymbol{e}_m$

其中 $\boldsymbol{I}_n$ 和 $\boldsymbol{I}_m$ 分别为 n 阶和 m 阶单位矩阵，$\boldsymbol{e}_n$ 和 $\boldsymbol{e}_m$ 分别为分量都是 1 的 n 维和 m 维列向量.

在表格 (Ⅰ) 中，以 x_1 为进基变量，按单纯形法选择离基变量，设为 w_r，进行旋转变换，得到新的表格 (I_1). 然后在表格 (Ⅱ) 中，以 y_r 作为进基变量，按单纯形法选择离基变量，设为 u_s，进行旋转变换，得到新的表格 (II_1). 再在表格 (I_1) 中，以 x_s 作为进基变量，按单纯形法选择离基变量，进行旋转变换，得到新的表格 (I_2). 如此继续下去，直到 x_1 或者 u_1 成为非基变量为止.

因为在任何一次旋转变换后，总有

$$\begin{cases} x_i u_i = 0, & i = 2, 3, \cdots, m, \\ y_j w_j = 0, & j = 1, 2, \cdots, n; \end{cases}$$

而最后一次旋转变换使得

$$x_1 u_1 = 0.$$

所以最后必定得到不等式组 (5.30) 的解 $(\tilde{\boldsymbol{x}}, \tilde{\boldsymbol{y}})$，令

$$\boldsymbol{x}^* = \frac{\tilde{\boldsymbol{x}}}{\sum\limits_{i=1}^{m} \tilde{x}_i}, \quad \boldsymbol{y}^* = \frac{\tilde{\boldsymbol{y}}}{\sum\limits_{j=1}^{n} \tilde{y}_j},$$

则 $(\boldsymbol{x}^*, \boldsymbol{y}^*)$ 为 Γ 的 Nash 均衡点. 在此局势下，甲和乙的支付分别为

$$\boldsymbol{x}^{*\mathrm{T}} \boldsymbol{A} \boldsymbol{y}^* = \frac{1}{\sum\limits_{j=1}^{n} \tilde{y}_j}, \quad \boldsymbol{x}^{*^{\mathrm{T}}} \boldsymbol{B} \boldsymbol{y}^* = \frac{1}{\sum\limits_{i=1}^{m} \tilde{x}_i}.$$

综上所述，得到如下定理.

定理 5.20 任何非合作双矩阵博弈都存在 Nash 均衡点. □

上述构造性证明给出了求非合作双矩阵博弈的 Nash 均衡点的一种方法，称之为 Lemke-Howson 算法.

例 5.12 求非合作双矩阵博弈 Γ 的 Nash 均衡点，其中支付矩阵为

$$\boldsymbol{A} = \begin{bmatrix} 2 & -3 & 0 & 6 \\ 4 & 9 & -4 & 7 \\ 3 & -1 & 1 & 6 \end{bmatrix}, \quad \boldsymbol{B} = \begin{bmatrix} 4 & 7 & 5 & -10 \\ 2 & -3 & 4 & -1 \\ 3 & 4 & -2 & 5 \end{bmatrix}.$$

解 易知 Γ 不存在均衡点，转而求 Γ 的 Nash 均衡点. 因为 $\boldsymbol{A}_{3\cdot} \geqslant \boldsymbol{A}_{1\cdot}$，所以可删去 $\boldsymbol{A}$ 和 $\boldsymbol{B}$ 的第 1 行，得 $\boldsymbol{A}^{(1)}$ 和 $\boldsymbol{B}^{(1)}$. 又由于 $\boldsymbol{B}^{(1)}_{\cdot 4} > \boldsymbol{B}^{(1)}_{\cdot 2}$，因此可删去 $\boldsymbol{A}^{(1)}$ 和 $\boldsymbol{B}^{(1)}$ 的第 2 列，得 $\boldsymbol{A}^{(2)}$ 和 $\boldsymbol{B}^{(2)}$. 因 $\boldsymbol{A}^{(2)}$ 和 $\boldsymbol{B}^{(2)}$ 中都有负元素，故把 $\boldsymbol{A}^{(2)}$ 的每个元素都加上 5，把 $\boldsymbol{B}^{(2)}$ 的每个元素都加 3，得

$$\boldsymbol{A}^{(3)} = \begin{bmatrix} 9 & 1 & 12 \\ 8 & 6 & 11 \end{bmatrix}, \quad \boldsymbol{B}^{(3)} = \begin{bmatrix} 5 & 7 & 2 \\ 6 & 1 & 8 \end{bmatrix}.$$

下面用 Lemke-Howson 算法求 $\Gamma_3=(S_1,S_2;\boldsymbol{A}^{(3)},\boldsymbol{B}^{(3)})$ 的 Nash 均衡点. 为此，先建立相应的表格 (Ⅰ) 和 (Ⅱ)，见表 5.4 和表 5.5.

表 5.4　例 5.12 中的表格 (Ⅰ)

	x_1	x_2	w_1	w_2	w_3	
w_1	5	6	1	0	0	1
w_2	7	1	0	1	0	1
w_3	2	8	0	0	1	1

表 5.5　例 5.12 中的表格 (Ⅱ)

	y_1	y_2	y_3	u_1	u_2	
u_1	9	1	12	1	0	1
u_2	8	6	11	0	1	1

对表格 (Ⅰ) 作{2,1}旋转变换，对表格 (Ⅱ) 作{2,2}旋转变换，得表格 (Ⅰ_1) 和表格 (Ⅱ_1)，见表 5.6 和表 5.7.

表 5.6　例 5.12 中的表格 (Ⅰ_1)

	x_1	x_2	w_1	w_2	w_3	
w_1	0	37/7	1	−5/7	0	2/7
x_1	1	1/7	0	1/7	0	1/7
w_3	0	54/7	0	−2/7	1	5/7

表 5.7　例 5.12 中的表格 (Ⅱ_1)

	y_1	y_2	y_3	u_1	u_2	
u_1	46/6	0	61/6	1	−1/6	5/6
y_2	8/6	1	11/6	0	1/6	1/6

对表格 (Ⅰ_1) 作{1,2}旋转变换，对表格 (Ⅱ_1) 作{1,1}旋转变换，得表格 (Ⅰ_2) 和表格 (Ⅱ_2)，见表 5.8 和表 5.9.

表 5.8　例 5.12 中的表格 (Ⅰ_2)

	x_1	x_2	w_1	w_2	w_3	
x_2	0	1	7/37	−5/37	0	2/37
x_1	1	0	−1/37	6/37	0	5/37
w_3	0	0	−54/37	28/37	1	11/37

表 5.9 例 5.12 中的表格 (II_2)

	y_1	y_2	y_3	u_1	u_2	
y_1	1	0	61/46	6/46	−1/46	5/46
y_2	0	1	3/46	−8/46	9/46	1/46

因为 u_1 成为非基变量，所以结束. 最后得到

$$\tilde{\boldsymbol{x}}=\left(\frac{5}{37},\frac{2}{37}\right)^{\mathrm{T}},\quad \tilde{\boldsymbol{y}}=\left(\frac{5}{46},\frac{1}{46},0\right)^{\mathrm{T}}.$$

从而

$$\sum_{i=1}^{2}\tilde{x}_i=\frac{7}{37},\quad \sum_{j=1}^{3}\tilde{y}_j=\frac{6}{46},$$

于是

$$\boldsymbol{x}^{(3)}=\left(\frac{5}{7},\frac{2}{7}\right)^{\mathrm{T}},\quad \boldsymbol{y}^{(3)}=\left(\frac{5}{6},\frac{1}{6},0\right)^{\mathrm{T}}$$

为 Γ_3 的 Nash 均衡点. 在此局势下，局中人甲和局中人乙的支付分别为

$$\boldsymbol{x}^{(3)\mathrm{T}}\boldsymbol{A}^{(3)}\boldsymbol{y}^{(3)}=\frac{1}{\displaystyle\sum_{j=1}^{3}\tilde{y}_j}=\frac{46}{6},\quad \boldsymbol{x}^{(3)\mathrm{T}}\boldsymbol{B}^{(3)}\boldsymbol{y}^{(3)\mathrm{T}}=\frac{1}{\displaystyle\sum_{i=1}^{2}\tilde{x}_i}=\frac{37}{7}.$$

从而 Γ 的 Nash 均衡点为

$$\boldsymbol{x}^*=\left(0,\frac{5}{7},\frac{2}{7}\right)^{\mathrm{T}},\quad \boldsymbol{y}^*=\left(\frac{5}{6},0,\frac{1}{6},0\right)^{\mathrm{T}},$$

在此局势下，局中人甲和局中人乙的支付分别为

$$\boldsymbol{x}^{*\mathrm{T}}\boldsymbol{A}\boldsymbol{y}^*=\boldsymbol{x}^{(3)\mathrm{T}}\boldsymbol{A}^{(3)}\boldsymbol{y}^{(3)}-5=\frac{16}{5},$$

$$\boldsymbol{x}^{*\mathrm{T}}\boldsymbol{B}\boldsymbol{y}^*=\boldsymbol{x}^{(3)\mathrm{T}}\boldsymbol{B}^{(3)}\boldsymbol{y}^{(3)}-3=\frac{16}{7}.$$ □

5.5 合作双矩阵博弈

众所周知，在人与人、单位与单位、党派与党派、国家与国家之间都存在合作的可能性和必要性，正是现实生活中的这种“合作”导致了合作博弈理论的产生. 合作博弈重点研究的是如何分配合作所带来的利益.

在 5.4 节中，已经求得裁军问题的均衡局势是 (扩军，扩军)，对美苏两个超级大国来说，只有建立合作伙伴关系采取裁军的策略才是他们最有利的结果，也符合

热爱和平的人们的想法. 竞聘问题存在两个均衡局势 (应聘企业 1, 应聘企业 2) 和 (应聘企业 2, 应聘企业 1), 因为甲、乙双方都希望去申请那份工资更高的工作, 所以无法保证达到这两个均衡局势, 双方只能约定不去申请同一工作, 通过谈判来分享既得利益, 这就引出了谈判问题.

5.5.1 谈判问题

在合作双矩阵博弈 $\Gamma=(S_1^*,S_2^*;\boldsymbol{A},\boldsymbol{B})$ 中, 经过双方的讨价还价, 或由一位仲裁者的裁定, 最终得到一个能为双方共同接受的方案, 这样一个过程称为谈判问题. 此过程可以表示为一系列谈判方案. 每个谈判方案都可用向量 $(u,v)^{\mathrm{T}}$ 表示, 这里 u 和 v 分别是局中人甲和局中人乙要求得到的份额, 并且在实际中是可行的, 即 $(u,v)^{\mathrm{T}}\in\mathbb{R}^2$, 且存在 $\boldsymbol{x}\in S_1^*$, $\boldsymbol{y}\in S_2^*$, 使得

$$u+v\leqslant \boldsymbol{x}^{\mathrm{T}}(\boldsymbol{A}+\boldsymbol{B})\boldsymbol{y}.$$

显然, 局中人双方通过合作所能获得的最大总支付为

$$\sigma=\max_{1\leqslant i\leqslant m}\max_{1\leqslant j\leqslant n}(a_{ij}+b_{ij}),$$

容易验证, $(u,v)^{\mathrm{T}}\in\mathbb{R}^2$ 为谈判方案当且仅当 $u+v\leqslant\sigma$.

谈判过程中甲、乙双方都有一个基点, 即双方都认为不能再做出让步的支付, 记为 $(u_0,v_0)^{\mathrm{T}}$. 如果在以 $(u_0,v_0)^{\mathrm{T}}$ 为基点的谈判问题中, 经过谈判过程后最终达到能为双方共同接受的方案 $(u^*,v^*)^{\mathrm{T}}$, 则称 $(u^*,v^*)^{\mathrm{T}}$ 为谈判问题的解. 若谈判问题有解, 则称谈判成功; 否则称谈判破裂.

记甲、乙双方单干至少能获得的支付分别为 $v(\boldsymbol{A})$, $v(\boldsymbol{B}^{\mathrm{T}})$, 由矩阵博弈知识可知

$$\begin{cases} v(\boldsymbol{A})=\max\limits_{\boldsymbol{x}\in S_1^*}\min\limits_{\boldsymbol{y}\in S_2^*}\boldsymbol{x}^{\mathrm{T}}\boldsymbol{A}\boldsymbol{y},\\ v(\boldsymbol{B}^{\mathrm{T}})=\max\limits_{\boldsymbol{y}\in S_2^*}\min\limits_{\boldsymbol{x}\in S_1^*}\boldsymbol{x}^{\mathrm{T}}\boldsymbol{B}\boldsymbol{y},\end{cases}$$

即 $v(\boldsymbol{A})$ 和 $v(\boldsymbol{B}^{\mathrm{T}})$ 分别是以 $\boldsymbol{A}$ 和 $\boldsymbol{B}^{\mathrm{T}}$ 为支付矩阵的矩阵博弈的值, 因此利用 5.3 节的方法可以求出 $v(\boldsymbol{A})$ 和 $v(\boldsymbol{B}^{\mathrm{T}})$. 容易证明

$$v(\boldsymbol{A})+v(\boldsymbol{B}^{\mathrm{T}})\leqslant\sigma. \tag{5.31}$$

这说明 $(v(\boldsymbol{A}),v(\boldsymbol{B}^{\mathrm{T}}))^{\mathrm{T}}$ 是一个谈判方案.

一个朴素的想法是, 谈判问题的解 $(u^*,v^*)^{\mathrm{T}}$ 应当满足

$$\begin{cases} u^*\geqslant\max\{v(\boldsymbol{A}),u_0\},\\ v^*\geqslant\max\{v(\boldsymbol{B}^{\mathrm{T}}),v_0\},\\ u^*+v^*=\sigma,\\ u^*-u_0=v^*-v_0,\end{cases} \tag{5.32}$$

(5.32) 式中的第一式和第二式为个体合理性条件，可以这样来理解它：如果一个局中人得到的份额少于他单干所能得到的支付或者少于他认为不能再做出让步的支付，那么他肯定不会与另一个局中人合作，即谈判破裂；第三式为群体合理性条件，表示合作双方共同瓜分所获的最大总支付 σ；第四式为公平性条件，说明局中人甲、乙平均分配双方合作所增加的支付，这使得两个局中人的相对地位不变. 由 (5.32) 式中的第三式和第四式解得

$$\begin{cases} u^* = \dfrac{u_0 - v_0 + \sigma}{2}, \\ v^* = \dfrac{v_0 - u_0 + \sigma}{2}. \end{cases} \tag{5.33}$$

为保证个体合理性条件成立，应当有

$$\begin{cases} \dfrac{u_0 - v_0 + \sigma}{2} \geqslant v(\boldsymbol{A}), \\ \dfrac{v_0 - u_0 + \sigma}{2} \geqslant v(\boldsymbol{B}^{\mathrm{T}}), \end{cases}$$

这等价于

$$2v(\boldsymbol{A}) - \sigma \leqslant u_0 - v_0 \leqslant \sigma - 2v(\boldsymbol{B}^{\mathrm{T}}). \tag{5.34}$$

因此若 (5.34) 式成立，则谈判成功；否则谈判破裂.

通常以甲、乙双方根据 “从最不利情形中选取最有利的结果” 原则选取策略时各自所得的支付为基点，即取

$$(u_0, v_0)^{\mathrm{T}} = (v(\boldsymbol{A}), v(\boldsymbol{B}^{\mathrm{T}}))^{\mathrm{T}},$$

由 (5.31) 式即知 (5.34) 式自然成立，根据 (5.33) 式此谈判问题的解

$$\begin{cases} u^* = \dfrac{v(\boldsymbol{A}) - v(\boldsymbol{B}^{\mathrm{T}}) + \sigma}{2}, \\ v^* = \dfrac{v(\boldsymbol{B}^{\mathrm{T}}) - v(\boldsymbol{A}) + \sigma}{2}. \end{cases} \tag{5.35}$$

在裁军问题中，容易得到 $v(\boldsymbol{A}) = -3000$，$v(\boldsymbol{B}^{\mathrm{T}}) = -3000$，$\sigma = 0$. 取基点 $(u_0, v_0)^{\mathrm{T}} = (-3000, -3000)^{\mathrm{T}}$，则谈判问题的解 $(u^*, v^*)^{\mathrm{T}} = (0, 0)^{\mathrm{T}}$，即苏美双方采取都采取裁军策略，节省军费开支.

在竞聘问题中，采用线性方程组方法不难求得

$$v(\boldsymbol{A}) = \frac{3a_1a_2}{2(a_1 + a_2)}, \quad v(\boldsymbol{B}^{\mathrm{T}}) = \frac{3a_1a_2}{2(a_1 + a_2)}, \quad \sigma = a_1 + a_2.$$

取基点 $(u_0, v_0)^{\mathrm{T}} = (v(\boldsymbol{A}), v(\boldsymbol{B}^{\mathrm{T}}))^{\mathrm{T}}$，则谈判问题的解

$$(u^*, v^*)^{\mathrm{T}} = \left(\frac{a_1 + a_2}{2}, \frac{a_1 + a_2}{2}\right)^{\mathrm{T}},$$

这表明甲、乙双方约定不去竞聘相同的工作岗位，但所获得的总支付平均分配.

5.5.2　恐吓问题

通过上述讨论，我们知道谈判问题的解 $(u^*, v^*)^{\mathrm{T}}$ 与基点 $(u_0, v_0)^{\mathrm{T}}$ 密切相关. 谈判过程中一方为了达到自己的目的，可能利用自己的有利态势或地位来“要挟”或“讹诈”对方，形成了恐吓问题. 对于恐吓问题，Nash 提出了如下的三个步骤:

(1) 局中人甲宣布将要采取一个恐吓策略 $\boldsymbol{x}$；

(2) 同时局中人乙也宣布将要采取一个恐吓策略 $\boldsymbol{y}$；

(3) 谈判开始. 局中人甲和乙以 $(\boldsymbol{x}^{\mathrm{T}}\boldsymbol{A}\boldsymbol{y}, \boldsymbol{x}^{\mathrm{T}}\boldsymbol{B}\boldsymbol{y})^{\mathrm{T}}$ 为基点进行谈判，由 (5.34) 式可知，如果基点满足

$$2v(\boldsymbol{A}) - \sigma \leqslant \boldsymbol{x}^{\mathrm{T}}(\boldsymbol{A} - \boldsymbol{B})\boldsymbol{y} \leqslant \sigma - 2v(\boldsymbol{B}^{\mathrm{T}}), \tag{5.36}$$

则称恐吓成功，根据 (5.33) 式，该谈判问题的解为

$$\begin{cases} u^* = \dfrac{\boldsymbol{x}^{\mathrm{T}}(\boldsymbol{A} - \boldsymbol{B})\boldsymbol{y} + \sigma}{2}, \\ v^* = \dfrac{\boldsymbol{x}^{\mathrm{T}}(\boldsymbol{B} - \boldsymbol{A})\boldsymbol{y} + \sigma}{2}. \end{cases} \tag{5.37}$$

如果 (5.36) 式不成立，则称恐吓失败，双方只能分别采取恐吓策略 $\boldsymbol{x}, \boldsymbol{y}$，获得相应的支付.

由 (5.37) 式可知，局中人甲要尽量使 $\boldsymbol{x}^{\mathrm{T}}(\boldsymbol{A} - \boldsymbol{B})\boldsymbol{y}$ 达到最大，局中人乙要尽量使 $\boldsymbol{x}^{\mathrm{T}}(\boldsymbol{A} - \boldsymbol{B})\boldsymbol{y}$ 达到最小，因此可以认为甲、乙在进行一个以 $\boldsymbol{A} - \boldsymbol{B}$ 为支付矩阵的矩阵博弈，该矩阵博弈的值为

$$\delta = v(\boldsymbol{A} - \boldsymbol{B}) = \max_{\boldsymbol{x} \in S_1^*} \min_{\boldsymbol{y} \in S_2^*} \sum_{i=1}^{m} \sum_{j=1}^{n} (a_{ij} - b_{ij}) x_i y_j,$$

此时，局中人甲、乙在该矩阵博弈中的最优策略 $\boldsymbol{x}^*$，$\boldsymbol{y}^*$ 分别称为各自的最优恐吓策略. 由 (5.37) 式得

$$(\tilde{u}, \tilde{v})^{\mathrm{T}} = \left(\frac{\sigma + \delta}{2}, \frac{\sigma - \delta}{2} \right)^{\mathrm{T}}, \tag{5.38}$$

称之为恐吓问题的解.

定理 5.21　恐吓问题的解 $(\tilde{u}, \tilde{v})^{\mathrm{T}}$ 是以 $(\boldsymbol{x}^{*\mathrm{T}}\boldsymbol{A}\boldsymbol{y}^*, \boldsymbol{x}^{*\mathrm{T}}\boldsymbol{B}\boldsymbol{y}^*)^{\mathrm{T}}$ 为基点的谈判问题的解，其中 $\boldsymbol{x}^*$，$\boldsymbol{y}^*$ 分别为局中人甲、乙的最优恐吓策略.

证明　显然，只需证明 $(\tilde{u}, \tilde{v})^{\mathrm{T}}$ 满足

$$\tilde{u} \geqslant \max\{v(\boldsymbol{A}), \boldsymbol{x}^{*\mathrm{T}}\boldsymbol{A}\boldsymbol{y}^*\}, \quad \tilde{v} \geqslant \max\{v(\boldsymbol{B}^{\mathrm{T}}), \boldsymbol{x}^{*\mathrm{T}}\boldsymbol{B}\boldsymbol{y}^*\},$$

这里只证第一个不等式 (第二个不等式同理可证)，即证

$$\frac{\sigma+\delta}{2} \geqslant \boldsymbol{x}^{*\mathrm{T}}\boldsymbol{A}\boldsymbol{y}^*, \quad \frac{\sigma+\delta}{2} \geqslant v(\boldsymbol{A}),$$

也即

$$v(\boldsymbol{A}-\boldsymbol{B}) \geqslant 2\boldsymbol{x}^{*\mathrm{T}}\boldsymbol{A}\boldsymbol{y}^* - \sigma, \tag{5.39}$$

$$v(\boldsymbol{A}-\boldsymbol{B}) \geqslant 2v(\boldsymbol{A}) - \sigma. \tag{5.40}$$

因为

$$\begin{aligned} v(\boldsymbol{A}-\boldsymbol{B}) &= \boldsymbol{x}^{*\mathrm{T}}(2\boldsymbol{A}-(\boldsymbol{A}+\boldsymbol{B}))\boldsymbol{y}^* \\ &= 2\boldsymbol{x}^{*\mathrm{T}}\boldsymbol{A}\boldsymbol{y}^* - \boldsymbol{x}^{*\mathrm{T}}(\boldsymbol{A}+\boldsymbol{B})\boldsymbol{y}^* \\ &\geqslant 2\boldsymbol{x}^{*\mathrm{T}}\boldsymbol{A}\boldsymbol{y}^* - \sigma, \end{aligned}$$

所以 (5.39) 式成立.

再由矩阵博弈的值的定义可知

$$2v(\boldsymbol{A}) = \max_{\boldsymbol{x}\in S_1^*}\min_{\boldsymbol{y}\in S_2^*} \boldsymbol{x}^{\mathrm{T}}(2\boldsymbol{A})\boldsymbol{y},$$

$$v(\boldsymbol{A}-\boldsymbol{B}) = \max_{\boldsymbol{x}\in S_1^*}\min_{\boldsymbol{y}\in S_2^*} \boldsymbol{x}^{\mathrm{T}}(\boldsymbol{A}-\boldsymbol{B})\boldsymbol{y},$$

注意到 $\sigma = \max\limits_{1\leqslant i\leqslant m}\max\limits_{1\leqslant j\leqslant n}(a_{ij}+b_{ij})$，因此有

$$\boldsymbol{x}^{\mathrm{T}}(2\boldsymbol{A}-(\boldsymbol{A}+\boldsymbol{B}))\boldsymbol{y} \geqslant \boldsymbol{x}^{\mathrm{T}}(2\boldsymbol{A}-\sigma\boldsymbol{E}_{m\times n})\boldsymbol{y}, \quad \forall \boldsymbol{x}\in S_1^*, \forall \boldsymbol{y}\in S_2^*,$$

其中 $\boldsymbol{E}_{m\times n}$ 表示元素全为 1 的 $m\times n$ 矩阵. 所以

$$\begin{aligned} \max_{\boldsymbol{x}\in S_1^*}\min_{\boldsymbol{y}\in S_2^*} \boldsymbol{x}^{\mathrm{T}}(\boldsymbol{A}-\boldsymbol{B})\boldsymbol{y} &\geqslant \max_{\boldsymbol{x}\in S_1^*}\min_{\boldsymbol{y}\in S_2^*} \boldsymbol{x}^{\mathrm{T}}(2\boldsymbol{A}-\sigma\boldsymbol{E}_{m\times n})\boldsymbol{y} \\ &= \max_{\boldsymbol{x}\in S_1^*}\min_{\boldsymbol{y}\in S_2^*} \boldsymbol{x}^{\mathrm{T}}(2\boldsymbol{A})\boldsymbol{y} - \sigma, \end{aligned}$$

从而

$$\begin{aligned} 2v(\boldsymbol{A}) - v(\boldsymbol{A}-\boldsymbol{B}) &= \max_{\boldsymbol{x}\in S_1^*}\min_{\boldsymbol{y}\in S_2^*} \boldsymbol{x}^{\mathrm{T}}(2\boldsymbol{A})\boldsymbol{y} - \max_{\boldsymbol{x}\in S_1^*}\min_{\boldsymbol{y}\in S_2^*} \boldsymbol{x}^{\mathrm{T}}(\boldsymbol{A}-\boldsymbol{B})\boldsymbol{y} \\ &\leqslant \max_{\boldsymbol{x}\in S_1^*}\min_{\boldsymbol{y}\in S_2^*} \boldsymbol{x}^{\mathrm{T}}(2\boldsymbol{A})\boldsymbol{y} - \left(\max_{\boldsymbol{x}\in S_1^*}\min_{\boldsymbol{y}\in S_2^*} \boldsymbol{x}^{\mathrm{T}}(2\boldsymbol{A})\boldsymbol{y} - \sigma\right), \end{aligned}$$

于是 (5.40) 式成立. □

由 (5.40) 式可知

$$2v(\boldsymbol{A}) - \sigma \leqslant \boldsymbol{x}^{*\mathrm{T}}\boldsymbol{A}\boldsymbol{y}^* - \boldsymbol{x}^{*\mathrm{T}}\boldsymbol{B}\boldsymbol{y}^*,$$

故基点 $(\boldsymbol{x}^{*\mathrm{T}}\boldsymbol{A}\boldsymbol{y}^*, \boldsymbol{x}^{*\mathrm{T}}\boldsymbol{B}\boldsymbol{y}^*)^{\mathrm{T}}$ 满足 (5.36) 式中左边的不等式；同理可得 (5.36) 式中右边的不等式，这说明，甲、乙双方以最优恐吓策略 $\boldsymbol{x}^*$，$\boldsymbol{y}^*$ 进行恐吓时，必能恐吓成功.

对于合作双矩阵博弈 $\Gamma = (S_1^*, S_2^*; \boldsymbol{A}, \boldsymbol{B})$ 的恐吓问题，作以下三点说明：

(1) δ 表示局中人甲、乙的能力或地位. 当 $\delta > 0$ 时，表示甲比乙处于更为有利地位，甲应分得更多的支付；当 $\delta < 0$ 时，表示乙比甲处于更为有利地位，乙应分得更多的支付；当 $\delta = 0$ 时，表示两个局中人的地位平等.

(2) 若 $\boldsymbol{B} = -\boldsymbol{A}$，则 $\sigma = 0$，$\delta = 2v(\boldsymbol{A})$，此时成为矩阵博弈 $(S_1^*, S_2^*; \boldsymbol{A})$，双方已无合作的余地，只有对抗. 该矩阵博弈的最优策略就是最优恐吓策略，该恐吓问题的解 $(\tilde{u}, \tilde{v})^{\mathrm{T}} = (v(\boldsymbol{A}), -v(\boldsymbol{A}))^{\mathrm{T}}$.

(3) 若 $\boldsymbol{B} = \boldsymbol{A}$，则 $\delta = 0$，σ 为 $\boldsymbol{A}$ 中最大元素 (设为 $a_{i^*j^*}$) 的两倍，此时已无恐吓可言，$\boldsymbol{A}$ 中取得最大元素的纯策略 α_{i^*} 和 β_{j^*} 即为最优恐吓策略，恐吓问题的解 $(\tilde{u}, \tilde{v})^{\mathrm{T}} = (a_{i^*j^*}, a_{i^*j^*})^{\mathrm{T}}$.

例 5.13　设 $\Gamma = (S_1^*, S_2^*; \boldsymbol{A}, \boldsymbol{B})$ 为合作双矩阵博弈，试分别求以 $(v(\boldsymbol{A}), v(\boldsymbol{B}^{\mathrm{T}}))^{\mathrm{T}}$ 为基点的谈判问题的解和其恐吓问题的最优恐吓策略及其解，其中

$$\boldsymbol{A} = \begin{bmatrix} 8 & -1 & 6 \\ 2 & 7 & 5 \end{bmatrix}, \quad \boldsymbol{B} = \begin{bmatrix} 3 & -1 & 4 \\ 4 & 4 & 4 \end{bmatrix}.$$

解　利用 5.3.1 小节中的图解法求出 $v(\boldsymbol{A}) = \dfrac{58}{14}$，$v(\boldsymbol{B}^{\mathrm{T}}) = 4$，即以 $\left(\dfrac{58}{14}, 4\right)^{\mathrm{T}}$ 作为基点. 易知 $\sigma = 11$，从而由 (5.35) 式可知谈判问题的解

$$(u^*, v^*)^{\mathrm{T}} = \left(\frac{78}{14}, \frac{76}{14}\right)^{\mathrm{T}}.$$

对于恐吓问题，同样利用图解法求解以 $\boldsymbol{A} - \boldsymbol{B}$ 为支付矩阵的矩阵博弈，得到博弈值 $\delta = v(\boldsymbol{A} - \boldsymbol{B}) = 1.5$，最优策略

$$\boldsymbol{x}^* = (0.5, 0.5)^{\mathrm{T}}, \quad \boldsymbol{y}^* = (0.3, 0.7, 0)^{\mathrm{T}},$$

从而局中人甲、乙最优恐吓策略分别为 $\boldsymbol{x}^*$，$\boldsymbol{y}^*$. 再由 (5.38) 式可知恐吓问题的解

$$(\tilde{u}, \tilde{v})^{\mathrm{T}} = (6.25, 4.75)^{\mathrm{T}}.$$

□

在谈判问题中，局中人最终所得的份额与谈判时所选择的基点有很大的关系. 当以 $(v(\boldsymbol{A}), v(\boldsymbol{B}^{\mathrm{T}}))^{\mathrm{T}}$ 为基点时，说明处于有利地位的局中人较为保守. 当某局中人选择基点的分量较大时，可能会导致谈判破裂，得不偿失. 局中人应根据自己的态

势和地位选择适合的基点的分量，在保证能合作的前提下与对方谈判、竞争，以获得最大的利益.

习 题 5

1. 试举出一个博弈的例子，并指出其基本要素.

2. 证明 (5.1) 式.

3. 求解以下列矩阵为支付矩阵的矩阵博弈:

(1) $\begin{bmatrix} 2 & 1 & 4 \\ 2 & 0 & 3 \\ -1 & -2 & 0 \end{bmatrix}$; (2) $\begin{bmatrix} 2 & -3 & 1 & -4 \\ 6 & -4 & 1 & -5 \\ 4 & 3 & 3 & 2 \\ 2 & -3 & 2 & -4 \end{bmatrix}$.

4. 试证定理 5.3.

5. 求解矩阵博弈 Γ，其中支付矩阵 $\boldsymbol{A}=[a_{ij}]_{m\times m}$ 的每一行元素之和及每一列元素之和都为常数 d.

6. 试证定理 5.12.

7. 用图解法求解以如下矩阵为支付矩阵的矩阵博弈:

(1) $\begin{bmatrix} 1 & 2 & 4 & 0 \\ 0 & -2 & -3 & 0 \end{bmatrix}$; (2) $\begin{bmatrix} 2 & 4 & 0 & -2 \\ 4 & 8 & 2 & 6 \\ -2 & 0 & 4 & 2 \\ -4 & -2 & -2 & 0 \end{bmatrix}$.

8. 用线性规划方法求解以如下矩阵为支付矩阵的矩阵博弈:

(1) $\begin{bmatrix} 2 & 5 & 4 \\ 6 & 1 & 3 \\ 4 & 6 & 1 \end{bmatrix}$; (2) $\begin{bmatrix} -1 & 2 & -1 \\ 1 & -2 & 2 \\ 3 & 4 & -3 \end{bmatrix}$.

9. 设矩阵博弈 $\Gamma=(S_1,\ S_2;\ \boldsymbol{A})$，其中

$$\boldsymbol{A}=\begin{bmatrix} 1 & 2 & 5 \\ 8 & 4 & 7 \\ -1 & 5 & -6 \end{bmatrix},$$

已知局中人双方的最优策略为

$$\boldsymbol{x}^*=\left(0,\frac{11}{14},\frac{3}{14}\right)^{\mathrm{T}},\quad \boldsymbol{y}^*=\left(0,\frac{13}{14},\frac{1}{14}\right)^{\mathrm{T}};\quad v_\Gamma=\frac{59}{14}.$$

试求以下述矩阵为支付矩阵的矩阵博弈的最优策略和值:

(1) $\begin{bmatrix} 5 & 6 & 9 \\ 12 & 8 & 11 \\ 3 & 9 & -2 \end{bmatrix}$; (2) $\begin{bmatrix} 3 & 0 & -1 \\ 5 & 2 & 6 \\ -8 & 3 & -3 \end{bmatrix}$.

10. 某厂有三种不同的设备 $\alpha_1,\alpha_2,\alpha_3$，对外加工三种不同的产品 β_1,β_2,β_3. 已知这三种设备分别加工三种产品时，单位时间内创造的价值如题表 5.1 所示，表中负值表示设备的消耗大于创造出的价值. 试求出一个合理的加工方案.

题表 5.1　单位时间创造的价值表

	β_1	β_2	β_3
α_1	3	-2	5
α_2	2	2	6
α_3	-1	4	0

11. 假设红方派两架飞机 A 和 B 去轰炸蓝方阵地，A 飞在前面，B 飞在后面，其中一架飞机带炸弹，另一架飞机负责保护. 蓝方派一架飞机 C 进行拦截. 如果 C 攻击 A，则将遭到 A 和 B 的还击；如果 C 攻击 B，则只遭到 B 的还击. A 和 B 的炮火装置一样，它们击毁 C 的概率都是 $p=0.4$；而 C 击毁 A 或 B 的概率均为 $q=0.9$. 试求双方的最优策略.

12. 试证明定理 5.16.

13. 试证明推论 5.19.

14. 求非合作双矩阵博弈的 Nash 均衡点，其中

(1) $\boldsymbol{A}=\begin{bmatrix}1 & 3\\ 2 & 5\end{bmatrix}$，$\boldsymbol{B}=\begin{bmatrix}3 & 4\\ 7 & 2\end{bmatrix}$；

(2) $\boldsymbol{A}=\begin{bmatrix}-10 & 2 & 7\\ 1 & -1 & 3\\ 0 & -2 & 1\end{bmatrix}$，$\boldsymbol{B}=\begin{bmatrix}5 & -2 & 2\\ -1 & 1 & 0\\ 4 & 2 & 3\end{bmatrix}$；

(3) $\boldsymbol{A}=\begin{bmatrix}1 & 2 & 3\\ 2 & 0 & 1\\ 2 & 3 & 0\end{bmatrix}$，$\boldsymbol{B}=\begin{bmatrix}1 & 0 & -1\\ 0 & 2 & 1\\ 0 & -1 & 2\end{bmatrix}$.

15. 设 $\Gamma=(S_1^*,S_2^*;\boldsymbol{A},\boldsymbol{B})$ 是合作双矩阵博弈，$\sigma=\max\limits_{1\leqslant i\leqslant m}\max\limits_{1\leqslant j\leqslant n}(a_{ij}+b_{ij})$，证明：

(1) $v(\boldsymbol{A})+v(\boldsymbol{B}^{\mathrm{T}})\leqslant\sigma$.

(2) 若 Γ 是常和的，则 $v(\boldsymbol{A})+v(\boldsymbol{B}^{\mathrm{T}})=\sigma$.

16. 设 $\Gamma=(S_1^*,S_2^*;\boldsymbol{A},\boldsymbol{B})$ 为合作二人博弈，$(u_0,v_0)^{\mathrm{T}}\in\mathbb{R}^2$，证明

$$R=\{(u,v)^{\mathrm{T}}\in\mathbb{R}^2|(u,v)^{\mathrm{T}}\geqslant(u_0,v_0)^{\mathrm{T}},\text{且}\exists\boldsymbol{x}\in S_1^*,\boldsymbol{y}\in S_2^*,\text{s.t.}u+v\leqslant\boldsymbol{x}^{\mathrm{T}}(\boldsymbol{A}+\boldsymbol{B})\boldsymbol{y}\}$$

是 $\mathbb{R}^2$ 中有界闭凸集.

17. 设 $\Gamma=(S_1^*,S_2^*;\boldsymbol{A},\boldsymbol{B})$ 为合作双矩阵博弈，试分别求出以 $(v(\boldsymbol{A}),v(\boldsymbol{B}^{\mathrm{T}}))^{\mathrm{T}}$ 为基点的的谈判问题的解和其恐吓问题的最优恐吓策略及其解，其中

$$\boldsymbol{A}=\begin{bmatrix}1 & -\frac{4}{3}\\ -3 & 4\end{bmatrix},\quad \boldsymbol{B}=\begin{bmatrix}4 & -4\\ -1 & 1\end{bmatrix}.$$

第6章　决 策 分 析

本章将讨论一种特殊的二人零和博弈 —— 人与大自然博弈. 在这种博弈中, 大自然是个天真的局中人: 它既不使自己得到的支付最多, 当然也不会打算使对方得到的支付最少, 因此可以认为大自然所选取的策略不会随着人的策略的改变而改变. 针对这种特殊的非合作二人博弈问题, 人们研究了一套求解方法 —— 决策分析.

6.1　决策分析的基本概念

在冬季取暖问题 (见例 5.2) 中, 人的策略为秋季买 10 吨、15 吨、20 吨煤, 分别记为 $\alpha_1, \alpha_2, \alpha_3$; 大自然的策略为冬季较暖、正常、较冷, 分别记为 $\beta_1, \beta_2, \beta_3$; 人的支付函数见表 6.1, 问秋季买多少吨煤最省钱?

表 6.1　冬季取暖问题的支付函数

	较暖 (β_1)	正常 (β_2)	较冷 (β_3)
10 吨 (α_1)	−1000	−1600	−2500
15 吨 (α_2)	−1500	−1500	−2250
20 吨 (α_3)	−2000	−2000	−2000

在这个博弈问题中, 天气的冷暖是由不可控制的自然因素引起的, 所以把大自然的策略称为自然状态集, 简称为状态集; 人的策略是为了达到省钱的目标而提出的行动方案, 采用哪个行动方案完全由人决定, 因此称人的策略集为决策集, 从而人又称为决策者; 目标是从 $\alpha_1, \alpha_2, \alpha_3$ 这三个行动方案中选择一个使冬季取暖用煤的费用达到最小的方案. 由此可见, 冬季取暖问题就是一个决策问题, 推而广之, 人与大自然的博弈问题称为决策问题.

6.1.1　决策问题的要素

一般地, 任何决策问题都包括以下五个要素:

(1) 决策者. 决策者就是人与大自然博弈中的局中人甲, 可以是人, 也可以是集体, 其任务是进行决策.

(2) 决策集. 人与大自然博弈中人的策略集 S_1 称为决策集, 它是决策者为达到预想目标而提出的可供选择的行动方案的集合. 用 α 表示决策变量, 可以是离散型的, 也可以是连续型的.

(3) 状态集. 人与大自然博弈中大自然的策略集 S_2 称为状态集，它是由不可控制的自然因素所引起的结果的集合. 用 β 表示状态变量, 这是个随机变量，可以是离散型的，也可以是连续型的.

(4) 报酬函数. 人与大自然博弈中人的支付函数 $P(\alpha,\beta)$ 称为报酬函数，它是定义在 $S_1\times S_2$ 上的二元函数，表示在自然状态 β 下，决策者选择方案 α 所得的收益值或损失值. 如果报酬函数 $P(\alpha,\beta)=r$ 表示收益值 (损失值)，那么当 $r>0$ 时，表示收益值 (损失值) 为 r，当 $r<0$ 时，表示损失值 (收益值) 为 $-r$. 例如，冬季取暖问题中，局中人甲的支付函数 (即报酬函数)$P(\alpha,\beta)$ 表示收益值，$P(\alpha_2,\beta_3)=-2250$ 代表：若冬季天气较冷，而秋季买煤 15 吨，则冬季取暖用煤的费用为 2250 元. 如果冬季取暖问题的报酬函数表示损失值，则可以把表 6.1 改写成如表 6.2 所示的形式：

表 6.2 冬季取暖问题的报酬函数

	较暖 (β_1)	正常 (β_2)	较冷 (β_3)
10 吨 (α_1)	1000	1600	2500
15 吨 (α_2)	1500	1500	2250
20 吨 (α_3)	2000	2000	2000

以后均用表 6.2 来表示冬季取暖问题的报酬函数.

(5) 决策准则. 决策者为了寻求最优决策方案而采取的准则称为决策准则. 例如，在人与大自然博弈中，人选择策略时所采取的 “从最不利的情形中选取最有利的结果” 的原则就是一个决策准则. 由于不同的策略者对收益值 (损失值) 的偏好程度不同，因此对同一个决策问题他们会采取不同的策略准则.

在这五个要素中，决策集、状态集和报酬函数是构成一个决策问题最基本的要素.

6.1.2 决策过程

一个完整的决策过程通常包括下面几个步骤：确定目标、收集信息、制定方案、选择方案、执行方案并利用反馈信息进行控制.

目标应定得明确，尽可能做到目标能够计量. 目标可能为求最大收益值，也可能为求最小损失值. 目标确定之后，决策者必须通过收集各种信息，提出多种可供选择的行动方案. 制定方案时既要对各种可能入选的方案作深入分析和精心设计，也要考虑影响各种方案实施的自然因素以及每种方案在自然因素影响下所产生的效果，还要对所有方案可能产生的结果进行估计. 根据目标和决策准则，对制定的方案进行评价和比较，分析各种方案的优劣、利弊和得失，并且对其进行综合分析和全面考量，从中选择最优方案. 问题是否准确，目标是否明确，方案是否最优，这些都需要在方案的实施中加以验证，以便对所选的方案进行补充与修正.

6.1.3 决策的分类

对决策可以有多种不同的分类，这里我们按决策者对未来状态的了解程度 (即人对大自然这个天真的局中人选择的策略所侦测到的信息) 把决策划分为确定型决策、风险型决策和不确定型决策三类.

确定型决策是在完全掌握未来自然状态的情况下做出决策. 未来状态是确定的，并且为决策者所掌握，也就是说，人已经确知大自然所选择的纯策略.

风险型决策是在已掌握未来自然状态的概率分布的情况下做出决策. 决策者虽然不知道哪个状态会发生，但知道每个状态发生的概率，换句话说，人已经了解到大自然所选择的混合策略.

不确定型决策是在未来状态的概率分布未知的情况下做出决策. 决策者只知道未来可能出现的自然状态的数目，但不了解各个状态发生的概率，或者说，人对大自然选择哪个混合策略是一无所知的.

对于确定型决策，由于未来只有一个确定的自然状态会发生，因此状态变量β 的取值是唯一确定的，从而报酬函数 $P(\alpha,\beta)$ 仅仅是决策变量 α 的函数，所以确定型决策问题是一个最优化问题. 通常可以根据其特点，选取适当的数学方法求解，读者可以通过阅读相关书籍了解这方面的细节，我们只讨论风险型决策和不确定型决策.

6.2 风险型决策

对于风险型决策问题，决策者并不确切知道哪个自然状态将会发生，而只是根据已有的经验和资料，设定或推算出各个状态发生的概率，据此做出决策. 这样的决策只是统计意义上的最优决策，对某个具体的、一次性的决策而言，决策者是要冒一定风险的，这就是把这种决策问题称为风险型决策问题的原因. 风险型决策问题应当具备以下条件：

(1) 存在决策者希望达到的一个明确目标；

(2) 存在两种或两种以上可供决策者选择的方案；

(3) 存在两个或两个以上的自然状态；

(4) 可以计算出各种方案在各个自然状态下的报酬函数值；

(5) 可以确定出各个自然状态发生的概率.

本节介绍风险型决策的三种方法.

6.2.1 最大可能法

最大可能法是选择一个概率最大的自然状态进行决策，把这个状态发生的概率视作 1，把其他状态发生的概率视作 0，即把大自然所选择的混合策略近似地视作纯策略，从而将风险型决策化为确定型决策.

最大可能法的步骤是：先求出发生概率最大的状态 β^*，然后按目标要求，求出收益值满足

$$\max_{\alpha\in S_1} P(\alpha,\beta^*) = P(\alpha^*,\beta^*)$$

或损失值满足

$$\min_{\alpha\in S_1} P(\alpha,\beta^*) = P(\alpha^*,\beta^*)$$

的方案 α^*，即得最优方案为 α^*，最优值为 $P(\alpha^*,\beta^*)$.

例 6.1　假设在冬季取暖问题中，根据历年的气象资料统计出该地区冬季天气较暖、正常、较冷的概率分别为 0.1, 0.7, 0.2，试用最大可能法求解.

解　冬季取暖问题的目标是求最小费用，状态集 $S_2 = \{\beta_1,\beta_2,\beta_3\}$，状态的概率分布为 $\boldsymbol{y} = (0.1, 0.7, 0.2)^{\mathrm{T}}$，决策集 $S_1 = \{\alpha_1,\alpha_2,\alpha_3\}$. 因为概率最大的状态是 β_2，即天气正常的可能性最大，所以取 $\beta^* = \beta_2$. 从而由表6.2 所示的报酬函数可知，决策的最优值为

$$\min_{1\leqslant i\leqslant 3} P(\alpha_i,\beta_2) = \min\{1600, 1500, 2000\} = 1500,$$

对应的最优方案为 α_2，即秋季买煤 15 吨.　□

6.2.2　期望值法

由二人零和博弈中混合扩充的讨论，容易想到对风险型决策问题也可以引入期望值. 所谓期望值法就是先计算当自然状态的概率分布为 $\boldsymbol{y}$ 时各种决策方案 α 的期望报酬值 $E(\alpha,\boldsymbol{y})$，即求出人在采取纯策略 α，大自然选择混合策略 $\boldsymbol{y}$ 时，人的支付期望值，简记为 $E(\alpha)$. 当状态变量 β 是离散型随机变量时，记 β 发生的概率为 $p(\beta)$，则

$$E(\alpha) = \sum_{\beta\in S_2} p(\beta)P(\alpha,\beta),\quad \forall\alpha\in S_1;$$

当状态变量 β 是连续型随机变量时，设 $p(\beta)$ 为 β 的概率密度函数，则

$$E(\alpha) = \int_{S_2} P(\alpha,\beta)p(\beta)\mathrm{d}\beta,\quad \forall\alpha\in S_1.$$

然后，求出目标为收益最大值时满足

$$\max_{\alpha\in S_1} E(\alpha) = E(\alpha^*)$$

或目标为最小损失时满足

$$\min_{\alpha\in S_1} E(\alpha) = E(\alpha^*)$$

的方案 α^*，即得最优方案 α^*，最优值为 $E(\alpha^*)$.

例 6.2 用期望值法求解例 6.1.

解 由状态变量的概率分布 $\boldsymbol{y}=(0.1,0.7,0.2)^{\mathrm{T}}$ 及表 6.2，可计算出期望报酬值为

$$E(\alpha_1)=0.1\times1000+0.7\times1600+0.2\times2500=1720,$$
$$E(\alpha_2)=0.1\times1500+0.7\times1500+0.2\times2250=1650,$$
$$E(\alpha_3)=0.1\times2000+0.7\times2000+0.2\times2000=2000,$$

因此决策的最优值为

$$\min_{1\leqslant i\leqslant3}E(\alpha_i)=\min\{1720,1650,2000\}=1650(\text{元}),$$

对应的最优方案为 α_2，即秋季买煤 15 吨. □

用期望值法和最大值法对例 6.1 进行决策分析得到的最优值不同，但最优方案相同，其原因是，风险型决策的最优值与决策准则 (决策方法) 有关，它的大小依赖于决策者的主观意志，并非真正的最优值；而两种方法所得到的最优方案相同纯粹是一种巧合，如将例 6.1 中自然状态的概率改为 $\boldsymbol{y}=(0.3,0.4,0.3)^{\mathrm{T}}$，则用期望值法得到的最优方案为 α_1，用最大可能法得到的最优方案是 α_2.

应当指出，当某个状态发生的概率比其他状态发生的概率大得多，而同一种方案在各个自然状态下的报酬值又差别不是很大时，用最大可能法效果较好；否则，用期望值法效果较好. 另外最大可能法只适合用于离散风险型决策问题，而期望值法则可以应用于离散和连续风险型决策问题.

例 6.3 某个售报亭每天到报社去订报纸，该报纸每售出一份可得利润 2 角，但卖不出去则每份要损失 3 角，根据以往经验，该报纸每天的需求量是 $[100,200]$ 上均匀分布的连续型随机变量，问：每天应订购多少份报纸，才能获利最大？

解 设报亭每天订购该种报纸 α 份，每天需求量为 β 份，则 β 的密度函数为

$$p(\beta)=\begin{cases}\dfrac{1}{100}, & 100\leqslant\beta\leqslant200,\\ 0, & \text{其他},\end{cases}$$

报亭每天售报的利润 (报酬函数) 为

$$P(\alpha,\beta)=\begin{cases}2\alpha, & \alpha\leqslant\beta,\\ 2\beta-3(\alpha-\beta), & \alpha>\beta,\end{cases}$$

因此获利的期望值为

$$E(\alpha)=\int_{-\infty}^{\infty}P(\alpha,\beta)p(\beta)\mathrm{d}\beta$$

$$
\begin{aligned}
&= \frac{1}{100}\left[\int_{100}^{\alpha}(5\beta-3\alpha)\mathrm{d}\beta+\int_{\alpha}^{200}2\alpha\mathrm{d}\beta\right] \\
&= \frac{1}{100}\left[-\frac{5}{2}\alpha^2+700\alpha-25000\right].
\end{aligned}
$$

根据期望值法要求使 $E(\alpha)$ 达到最大的 α，即求上式右端方括号内函数的最大值点，解得 $\alpha=140$，此时 $E(\alpha)$ 就能达到最大值，所以报亭每天预定报纸 140 份，可使获利的期望值最大，最大的期望利润为 24 元. □

6.2.3 决策树法

本节引进决策树来直观形象地研究离散风险型决策问题. 决策树是一个水平的树状图，如图 6.1 所示，它由决策点、状态点和结果点以及方案枝和概率枝组成.

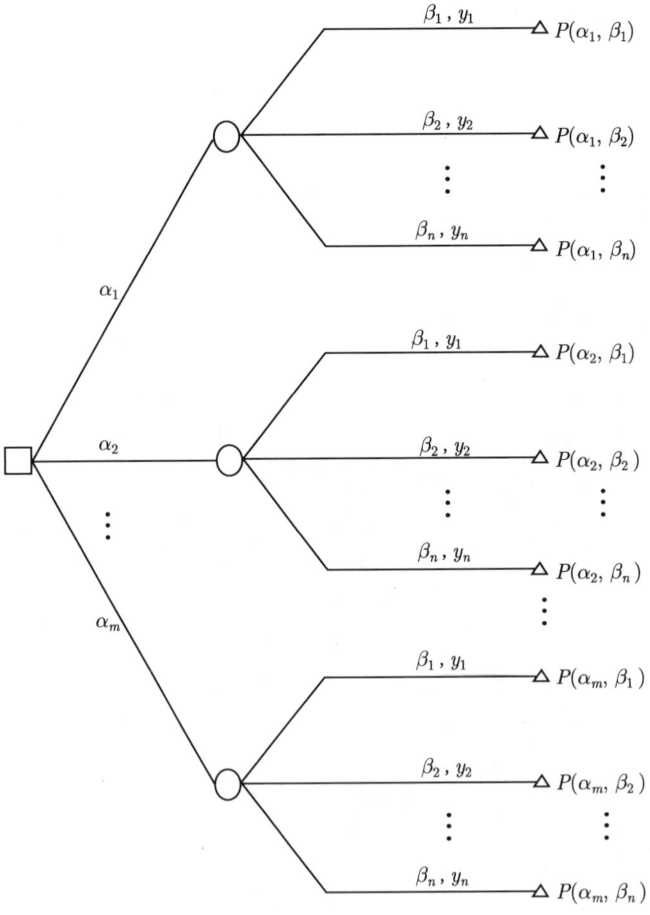

图 6.1　决策树

决策点用小方框代表，表示需要在此进行决策，从决策点向右引出的直线或折线段称为方案枝，表示各种可供选择的行动方案，在每条方案枝上标明方案的符号. 状态点用小圆圈代表，从状态点向右引出的直线或折线段称为概率枝，表示一个方案可能遇到的各种不同的状态，在每条概率枝上标出其状态发生的概率. 结果点用小三角形代表，在其后标出各种方案在某个状态下的报酬函数.

用决策树进行决策分析的方法称为决策树法，它是期望值法的图解形式.

首先根据决策集、状态集、报酬函数和状态发生的概率，按前面的方法画出决策树，然后从右到左进行分析. 一条方案枝所对应的行动方案的期望报酬值等于这条方案枝右端状态点所引出的每条概率枝上的状态发生的概率与该概率枝右端结果点的报酬值的乘积之和. 将每条方案枝所对应的行动方案的期望报酬值标在该方案枝右端状态点的上方. 按期望值法求出最优值，将最优值写在决策点上方，对应于最优值的方案枝为最优方案，将其他的方案枝标以符号 “//”, 表示被剪枝.

例 6.4 用决策树法求解例 6.1.

解 根据决策树法画出如图 6.2 所示的决策树. 由例 6.2 知，方案 α_1，α_2，α_3

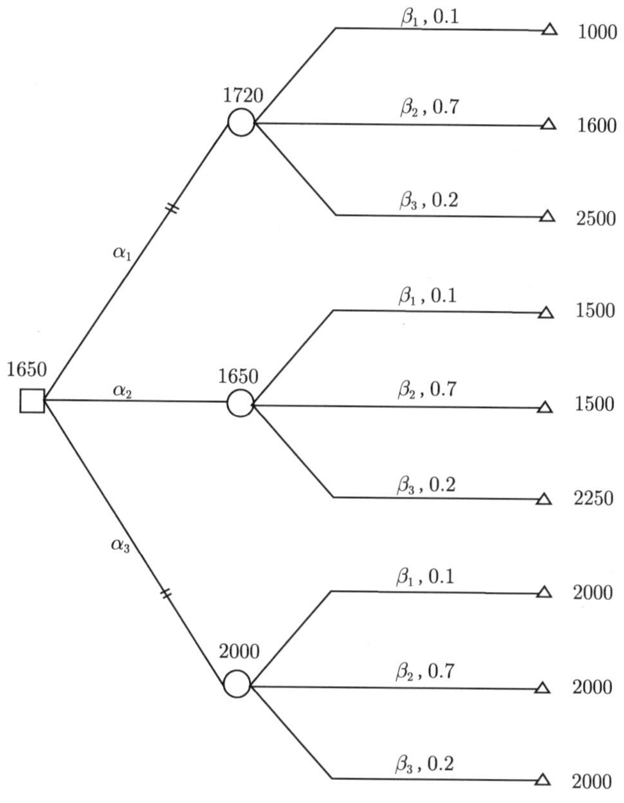

图 6.2 例 6.4 的决策树

的期望报酬值分别为 1720，1650，2000，将它们标在对应的决策点的上方，将最优值 1650 标在决策点的上方，最优方案为 α_2, 其余方案枝被剪掉. □

与期望值法相比，决策树法更适合于有多个自然状态和多种决策方案的较为复杂的离散风险型决策问题，尤其适用于 "多阶段决策问题". 所谓多阶段决策问题是指: 在进行完某个决策后又产生一些新情况，需要进行新的决策，通过分阶段决策才能完成整个决策过程. 多阶段决策问题对应的决策树中有两个或两个以上的决策点. 决策树法可以起到类似于框图在编写计算机程序中的作用，它能够在错综复杂的决策中找到一条最优决策路线.

例 6.5 某企业欲开发一种新产品，对产品在未来十年内的销售情况分两个阶段做出预测. 预测前三年和后七年销路都好的概率为 0.5，前三年好后七年差的概率为 0.3，前三年和后七年都差的概率是 0.2. 现在有三种方案可供选择: 方案甲是新建三个车间投产；方案乙是新建两个车间投产；方案丙是首先新建一个车间投产，如果前三年销路好，再考虑是否新建两个新车间. 各种方案的投资费用和利润如表 6.3 所示，试用决策树法进行决策分析.

表 6.3 例 6.5 的投资费用和利润

方案	投资额		年利润			
	当前	三年后	前三年		后七年	
			销路好	销路差	销路好	销路差
甲	300	0	100	−30	100	−30
乙	200	0	60	20	60	20
丙	100	扩建 250	30	30	100	−30
		不扩建 0	30	30	30	30

解 下面分两个阶段来分析，前三年有两个自然状态 β_1 和 β_2，分别表示前三年销路好和销路差；后七年也有两个自然状态 β_3 和 β_4，分别表示后七年销路好和销路差，因此，未来十年的自然状态集可表示为

$$S_2=\{\beta_1\bigcap\beta_3,\beta_1\bigcap\beta_4,\beta_2\bigcap\beta_3,\beta_2\bigcap\beta_4\},$$

由条件可知，4 个状态发生的概率分别为 0.5, 0.3, 0, 0.2.

一开始决策集 $S_1=\{\alpha_1,\alpha_2,\alpha_3\}$，其中 α_1,α_2, α_3 分别表示方案甲、乙、丙，对方案丙: 三年后又会有两个方案 α_4 和 α_5, 分别表示扩建两个车间和不扩建. 由已知得

$$p(\beta_1)=p(\beta_1\bigcap(\beta_3\bigcup\beta_4))=p(\beta_1\bigcap\beta_3)+p(\beta_1\bigcap\beta_4)=0.5+0.3=0.8,$$

$$p(\beta_2)=p(\beta_2\bigcap(\beta_3\bigcup\beta_4))=p(\beta_2\bigcap\beta_3)+p(\beta_2\bigcap\beta_4)=0+0.2=0.2.$$

根据条件概率公式知

$$p(\beta_3|\beta_1) = \frac{p(\beta_1 \bigcap \beta_3)}{p(\beta_1)} = 0.625,$$

$$p(\beta_4|\beta_1) = 1 - p(\beta_3|\beta_1) = 0.375.$$

画出如图 6.3 所示的决策树，从右至左进行计算：

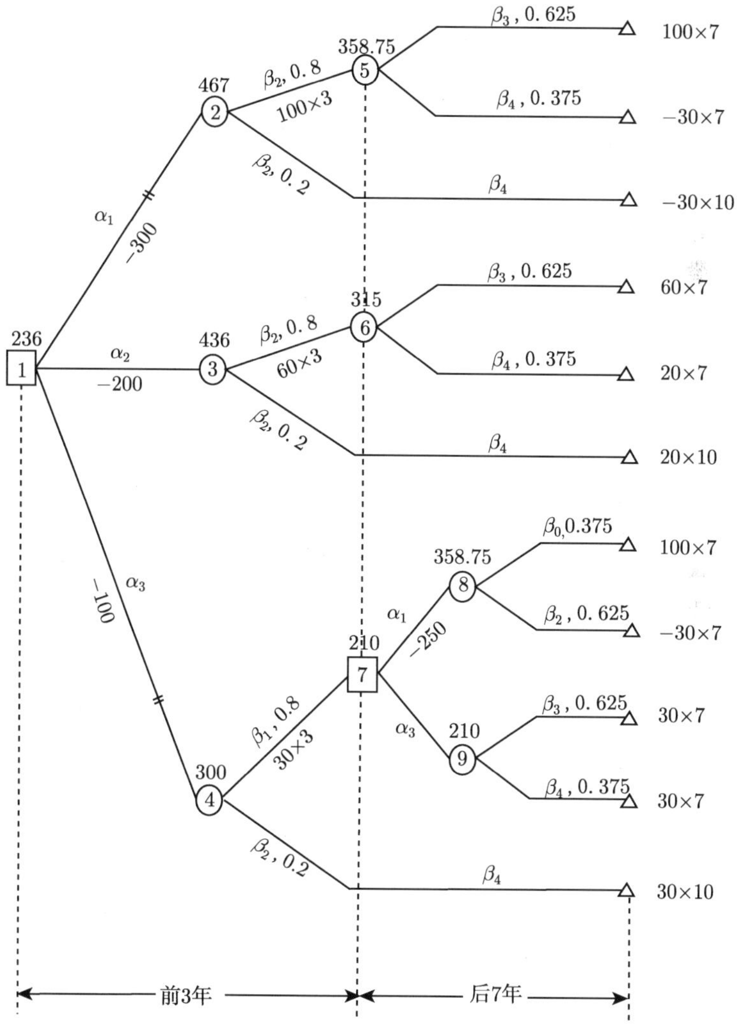

图 6.3 例 6.5 的决策树

状态点 5 的期望收益值

$$E_5 = 0.625 \times 100 \times 7 + 0.375 \times (-30) \times 7 = 358.75;$$

状态点 2 的收益期望值

$$E_2 = 0.8 \times (100 \times 3 + 385.75) + 0.2 \times (-30) \times 10 = 467;$$

状态点 6 的收益期望值

$$E_6 = 0.625 \times 60 \times 7 + 0.375 \times 20 \times 7 = 315;$$

状态点 3 的收益期望值

$$E_3 = 0.8 \times (60 \times 3 + 315) + 0.2 \times 20 \times 10 = 436;$$

状态点 8 的收益期望值

$$E_8 = 0.625 \times 100 \times 7 + 0.375 \times (-30) \times 7 = 358.75;$$

状态点 9 的收益期望值

$$E_9 = 0.625 \times 30 \times 7 + 0.375 \times 30 \times 7 = 210.$$

因为

$$\max\{E_8 - 250, E_9\} = \max\{108.75, 210\} = 210,$$

所以在决策点 7 应选择方案 α_5，即不扩建.

状态点 4 的收益期望值

$$E_4 = 0.8 \times (30 \times 3 + 210) + 0.2 \times 30 \times 10 = 300,$$

从而由

$$\max\{E_2 - 300, E_3 - 200, E_4 - 100\} = \max\{167, 236, 200\} = 236$$

可知，在决策点 1 应选择方案 α_2，即企业应新建两个车间进行生产，对应的最优期望值为 236. □

6.3　不确定型决策

决策者在不确定型决策问题中获得信息的准确程度很差，只知道未来可能出现的状态集. 此时决策者只能根据自己对事物的态度进行分析和选择. 不确定型决策与决策者的主观态度密切相关，不同的决策者对同一问题会有不同的决策准则. 不确定型决策问题应当满足以下条件：

(1) 存在决策者希望达到的一个明确目标；

(2) 存在两种或两种以上可供决策者选择的方案；

(3) 存在两个或两个以上的自然状态；

(4) 可以计算出各种方案在各个自然状态下的报酬函数值.

下面介绍不确定型决策的五种方法.

6.3.1 悲观法

悲观法也称 Wald 决策法，其基本思想是从最不利的情形中选取最有利的结果，即 "坏中取好", 这也是在矩阵博弈中局中人甲所采取的原则. 采用悲观法的决策者偏于保守、悲观.

当人与大自然博弈问题存在鞍点时，用悲观法求得的最优方案就是博弈问题中局中人甲的最优策略.

悲观法是求出收益值满足

$$\max_{\alpha\in S_1}\min_{\beta\in S_2} P(\alpha,\beta)=P(\alpha^*,\beta^*),$$

或损失值满足

$$\min_{\alpha\in S_1}\max_{\beta\in S_2} P(\alpha,\beta)=P(\alpha^*,\beta^*)$$

的方案 α^*，所得的 α^* 为最优方案.

例 6.6 用悲观法求冬季取暖问题.

解 假设冬季取暖问题为不确定型决策问题. 利用表 6.2 可知

$$\max_{1\leqslant j\leqslant 3} P(\alpha_1,\beta_j)=2500,\quad \max_{1\leqslant j\leqslant 3} P(\alpha_2,\beta_j)=2250,\quad \max_{1\leqslant j\leqslant 3} P(\alpha_3,\beta_j)=2000,$$

从而

$$\min_{1\leqslant i\leqslant 3}\max_{1\leqslant j\leqslant 3} P(\alpha_i,\beta_j)=\min\{2500,2250,2000\}=2000=P(\alpha_3,\beta_3),$$

故得最优方案为 α_3，即秋季买 20 吨煤. □

例 6.7 假设在例 6.3 中，报纸每天的需求量是 $[100,200]$ 上的连续随机变量，但不知道它的概率分布，试用悲观法求解最优方案.

解 因为状态变量 $\beta\in[100,200]$，所以可以限制决策变量 $\alpha\in[100,200]$. 根据例 6.3 中的报酬函数, $P(\alpha,\beta)$ 画出 $P(\alpha,\beta)$ 关于 β 的图形，如图 6.4 所示.

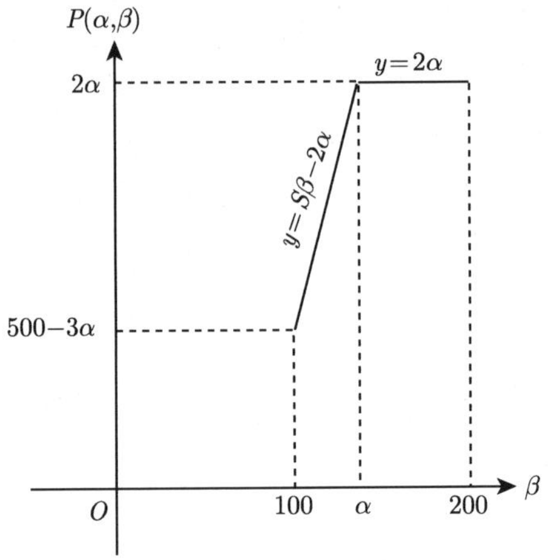

图 6.4　例 6.7 给定 α 后 $P(\alpha,\beta)$ 与 β 的关系

从而 $\forall\alpha\in[100,200]$，有

$$\min_{100\leqslant\beta\leqslant200}P(\alpha,\beta)=\min\{2\alpha,500-3\alpha\}=500-3\alpha,$$

于是

$$\max_{100\leqslant\alpha\leqslant200}\min_{100\leqslant\beta\leqslant200}P(\alpha,\beta)=\max_{100\leqslant\alpha\leqslant200}(500-3\alpha)=200,$$

故得最优方案为 $\alpha=100$，即预订报纸 100 份. □

6.3.2　乐观法

乐观法的基本思想使 "好中取好". 采取乐观法的决策者具有乐观的情绪和冒险精神，寄希望于出现最有利的自然状态.

乐观法是求出收益值满足

$$\max_{\alpha\in S_1}\max_{\beta\in S_2}P(\alpha,\beta)=P(\alpha^*,\beta^*),$$

或损失值满足

$$\min_{\alpha\in S_1}\min_{\beta\in S_2}P(\alpha,\beta)=P(\alpha^*,\beta^*)$$

的方案 α^*，所得的 α^* 为最优方案.

例 6.8　用乐观法求解冬季取暖问题.

解　利用表 6.2 可得

$$\min_{1\leqslant j\leqslant3}P(\alpha_1,\beta_j)=1000,\quad \min_{1\leqslant j\leqslant3}P(\alpha_2,\beta_j)=1500,\quad \min_{1\leqslant j\leqslant3}P(\alpha_3,\beta_j)=2000,$$

从而

$$\min_{1\leqslant i\leqslant 3}\min_{1\leqslant j\leqslant 3}P(\alpha_i,\beta_j)=\min\{1000,1500,2000\}=1000,$$

因此最优方案为 α_1，即冬季买煤 10 吨. □

例 6.9 用乐观法求解例 6.7.

解 根据图 6.4 可知，$\forall\alpha\in[100,200]$，有

$$\max_{100\leqslant\beta\leqslant 200}P(\alpha,\beta)=2\alpha,$$

因此

$$\max_{100\leqslant\alpha\leqslant 200}\max_{100\leqslant\beta\leqslant 200}P(\alpha,\beta)=400,$$

所以最优方案为 $\alpha=200$，即预订报纸 200 份. □

6.3.3 乐观系数法

乐观系数法也称 Hurwicz 决策法，其基本思想是通过引进乐观系数，把完全悲观和完全乐观两个极端的决策准则进行折衷.

乐观系数法的步骤是先确定一个乐观系数 $\lambda\in[0,1]$ 来表示决策者的乐观程度. 当目标为最大收益时，记

$$H(\alpha)=\lambda\max_{\beta\in S_2}P(\alpha,\beta)+(1-\lambda)\min_{\beta\in S_2}P(\alpha,\beta),\quad \forall\alpha\in S_1,$$

再求满足

$$\max_{\alpha\in S_1}H(\alpha)=H(\alpha^*)$$

的方案 α^*；当目标为最小损失时，记

$$H(\alpha)=\lambda\min_{\beta\in S_2}P(\alpha,\beta)+(1-\lambda)\max_{\beta\in S_2}P(\alpha,\beta),\quad \forall\alpha\in S_1,$$

再求满足

$$\min_{\alpha\in S_1}H(\alpha)=H(\alpha^*)$$

的方案 α^*. 所得的 α^* 即为最优方案.

乐观系数 λ 的选取由决策者决定，当 $\lambda=0$ 时，乐观系数法就是悲观法；当 $\lambda=1$ 时，乐观系数法就是乐观法.

例 6.10 设乐观系数 $\lambda=0.4$，用乐观系数法求解冬季取暖问题.

解 由 $\lambda=0.4$ 和表 6.2 可知

$$H(\alpha_1)=0.4\times 1000+0.6\times 2500=1900,$$

$$H(\alpha_2)=0.4\times 1500+0.6\times 2250=1950,$$

$$H(\alpha_3)=0.4\times 2000+0.6\times 2000=2000,$$

故得最优方案为 α_1，即秋季买煤 10 吨. □

例 6.11　设乐观系数 $\lambda = 0.6$，用乐观系数法求解例 6.7.

解　根据图 6.4，$\forall \alpha \in [100, 200]$，有

$$H(\alpha) = \lambda \max_{100\leqslant\beta\leqslant200} P(\alpha,\beta) + (1-\lambda) \min_{100\leqslant\beta\leqslant200} P(\alpha,\beta)$$
$$= 0.6 \times 2\alpha + 0.4 \times (500 - 3\alpha) = 200,$$

因此最优方案为 $\alpha \in [100, 200]$，即预订数为 $[100, 200]$ 中任意一个数. □

6.3.4　后悔值法

后悔值法又称为 Savage 决策法，决策者往往会为当初选择的方案并非是后来发生的那个状态下的最优方案而后悔，为此 Savage 给出了后悔值的概念，并提出一个使后悔值尽可能小的决策方法. 后悔值为当某一状态发生后，因决策者没有采取该状态下的最优方案而造成的 “损失值”.

后悔值法的步骤是先求出在状态 β 下方案 α 的后悔值 $R(\alpha,\beta)$. 当目标为最大收益时，

$$R(\alpha,\beta) = \max_{\alpha\in S_1} P(\alpha,\beta) - P(\alpha,\beta), \quad \forall\alpha\in S_1, \forall\beta\in S_2;$$

当目标为最小损失时，

$$R(\alpha,\beta) = P(\alpha,\beta) - \min_{\alpha\in S_1} P(\alpha,\beta), \quad \forall\alpha\in S_1, \forall\beta\in S_2.$$

再针对后悔值采取 “坏中取好” 的准则，求出最优方案，即求出满足

$$\min_{\alpha\in S_1}\max_{\beta\in S_2} R(\alpha,\beta) = R(\alpha^*,\beta^*)$$

的方案 α^* 作为最优方案.

由此可见，后悔值法是悲观法的一种修正，目的是使保守的程度低一些.

例 6.12　用后悔值法求解冬季取暖问题.

解　根据表 6.2 计算在状态 β_j 下方案 α_i 的后悔值，然后计算方案 α_i 的最大后悔值，见表 6.4. 因此

$$\min_{1\leqslant\alpha\leqslant3}\max_{1\leqslant j\leqslant3} R(\alpha_i,\beta_j) = \min\{500, 500, 1000\} = 500,$$

于是最优方案为 α_1 或 α_2，即秋季买煤 10 吨或 15 吨. □

表 6.4　冬季取暖问题的后悔值

	β_1	β_2	β_3	$\max_{1\leqslant j\leqslant3} R(\alpha_i,\beta_j)$
α_1	0	100	500	500
α_2	500	0	250	500
α_3	1000	500	0	1000

例 6.13 后悔值法求解例 6.7.

解 因为报酬函数

$$P(\alpha,\beta)=\begin{cases}2\alpha, & \alpha\leqslant\beta,\\ 5\beta-3\alpha, & \alpha>\beta,\end{cases}$$

所以 $P(\alpha,\beta)$ 与 α 的关系如图 6.5 所示，从而

$$\max_{100\leqslant\alpha\leqslant200}P(\alpha,\beta)=2\beta,\quad\forall\beta\in[100,200],$$

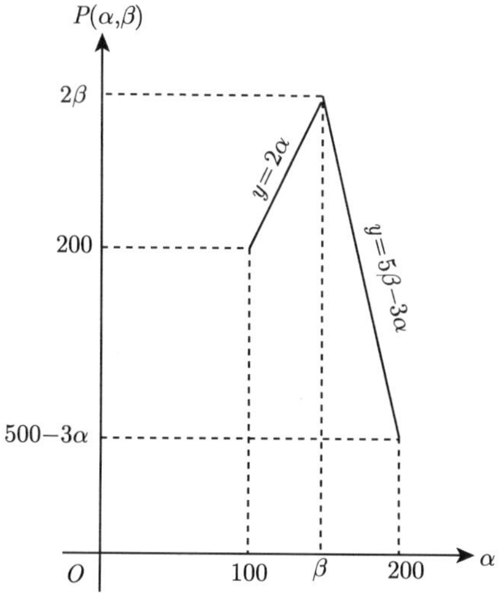

图 6.5 例 6.13 给定 β 后 $P(\alpha,\beta)$ 与 α 的关系

因此 $\forall\alpha\in[100,200]$，$\forall\beta\in[100,200]$，在状态 β 下方案 α 的后悔值

$$R(\alpha,\beta)=\begin{cases}2(\beta-\alpha), & \alpha\leqslant\beta,\\ 3(\alpha-\beta), & \alpha>\beta,\end{cases}$$

于是方案 α 的最大后悔值为

$$\max_{100\leqslant\beta\leqslant200}R(\alpha,\beta)=\max\{400-2\alpha,3\alpha-300\},\quad\forall\alpha\in[100,200],$$

方案 α 的最大后悔值作为 α 的函数，其图形见图 6.6 中粗线描绘的部分. 由图 6.6 可知，当 $\alpha=140$ 时，$\max\limits_{100\leqslant\beta\leqslant200}R(\alpha,\beta)$ 达到最小值，因此最优方案 $\alpha^*=140$，即预定报纸 140 份. □

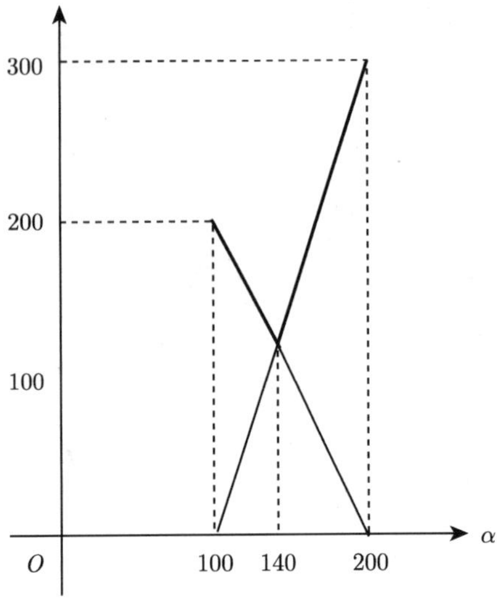

图 6.6 方案 α 的最大后悔值的图形

6.3.5 等可能法

悲观法实质上是将最坏状态发生的概率视作 1，其他状态发生的概率都视作 0；乐观法是将最好状态发生的概率视作 1，其他状态发生的概率都视作 0；乐观系数法是令最好状态发生的概率为 λ，最坏状态发生的概率为 $1-\lambda$，而其他状态发生的概率为 0. Laplace 提出了不同于上述三种方法的另一种决策准则 —— 等可能法，也称为 Laplace 决策法. 这个方法假定：当决策者面临多个可能发生的自然状态时，如果不能肯定某个状态比其他状态有更多的发生机会，那么只能认为它们发生的机会是等可能的，从而把一个不确定型决策问题转化为风险型决策问题，再用 6.2.2 小节的期望值法求解.

例 6.14 用等可能法求解冬季取暖问题.

解 由状态的概率分布 $\boldsymbol{y}=\left(\frac{1}{3},\frac{1}{3},\frac{1}{3}\right)^{\mathrm{T}}$ 和表 6.2 可计算出各方案的期望报酬值：

$$E(\alpha_1)=1700,\quad E(\alpha_2)=1750,\quad E(\alpha_3)=2000,$$

因此最优方案为 α_1，即秋季购煤 10 吨. □

用等可能法求解例 6.7，即假设报纸每天的需求量在 $[100,200]$ 上均匀分布，因此与用期望值法求解例 6.3 完全一样，这里不再复述.

从上面的例子可以看出，对同一个不确定型决策问题采取不同的决策方法作出的决策往往是不同的. 在决策中究竟选用哪种方法为宜，在理论上还不能证明. 在实际工作中，则要视决策者的主客观情况而定，这取决于决策者的态度、财力、物力、目标和策略等. 稳重保守的人，心里承受能力比较脆弱，往往看重决策失误造成的损失，常常会采用悲观法；激进冒险的人，不愿意放弃任何一个可能获得更好结果的机会，一般会采取乐观法；中庸的人适宜采取乐观系数法，而乐观系数的大小取决于他的情绪是倾向乐观还是倾向悲观；容易后悔的人可以采用后悔值法进行决策分析. 等可能法是基于各种自然状态的发生概率都相同的假设，显然，为了使决策更为客观可靠，最好是设法了解各自然状态发生的概率，将不确定型决策问题转化为风险型决策问题. 因此从这种意义上说，风险型决策是决策分析的重点. 因此在本章的最后一节中将继续讨论风险型决策.

6.4 信息的价值与效用函数

如何度量自然状态的不确定性和各种可能出现的后果，是决策分析中两个关键问题. 状态的不确定性是用状态发生的概率来度量的，后果则可用度量函数来量化. 这两种量化指标是否符合实际将影响到决策的准确性. 本节引进信息的价值和效用函数来研究上述两个度量，并讨论这两个概率在风险型决策中的应用.

6.4.1 信息的价值

对未来状态发生的概率预测得是否准确，取决于决策者掌握信息的多寡. 前面介绍的期望值法是决策者根据经验进行判断和估计，给出自然状态 β_j 发生的概率 $p(\beta_j)(j=1,2,\cdots,n)$，并由此来计算期望值. 这种概率称为状态 β_j 的先验概率. 为了更正确地进行决策，可以通过调查或咨询来获取更多的信息，由调查或咨询得到的状态发生的条件概率称为后验概率. 一般来说，后验概率要比先验概率要准确些.

虽然调查或咨询可以获得更多的信息，但必须付出调查或咨询的费用. 为了权衡这笔费用是否值得，有必要对信息本身的价值进行计算. 咨询的信息价值等于后验概率计算的最大期望收益值与先验概率求出的最大期望收益值之差，或等于用先验概率求出的最小期望损失值与后验概率计算的最小期望损失值之差. 如果信息的价值大于咨询费，则进行咨询，否则得不偿失，不值得咨询.

假设在风险型决策问题中，状态集 $S_2=\{\beta_1,\beta_2,\cdots,\beta_n\}$，状态 β_j 的先验概率为 $p(\beta_j)(j=1,2,\cdots,n)$. 咨询结果集 $S_3=\{\gamma_1,\gamma_2,\cdots,\gamma_n\}$. 设在状态 β_j 发生的前提下咨询结果 γ_i 出现的条件概率 $p(\gamma_i|\beta_j)(j=1,2,\cdots,n)$，先利用 Bayes 公式

$$p(\beta_j|\gamma_i)=\frac{p(\beta_j)p(\gamma_i|\beta_j)}{\displaystyle\sum_{j=1}^{n}p(\beta_j)p(\gamma_i|\beta_j)}\quad(i,j=1,2,\cdots,n)$$

计算出在咨询结果 γ_i 出现的前提下状态 β_j 发生的条件概率 $p(\beta_j|\gamma_i)$，即状态 β_j

的后验概率. 根据全概率公式，咨询结果 γ_i 发生的概率

$$p(\gamma_i)=\sum_{j=1}^{n}p(\beta_j)p(\gamma_i|\beta_j),\quad i=1,2,\cdots,n.$$

再采用期望值法进行决策分析. 由于后验概率是由 Bayes 公式得到的，因此利用后验概率作出决策的方法又称为 Bayes 决策法.

例 6.15　某企业计划开发一种新产品，估计市场销售情况有好、中、差三种，它们的概率分布和利润如表 6.5 所示：

表 6.5　例 6.15 中的先验概率和利润

	好 (β_1)	中 (β_2)	差 (β_3)
概率	0.25	0.30	0.45
利润/万元	15	1	−6

为了进一步掌握该产品的市场需求，企业可进行咨询，咨询的费用为 0.6 万元，咨询的结果也分好、中、差三种，咨询结果的条件概率如表 6.6 所示. 问：如何决策 (是否生产新产品和是否进行咨询调查) 可使利润期望值最大？

表 6.6　例 6.15 中咨询结果的条件概率 $p(\gamma_i|\beta_j)$

	好 (β_1)	中 (β_2)	差 (β_3)
好 (γ_1)	0.65	0.25	0.10
中 (γ_2)	0.25	0.45	0.15
差 (γ_3)	0.10	0.30	0.75

解　(1) 画出决策树，如图 6.7 所示.

(2) 计算各点的期望利润值.

由表 6.5 可知

$$E_4=0.25\times 15+0.30\times 1+0.45\times(-6)=1.35,$$

从而

$$E_2=\max\{E_4,0\}=E_4=1.35.$$

由表 6.6 和表 6.5 及全概率公式有

$$p(\gamma_1)=0.25\times 0.65+0.30\times 0.25+0.45\times 0.10=0.2825,$$

$$p(\gamma_2)=0.25\times 0.25+0.30\times 0.45+0.45\times 0.15=0.2650,$$

$$p(\gamma_3)=0.25\times 0.10+0.30\times 0.30+0.45\times 0.75=0.4525,$$

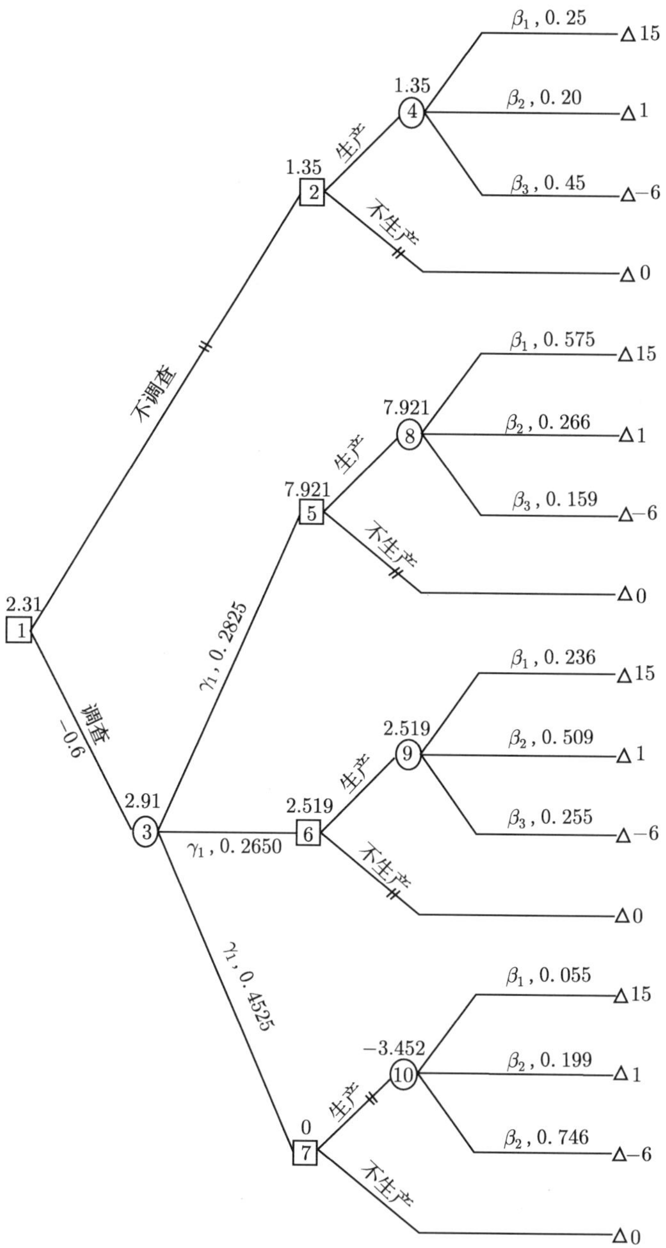

图 6.7 例 6.15 的决策树

于是由 Bayes 公式算出后验概率分别为

$$p(\beta_1|\gamma_1) = \frac{0.25 \times 0.65}{0.2825} = 0.575,$$

$$p(\beta_2|\gamma_1) = \frac{0.30 \times 0.25}{0.2825} = 0.266,$$
$$p(\beta_3|\gamma_1) = \frac{0.45 \times 0.10}{0.2825} = 0.159,$$
$$p(\beta_1|\gamma_2) = 0.236, p(\beta_2|\gamma_2) = 0.509, p(\beta_3|\gamma_2) = 0.255,$$
$$p(\beta_1|\gamma_3) = 0.055, p(\beta_2|\gamma_3) = 0.199, p(\beta_3|\gamma_3) = 0.746,$$

因此

$$E_8 = 0.574 \times 15 + 0.265 \times 1 + 0.159 \times (-6) = 7.921,$$
$$E_9 = 0.236 \times 15 + 0.509 \times 1 + 0.255 \times (-6) = 2.519,$$
$$E_{10} = 0.055 \times 15 + 0.199 \times 1 + 0.746 \times (-6) = -3.452,$$

所以

$$E_5 = \max\{E_8, 0\} = 7.921,$$
$$E_6 = \max\{E_9, 0\} = 2.519,$$
$$E_7 = \max\{E_{10}, 0\} = 0,$$
$$E_3 = 0.283 \times 7.921 + 0.265 \times 2.519 + 0.453 \times 0 = 2.91.$$

(3) 进行决策.

因为

$$\max\{E_2, E_3 - 0.6\} = \max\{1.35, 2.31\} = 2.31,$$

所以在决策点 1 应选择进行咨询. 如果咨询结果是新产品销路好或中则应进行生产，否则就不生产. 这个决策所得的期望利润值为

$$E_1 = E_3 - 0.6 = 2.31 \text{ (万元)}.$$ □

在例 6.15 中，信息的价值为

$$E_3 - E_2 = 2.91 - 1.35 = 1.56 \text{ (万元)},$$

即咨询可增加利润 1.56 万元，它大于咨询费用 0.6 万元，所以应当进行咨询.

能完全确定某个自然状态一定发生的信息称为完全信息，即完全信息是指 $\forall i, j \in \{1, 2, \cdots, n\}$，后验概率

$$p(\beta_j|\gamma_i) = \begin{cases} 1, & i = j, \\ 0, & i \neq j, \end{cases}$$

在例 6.15 中，用完全信息计算的最大期望利润为

$$0.25 \times 15 + 0.30 \times 1 + 0.45 \times 0 = 4.05\text{(万元)},$$

用先验概率求出的最大期望利润为 1.35 万元，因此完全信息的价值为

$$4.05 - 1.35 = 2.7\ (\text{万元}),$$

完全信息的价值是咨询费用的上限.

6.4.2 效用函数

决策问题中各种可能出现的后果可以用报酬函数来度量，但必须估计出那些不能用货币金额值表达的非数量化后果的报酬函数值. 即使给出了报酬函数，对同一报酬值，不同的决策者可能有不同的看法. 例如 1000 元钱对于一般人和对亿万富翁来说，其价值完全是不同的，甚至 1000 元钱对同一个人在不同时期的实际价值也不尽相同. 为了科学地描述决策问题中的后果，下面引进效用函数的概念.

在定义效用函数之前，我们先介绍报酬集合报酬集上的偏好关系等概念.

称一个决策问题中所有后果的集合为报酬集，记为 R. 如果后果用报酬函数 $P(\alpha,\beta)$ 来表示，则

$$R = \{P(\alpha,\beta) | \alpha \in S_1, \beta \in S_2\}.$$

设 r_1, $r_2 \in R$，若一个决策者认为 r_1 优于 r_2，则称他对 r_1 比 r_2 偏好，记为 $r_1 > r_2$ 或 $r_2 < r_1$；若他认为 r_1 与 r_2 相当，则称 r_1 和 r_2 等价，记为 $r_1 \sim r_2$. 关系 “$>$”“$<$” 和 “$\sim$” 统称为偏好关系，它满足下面四个公理:

公理 1 $\forall r_1, r_2 \in R$，下面三个关系又且仅有一个成立:

$$r_1 > r_2, \quad r_1 < r_2, \quad r_1 \sim r_2.$$

公理 2 关系 “$\sim$” 满足自反性、对称性和传递性.

公理 3 关系 “$>$” 和 “$<$” 满足传递性.

公理 4 设 $\forall r_1, r_2, r_3 \in R$，则有

$$r_1 > r_2 \text{ 且 } r_2 \sim r_3 \Rightarrow r_1 > r_3,$$
$$r_1 \sim r_2 \text{ 且 } r_2 > r_3 \Rightarrow r_1 > r_3.$$

效用函数是指定义在报酬集 R 上且满足下列条件的一个实值函数 u:

$$r_1 > r_2 \Rightarrow u(r_1) > u(r_2);$$
$$r_1 \sim r_2 \Rightarrow u(r_1) = u(r_2).$$

对于同一个决策问题，不同的决策者可能会有不同的效用函数.

在风险型决策问题中，设自然状态 β 发生的概率为 $p(\beta)$，则方案 α 的效用值 $u(\alpha)$ 定义为 α 的期望效用值，即

$$u(\alpha)=\sum_{\beta\in S_2}p(\beta)u(P(\alpha,\beta)),$$

这里假定 β 是离散型随机变量. 若 β 为连续型随机变量，也可以类似地定义每种方案 α 的效用值 $u(\alpha)$.

下面给出确定效用值 $u(r)$ 的方法. 设 $r_1,r_2,r_3\in R,r_1<r_2<r_3$，如果决策者认为以概率 p 得到 r_1 和以概率 $1-p$ 得到 r_3 与以概率 1 得到 r_2 相当，则

$$u(r_2)=pu(r_1)+(1-p)u(r_3),\tag{6.1}$$

只需知道 $u(r_1)$，$u(r_2)$，$u(r_3)$ 和 p 这四个值中的三个，就可以根据 (6.1) 式求出另一个值. 一般地，先把报酬集 R 中最好元 $r_{\max}$ 和最差元 $r_{\min}$ 的效用值分别取为 1 和 0，即 $u(r_{\max})=1$，$u(r_{\min})=0$，从而 $\forall r\in R$，有 $0\leqslant u(r)\leqslant 1$，再通过向决策者反复提问，并应用 (6.1) 式就可以得到效用函数.

在直角坐标系中，横坐标表示报酬 r，纵坐标表示效用值 $u(r)$，画出的曲线称为效用曲线，效用曲线分为四种基本类型，如图 6.8 所示.

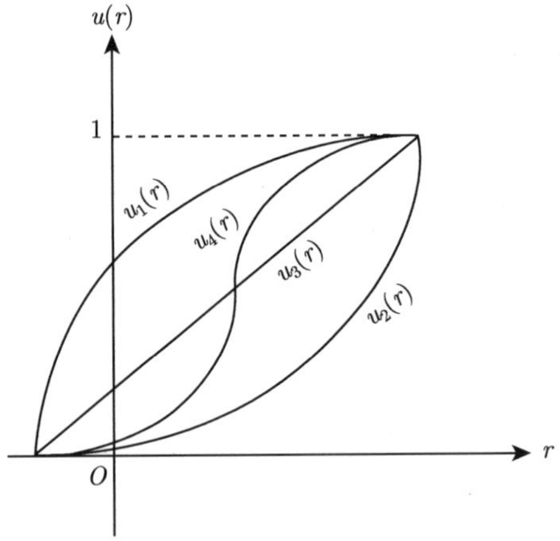

图 6.8　效用曲线的类型

曲线 $u_1(r)$ 是凹的，当报酬值增大时效用函数值增大较慢，当报酬值减小时效用函数值减小较快，这表明决策者对损失较敏感，而对收益的反应较迟钝，称 $u_1(r)$ 为保守型效用曲线；

曲线 $u_2(r)$ 是凸的，与保守型效用曲线正好相反，是冒险型效用曲线，它表明决策者对损失的反应较迟钝，对收益较灵敏；

曲线 $u_3(r)$ 是一条直线，称为中间型效用曲线，此时效用函数值与报酬值成正比，即完全根据期望报酬值的大小进行决策；

曲线 $u_4(r)$ 在左端区间是凸的，在右端区间是凹的，称 $u_4(r)$ 为渴望型效用曲线. 表明决策者以拐点 (r_0, u_0) 为分界点，当效用值小于 u_0 时采取冒险行为，当效用值大于 u_0 时又改为保守策略.

对于风险型决策问题，可以用效用函数来代替报酬函数，然后使用期望值法进行决策分析，这种决策方法称为效用函数法.

例 6.16 用效用函数法求解例 6.1.

解 这个问题含有 6 个不同的后果，分别是冬季取暖用煤的费用为 1000 元、1500 元、1600 元、2000 元、2250 元、2500 元，令 $u(2500) = 0$，$u(1000) = 1$.

(1) 确定费用 2250 元的效用值.

情况 1. 买煤的费用为 2250 元；

情况 2. 费用 2500 元的概率为 p，费用 1000 元的概率为 $1 - p$.

如果决策者认为 $p = 0.9$ 时上述两种情况相当，则

$$u(2250) = 0.9 \times 0 + 0.1 \times 1 = 0.1.$$

(2) 确定费用 2000 元的效用值.

情况 1. 买煤的费用为 2000 元；

情况 2. 费用 2250 元的概率为 p，费用 1000 元的概率为 $1 - p$.

如果决策者认为 $p = 0.8$ 时上述两种情况相当，则

$$u(2000) = 0.8 \times 0.1 + 0.2 \times 1 = 0.28.$$

(3) 确定费用 1600 元的效用值.

情况 1. 买煤的费用为 1600 元；

情况 2. 费用 2000 元的概率为 p，费用 1000 元的概率为 $1 - p$.

如果决策者认为 $p = 0.5$ 时上述两种情况相当，则

$$u\,(1600) = 0.5 \times 0.28 + 0.5 \times 1 = 0.64.$$

(4) 确定费用 1500 元的效用值.

情况 1. 买煤的费用为 1500 元；

情况 2. 费用 1600 元的概率为 p，费用 1000 元的概率为 $1 - p$.

如果决策者认为 $p = 0.7$ 时上述两种情况相当，则

$$u(2250) = 0.7 \times 0.64 + 0.3 \times 1 = 0.748.$$

再计算方案的期望效用值. 由表 6.2 和前面计算出的效用值可得

$$u(\alpha_1) = 0.1 \times 1 + 0.7 \times 0.64 + 0.2 \times 0 = 0.548,$$

$$u(\alpha_2) = 0.1 \times 0.748 + 0.7 \times 0.748 + 0.2 \times 0.1 = 0.6184,$$

$$u(\alpha_3) = 0.1 \times 0.28 + 0.7 \times 0.28 + 0.2 \times 0.28 = 0.28,$$

因此，选择期望效用值最大的方案 α_2 为最优方案，即秋季买煤 15 吨. □

习 题 6

1. 某书店希望订购最新版图书. 根据以往的经验，新书的销售量可能为 50，100，150 或 200 本. 假定每本新书的订购价为 12 元，销售价为 18 元，剩下的书的处理价为每本 5 元. 为获得最大销售利润，问书店应订购多少本新书? 试用悲观法、乐观法、乐观系数法 (取乐观系数 $\lambda = 0.4$)、后悔值法和等可能法分别求解.

2. 某工厂有 4 台不同型号的机床，它们均可以生产某种产品，每台机床生产这种产品的准备费和单位产品的生产费用均不同，设第 i 台机床的生产准备费为 K_i，单位生产费用为 C_i，具体数据列于题表 6.1 中. 该产品的生产批量 Q 是个未知数，但满足 $1000 \leqslant Q \leqslant 4000$. 设第 i 台机床生产该产品的成本 Z_i 是批量 Q 的线性函数，即 $Z_i = K_i + C_iQ_i (i = 1, 2, 3, 4)$. 问选用哪台机床生产该产品最为经济? 试用悲观法、乐观法、乐观系数法 (取乐观系数 $\lambda = 0.7$)、后悔值法和等可能法分别求解.

题表 6.1　准备费用和单位生产费用

机床 i	1	2	3	4
K_i	100	40	150	90
C_i	5	12	3	8

3. 设在第 1 题中，书店根据以往统计资料估计新书销售量的规律如题表 6.2 所示. 试用最大可能法和期望值分别求解，并画出决策树.

题表 6.2　新书销售量的规律

销售量	50	100	150	200
占的比例	20%	40%	30%	10%

4. 某土建工程施工中使用一台大型施工设备，因雨季到来需停工一个月，停工期间施工单位对该施工设备有三种处理方案：第一种方案是运走，需支付运费 20 万元；第二种方案是就地放置，并筑围堰保护，需支出费用 5 万元；第三种方案是就地放置，不作任何保护，无需支出. 估计雨季水情分为一般洪水、大洪水和特大洪水三种，其出现的概率分别为 0.63，0.25，0.02. 已知采用第一种方案，设备不会受损；采用第二种方案，若出现一般洪水和大洪水设备不会受损，若出现特大洪水将损失 500 万元；采用第三种方案，若出现一般洪水设备不会受损，若出现大洪水将损失 100 万元，若出现特大洪水将损失 500 万元.

施工单位可专门委托气象部门作洪水预报，预报结果的条件概率列入题表 6.3 中，该气象部门要求支付洪水预报费 3 万元，试问施工单位是否值得专门委托气象部门作洪水预报？施工单位如何决策可使损失期望值最小？

题表 6.3 洪水预报结果的条件概率 $p(\gamma_i|\beta_j)$

	一般洪水 (β_1)	大洪水 (β_2)	特大洪水 (β_3)
一般洪水 (γ_1)	0.70	0.15	0.10
大洪水 (γ_2)	0.20	0.70	0.20
特大洪水 (γ_3)	0.10	0.15	0.70

5. 某技术员在考虑是否参加某项资格考试，如果她参加考试并合格，她的年收入可增加 8000 元；如果她参加考试但不合格，她的年收入将减少 3000 元. 她估计自己考试合格的可能性为 60%. 此外，附近有一所职业学校，可帮助学员学习并有助于通过资格考试，参加这个职业学校培训要收费 2000 元，这个学校过去曾培训过 500 人，结业前学员在该校先进行模拟考试，然后再参加统一的资格考试. 这 500 人在上述两次考试中的情况如下：有 150 人在模拟考试中合格，其中的 100 人在资格考试中也合格；模拟考试不合格的 350 人中有 200 人在资格考试中合格，试问：她是否参加资格考试？要不要参加职业学校培训？

6. 有一个海上油田进行勘测和开发招标. 根据地震试验资料分析，找到大油田的概率为 0.3，开采期内可赚取 20 亿元；找到中油田的概率为 0.4，开采期内可赚取 10 亿元；找到小油田的概率为 0.2，开采期内可赚取 3 亿元；油田无工业开采价值的概率为 0.1. 按招标规定，开采前的勘测等费用均由中标者负担，预计需 1.2 亿元，以后无论油田规模大小，开采期内赚取的利润中标者分成 30%. 有 A、B、C 三家公司，其效用函数分别为

$$u_A(r) = (r+1.2)^{0.9} - 2, \quad u_B(r) = (r+1.2)^{0.8} - 2, \quad u_C(r) = (r+1.2)^{0.6} - 2,$$

试用效用函数确定每家公司对投资的态度.

第 7 章 现代优化方法

现代优化方法是近年来发展起来的非常活跃的研究领域. 在科学技术迅猛发展的今天，许多实际工程问题的复杂性、约束性、非线性、多极值、建模难等特点，使得难以用传统的优化方法求解. 与传统优化方法相比，现代优化算法具有全局的、并行高效的优化性能，鲁棒性、通用性强且无需问题的特殊信息等优点. 这使得现代优化方法在实际问题中得到了广泛的应用.

本章首先介绍现代优化方法的发展历史，然后介绍禁忌搜索算法、模拟退火算法、遗传算法和蚁群算法等四种典型的现代优化方法，重点阐述各算法的思想，以及如何应用这些算法解决实际问题.

7.1 优化问题与优化方法

优化方法是一种以数学为基础，用于对各种实际问题进行优化决策的应用技术. 从传统优化方法到现代优化方法的发展，体现的是人类的聪明才智，可以说优化方法是人类智慧的精华.

7.1.1 最优化问题

最优化问题包含三要素：决策变量、约束条件和目标函数，一般地它可以表述为如下的形式：

$$\begin{cases} \min & f(x); \\ \text{s.t.} & x \in F, \end{cases}$$

其中 x 称为决策变量，$f(x)$ 称为目标函数，F 是满足约束条件的点的集合，称之为可行域，F 中的点称为可行解. 满足

$$f(x^*) = \min\{f(x)|x \in F\}$$

的可行解 x^* 称为该问题的最优解，对应的目标函数值 $f(x^*)$ 称为最优值.

一般来说，最优化问题通常含有若干参数. 当问题的参数都赋予了具体的值，所得的例子就称为问题的实例. 将一个实例输入计算机时，需要对实例进行二进制编码. 描述一个实例的二进制代码的总位数称为该实例的规模.

最优化问题种类繁多，按决策变量的类型可分为连续最优化问题和离散最优化问题，离散最优化问题也叫组合最优化问题. 连续最优化问题的决策变量是连续

变量，其可行域通常为连通的无限集合. 而组合最优化问题的决策变量是离散变量，其可行域一般是有限集合. 第 4 章的线性规划问题

$$\begin{cases} \min \quad f = \sum_{j=1}^{n} c_j x_j; \\ \text{s.t.} \quad \sum_{j=1}^{n} a_{ij} x_j = b_i, \quad i = 1, 2, \cdots, m, \\ \qquad x_j \geqslant 0, \quad j = 1, 2, \cdots, n \end{cases}$$

是一个连续最优化问题.

下面列举几个典型的组合最优化问题.

例 7.1 0-1 背包问题. 对于 n 个体积和价值分别为 w_1, $w_2, \cdots$, w_n 和 p_1, p_2, $\cdots$, p_n 的物品，如何从中挑选一些物品装入容积为 W 的背包中，使得所选物品的总价值最大. □

例 7.2 装箱问题. 如何用个数最少的容积为 1 的箱子装入 n 个体积不超过 1 的物品.

例 7.3 车间作业调度问题. 设有 n 个作业 $J_1, J_2, \cdots$, J_n 和 m 台相同的机器 M_1, M_2, $\cdots, M_m$. 每个作业 J_i 有 n_i 道工序，其顺序为 O_{i1}, $O_{i2}, \cdots$, O_{in_i}；工序 O_{ij} 可在任何一台机器上加工，其加工时间为 p_{ij}. 每个作业要严格按照其工序的顺序加工，每道工序必须一次性加工完成，每台机器同一时刻最多只能加工一道工序. 问如何安排各工序在机器上的加工顺序，才能在最短的时间内完成全部作业. □

例 7.4 旅行商问题 (简记为 TSP). 给定 n 个城市和各城市间的距离，要求确定一条经过各城市一次且仅一次再回到原出发城市的最短路线. □

例 7.5 图的着色问题 (简记为 GCP). 对于 n 个顶点的简单图 $G = (V, E)$，要求对其各个顶点进行着色，使得任意两个相邻的顶点都有不同的颜色，且所用的颜色种类最少. □

例 7.6 最小支撑树问题 (简记为 MSTP). 若图 G 的支撑子图是一棵树，则称该树为图 G 的支撑树. 如图 7.1 中边上第一个数字为该边的序号，第二个数字表示该边上的权，粗边就构成了该图的一个支撑树，其中顶点 1, 5, 3, 4 都是它的叶子. 一棵支撑树所有边上权之和称为这个支撑树的权，具有最小权的支撑树称为最小支撑树. 如图 7.1 中，由粗边构成的支撑树权为 15，但它不是最小支撑树；由边 8, 9, 7, 2 和 3 组成的树是该图的最小支撑树，其权为 5. □

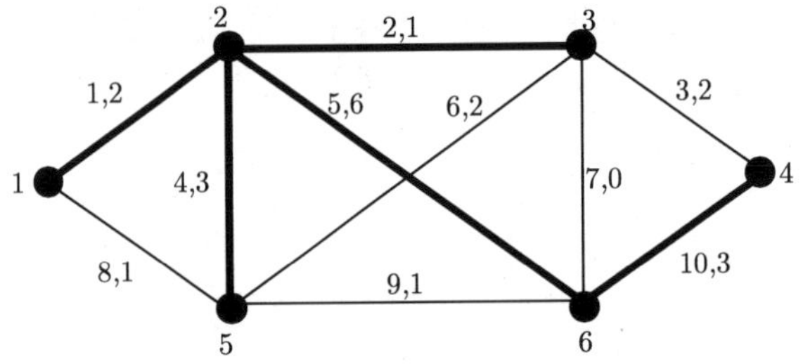

图 7.1　图和树的示意图

例 7.1~例 7.5 具有这样的共同特点：它们的描述均非常简单，并且有很强的工程代表性，但要求出其最优解却非常困难. 主要原因是所谓的 "组合爆炸". 例如有 n 个城市的 TSP，若这n 个城市中任何两个城市间均有路直达，则所有可能的 Hamilton 圈有 $\dfrac{(n-1)!}{2}$ 个，从 $\dfrac{(n-1)!}{2}$ 个圈中找出距离最短的一个，其中的难度可想而知. 假设计算机每秒能处理 23!(约 2.6×10^{22}) 个圈，其求解 TSP 问题所需的时间如表 7.1 所示. 从表中可以看出，即使用如此快速的计算机来求解，那么穷举 31 个城市的 TSP 问题也要 300 多年，如此巨大的计算量是让人无法接受的. 这种求解难度也被人们形象地称之为 "指数灾难".

表 7.1　TSP 问题的求解时间

城市数	24	25	26	27	28	29	30	31
计算时间	1 秒	24 秒	10 分钟	4.3 小时	4.9 天	136.5 天	10.8 年	325 年

正是因为存在着大量这样难以求解的优化问题，使得人们的求解策略不得不从寻求 "完美" 的最优解，退而求其次，转变为在可以接受的计算时间内寻求满意的可行解. 因而，各种现代优化方法便应运而生.

7.1.2　算法复杂性

由于许多复杂的优化问题的求解需要花费巨大的时间代价，因此人们必须考虑算法的求解效率问题，也就是要研究算法的时间复杂性和空间复杂性.

算法是一组可行的、确定的、有穷的规则. 只要会正确地执行规则要求的操作，并遵循规则的指示一步一步地执行，在有限步后就能得到算法适应范围内每个实例地完善的、正确的答案. 因此，算法可以由计算机来执行. 算法是针对问题 (而不是针对实例) 来设计的.

衡量一个算法的效率，最广泛采用的标准是看该算法运行时所需要存储空间的大小和时间的长短. 算法执行期间所占用的存储单元的总数定义为算法的空间复杂性. 为了排除计算机速度对算法运行时间的影响，人们用算法运行时所需要的基本运算 (加、减、乘、除和比较等操作) 的次数来代替算法的运行时间. 为了消除相同规模的不同实例产生的干扰，我们把一个算法在求解规模为 n 的实例时最多需要执行基本运算的次数称为该算法关于输入规模 n 的时间复杂性. 由于计算上的困难，通常只需估计基本运算次数的一个比较好的上界，以替代最多的基本运算次数. 在以后的叙述中，所涉及到的复杂性都是指算法的时间复杂性.

若算法 A 的复杂性为 $p(n)$ 是实例规模 n 的多项式时间函数，则称 A 为多项式时间算法，否则称 A 为指数时间算法. 从表 7.2 可以看出，当实例的规模 n 足够大时，多项式时间算法的复杂性远远低于指数时间算法的复杂性. 算法的时间复杂性通常有 $O(\log n)$, $O(n)$, $O(n\log n)$, $O(n^2)$, $O(2^n)$, $O(n^{\log n})$, $O(n!)$, $O(n^n)$ 等几种，它们的计算复杂性依次增加.

表 7.2 算法的时间复杂性

时间复杂性	问题规模 n				
	10	20	30	40	100
n^2	100ns	400ns	900ns	1.6μs	10μs
2^n	1.0μs	1.0ms	1.1s	18.3min	4 世纪
$n!$	3.6 ms	77.1 年	8.4×10^{13} 世纪	2.6×10^{29} 世纪	3.0×10^{139} 世纪

对于一个给定的最优化问题 π ，如果算法 A 能求得 π 中每个实例的最优解，则称 A 为 π 的最优算法. 如果算法 A 能求得 π 中每个实例的一个可行解，则称 A 为 π 的近似算法.

若算法 A 既是一个最优化问题 π 的最优算法，又是多项式时间算法，则称 A 为 π 的最优多项式时间算法.

对于给定的一个最优化问题 π，如果存在一个最优多项式时间算法，则称 π 为多项式时间问题. MSTP 是多项式时间问题. 尽管 4.3 节中的单纯形法不是多项式时间算法，但 Khachian 于 1979 年成功地构造出求解线性规划问题的椭球算法，并证明了该算法是多项式时间算法，因此，线性规划问题也是多项式时间问题.

但并非所有的组合最优化问题都是多项式时间问题，如整数线性规划问题、例 7.1~例 7.5 中的五个问题等都没有找到最优多项式时间算法，也不知道它们是否存在最优多项式时间算法. 目前，把这些组合最优化问题归为所谓的 NP 难问题. 迄今为止，在 NP 难问题中已经找到的任何最优算法都是指数时间算法. 因此，人们普遍认为，NP 难问题不存在最优多项式时间算法. 有人构造了大量用作测试算法性能的 Benchmark 问题，即基准测试问题. 下面给出两个 TSP Benchmark 问题.

(1) 30 个城市 TSP.

30 个城市 TSP 的具体数据为：41 94；37 84；54 67；25 62；7 64；2 99；68 58；71 44；54 62；83 69；64 60；18 54；22 60；83 46；91 38；25 38；24 42；58 69；71 71；74 78；87 76；18 40；13 40；82 7；62 32；58 35；45 21；41 26；44 35；4 50.

这里的数据表示 30 个城市所在地理位置的坐标，即城市 1 的坐标为 (41, 94)，城市 2 的坐标为 (37, 84)，城市 3 的坐标为 (54, 67)，⋯，城市 30 的坐标为 (4, 50). 假设任何两个城市均可到达且城市 i 与城市 j 间的距离定义为

$$d_{ij}=\sqrt{(x_i-x_j)^2+(y_i-y_j)^2},$$

其中 (x_i, y_i) 为城市 i 的坐标，(x_j, y_j) 为城市 j 的坐标. 例如，城市 1 与城市 2 间距离为

$$d_{12}=\sqrt{(41-37)^2+(94-84)^2}=\sqrt{116}.$$

对于上述 30 个城市 TSP，目前已知最好的解是由 Fogel 得到的，相应最短 Hamilton 圈的权为 423.741.

(2) 50 个城市 TSP.

50 个城市 TSP 的具体数据为：31 32；32 39；40 30；37 69；27 68；37 52；38 46；31 62；30 48；21 47；25 55；16 57；17 63；42 41；17 33；25 32；5 64；8 52；12 42；7 38；5 25；10 17；45 35；42 57；32 22；27 23；56 37；52 41；49 49；58 48；57 58；39 10；46 10；59 15；51 21；48 28；52 33；58 27；61 33；62 63；20 26；5 6；13 13；21 10；30 15；36 16；62 42；63 69；52 64；43 67.

这里数据的意义同 30 个城市 TSP. 50 个城市 TSP 最好的解也是由 Fogel 得到的，相应的最短 Hamilton 圈的权为 427.855.

值得指出的是，计算复杂性理论是组合最优化的基础. 只有了解所研究问题的计算复杂性，才可能有的放矢地设计算法，才能提高工作效率，起到事半功倍的作用.

7.1.3 启发式算法

虽然最优算法可以求得问题的每个实例的最优解，但这是以大量的时间消耗为代价的，这种消耗有时是无法接受的. 而且在许多实际问题中，人们并不介意获得的解是不是理论上最优的，而更加注重的是计算的效率. 于是就产生了启发式算法的概念.

所谓启发式算法是指一个基于直观或经验构造的算法，它能够在可接受的计算时间内找到最优化问题每个实例的一个解，但不一定能保证所得解的可行性和最优性，在大多数情况下也无法估计出解的偏差 (即算法得到的目标值同最优目标值之间的差距).

NP 难问题的现有的任何最优算法，其计算时间都是使人无法忍受的或不切实际的，因此启发式算法广泛用于求解 NP 难问题.

贪婪算法就是一种典型的启发式算法. 贪婪算法也叫一次性算法，直观地说，一旦选定某个对象就不再放弃，就像一个贪婪的守财奴一样. 贪婪算法在组合最优

化问题中有着普遍的应用.

例 7.7 求解 0-1 背包问题 (见例 7.1) 的贪婪算法.

定义 n 个物品的价值密度为 $\rho_i = \dfrac{p_i}{w_i}\ (i=1,2,\cdots,n)$，一种自然的想法是按价值密度从大到小的顺序依次将物品装入背包，基于此我们给出贪婪算法的步骤.

Step1 将 n 个物品按价值密度从大到小的顺序排列，不妨设 $\rho_1 \leqslant \rho_2 \leqslant \cdots \leqslant \rho_n$. 令 $k=1$，$w=0$.

Step2 若 $w+w_k<W$，将第 k 件物品装入背包，令 $w:=w+w_k$，转 Step3；若 $w+w_k=W$，将第 k 件物品装入背包，令 $w:=w+w_k$，结束；否则，转 Step3.

Step3 若 $k=n$，结束；否则，令 $k:=k+1$，转 Step2. □

启发式算法的优点极其鲜明：简单直观，易于实现，计算时间短；缺点也是显而易见的：无法保证求得最优解 (有时甚至不能保证得到可行解). 因此，对启发式算法的评价显得非常关键. 评价一个启发式算法的优劣有最坏性能分析、平均性能分析和大规模计算分析等三种方法.

(1) 最坏性能分析是指通过最坏实例估计出算法的复杂性和解的偏差，来分别评价算法的计算效率和计算效果. 这个偏差越小说明算法越好.

(2) 平均性能分析是在实例的数据服从一定的概率分布的假设下，研究算法的平均复杂性或解的平均偏差. 平均性能分析是从实例的整体上来评价算法的好坏，避免了最坏性能分析可能导致只因一个坏实例而影响对算法的总体评价.

Borgwardt 在假设输入数据服从均匀分布的条件下，证明线性规划的单纯形法的平均迭代次数是实例规模的多项式时间函数，这表明单纯形法的平均计算效率是好的.

(3) 大规模计算分析是通过大量的数据、实例进行计算测试和模拟 —— 数值试验，对算法的性能进行评价. 一方面，用算法所耗费计算机中 CPU 的时间来衡量算法的计算效率. 另一方面，用算法结束时的输出结果的好坏 (用户是否满意，或者解的偏差) 来评价算法的计算效果.

采用大规模计算分析方法评价多个算法时，常常使用简单的或统计的方法，估计出各个算法的平均耗时和计算结果的平均值，以此来比较不同算法的性能. 这种比较无需知道问题的最优解或目标值的下界.

数据的选取是数值实验的一个重要环节. 如果以应用问题的实际数据作为实验数据，则要注意实际数据的偏颇性，不过此时可以选出适合这类数据的最好算法. 如果以随机产生的一些数据作为实验数据，则要充分考虑这些随机数据的代表性，只有这样才能使算法的评价具有可信度.

最坏性能分析和平均性能分析都需要有深厚的数学基础，而大规模计算分析的评价方法则简单明了，易于操作，因此得到广泛的应用.

7.1.4　传统优化方法与现代优化方法

将一个实际问题抽象成最优化问题的过程就是建立模型，简称建模. 建模的目的是为了对问题进行优化决策，为此必须寻找优化决策的方法 —— 优化方法.

优化方法分为传统优化方法和现代优化方法.

传统优化方法实质上是各类迭代算法，它的基本步骤如下：

Step1　选择一个初始可行解和一个终止迭代的准则 (简称为终止准则，可以是最优性条件).

Step2　判断当前可行解是否满足终止准则，若满足，迭代结束；否则，转 Step3.

Step3　构造可行下降方向，由当前可行解沿可行下降方向移动，得到另一个目标函数值更小的可行解，转 Step2.

传统优化方法的计算构架决定了它存在以下几个方面的局限性.

(1) 单点运算方式限制了算法的计算效率.

传统优化方法是从一个初始解出发，每次迭代中也只对一个点进行计算，这样很难发挥出现代计算机高速计算和并行计算的性能，从而限制了算法的计算速度和求解大规模问题的能力.

(2) 沿可行下降方向移动限制了算法的搜索范围.

传统优化方法要求每一步迭代都是沿可行下降方向移动，这样使得一旦算法进入某个局部的低谷，就只能深陷这个局部低谷区域内，不可能搜索其他的区域. 从而无法进行全局搜索.

(3) 终止准则限制了计算结果的最优性.

传统优化方法的终止准则不一定是最优性条件，即使是最优性条件，也不能保证满足终止准则的解就是最优解.

(4) 对目标函数和约束函数的要求限制了算法的应用范围.

传统优化方法通常要求目标函数和约束函数是连续可微的. 而有些最优化问题的目标函数和约束函数往往只是分段连续的，有时甚至无法写出解析表达式. 这样，传统优化方法对目标函数和约束函数的严格要求大大地缩小了其应用范围.

传统优化方法具有 “方法定向” 的特征，即它只能解决那些满足该方法适用条件的问题. 若问题不满足这些条件，就必须简化或改变原来的问题，使之能够满足该方法的适用条件. 例如，若用线性规划求解非线性问题，就往往不得不采用拟线性化或分段线性化的方法把非线性问题转化为线性问题.

随着 20 世纪 70 年代初期计算复杂性理论的形成，科学工作者发现并证明了大量来源于实际的组合最优化问题是 NP 难问题. 这些问题用传统优化方法很难求解，甚至无法求解. 因此，80 年代初期，应运而生了一系列的现代优化方法，如禁忌搜索算法、模拟退火算法、遗传算法、蚁群算法、粒子群算法和人工神经网络算法等. 这些算法在一些实际问题中的成功应用，使得科学工作者投入了大量的精力和热情去研究算法的模型、理论和应用效果. 本章就将具体介绍禁忌搜索算法、模拟退火算法、遗传算法和蚁群算法等现代优化算法的解题思想和解题过程，从中可以看到现代优化方法在解决复杂组合最优化问题方面的强大能力.

现代优化方法是 "问题定向" 的，即算法的处理细节上会因问题的不同而不同，对各类复杂的最优化问题都有很强的适应性.

现代优化方法是通过模拟或者揭示某些自然现象或过程而形成的搜索算法，本质上仍是一种迭代算法. 这些算法的目标是希望能够求解NP 难问题的最优解，有一定的普适性，可用于求解大量的实际应用问题. 现代优化方法也属于启发式算法. 目前，现代优化方法的理论基础相对比较薄弱，它不是一门理论严谨的学科，而是一门实验学科.

与传统优化方法相比，现代优化方法具有以下特点：

(1) 不以达到某个最优性条件或找到理论上的精确解为目标，而是兼顾计算的效率和效果.

(2) 对目标函数和约束函数的要求十分宽松. 目标函数和约束函数可以不必是解析的，更不必是连续或高阶可微的. 目标函数和约束函数中可以含有规则、条件和逻辑关系，甚至只要在一段计算机程序可以描述的关系下能够输出一个返回值，就可以作为目标函数或约束函数.

(3) 算法随时终止都能得到较好的解. 许多实际问题有很高的时效性要求，因为急于得到结果往往要求能够随时终止计算，并且在终止时能获得一个与计算时间代价相当的解.

(4) 算法的基本思想都是源于对某种自然规律的模仿，具有人工智能的特点.

现代优化方法虽说有诸多优点，但也有如下几个方面的不足：

(1) 不能保证求得最优解.

(2) 表现不稳定. 在同一问题的不同实例计算中会有不同的效果. 在实际应用中，这种不稳定造成计算结果不可信，可能造成管理的困难.

(3) 算法的好坏依赖于实际问题、算法设计者的经验和技术.

传统优化方法和现代优化方法各有所长，各有所短. 在实际算法设计中, 应了解问题的复杂性，针对问题的不同而采用不同的方法. 对于 NP 难问题，采用启发式算法，利用各种现代优化方法求解是不得已而为之. 但对于多项式时间问题，若采取现代优化方法求解不但会影响解的效果，而且可能会造成计算时间的浪费.

7.2 禁忌搜索算法

1977 年，Glover 提出了禁忌搜索算法，它是局部搜索算法的推广，通过模仿人类的记忆功能，在算法中引进禁忌技术防止算法循环，并利用特赦规则保证搜索的多样性. 禁忌搜索算法充分体现了集中和扩散两个策略. 集中是为了在局部寻求更好的解，扩散是为了跳出局部最优实现全局搜索.

7.2.1 局部搜索

局部搜索算法是禁忌搜索算法的基础. 首先举例说明局部搜索算法的思想和执行过程.

局部搜索算法是基于贪婪算法的思想，从一个初始解出发，持续地在当前解的"邻域"中搜索比它好的解. 若能够找到更好的解，就将它作为新的当前解，然后重复上述过程；否则搜索过程结束，并以当前解作为最终解输出.

在局部搜索算法中，先要确定解的表达式和邻域，邻域的设计往往依赖于问题的特性和解的表达方式. 邻域的结构至关重要，因为局部搜索算法在确定下一个解时，只在当前解的邻域中进行搜索，也就是说那些不在当前解的邻域中的解不可能成为下一个解. 由当前解产生下一个解的具体方法有全邻域搜索和一步随机搜索两种.

例 7.8 五个城市的对称 TSP 数据如图 7.2 所示，其中顶点 A, B, C, D 和 E 表示五个城市，各边上的数字表示相应城市间的距离. 选定 A 城市为起点，用局部搜索算法求解该问题.

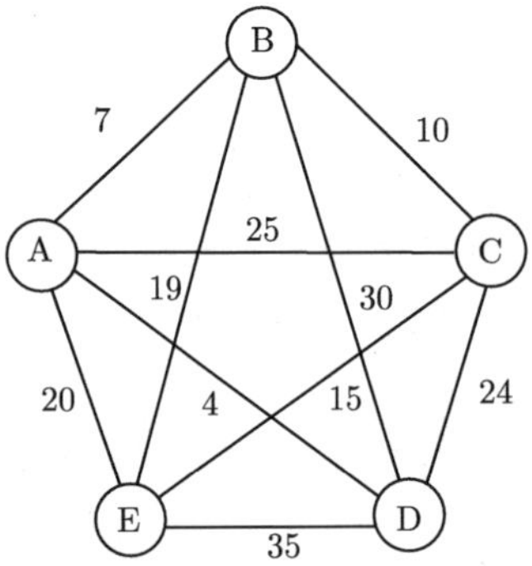

图 7.2 五城市 TSP

解 首先确定解的表达形式. 我们以字母 A, B, C, D 和 E 的全排列作为问题解的表达式，如 (ABCDE) 代表售货商从 A 出发，沿 A → B → C → D → E → A 路线走遍五个城市回到原出发地 A.

然后确定解的邻域. 以一次对换能够到达的解集合作为解的邻域，如 (ABCDE) 的邻域为

$$N(\text{ABCDE}) = \{(\text{ABCDE}), (\text{ACBDE}), (\text{ADCBE}), (\text{AECDB}), (\text{ABDCE}), \\ (\text{ABEDC}), (\text{ABCED})\}.$$

任意选定一个初始可行解 x^{best}. 如取 $x^{\text{best}}=(\text{ABCDE})$，对应的总路程 $f(x^{\text{best}})=96$.

下面说明局部搜索算法的具体执行过程. 分全邻域搜索和一步随机搜索两种方式.

(1) 全邻域搜索，即在 $N(x^{\text{best}})$ 中搜索一个最好的解 x^{now}，若 $f(x^{\text{now}})<f(x^{\text{best}})$，则令 $x^{\text{best}}:=x^{\text{now}}$.

第一次循环：

$$\begin{aligned}N(x^{\text{best}})=\{&(\text{ABCDE}),(\text{ACBDE}),(\text{ADCBE}),(\text{AECDB}),\\&(\text{ABDCE}),(\text{ABEDC}),(\text{ABCED})\},\end{aligned}$$

对应的目标函数值为

$$f(x^{\text{best}})=\{96,120,77,96,96,110,71\},$$

$$x^{\text{best}}:=x^{\text{now}}=(\text{ABCED}).$$

第二次循环：

$$\begin{aligned}N(x^{\text{best}})=\{&(\text{ABCED}),(\text{ACBED}),(\text{AECBD}),(\text{ADCEB}),\\&(\text{ABECD}),(\text{ABDEC}),(\text{ABCDE})\},\end{aligned}$$

对应的目标函数值为

$$f(x^{\text{best}})=\{71,93,79,69,69,112,96\},$$

$$x^{\text{best}}:=x^{\text{now}}=(\text{ADCEB}).$$

第三次循环：

$$\begin{aligned}N(x^{\text{best}})=\{&(\text{ADCEB}),(\text{ACDEB}),(\text{AECDB}),(\text{ABCED}),\\&(\text{ADECB}),(\text{ADBEC}),(\text{ADCBE})\},\end{aligned}$$

对应的目标函数值为

$$f(x^{\text{best}})=\{69,110,96,71,71,93,77\},$$

此时，在 $N(x^{\text{best}})$ 中找不到比 x^{best} 更好的解，算法结束. 因此，得到的最终解为 (ADCEB)，目标值为 69.

(2) 一步随机搜索，即在 $N(x^{\text{best}})$ 中任取一个解 x^{now} 作为当前解.

第一次循环：从 $N(x^{\text{best}})$ 中随机选取一解，如取 $x^{\text{now}}=(\text{ADCBE})$，则有 $f(x^{\text{now}})=77$，因为 $f(x^{\text{now}})<f(x^{\text{best}})$，故 $x^{\text{best}}:=x^{\text{now}}=(\text{ADCBE})$.

第二次循环: 从 $N(x^{\text{best}})$ 中随机选取一点 $x^{\text{now}}=(\text{ACDBE})$, 则 $f(x^{\text{now}})=118$, 因 $f(x^{\text{now}})>f(x^{\text{best}})$, 故算法结束, 最后得到的解为 (ADCBE), 目标值为 77. □

从上例可见, 全邻域搜索得到的解优于一步随机搜索得到的解, 但它的计算量大, 且每次循环都有重复计算. 实际上, 由本例中邻域的构造可知, 每一个当前解都会在下一个解的邻域中出现, 因此, 有必要在局部搜索算法中引进禁忌技术, 避免算法重复.

局部搜索算法的优点在于简单易行, 容易理解. 但从算法的执行过程和计算结果可见, 算法的计算结果依赖于初始解的选取, 依赖于邻域的结构, 且容易陷入局部最小而无法保证全局最优性.

在使用局部搜索算法时, 为了得到更好的解, 可以比较多个不同的邻域结构和多个不同的初始解, 只要初始解的选择足够多, 总可以计算出全局最优解.

7.2.2 禁忌搜索的思想

禁忌搜索是局部搜索的扩展, 它既能有效避免算法陷入局部最优, 又能防止算法循环重复. 那么禁忌搜索算法是如何做到这两点的呢?

为了跳出局部最优, 实现全局搜索, 禁忌搜索算法不要求在每一次迭代中得到的解都优于原来的解, 也就是允许算法暂时接受劣解; 通过引进禁忌表避免算法循环重复, 就是将近期的搜索过程存放在禁忌表中, 在以后 k 步 (k 称为禁忌长度) 的迭代中加以禁止. 当然, 禁忌不是绝对的, 在某些特殊情况下, 也可以让禁忌表中的某些特殊对象解禁 (特赦), 让这些禁忌对象重新可选, 这就是特赦规则.

下面以例 7.9 中图的着色问题为例说明禁忌搜索算法的具体执行过程. 重点在于说明禁忌表的使用.

例 7.9 含有六个顶点的图的着色问题如图 7.3 所示 (图的着色问题见 7.1 节例 7.5), 试用禁忌搜索算法求之.

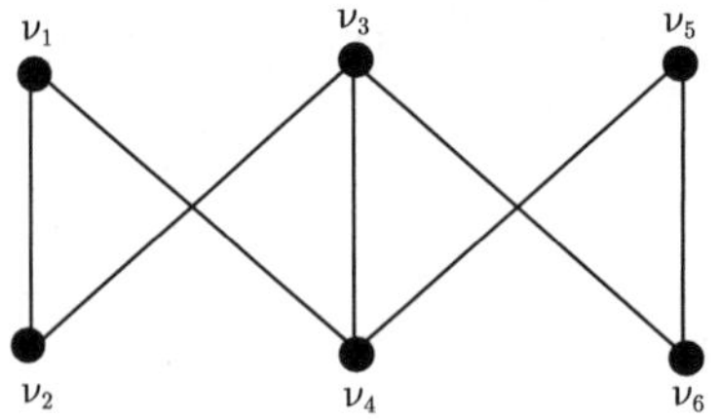

图 7.3 六个顶点的 GCP

解 首先确定解的表达式和邻域. 我们以六维向量 $\boldsymbol{x}=(x_1,x_2,x_3,x_4,x_5,x_6)$(其中 $x_i\in\{1,2,\cdots,k\}$) 作为解的表达式. 例如 $(1,2,6,4,5,1)$ 表示顶点 v_1,v_2,v_3,v_4,v_5,v_6 分别染成颜色 $1,2,6,4,5,1$.

以仅改变一个分量所得到的解集合作为解的邻域. 例如，若当前的染色数 $k=2$，则 $(1,1,1,1,1,1)$ 的邻域为

$$N(1,1,1,1,1,1)=\{(2,1,1,1,1,1),(1,2,1,1,1,1),(1,1,2,1,1,1),(1,1,1,2,1,1),(1,1,1,1,2,1),(1,1,1,1,1,2)\}.$$

设初始解为 $\boldsymbol{x}^{(0)}=(1,1,1,1,1,1)$，对应的目标值为 $f(\boldsymbol{x}^{(0)})=f(V)=7$.

第 1 步 初始解 $\boldsymbol{x}^{(0)}=(1,1,1,1,1,1)$ 表示所有顶点都染相同的颜色 1，颜色数 $k=1$. 此时需增加颜色数，令 $k:=k+1$，即 $k=2$. 于是，各顶点均可改染成颜色 2. 当我们把顶点 v_1 染成颜色 2, 其他顶点颜色不变时，则得到顶点划分为 $V_1=\{v_1\},V_2=\{v_2,v_3,\cdots,v_6\}$，相应地有

$$|E(V_1)|=0;\quad |E(V_2)|=5,$$

即对换 $v_1:1\to 2$ 对应的适应值 (目标函数值) 为 $f(V_1,V_2)=5$，从而可得下面的列表.

解的形式

1	1	1	1	1	1

$f(\boldsymbol{x}^{(0)})=7$

禁忌对象及长度

候选集

移动	适应值
ν_1: 1→2	5
ν_2: 1→2	5
ν_3: 1→2	4★
ν_4: 1→2	4
ν_5: 1→2	5
ν_6: 1→2	5

现在，我们从候选集中选一个最好的对换 $v_3:1\to 2$，用★标记已入选的对换. 此时，解从 $\boldsymbol{x}^{(0)}=(1,1,1,1,1,1)$ 变化为 $\boldsymbol{x}^{(1)}=(1,1,2,1,1,1)$. 目标值下降为 4.

值得指出的是，算法在选择下一个解时，只是从候选集中选一个最好的对换，而不管该对换对相应目标值是否优于当前解的目标值. 换言之，即使候选集中最好对换的目标值比当前解的目标值差，也仍然会被选中成为下一个解. 这样做的目的在于跳出局部最优，实现全局搜索.

第 2 步

解的形式

1	1	2	1	1	1

$f(\boldsymbol{x}^{(1)})=5$

禁忌对象及长度

ν_3: 1↔2	3

候选集

移动	适应值
ν_1: 1→2	2★
ν_2: 1→2	3
ν_3: 1→2	T
ν_4: 1→2	3
ν_5: 1→2	2
ν_6: 1→2	2

由于在第 1 步中选择了 $v_3 : 1 \to 2$ 交换，因此，希望这样的交换在下面的若干次迭代中不再出现，以避免循环，$v_3 : 1 \leftrightarrow 2$ 成为禁忌对象并限定在以下 3(禁忌长度) 次迭代计算中不允许在顶点 v_3 上进行颜色 1 和颜色 2 的对换. 在对应位置记录 3. 在 $N(\boldsymbol{x}^{(1)})$ 中又出现被禁忌的 $v_3 : 1 \to 2$ 对换，故用 T 标记不选此对换. 在选择最佳的候选对换后 $v_1 : 1 \to 2$，得到 $\boldsymbol{x}^{(2)} = (2,1,2,1,1,1)$，对应的目标值为 2，仍不为 0，故算法继续到第 3 步.

第 3 步

解的形式

2	1	2	1	1	1

$f(\boldsymbol{x}^{(2)})=2$

禁忌对象及长度

ν_3: 1↔2	2
ν_1: 1↔2	3

候选集

移动	适应值
ν_1: 1→2	T
ν_2: 1→2	4
ν_3: 1→2	T
ν_4: 1→2	3
ν_5: 1→2	0★
ν_6: 1→2	2

此时，入选对换 $v_5 : 1 \to 2$ 对应的适应值为 0，于是得到最优解 $\boldsymbol{x}^{(3)} = (2,1,2,1,2,1)$，即顶点 v_1, v_3, v_5 染同一种颜色，v_2, v_4, v_6 染另一种颜色，所需的最少颜色数为 2. □

例 7.9说明了禁忌算法的一个简单应用，从中可见禁忌对象是禁忌搜索算法中的一个基本因素. 实际上，在用禁忌算法解决大规模实际问题时，还有很多具体的技术问题：禁忌对象如何选取、禁忌长度怎样确定、候选集怎样确定、适应值是否有其他替代形式、特赦规则如何给出、终止准则怎样确定以及如何利用更多的信息等等.

7.2.3　禁忌搜索算法的构成要素与基本步骤

由例 7.9 的解题过程可见，用禁忌搜索算法解决实际问题之前，首先必须给出问题的解的表达式和解的邻域结构，明确评价解的优劣的函数，确定禁忌对象及长度，给出算法的终止准则. 这些是禁忌搜索算法的基本构成要素.

1. *编码方法*

问题的解的表达方式，称为编码方法，也就是将实际问题的解用一种便于算法操作的形式来描述. 如，例 7.8 中用所有城市的全排列表示 TSP 问题的一个解；例 7.9 中用相应顶点颜色的六维向量表示 GCP 的一个解. 编码方法通常采用数学形式. 实际应用中，应当根据问题本身的特点和所使用的优化算法而采用不同的编码方法. 以后还会介绍其他的编码方法. 无论采用何种编码方法，在算法结束时，都需要通过解码还原到实际问题的解.

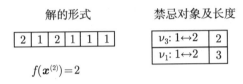

2. 移动和邻域结构

由当前解产生新解的途径，称为移动. 移动方式决定了解的邻域. 如，例 7.8 中采用一次对换作为移动方式；例 7.9 中采用仅改变一个分量作为移动方式. 当然，移动方式也可以是一系列复杂的操作.

3. 适应值函数

评价解的优劣的函数，称为适应值函数. 在例 7.8 和例 7.9 中，我们都以目标函数作为适应值函数，这是最直接最容易理解的做法. 实际上，对目标函数的任何变形都可作为适应值函数，但注意这个变形必须保证与原目标函数的大小顺序一致，即这个变形必须是严格单调的. 目标函数一般表示为 $f(x)$，适应值函数表示为 $F(x)$. 适应值函数的确定原则是要便于算法的执行和算法效率的提高.

4. 禁忌表

禁忌对象和禁忌长度组成了禁忌表，是禁忌搜索算法的重要构成要素. 禁忌对象的选择十分灵活，在例 7.8 和例 7.9 中，都把做过的移动作为禁忌对象，此时禁忌的范围较小. 有时，也可将目标值作为禁忌对象，就是将具有该目标值的解都视为禁忌对象，这样禁忌的范围较大. 若禁忌范围小，则搜索空间大，利于实现全局搜索，但存储禁忌对象所占的时间和空间都比较多；反之，若禁忌范围大，则存储禁忌对象所占的时间和空间都比较少，但搜索空间迅速变小，容易陷入局部最优. 同样，禁忌长度的长度也应合理设定. 所谓禁忌长度是指禁忌对象从进入禁忌表到退出禁忌表所需要的迭代次数. 一般而言，禁忌长度长，则全局搜索性能好；禁忌长度短，则局部搜索性能好. 在算法执行过程中，禁忌长度可以是固定不变的，也可以是动态变化的.

5. 终止准则

禁忌搜索算法本身不能保证找到问题的最优解，甚至无法判断得到的解是否为全局最优解，只是按照既定的规则一步步迭代下去，那么算法执行到何时才能停止呢？即如何给出终止准则？为此，在禁忌搜索算法中，应当记录当前迭代过程中所得到的历史最优解，称之为当前最优解. 常用的终止准则有以下四种：

(1) 目标值控制准则. 若在一定的迭代步数内，当前最优解没有任何改进，则停止迭代，输出当前最优解，因为继续执行算法可能只是一种徒劳，对解的改进无益.

(2) 设定最大迭代步数. 当算法的迭代步数达到该最大迭代步数时，则停止迭代，输出当前最优解. 其优点是便于操作和控制计算效率，缺点是无法保证计算效果.

(3) 设定最大出现频率. 当某一解、目标值或禁忌对象出现的频率达到该最大频率时，则停止迭代，输出当前最优解. 同 (1) 一样，继续执行算法只会增加频率而不会得到更好的解.

(4) 设定允许偏差. 若得到的当前最优解与全局最优解的误差小于允许偏差 ε，则称之为满意解. 若算法得到了满意解，则停止迭代，输出当前最优解. 其优点是保证了计算效果，缺点在于它依赖于全局最优解，而全局最优解事先无法确定. 在实践中，常通过估计全局最优解的下界 (当目标函数最大化时，则估计全局最优解的上界) 给出满意解所在的范围.

这四种终止准则也适应于其他的现代优化方法.

6. 特赦规则

在禁忌搜索算法的执行过程中，若候选集中的所有解都已成为禁忌对象，则只能选择其中一个解来解除禁忌. 而选择解禁对象的标准是有利于搜索得到更好的解. 具体说来，可从其适应值和影响力两方面考虑. 例如，若在候选集中存在一个解，其适应值比当前最优解的适应值更优，则有必要将其解禁；当一个禁忌对象的变化对目标值影响很大时，应当使其自由.

总之，禁忌搜索算法的执行过程由 “禁忌机制” 和 “特赦规则” 来引导. 禁忌搜索算法的禁忌表、候选集、适应值、特赦规则和终止准则等都可以有多种设定方式，因此，禁忌搜索算法的具体步骤将多种多样. 但从宏观上，禁忌搜索算法有以下五个基本步骤.

Step1　初始化. 给出初始解，禁忌表设为空.

Step2　判断是否满足终止准则. 如果满足，输出结果，停止迭代，否则转 Step3.

Step3　对于候选集中的最好解，判断其是否满足特赦规则. 如果满足，更新特赦规则，更新当前解，转 Step5；否则转 Step4.

Step4　选择候选集中不被禁忌的最好解作为当前解.

Step5　更新禁忌表，转 Step2.

以上概述了禁忌搜索算法的基本构成要素和基本步骤，具体实现这些要素和步骤还需要更深入的工作. 只有成功应用该算法解决大量的实际问题才能对以上内容有更深刻的理解. 优化方法的强大能力体现在实际应用中.

7.2.4　禁忌搜索算法小结

禁忌搜索算法的重要思想就是算法的执行过程由 “禁忌机制” 和 “特赦规则” 引导，它具有全局寻优的能力，并且比较容易实现. 但禁忌搜索算法也有一些缺点，对于给定的实际工程问题，可能需要大量的测试工作才能得到比较好的效果. 在实际应用中常利用禁忌搜索算法的思想，将禁忌搜索算法与其他优化方法结合，以达到更好的计算效率. 目前，禁忌搜索算法与其他优化方法结合的混合优化算法已有很多，这些混合算法仍然可以叫做禁忌搜索算法. 与其说禁忌搜索算法是一种方法，不如说是一种技术，或者说是一门艺术.

禁忌搜索算法本身并不能保证搜索得到的解就是问题的最优解. 由于禁忌搜索算法沿袭了局部搜索的邻域构造，因此邻域是否连通成为禁忌搜索算法是否可以达到全局最优解的一个关键条件. 称集合 C 为相对邻域映射 N 是连通的，是指对于 C 中的任意两点 x 和 y，均存在互异的$x_1, x_2, \cdots, x_l$，使得 $N(x_i) \cap \{x_{i+1}\} \neq \varnothing(i = 1, 2, \cdots, l-1)$，其中 $x_1 = x, x_l = y$.

从禁忌搜索算法的执行过程可知，禁忌搜索算法是从某初始解 x 开始，禁忌表中记录其邻域中的所有点，再以这些点为起点，一步步地记录下去，禁忌的对象只是不允许出现循环，这实际上就是遍历所有解. 因此，只要算法的邻域构造能保证从任何初始解 x 开始，算法总可以到达任何其他点 y，当然就可以到达最优解. 于是，只要保证邻域的连通性，也就是在禁忌搜索算法中，若解区域相对邻域映射是连通的，则可以构造禁忌算法，使得算法收敛到全局最优解. 当然，如果无法保证邻域映射的连通性，则无论禁忌表构造得多么精巧，都可能出现从某些点开始计算无法到达全局最优解.

7.3 模拟退火算法

模拟退火算法的思想最早是由 Metropolis 于 1953 年提出的. 1983 年，Kirkpare-ick 成功地将模拟退火算法应用于复杂组合最优化问题的求解，建立了现代模拟退火算法. 目前，模拟退火算法已在工程中得到了广泛的应用，其收敛性理论研究也相对较为完善.

模拟退火算法也是局部搜索算法的扩展，与禁忌搜索算法采用禁忌技术不同，模拟退火算法是通过模仿热力学中的退火过程，以一定的概率选择邻域中的解，以达到全局寻优的目的.

7.3.1 模拟退火算法的思想

模拟退火算法的基本思想源于热力学中的退火过程. 当金属物体被加热到一定的高温后，金属固体将溶解为液体，它的所有分子在状态空间自由运动. 随着温度的下降，分子停留在不同的状态，分子运动逐渐趋于有序，最后以一定的结构排列，形成晶体. 在这一过程中，重要的是温度必须缓慢下降才能获得低能量的金属晶体结构，这就热力学中的退火过程. 若温度下降过快，则物体只能冷凝成非均匀的亚稳态，这是热处理中的淬火效应. 实际上，温度缓慢下降是为保证物体在温度下降过程中，每一个温度状态下都有充足的时间达到热平衡. 因此，一个完整的退火过程由加温过程、等温过程和降温过程这三部分组成.

在优化算法中模仿退火过程可以通过引进温度参数来实现. 在模拟退火算法中给出初始温度 T_0、终止温度 T_f 以及降温函数 ΔT. 算法从初始高温 T_0 开始，每次迭代按降温函数 ΔT 使温度依次下降，最后达到终止温度 T_f，算法结束. 这是模拟退火算法的外循环部分，它模仿退火过程的加温过程和降温过程.

而关键的等温过程则在算法的内循环部分实现. 具体的实现方式通常采用著名的 Metropolis 准则: 在温度 t，由当前状态 i 产生新状态 j，两者的能量分别是 E_i 和 E_j，若 $E_j < E_i$，则接受新状态 j 为当前状态；否则，若概率 $p_r = \exp[-(E_j - E_i)/kt]$ 大于区间 $[0,1)$ 内的随机数则仍接受新状态 j 为当前状态，若不成立则保留状态 i 为当前状态，其中 k 为 Botzmann 常数. Metropolis 准则是 1953 年由 Metropolis 提出的重要采样法，它能够大大减少采样的计算量. 当然，等温过程也可以用 Monte Carlo方法模拟，但需要大量采样才能获得比较精确的结果，计算量较大.

总之，模拟退火算法的出发点是基于物理退火过程与组合最优化之间的相似性，由一个给定的初始高温开始，利用具有概率突跳性的 Metropolis 准则在解空间随机进行搜索，伴随温度的不断下降重复抽样过程，目的在于最终得到问题的全局最优解，这就是模拟退火算法的基本思想.

基于 Metropolis 采样策略的最优化过程与物理退火过程之间的相似性如表 7.3 所示.

表 7.3　组合优化与物理退火过程的相关概念的对应关系

组合优化	物理退火
解	状态
最优解	最低能量的状态
设定初高温	加温过程
Metropolis 抽样过程	等温过程
控制参数的下降	降温过程
目标函数	状态能量

7.3.2　模拟退火算法的简单算例

下面以车间作业调度问题 (见 7.1.1 小节例 7.3) 为例简要说明模拟退火算法的执行过程.

例 7.10　设有三个作业在两台机器上加工的车间作业调度问题，具体数据如表 7.4 所示. 试用模拟退火算法给出一种调度方案.

解　车间作业调度问题在两个作业时是多项式时间问题，但当作业数超过两个时，则是 NP 难问题. 因此，本问题适合用现代优化方法求解.

表 7.4 车间作业调度问题的具体数据

	作业 J_1		作业 J_2		作业 J_3	
工序的顺序	工序一 O_{11}	工序二 O_{12}	工序一 O_{21}	工序二 O_{22}	工序一 O_{31}	工序二 O_{32}
工序的时间 p_{ij}	5	3	2	2	6	4

在用模拟退火算法求解之前，先来分析一下该车间作业调度问题. 显然，问题的解对应于两台机器上各工序的加工顺序. 例如，如下加工顺序就是问题的一个解：

$$\text{第一台机器 } M_1 : O_{11} \to O_{31} \to O_{22};$$
$$\text{第二台机器 } M_2 : O_{21} \to O_{12} \to O_{32}.$$

在这种加工顺序安排下，在两台机器上各工序的开工时间如图 7.4 所示. 完成全部作业所需的时间为 15. 因此，我们的目标就是给出在两台机器上各工序的加工顺序，使得完成全部作业所需的时间达最少.

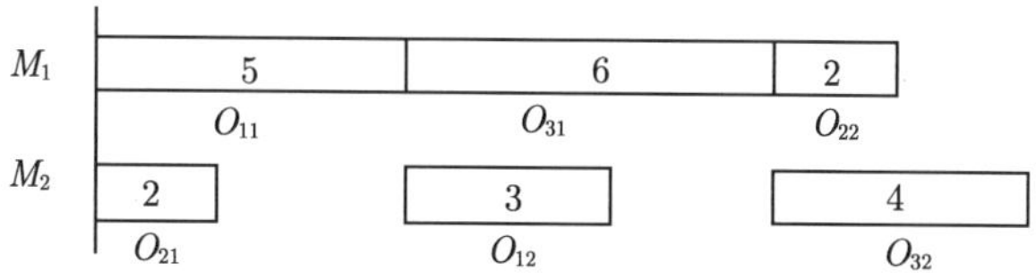

图 7.4 两台机器上各工序开工时间

下面用模拟退火算法求解.

(1) 状态表达.

在模拟退火算法中解的编码方法称为状态表达.

我们用六道工序 $O_{11}, O_{12}, O_{21}, O_{22}, O_{31}, O_{32}$ 的全排列来表示问题的解，其中第一台机器上加工的工序排在前面，第二台机器上加工的工序排在后面，两者间用 “;” 隔开. 例如，上述解对应的状态为 $(O_{11}O_{31}O_{22};O_{21}O_{12}O_{32})$. 而状态 $(O_{11}O_{21};O_{12}O_{31}O_{32}O_{22})$ 对应的解为

$$\text{第一台机器 } M_1 : O_{11} \to O_{21};$$
$$\text{第二台机器 } M_2 : O_{12} \to O_{31} \to O_{32} \to O_{22}.$$

(2) 邻域定义.

解的邻域定义为将一个工序移到另一个位置. 例如，将状态 $(O_{11}O_{31}O_{22};O_{21}O_{12}O_{32})$ 中的一个工序 O_{32} 移动到 O_{21} 与 O_{12} 之间，则获得了一个新的状态 $(O_{11}O_{31}O_{22};O_{21}O_{32}O_{12})$. 这样就完成了一次邻域移动.

(3) 状态能量.

用目标函数值表示各状态的能量. 在本例中目标函数值就是状态所对应的完成全部作业的时间, 用 f 表示. 例如 $f(O_{11}O_{31}O_{22};O_{21}O_{12}O_{32}) = 15$, $f(O_{11}O_{21};O_{12}O_{31}O_{32}O_{22}) = 20$.

(4) 温度参数设置.

设初始温度 $T_0 := 100$, 终止温度 $T_f := 60$.

降温函数定义为 $T_{k+1} = T_k - \Delta T$, 其中 $\Delta T := 20$.

等温过程: 通过设置内循环的迭代次数 $n(T_k)$ 来实现热平衡, 这里设 $n(T_k) = 3$.

(5) 模拟退火算法的求解过程.

随机产生一个初始解 $\boldsymbol{i} = (O_{11}O_{31}O_{22};O_{21}O_{12}O_{32})$, 其目标函数值 $f(\boldsymbol{i}) = 15$, 模拟退火算法开始运行.

第 1 步 初始温度 $T_0 = 100$, 进入内循环, 令内循环次数 $n = 0$.

(a) $n := n + 1$, 即 $n = 1$.

随机产生一个邻域解 $\boldsymbol{j} = (O_{31}O_{11}O_{22};O_{21}O_{12}O_{32})$, 其目标函数值 $f(\boldsymbol{j}) = 18$; 计算目标函数值增量 $\Delta f = 3$, 由于 $\Delta f > 0$, 因此进行有条件转移, 计算 $\mathrm{e}^{-\frac{\Delta f}{T_0}} = 0.9704$.

随机产生 $\xi \in U(0,1)$, $\xi = 0.6465$, 因为

$$\mathrm{e}^{-\frac{\Delta f}{T_0}} = 0.9704 > 0.6465 = \xi,$$

所以进行邻域移动, 令 $\boldsymbol{i} := \boldsymbol{j}$.

(b) $n := n + 1$, 即 $n = 2$.

随机产生一个邻域解 $\boldsymbol{j} = (O_{31}O_{22};O_{11}O_{21}O_{12}O_{32})$, $f(\boldsymbol{j}) = 14$; 计算 $\Delta f = -4$, 由于 $\Delta f < 0$, 因此进行无条件转移, 令 $\boldsymbol{i} := \boldsymbol{j}$.

(c) $n := n + 1$, 即 $n = 3$.

随机产生一个邻域解 $\boldsymbol{j} = (O_{31}O_{21}O_{22};O_{11}O_{12}O_{32})$, $f(\boldsymbol{j}) = 12$, 计算 $\Delta f = -2$, 由于 $\Delta f < 0$, 因此进行无条件转移, 令 $\boldsymbol{i} := \boldsymbol{j}$.

在 (a) 中, 虽然目标值变大, 但是搜索范围变大, 使得在 (b) 和 (c) 中可以搜索到更好的解, 目标函数值迅速减小.

第 2 步 降低温度, $T_1 = T_0 - \Delta T = 100 - 20 = 80$, 置内循环次数 $n = 0$.

(a) $n := n + 1$, 即 $n = 1$.

随机产生一个邻域解 $\boldsymbol{j} = (O_{31}O_{22};O_{21}O_{11}O_{12}O_{32})$, $f(\boldsymbol{j}) = 14$, 计算目标函数值增量 $\Delta f = 2$, 由于 $\Delta f > 0$, 因此进行有条件转移, 计算 $\mathrm{e}^{-\frac{\Delta f}{T_1}} = 0.9753$.

随机产生 $\xi \in U(0,1)$, $\xi = 0.8913$, 因为

$$\mathrm{e}^{-\frac{\Delta f}{T_1}} = 0.9753 > 0.8913 = \xi,$$

所以进行邻域移动，令 $\boldsymbol{i}:=\boldsymbol{j}$.

(b) $n:=n+1$，即 $n=2$.

随机产生一个邻域解 $\boldsymbol{j}=(O_{31}O_{22}O_{12};O_{21}O_{11}O_{32})$，$f(\boldsymbol{j})=11$，因为 $\Delta f=-3<0$，所以进行无条件转移，令 $\boldsymbol{i}:=\boldsymbol{j}$.

(c) $n:=n+1$，即 $n=3$.

随机产生一个邻域解 $\boldsymbol{j}=(O_{31}O_{22}O_{12}O_{32};O_{21}O_{11})$，$f(\boldsymbol{j})=15$，因为 $\Delta f=4>0$，

$$\mathrm{e}^{-\frac{\Delta f}{T_1}}=0.9512<0.9815=\xi,$$

所以不进行邻域移动，令 $\boldsymbol{i}:=\boldsymbol{i}$.

在 (c) 中，因为随机数 ξ 大于转移概率 $\mathrm{e}^{-\frac{\Delta f}{T_1}}$，所以系统会停留 $(O_{31}O_{22}O_{12};O_{21}O_{11}O_{32})$ 状态，目标值仍然为 11.

第 3 步　降低温度，$T_2=T_1-\Delta T=80-20=60$，置内循环次数 $n=0$.

(a) $n:=n+1$，即 $n=1$.

随机产生一个邻域解 $\boldsymbol{j}=(O_{31}O_{22}O_{12};O_{11}O_{21}O_{32})$，$f(\boldsymbol{j})=12$，因为 $\Delta f=1>0$，

$$\mathrm{e}^{-\frac{\Delta f}{T_2}}=0.9835>0.8214=\xi,$$

所以进行有条件转移，令 $\boldsymbol{i}:=\boldsymbol{j}$.

(b) $n:=n+1$，即 $n=2$.

随机产生一个邻域解 $\boldsymbol{j}=(O_{31}O_{12}O_{22};O_{11}O_{21}O_{32})$，$f(\boldsymbol{j})=11$，因为

$$\Delta f=-1<0,$$

所以进行无条件转移，令 $\boldsymbol{i}:=\boldsymbol{j}$.

(c) $n:=n+1$，即 $n=3$.

随机产生一个邻域解 $\boldsymbol{j}=(O_{31}O_{12}O_{32}O_{22};O_{11}O_{21})$，$f(\boldsymbol{j})=15$，因为 $\Delta f=4>0$，

$$\mathrm{e}^{-\frac{\Delta f}{T_2}}=0.9355>0.6154=\xi,$$

所以进行有条件移动，令 $\boldsymbol{i}:=\boldsymbol{j}$.

模拟退火算法停止运行，输出当前最优解 $\boldsymbol{j}=(O_{31}O_{12}O_{22};O_{11}O_{21}O_{32})$，也就是说，算法给出的两台机器上的作业调度安排为

$$\text{第一台机器 } M_1: O_{31}\to O_{12}\to O_{22};$$
$$\text{第二台机器 } M_2: O_{11}\to O_{21}\to O_{32}.$$

完成所有作业所需时间为 11.

实际上，$\boldsymbol{j}=(O_{31}O_{12}O_{22};O_{11}O_{21}O_{32})$ 是该问题的最优解. 易见所有六道工序所需要的时间总数为 22，也就是说，两台机器工作的时间总数至少为 22，因此，工

作时间最长的机器至少要工作 11 个单位时间，故 $\boldsymbol{j} = (O_{31}O_{12}O_{22}; O_{11}O_{21}O_{32})$ 是问题的最优解. □

值得指出的是，模拟退火算法在执行过程中会接受性能较差的解，因此，同禁忌搜索算法一样，在模拟退火算法运行过程中要记录曾遇到的最好可行解，即当前最优解，当算法结束时，将当前最优解作为最终解输出. 例如，在例 7.10 中，算法输出的解并不是算法结束时的当前解 $\boldsymbol{j} = (O_{31}O_{12}O_{32}O_{22}; O_{11}O_{21})$，而是在第 3 步 (b) 中得到的解

$$\boldsymbol{j} = (O_{31}O_{12}O_{22}; O_{11}O_{21}O_{32}).$$

当然，算法在第 2 步 (b) 中也得到的一个当前最优解 $\boldsymbol{j} = (O_{31}O_{22}O_{12}; O_{21}O_{11}O_{32})$，也可以将它作为最终解输出.

虽然在这个简单的算例中，模拟退火算法终止于最优解，但在实际应用过程中想做到这一点并不是一件容易的事情. 一般而言，算法的设计应该同时满足下列条件：

(a) 初始温度足够高，即 T_0 足够大；

(b) 热平衡时间足够长，即内循环的迭代次数 $n(T_k)$ 足够大；

(c) 终止温度足够低，即 T_f 足够小；

(d) 降温过程足够慢，即 ΔT 足够小.

在实际应用中，以上条件很难同时得到满足. 应当根据实际问题的特点，适当设置上述四个重要参数.

7.3.3　模拟退火算法的构成要素和基本步骤

在模拟退火算法执行过程中，算法的效果取决于控制参数的选择. 状态表达、邻域定义、热平衡到达和降温控制等是模拟退火算法设计中的重要组成要素. 这些关键技术的设计对算法的性能影响较大. 考虑组合最优化问题

$$\min f(\boldsymbol{i}), \quad \boldsymbol{i} \in S,$$

其中 S 是一个离散有限状态空间. 下面以这个组合最优化问题为例来说明模拟退火算法的各基本构成要素和模拟退火算法的基本步骤.

1. 状态表达

状态表达是利用一种数学形式来描述系统所处的能量状态. 一个状态对应于问题的一个解，问题的目标函数可作为状态的能量函数. 状态表达决定着邻域的构造和大小，影响着算法的计算效率.

2. 邻域定义

同禁忌搜索算法一样，模拟退火也是基于邻域搜索的. 邻域定义的出发点应该是保证解空间的连通性，其定义方式通常是由问题的性质所决定的.

3. 解的移动

模拟退火算法依据一定的概率来决定当前解是否向新解移动，解的移动分为无条件移动和有条件移动两种方式.

设 $\boldsymbol{i}$ 为当前解，$\boldsymbol{j}$ 为其邻域中的一个解，它们的目标函数值分别为 $f(\boldsymbol{i})$ 和 $f(\boldsymbol{j})$，用 Δf 来表示它们的目标值增量，即 $\Delta f = f(\boldsymbol{j}) - f(\boldsymbol{i})$.

若 $\Delta f < 0$，即 $\boldsymbol{j}$ 比 $\boldsymbol{i}$ 的目标值更优，则算法无条件从 $\boldsymbol{i}$ 移动到 $\boldsymbol{j}$；

若 $\Delta f > 0$，则算法根据概率 p_{ij} 及随机产生的数 $\xi \in U(0,1)$ 的大小关系来决定是否进行有条件移动，这里

$$p_{ij} = \exp\left(\frac{-\Delta f}{T_k}\right),$$

其中 T_k 是当前的温度. 若 $p_{ij} > \xi$，则从 $\boldsymbol{i}$ 移向 $\boldsymbol{j}$ (尽管此时 $\boldsymbol{i}$ 比 $\boldsymbol{j}$ 好)；若 $p_{ij} < \xi$，则不进行移动，$\boldsymbol{i}$ 保持不变.

这种邻域移动方式的引入是为了保证能够实现模拟退火算法的全局搜索. 由 p_{ij} 的定义知，当 T_k 很大时，p_{ij} 趋近于 1，此时算法不但可以做无条件移动，而且可能做有条件移动，即算法几乎会接受当前邻域中的任何解 (即使这个解要比当前解差)，说明模拟退火算法正在进行更大范围的搜索，即所谓的广域搜索. 当 T_k 很小时，p_{ij} 趋近于 0，算法几乎只能做无条件移动，即算法只会接受当前解邻域中更好的解，说明模拟退火算法进行的是局部搜索.

4. 热平衡

热平衡的达到相当于物理退火过程中的等温过程，是指在一个给定的温度 T_k 下，模拟退火基于 Metropolis 准则进行随机搜索，最终达到一种平衡状态的过程. 这是模拟退火算法中的内循环过程，为了保证能够到达平衡状态，内循环次数需要足够大. 由于实际应用中是无法达到理论上的平衡状态的，因此通常将内循环的次数设成一个常数，并且在每一温度，内循环迭代相同的次数. 次数的选取往往根据一些经验公式来获得. 此外，还可以根据温度 T_k 来设置内循环次数：当 T_k 较大时，内循环次数较少，当 T_k 较小时，内循环次数增加.

5. 降温函数

降温函数用来控制温度的下降方式，这是模拟退火算法的外循环过程. 利用温度的下降来控制算法的迭代是模拟退火算法的特点，从理论上说，模拟退火算法仅

仅要求温度最终趋于 0，而对温度的下降速度并无限制. 不过，温度的高低决定着模拟退火算法进行广域搜索还是局部搜索. 若温度下降过快，模拟退火将很快从广域搜索变为局域搜索，这就可能造成过早地陷入局部最优状态，为了跳出局部最优，只能通过增加内循环次数来实现，这就会大大增加算法进程的 CPU 时间. 当然，如果温度下降过慢，虽然可以减少内循环次数，但由于外循环次数增加，也会影响算法进程的 CPU 时间. 可见，选择合理的降温函数能够帮助加速模拟退火算法的进程.

常见的降温函数有如下两种：

(1) $T_{k+1}=T_k\cdot r$，其中 $r\in(0.95,0.99)$，r 越大温度下降得越慢. 优点是简单易行，温度每一步都以相同的比率 r 下降.

(2) $T_{k+1}=T_k-\Delta T$，ΔT 是温度每一步下降的长度. 优点是易于操作，而且可以简单控制温度下降的总步数，温度每一步下降的大小都相等.

此外，初始温度 T_0 和终止温度 T_f 的选择对模拟退火算法的性能也会有很大的影响. 一般说来，初始温度 T_0 要足够大，也就是使 $\dfrac{f_i}{T_0}\approx 0$，以保证模拟退火算法在开始时能够处在一种平衡状态. 在实际应用中，要根据以往经验，通过反复实验来确定 T_0 的值. 而终止温度 T_f 要足够小，以保证算法有足够多的时间获得最优解. T_f 的大小一般可以根据降温函数的形式来确定，若降温函数为 $T_{k+1}=T_k\cdot r$，则可以将 T_f 设成一个很小的正数；若 $T_{k+1}=T_k-\Delta T$，则可以根据预先设定的外循环次数和初始温度 T_0 计算出终止温度 T_f 的值.

模拟退火算法的具体执行步骤因各构成要素的不同而不同，一般而言，模拟退火算法有以下五个基本步骤.

Step1　初始化. 任选初始解 $\boldsymbol{i}$，给定初始温度 T_0 和终止温度 T_f，确定降温函数 ΔT 和循环次数 $n(T_k)$，令迭代指标 $k=0$，$T_k=T_0$.

Step2　随机产生一个邻域解 $\boldsymbol{j}\in N(\boldsymbol{i})$，计算目标值增量 $\Delta f=f(\boldsymbol{j})-f(\boldsymbol{i})$.

Step3　若 $\Delta f<0$，令 $\boldsymbol{i}:=\boldsymbol{j}$，转 Step4；否则，产生 $\xi\in U(0,1)$，若

$$\exp\left(\frac{-\Delta f}{T_k}\right)>\xi,$$

则令 $\boldsymbol{i}:=\boldsymbol{j}$.

Step4　若达到热平衡 (内循环次数大于 $n(T_k)$)，转 Step5；否则转 Step2.

Step5　按降温函数 ΔT 降低度温度 T_k，$k:=k+1$，若 $T_k<T_f$，停止迭代；否则转 Step2.

7.3.4　模拟退火算法小结

从模拟退火算法的执行过程可见，它同禁忌搜索算法一样，都是局部搜索算法的扩展. 模拟退火算法是在给定邻域结构的基础上，从一个状态到另一个状态移

动，且在移动过程中体现集中和扩散两个策略的平衡. 若遇到的下一个状态优于当前状态，则采用集中策略，立即选择这个状态为当前新状态；否则，采用扩散策略，以一定的概率选择这一状态为新状态，以实现全局搜索.

模拟退火算法的一大优点是其理论研究较为完善. 在数学上，该算法的执行过程可用马尔可夫链来描述，从而可以较好地从数学理论方面分析模拟退火算法的收敛性问题. 关于这部分内容，在此不加以详细介绍.

从算法设计的角度分析，为保证模拟退火算法能够收敛到全局最优解，一个直观的结论是算法应满足以下两个基本条件：

(a) 状态的完备性. 在定义状态表达式和状态邻域时，应保证包含问题需要的所有状态，也就是应包含问题的所有可行解. 例如，在例 7.10 中，若定义邻域为工序两两换位，则不合适. 因为这样的邻域结构使得算法不能同时搜索到具有

$$(O_{31}O_{21}O_{22};O_{11}O_{12}O_{32}),(O_{31}O_{22};O_{21}O_{11}O_{12}O_{32})\text{ 和 }(O_{31};O_{21}O_{22}O_{11}O_{12}O_{32})$$

等三种形式的可行解.

(b) 状态的连通性. 由于模拟退火算法的初值选择具有随机性，因此，在定义状态表达式和状态邻域时，还应保证各状态的连通性. 否则，若某初值与最优解不连通，则无论模拟退火算法的其他要素设计得多么精巧细致，也从根本上否定了从该初值出发搜索得到最优解的可能性.

保证状态的完备性和连通性，是定义模拟退火算法的状态表达式和状态邻域时，应注意的两个十分重要的内容.

7.4 遗传算法

遗传算法的产生归功于美国 Michigan 大学的 Holland 教授在 20 世纪 60 年代末 70 年代初的开创性工作. 后来，在 Jong 和 Goldberg 等人的进一步研究工作后，遗传算法更加完善，现已广泛应用于复杂组合最优化问题的求解. 可以说，遗传算法是目前为止应用最为广泛和最为成功的现代优化方法.

7.4.1 遗传算法的基本思想

本节将简要介绍遗传算法的执行过程. 遗传算法模仿生物的进化过程，通过遗传和变异来引导算法进程. 因此，下面先简要介绍生物的进化过程中的相关内容.

生物在进化过程中，种群通过交配产生子代群体，以使父代的基因遗传给子女，子女在一定程度上保持父母的特征，此即遗传. 同时，在产生子代的过程中，也可能发生变异. 遗传和变异都发生在染色体上，体现在染色体上基因的变化. 整个

进化过程由“适者生存，优胜劣汰”的竞争机制控制，使得最具有生存能力的染色体以最大的可能性生存，从而使得生物不断进化和发展.

那么，如何在优化算法中模仿生物进化过程呢？相关概念的对应关系如表 7.5 所示.

表 7.5　生物进化与遗传算法中相关概念的对应关系

生物进化中的概念	遗传算法中的概念
个体	解
群体	选定的一组解
适应性	适应值函数
种群	根据适应值选取的一组解
染色体	解的编码
基因	解编码中的每一个分量
遗传	通过交叉原则产生一组新解的过程
变异	编码的某一个分量发生变化的过程
适者生存	目标值最优的被留下的可能性最大

下面以例 7.11 简要说明遗传算法的执行过程.

例 7.11　设有五个物品的背包问题，其具体数据如表 7.6 所示，设背包的容量 $W=80$. 试用遗传算法求解.

表 7.6　背包问题的数据

i	1	2	3	4	5
w_i	40	50	30	10	10
p_i	40	60	10	10	30
p_i/w_i	1	1.2	0.33	1	3

解　首先确定解的编码方法. 采用二进制编码，第 i 个分量为 0 表示不装入第 i 个物品，第 i 个分量为 1 表示装入第 i 个物品. 例如，$\boldsymbol{x}=(10011)$ 表示第 1, 4 和 5 物品被装入背包，此时背包中装入物品的体积为 60，小于背包的容量，$\boldsymbol{x}$ 是一个可行解，称之为合法编码；而 $\boldsymbol{x}'=(11000)$ 则不是可行解，称之为不合法编码.

对于不合法编码，我们可以按 $\dfrac{p_i}{w_i}$ 的值从大到小的顺序将其修复为合法编码. 如 (11000) 将被修复为 (01000)；(01111) 将被修复为 (01011).

将一些染色体构成的群体称为种群. 遗传算法开始时，要产生一定规模的初始种群. 可以随机取四个染色体组成一个种群，如取

$$\boldsymbol{x}^{(1)}=(00000),\quad \boldsymbol{x}^{(2)}=(01000),\quad \boldsymbol{x}^{(3)}=(00011),\quad \boldsymbol{x}^{(4)}=(00001).$$

设适应值函数 $f(\boldsymbol{x})$ 为解 $\boldsymbol{x}$ 对应的装入物品的总价值. 于是

$$f(\boldsymbol{x}^{(1)})=0,\quad f(\boldsymbol{x}^{(2)})=60,\quad f(\boldsymbol{x}^{(3)})=40,\quad f(\boldsymbol{x}^{(4)})=30.$$

以

$$p(\boldsymbol{x}^{(i)})=\frac{f(\boldsymbol{x}^{(i)})}{\sum\limits_{j} f(\boldsymbol{x}^{(j)})}$$

作为第 i 个个体入选种群的概率 (该选取方式称为轮盘赌). 于是

$$p(\boldsymbol{x}^{(1)})=0,\quad p(\boldsymbol{x}^{(2)})=\frac{60}{130}\approx 0.5,\quad p(\boldsymbol{x}^{(3)})=\frac{40}{130}\approx 0.3,\quad p(\boldsymbol{x}^{(4)})=\frac{30}{130}\approx 0.2.$$

若取四个个体构成种群，则极有可能竞争成功的个体是

$$\boldsymbol{x}^{(2)}=(01000),\quad \boldsymbol{x}^{(2)}=(01000),\quad \boldsymbol{x}^{(3)}=(00011),\quad \boldsymbol{x}^{(4)}=(00001).$$

再由这一种群通过交叉和变异产生下一代种群.

采用单切点交叉方式:

$$\begin{array}{ll} \boldsymbol{x}^{(2)}=(01|000) & \boldsymbol{y}^{(1)}=(01|011) \\ & \longrightarrow \\ \boldsymbol{x}^{(3)}=(00|011) & \boldsymbol{y}^{(2)}=(00|000) \\ \boldsymbol{x}^{(2)}=(010|00) & \boldsymbol{y}^{(3)}=(010|01) \\ & \longrightarrow \\ \boldsymbol{x}^{(4)}=(000|01) & \boldsymbol{y}^{(4)}=(000|00) \end{array}$$

第一组交换第二个位置以后的基因，第二组交换第三个位置以后的基因，得到 $\boldsymbol{y}^{(1)}$，$\boldsymbol{y}^{(2)}$，$\boldsymbol{y}^{(3)}$ 和 $\boldsymbol{y}^{(4)}$.

若 $\boldsymbol{y}^{(4)}$ 的第一个基因发生突变，则变成 $\boldsymbol{y}^{(4)}=(10000)$. 于是得到下一代种群为

$$\boldsymbol{y}^{(1)}=(01011),\quad \boldsymbol{y}^{(2)}=(00000),\quad \boldsymbol{y}^{(3)}=(01001),\quad \boldsymbol{y}^{(4)}=(10000).$$

经过一轮进化过程，遗传算法得到了一个比父代更优秀的子代个体 $\boldsymbol{y}^{(1)}=(01011)$. 实际上，$\boldsymbol{y}^{(1)}$ 就是问题的最优解. □

例 7.11 是遗传算法计算的一个简单例子. 一般而言，简单遗传算法均采用 0-1 二进制编码；种群中染色体的个数是一个常数；初始种群随机选取；按轮盘赌选取染色体个数相同的种群；采用常规的交叉方法，即一对染色体按随机位交换后面的基因；染色体中的每一个基因都以相同的概率变异.

值得指出的是，在对编码进行交叉和变异运算时，有时会产生不合法编码. 例如，在例 7.11 中，若取 $\boldsymbol{x}^{(1)}=(00111)$，$\boldsymbol{x}^{(2)}=(01000)$ 作为父代染色体，采用单切点交叉方式，交换第二个基因后的所有基因，则会得到子代染色体 $\boldsymbol{y}^{(1)}=(01111)$，而它是该问题的一个不合法的编码. 因此，在例 7.11 中给出了不合法编码的修复方法. 又如，对于有五个城市 A, B, C, D 和 E 的 TSP，若以城市的全排列作为问题的编码，则容易出现不合法编码. 如取 $\boldsymbol{x}^{(1)}=(\mathrm{ABCDE})$，$\boldsymbol{x}^{(2)}=(\mathrm{DEBAC})$作为父

代染色体，则产生的子代染色体 $\boldsymbol{y}^{(1)} = (\mathrm{ABBAC})$ 就是一个不合法编码，因为它已经不是五个城市的全排列，也就不再是 TSP 的解；同样，无论在染色体上的哪个基因发生变异，也都会产生不合法编码. 可以说，出现不合法编码是遗传算法经常遇到的问题，在遗传算法的执行过程中，必须考虑不合法编码的修复问题. 在 7.4.3 小节中，将会较为详细地介绍不合法编码的修复方法.

7.4.2 遗传算法的构成要素和基本步骤

从例 7.11 中遗传算法的执行过程可以看出，编码方法、适应值函数、初始种群、交叉运算、变异运算和终止准则等是遗传算法的基本构成要素. 下面简要介绍遗传算法的各个构成要素.

1. *编码和解码*

遗传算法的第一个基础工作是对问题的解进行编码，得到所谓的染色体. 解码与编码是相对应的，算法的最后一个工作是解码 —— 将染色体还原成问题的解.

每个染色体可以表示为 $\boldsymbol{x} = (x_1, x_2, \cdots, x_n)$，染色体的每个分量 x_i 都是一个基因；每一分量的取值称为位值；n 称为染色体的长度.

常用的编码方法有如下四种:

(1) 二进制编码

二进制编码的基因是由二进制符号 0 和 1 组成，即 $x_i \in \{0, 1\}$. 例如，(00011001) 就是一个二进制编码的染色体，该染色体的长度为 8. 例 7.11 中所用的编码也是二进制编码. 基本遗传算法使用固定长度的二进制编码来表示染色体.

二进制编码适用于背包问题、指派问题等. 二进制编码的优点是便于求出位值、包括的实数范围大；缺点是编码过长不利于计算，如对于 TSP，若采用常规的二进制编码，则会造成大量的计算浪费.

(2) 顺序编码

顺序编码是指用 1 到 n 的自然数来编码，此种编码不允许重复，即

$$x_i \in \{1, 2, \cdots, n\} \text{ 且 } x_i \neq x_j (i \neq j).$$

例如，$(2, 3, 4, 5, 1, 7, 6)$ 就是一个长度为 7 的顺序编码. 对于有 7 个城市的 TSP，则上述编码可以表示一个行走路线.

顺序编码适用于指派问题、旅行售货商问题和单机调度问题等. 但是，在使用过程中，要注意编码的合法性. 如 $(1, 1, 4, 3, 6, 7)$ 即为一个不合法的顺序编码，因为该编码的前两个基因的位值相等，违反了顺序编码的规则.

(3) 实数编码

实数编码是指染色体的每个基因都取实数. 实数编码具有精度高、便于大空间搜索、运算简单的特点，特别适合于参数都取实数的最优化问题，但是反映不出基

因的特征.

(4) 整数编码

对于染色体 $\boldsymbol{x} = (x_1, x_2, \cdots, x_n)$，设 n_i 为整数且 $x_i \in \{1, 2, \cdots, n_i\}$，则称该染色体为整数编码. 显然，整数编码的不同位上的基因取值可以相同. 例如 $(3, 2, 1, 2, 3, 4, 5)$ 对于顺序编码来说是不合法的，而对于整数编码来说，却是一个合法的编码.

以上介绍了四种常用的编码方法，其中二进制编码又称为常规码，其他的非 0-1 编码称为非常规码. 在实际应用中，编码方式常同具体实际问题紧密联系，应针对问题本身的特点采用合适的编码方法，而不仅仅局限上述介绍的四种编码方法.

下面以 MSTP 为例说明编码方法对遗传算法的重要性.

对于 7.1 节中例 7.6 所描述的 MSTP，显然可以用树中所含的边来表示树，即采用边编码的方法. 例如，对于图 7.1 中粗边所示的树，可以表示为 $(1, 2, 4, 5, 10)$. 但是这种编码方法的缺陷是很难回避圈，而且难以从编码的形式上判断其是否为合法编码，从而导致遗传运算无法执行.

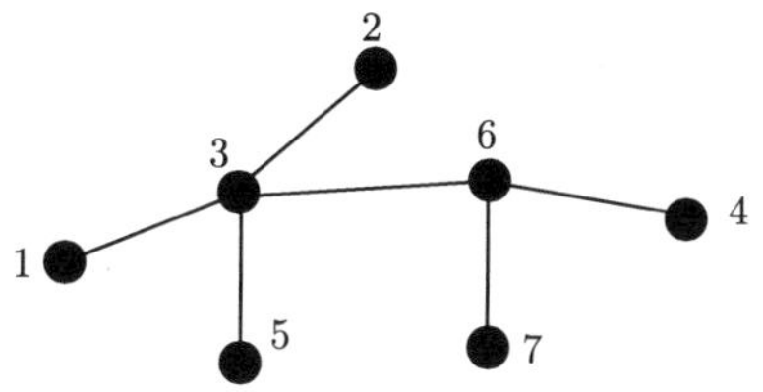

图 7.5　树与其 Prüfer 数编码

对于 MSTP，最好的编码是 Prüfer 数编码，也就是用一个 $n-2$ 维的向量 $\boldsymbol{x} = (x_1, x_2, \cdots, x_{n-2})$ 来表示一棵有 n 个顶点的支撑树，其中 $x_i \in \{1, 2, \cdots, n\} (i = 1, 2, \cdots, n-2)$ 表示树上的顶点. Prüfer 数编码本质上是用树的顶点表示树. 这种编码方法可以保证交叉变异后得到仍然是树.

下面给出 Prüfer 数编码与树之间的一一对应关系.

设 T 是一棵有 n 个顶点的支撑树，由图论知识可知，T 上至少有两个叶子顶点. 按下述规则可得到它的 Prüfer 数编码 (首先令 $k = 1$)：

(a) 顶点 v_k 是标号最小的叶子顶点.

(b) 在 T 上存在唯一一条边 $v_k v_l \in E(\mathrm{T})$，令 $x_k = v_l$.

(c) 删去顶点 v_k 和边 $v_k v_l$.

(d) 令 $k := k + 1$，重复上述过程，直到只剩下一条边为止.

例如，按上述编码步骤，对于图 7.5 所示的树，其对应的 Prüfer 数编码为 $(3, 3, 6, 3, 6)$.

从上述编码过程看出，按下述规则可以得到 Prüfer 数编码 $x=(x_1,x_2,\cdots,x_{n-2})$ 对应的树，这一过程称为解码过程 (首先令 $k=1$)：

(a) v_k 是不在 $(v_1,\cdots,v_{k-1},x_k,x_{k+1},\cdots,x_{n-2})$ 中出现的最小数字.

(b) 在顶点 v_k 与 x_k 之间连边 x_kv_k.

(c) 令 $k:=k+1$，重复上述过程，直到 $k=n-1$ 时，转下一步.

(d) 恰有两个顶点不在 $(v_1,\cdots,v_{n-2})$ 中出现，在这两个顶点间连边即可.

例如，Prüfer 数编码 $(2,3,4,3)$ 对应的支撑树如图 7.6 所示.

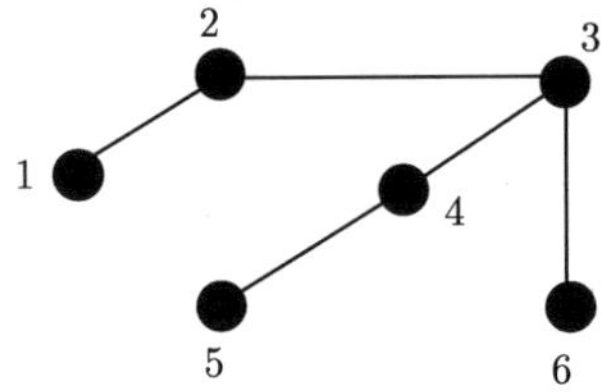

图 7.6　Prüfer 数编码 (2,3,4,3) 对应的支撑树

Prüfer 数编码是最小支撑树问题的最合适的编码方法，这不仅是因为 Prüfer 数编码能够满足支撑树的要求 (包含所有顶点、连通、不含圈)；Prüfer 数编码还实现了解空间与编码空间的一一对应，因为对于 n 个顶点的图来说，其支撑树的个数为 n^{n-2}，而 Prüfer 数的个数也为 n^{n-2}，而且更重要的是交叉运算和变异运算不破坏 Prüfer 数编码的合法性. 对于遗传算法而言，遗传运算是否会破坏编码的合法是衡量编码好坏的重要标准.

这个例子说明编码对遗传算法是至关重要的. 应根据具体实际问题构造相应合适的编码，而不仅仅局限于上述介绍的四种常用编码方式.

2. *初始种群*

初始种群应该随机选取. 种群中个体的数量称为种群大小或者种群规模. 种群规模通常是采用一个不变的常数. 一般来说，遗传算法中种群规模越大越好，但是种群规模的增大也将导致运算时间的增加. 一般选择种群规模为 $N\in[50,200]$. 在一些特殊情况下，种群规模也可以是变量，以获取更好的优化效果.

3. *适应值函数*

适应值是用来区分种群中个体好坏的标准，是进行选择的唯一依据. 适应值函数的设定同禁忌搜索算法一样，目前主要通过目标函数映射成适应值函数.

4. *遗传运算*

遗传运算包括选择运算、交叉运算和变异运算，它模拟生物进化过程中由父代产生子代的繁殖过程，是遗传算法的精髓.

(1) 选择运算. 选择运算是以一定的概率从种群中选择若干个体的操作，其目的是为了从当前种群中选出优良的个体，使它们有机会作为父代繁殖后代子孙. 判断个体优劣的准则就是个体的适应值. 个体适应值越高，被选择的机会也越多，从而保证优良基因遗传给下一代个体.

常用的选择策略是轮盘赌 (如例 7.11)，即每个个体被选中进行遗传运算的概率为该个体的适应值和种群中所有个体适应值总和的比例. 设种群的规模为 N，对于个体 i，设其适应值为 F_i，则该个体的选择概率可以表示为

$$p_i = \frac{F_i}{\sum\limits_{j=1}^{N} F_j}.$$

接下来，采用旋轮法来实现选择操作：将整个转轮分成大小不同的 N 个扇面，分别对应着 N 个个体；按各个个体的选择概率分配转轮的面积，使得适应值大的个体将占据较大圆心角的扇面，适应值小的个体占据较小圆心角的扇面；共转轮 N 次，每次转轮时转轮停在的那个扇面对应的个体将被选中.

例如，设种群中有四个个体，它们的选择概率分别为 $p_1 = 0.25$, $p_2 = 0.25$, $p_3 = 0.3$ 和 $p_4 = 0.2$，则相应的转轮如图 7.7 所示.

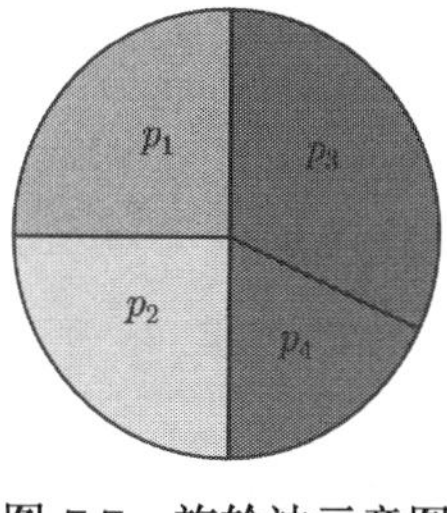

图 7.7 旋轮法示意图

由于在算法的执行过程中，不可能做转轮这种动作，因此，常以如下方式模拟旋轮法实现选择操作, 即令

$$p(p_0) = 0, \quad p(p_i) = p_i + p(p_{i-1}), \quad i = 1, 2, \cdots, N.$$

随机产生 N 个数 $\xi_i \in U(0,1)$，$i = 1, 2, \cdots, N$，当 $p(p_{i-1}) < \xi_i < p(p_i)$ 时，选择个体 i.

(2) 交叉运算. 交叉运算是对若干个染色体进行操作，使之产生新的后代. 交叉的最简单方式是在父代的染色体上随机地选择一个切点，将切点的右段互相交换，形成两个新的后代. 这种方法对于二进制编码最合适. 遗传算法的性能在很大程度上取决于采用的交叉运算的性能.

种群中的染色体不一定都参与交叉运算，而是按一定的概率 (即交叉率) 决定父代的染色体是否进行交叉运算，具体地说，交叉率 p_c 是产生的后代数与种群中的个体数的比. 显然，较高的交叉率将达到更大的解空间，从而减小停止在非最优解上的机会；但是交叉率太高，会因为过多的搜索而耗费大量的计算时间. 一般选择 $0.4 \leqslant p_c \leqslant 0.9$ 较好.

(3) 变异运算. 染色体的某一基因发生变化，产生新的染色体，表现出新的性状. 变异运算模拟了生物进化过程中的基因突变.

变异是在染色体上自发地产生随机的变化. 一种简单的变异方式是替换一个或者多个基因. 在遗传算法中，变异可以提供初始种群中不含有的基因，或者找到选择过程中丢失的基因. 染色体是否进行变异由变异率来进行控制.

变异率 p_m 是种群中变异基因数在总基因数中的百分比. 变异率控制着新基因导入种群的比例. 若变异率太低，一些有用的基因就难以进入选择；若太高，即随机的变化太多，那么后代就可能失去从父代继承下来的特性. 一般选择 $0.001 \leqslant p_m \leqslant 0.1$ 较好.

5. 终止准则

终止准则就是遗传进化结束的条件. 同禁忌搜索算法一样，基本遗传算法的终止准则可以是最大进化代数或最优解所需满足的精度.

以上对遗传算法的基本构成要素作了简要介绍. 在实际应用中，为了提高算法的搜索效率，各构成要素如何选择应根据问题的不同而不同.

尽管遗传算法的具体执行过程因编码方法、初始种群、适应值函数、遗传运算和终止准则等的不同而千变万化. 但一般而言，遗传算法总包含以下七个基本步骤.

Step1　种群初始化. 包括确定编码方法、产生初始种群.

初始种群是随机产生的，即生成一定规模的初始染色体集合 P，具体的产生方式依赖于编码方法. 种群的大小依赖于计算机的计算能力和计算复杂度.

例如，0-1 编码的具体产生方式如下：

(a) 随机产生 $\xi_i \in U(0,1)$；

(b) 若 $\xi_i > 0.5$，则 $x_i = 1$；若 $\xi_i \leqslant 0.5$，则 $x_i = 0$.

Step2　计算个体适应值.

Step3　选择. 根据每个个体适应值和选择原则进行选择复制操作. 在此过程中，低适应值的个体将从种群中去除，高适应值的个体将被复制.

Step4　交叉. 根据交叉原则和交叉率进行父代交叉以产生后代.

交叉运算中，使用最多的是单点交叉和双点交叉.

(a) 单点交叉是由 Holland 提出的最基础的一种交叉方式. 从种群中选出两个

个体 $\boldsymbol{x}^{(1)}$ 和 $\boldsymbol{x}^{(2)}$，随机选择一个切点，将切点两侧分别看作两个子串，将右侧的两个子串相互交换，得到两个新的个体 $\tilde{\boldsymbol{x}}^{(1)}$ 和 $\tilde{\boldsymbol{x}}^{(2)}$. 这里 $\boldsymbol{x}^{(1)}$ 和 $\boldsymbol{x}^{(2)}$ 称为父代染色体，$\tilde{\boldsymbol{x}}^{(1)}$ 和 $\tilde{\boldsymbol{x}}^{(2)}$ 称为子代染色体. 切点的位置范围应该在第一个基因位之后，最后一个基因位之前. 单点交叉的信息量比较小，交叉点位置的选择可能带来较大偏差.

(b) 双切点交叉是指对于两个选定的染色体 $\boldsymbol{x}^{(1)}$ 和 $\boldsymbol{x}^{(2)}$，随机选择两个切点，交换两个切点之间的子串.

应当指出，并非种群中所有的被选中的父代都得进行交叉操作，要设定一个交叉率.

Step5 变异. 根据变异原则和变异率，对个体编码中的部分信息实施变异，从而产生新的个体.

Step6 判断终止准则是否满足，若不满足则转至 Step2，否则至 Step7.

Step7 输出当前最优解.

7.4.3 编码的合法性修复

如前所述，在遗传算法的执行过程中，有时会遇到不合法的编码. 比如，对于有 7 个城市的 TSP，采用顺序编码和双切点交叉，如图 7.8 所示，产生的后代编码不合法.

$$\begin{array}{l} \boldsymbol{x}^{(1)} = (21|345|67) \\ \boldsymbol{x}^{(2)} = (43|125|76) \end{array} \xrightarrow{\text{双切点交叉}} \begin{array}{l} \tilde{\boldsymbol{x}}^{(1)} = (21|125|67) \\ \tilde{\boldsymbol{x}}^{(2)} = (43|345|76) \end{array}$$

图 7.8 顺序编码交叉产生不合法编码

对于这种情况，一般而言，有两种应对策略：拒绝或修复. 只有在遗传运算中出现不合法编码的比例很小时，才能使用拒绝策略；如果使用修复策略，那么可能使后代部分丢失父代的基因.

下面就来介绍关于顺序编码的修复策略，包括交叉运算的修复策略和变异运算的修复策略两部分分别介绍.

1. 交叉修复策略

交叉的修复策略有部分映射交叉 (PMX)、顺序交叉 (OX) 和循环交叉 (CX) 三种.

(1) 部分映射交叉 (PMX)

部分映射交叉是使用特别的修复程序来解决简单的双切点交叉引起的非法性. 所以 PMX 包括双切点交叉和修复程序，具体步骤如下：

(a) 选两个切点.

(b) 交换中间部分.

(c) 确定映射关系.

(d) 将首部分按映射关系恢复合法性.

图 7.9 说明了 PMX 的修复步骤.

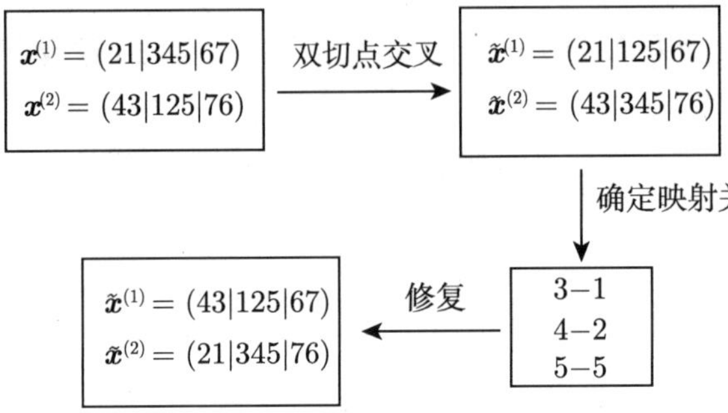

图 7.9　PMX 运算示意图

(2) 顺序交叉 (OX)

顺序交叉可以看成是带有不同修复程序的 PMX 的变形. OX 的具体步骤如下:

(a) 选两个切点.

(b) 交换中间部分.

(c) 从第二个切点后第一个基因起列出原顺序，去掉已有基因.

(d) 从第二个切点后第一个位置起，将获得的无重复顺序填入.

图 7.10 说明了 OX 的修复步骤. 与 PMX 方式得到的结果对比，可以看到，OX 相当于使用了不同的映射关系. OX 较好地保留了相邻关系、先后关系，满足了 TSP 问题的需要，但是不保留位值特征.

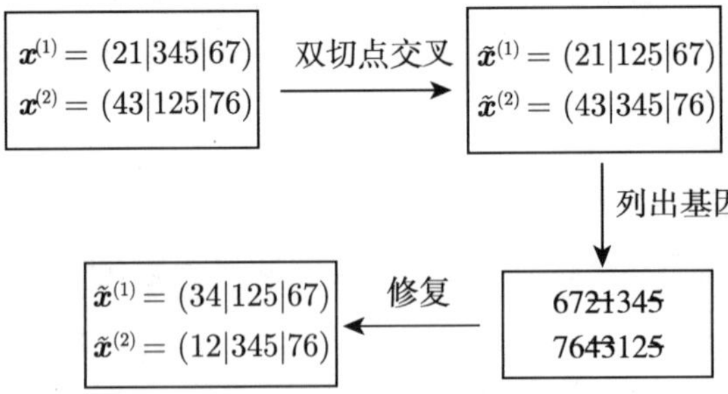

图 7.10　OX 运算示意图

(3) 循环交叉 (CX)

循环交叉的基本思想是子串位置上的值必须与父母相同位置上的值相等. CX

的具体步骤如下：

(a) 选 $\boldsymbol{x}^{(1)}$ 的第一个基因作为 $\tilde{\boldsymbol{x}}^{(1)}$ 的第一位，选 $\boldsymbol{x}^{(2)}$ 的第一个基因作为 $\tilde{\boldsymbol{x}}^{(2)}$ 的第一位.

(b) 在 $\boldsymbol{x}^{(1)}$ 中找 $\boldsymbol{x}^{(2)}$ 的第一个基因赋给 $\tilde{\boldsymbol{x}}^{(1)}$ 的相对位置，依次下去，重复此过程，直到 $\boldsymbol{x}^{(2)}$ 上得到 $\boldsymbol{x}^{(1)}$ 的第一个基因为止，称为一个循环.

(c) 对最前的基因按 $\boldsymbol{x}^{(1)}, \boldsymbol{x}^{(2)}$ 基因轮替原则重复以上过程.

(d) 重复以上过程，直到所有位都完成.

图 7.11 说明了 CX 的修复步骤. 与 OX 较好地保留了相邻关系不同，CX 则较好地保留了位值特征，适合于指派问题等.

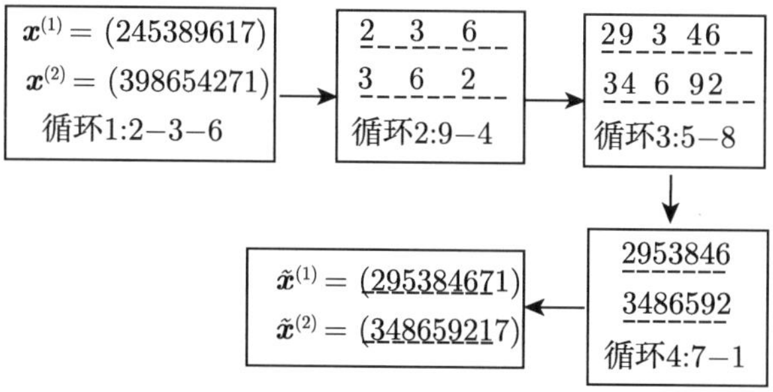

图 7.11 CX 运算示意图

2. 变异修复策略

变异的修复策略有很多，这里介绍两种主要的变异修复策略，即换位变异和移位变异.

(1) 换位变异

换位变异是随机地在染色体上选取两个位置，交换基因的位值，如图 7.12 所示.

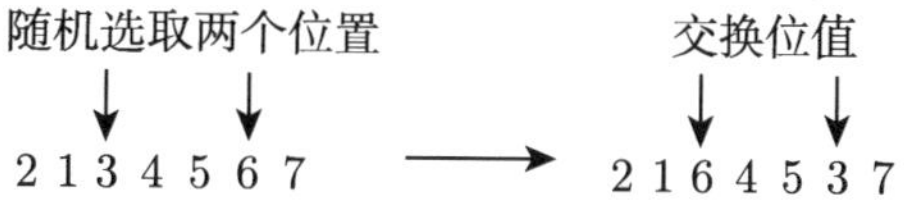

图 7.12 换位变异示意图

(2) 移位变异

移位变异是任意选择一位基因，将其称动到最前面，如图 7.13 所示.

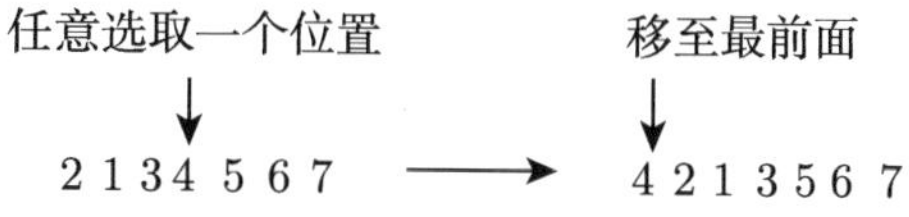

图 7.13 移位变异示意图

以上简要介绍了顺序编码的修复策略，关于其他编码的修复策略也可有类似的方法.

7.4.4 遗传算法小结

遗传算法是一类可以用于复杂系统优化计算的鲁棒搜索算法，具有快捷、简便、容错性强的特点，是目前应用最为广泛和最为成功的现代优化方法. 具体而言，遗传算法的优点主要有以下几个方面：

(1) 搜索过程不直接作用在变量上，而是作用在对参数集进行了编码的个体上. 编码操作使得遗传算法可直接对结构对象进行操作.

(2) 搜索过程是从一组解迭代到另一组解，采用同时处理种群中多个个体的方法，具有本质的并行性.

(3) 遗传算法利用概率转移规则，可以在一个具有不确定性的空间上寻优. 与一般的随机优化方法相比，遗传算法不是从一点出发沿一条线寻优，而是在整个解空间同时开始寻优搜索，因此，可以有效地避免陷入局部极小点，具备全局最优搜索性.

(4) 对搜索空间没有任何特殊要求 (如连通性、凸性等)，只以决策变量的编码作为运算对象. 在优化过程中模拟自然界中生物的遗传和进化机理，应用遗传操作，不需要导数等其他辅助信息，可用于求解无数值概念或很难有数值概念的最优化问题.

(5) 遗传算法有极强的容错能力. 遗传算法的初始串集本身就带有大量的与最优解相离很远的信息，通过选择、交叉、变异操作能迅速排除与最优解相差极大的串.

(6) 遗传算法中选择、交叉和变异都随机操作，而不是确定的规则，这说明遗传算法是采用随机方法进行最优解搜索.

当然，遗传算法也有不足之处，主要体现在：

(1) 早熟问题

由于遗传算法单纯用适应值来决定解的优劣，因此当某个个体的适应值较大时，该个体的基因会在种群内迅速扩散，导致种群过早失去多样性，解的适应值不再增大，从而陷入局部最优解.

(2) 遗传算法的局部搜索能力问题

遗传算法的全局搜索方面性能优异，但是局部搜索能力不足. 这导致遗传算法在进化后期，收敛速度变慢，甚至无法收敛到全局最优解.

(3) 遗传运算的无方向性

遗传算法中，选择运算可以保证选出的都是优良个体，但是变异和交叉运算仅仅是引入了新的个体，并不能保证产生新的优良个体. 如果产生的个体不够优良，则引入的新个体就成为干扰因素，反而会减慢遗传算法的进化速度.

遗传算法的这些缺陷和不足促使人们对遗传算法进行深入的研究和探讨.

7.5 蚁群算法

蚁群算法是 20 世纪 90 年代发展起来的一种模仿蚂蚁群体行为的仿生优化算法. 它是由意大利学者 Dorigo 等人提出来的. 该算法具有分布计算、信息正反馈和启发式搜索的特征，且易于与其他优化方法结合. 目前，该算法已经成功解决了许多复杂最优化问题和经典 NP 难问题. 对于 TSP 等组合最优化问题，蚁群算法得到的优化结果普遍好于遗传算法和模拟退火算法等其他优化方法. 因此，蚁群算法是国内外学者广泛关注的现代优化方法之一.

7.5.1 蚁群算法的思想

蚂蚁是自然界中最古老 (起源于 1 亿年前，恐龙同时代)、分布最广 (地球上除南北极外的每块土地)、最常见的一种生物. 蚂蚁个体的智商并不高，看起来相对弱小，但它们却可以相互协调完成许多让人惊叹不已的事情. 例如，蚂蚁总是沿着最短路径将食物搬回家. 这些没有统一指挥的弱小动物之所以能够相互协调完成复杂工作，与蚂蚁采用群体生活方式有关. 由蚂蚁个体所构成的群体称为蚁群. 蚁群有着独特的信息系统，其中包括视觉信号、声音通信和更为独特的信息素. 信息素是蚂蚁分泌的一种化学物质，蚂蚁的许多行为受信息素的调控. 正是这种独特的信息系统使蚂蚁个体间可以相互合作，建立了高度结构化的蚂蚁社会，从而完成许多单个个体无法胜任的复杂任务. 例如，在寻找最短路径时，蚂蚁就是通过在经过的路上留下信息素并感知各条路上信息素存在的浓度，然后朝着信息素浓度高的方向移动来实现的.

下面举例说明蚁群是如何利用信息素寻找到从食物源到蚁巢间的最短路径的.

设蚁巢位于 A 点，蚁群发现食物源在 D 点，它们最终总是会选择最短的直线路径 ABD 来搬运食物. 实际上，蚁群找到这条最短路是有一个过程的. 设从 A 到 D 有两条路 ACD 和 ABD 可走，且 AC = CD = AD. 设蚂蚁从 A 走到 D 需要时间为 1. 开始时，位于蚁巢的蚂蚁并不知道究竟该走 ABD 这条路，还是该走 ACD 这条路，于是它们将按相同的概率选择这两条路，从蚁群整体上看，在这两条路上的蚂蚁数量是一样多的 (如图 7.14(a) 所示)；1 个单位时间后，沿 ABD 走的蚂蚁已经到达食物地点 D 并开始沿原路返回，而沿 ACD 走的蚂蚁则位于 C 点 (如图 7.14(b) 所示)；2 个单位时间后，在 ABD 路上走的蚂蚁数量将比 ACD 路上的多. 因为在 ABD 这条路上不仅有从 A 点出发走向 B 点的蚂蚁，还包括从 D 点沿 DBA 返回的蚂蚁 (到达 D 点的蚂蚁必沿 DBA 返回，这是因为 DC 路上的信

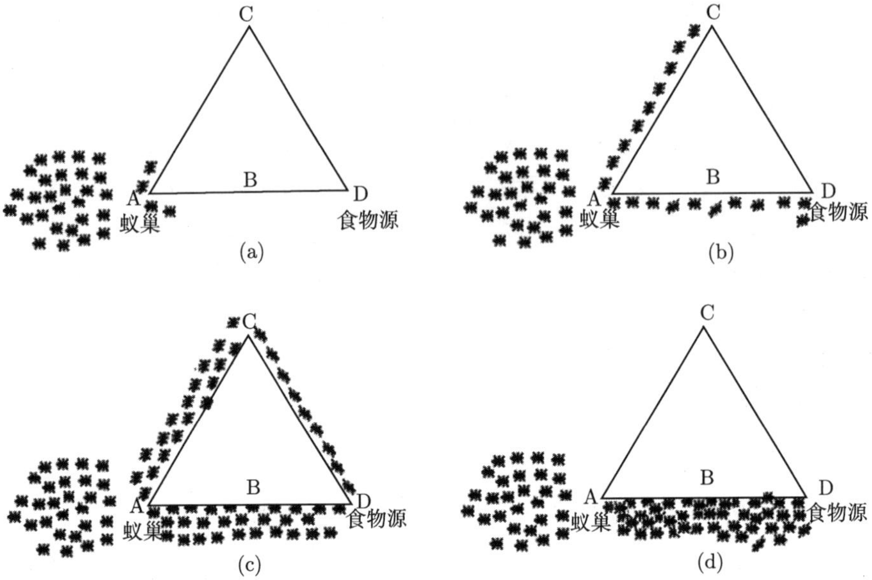

图 7.14　蚁群沿最短路觅食过程

息素浓度为 0)，这样在 ABD 路径上留下的信息素浓度将高于 ACD 上 (如图 7.14(c) 所示)；这时，由于蚂蚁倾向于朝着信息素浓度高的方向移动，从 A 点出发的蚂蚁选择 ABD 的概率将高于 ACD. 于是，越来越多的蚂蚁选择沿着 ABD 路径搬食物，且随着 ABD 上蚂蚁的增多，ACD 上蚂蚁数量将迅速减少，形成信息正反馈，最终引导蚁群找到从蚁巢到食物源的最短路 ABD(如图 7.14(d) 所示).

蚁群觅食过程中表现出的群体智能在解决复杂问题方面具有优越性，蚁群算法正是基于此而产生的. 蚁群算法中引进了人工蚂蚁. 人工蚂蚁在经过的路上留下信息素、感知路上信息素的浓度并倾向于沿信息素浓度高的方向行走. 人工蚂蚁的目标在于寻找问题的最优解.

蚁群算法的一个成功应用就是求解 TSP. 下面以如图 7.15 所示的非对称 TSP 为例说明蚁群算法的执行过程.

例 7.12　四个城市的非对称 TSP 数据如图 7.15 所示，其中顶点 1, 2, 3 和 4 表示四个城市，图中的无箭头的边表示双向均可到达且往返距离相同，各边上的数字表示相应城市间的距离. 试用蚁群算法求解该问题.

解　我们用人工蚂蚁的行走路线表示问题的可行解. 在四个城市 1, 2, 3 和 4 上各放置一只人工蚂蚁，规定第 i 只蚂蚁 M_i 放置于 i 城市. 让每只人工蚂蚁在解空间中独立搜索可行解. 当人工蚂蚁碰到一个还没有走过的路口时，以相对较大的概率选择信息素较多的路径，并在行走路线上留下更多的信息素，影响后来的蚂蚁，形成正反馈机制. 代表最优路线上的信息素逐渐增多，选择它的蚂蚁也逐渐增多，同时路线上的信息素也将随着时间的流逝而逐渐消减，最终整个蚁群在正反馈的作用下集中到代表最优解的路线上，也就找到了最优解.

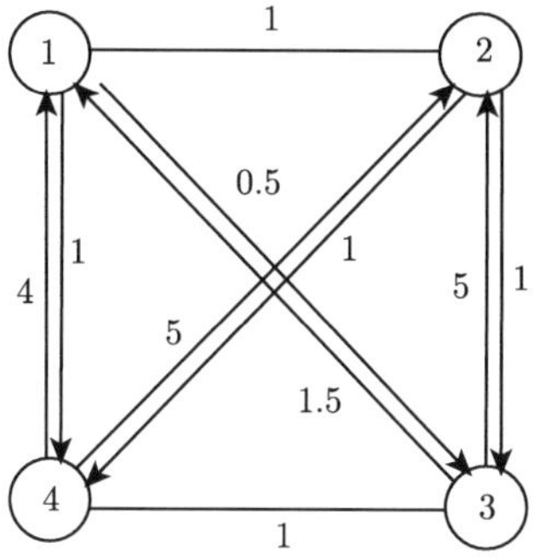

图 7.15 一个非对称的 TSP 数据

要在算法中实现蚁群的信息正反馈机制，必须要确定第 k 只人工蚂蚁在所经过路线 (i,j) 上留下的信息量 $\Delta\tau_{ij}^{(k)}(t)$、路径 (i,j) 上的信息量 $\tau_{ij}(t)$ 以及第 k 只人工蚂蚁从城市 i 转移到城市 j 的转移概率 $P_{ij}^{(k)}(t)$.

(1) 设 Q 为常数，表示人工蚂蚁在一次循环中释放的信息素总量；L_k 为第 k 只人工蚂蚁在本次循环中所走的路径总长度，定义

$$\Delta\tau_{ij}^{(k)}(t)=\begin{cases}\dfrac{Q}{L_k}, & \text{第 } k \text{ 只蚂蚁在本次循环中经过 } (i,j);\\ 0, & \text{否则}\end{cases} \tag{7.1}$$

由于 $\Delta\tau_{ij}^{(k)}(t)$ 表示第 k 只人工蚂蚁在本次循环中留在路径 (i,j) 上的信息量，因此在本次循环中路径 (i,j) 上信息素的增量 $\Delta\tau_{ij}(t)$ 为

$$\Delta\tau_{ij}(t)=\sum_{k=1}^{4}\Delta\tau_{ij}^{(k)}(t). \tag{7.2}$$

(2) 显然，$\tau_{ij}(t)$ 的值与上次循环中路径 (i,j) 上的信息量 $\tau_{ij}(t')$ 的值及本次循环新增的信息量 $\Delta\tau_{ij}(t)$ 有关，为此取

$$\tau_{ij}(t)=(1-\rho)\tau_{ij}(t')+\Delta\tau_{ij}(t), \tag{7.3}$$

其中常数 ρ 表示信息素的挥发系数.

(3) 当第 k 只人工蚂蚁到达城市 i 并决定下一步是否转移到城市 j 时，人工蚂蚁不仅知道路径 (i,j) 上残留的信息量 $\tau_{ij}(t)$，同时它也知道路径 (i,j) 的距离 d_{ij}. 为充分利用距离信息，记 $\eta_{ij}(t)=\dfrac{1}{d_{ij}}$. 人工蚂蚁不仅希望选择信息量较大的方向，

同时也希望选择离自己距离较近的城市，为此以如下方式定义转移概率

$$P_{ij}^{(k)}(t)=\begin{cases}\dfrac{(\tau_{ij}(t))^{\alpha}\cdot(\eta_{ij}(t))^{\beta}}{\displaystyle\sum_{s\in \mathrm{Allowed}_k}(\tau_{is}(t))^{\alpha}\cdot(\eta_{is}(t))^{\beta}} & j\in \mathrm{Allowed}_k;\\ 0, & \text{否则},\end{cases}\tag{7.4}$$

其中 $\mathrm{Allowed}_k$ 表示第 k 只人工蚂蚁下一步可以选择的城市，即还没有访问的城市；α 表示信息启发因子，反映了蚁群在运动过程中残留信息量的相对重要程度；β 表示期望启发因子，反应了期望值的相对重要程度.

在本例中，取 $Q=10, \rho=0.5, \alpha=3$ 和 $\beta=4$. 设置算法总循环次数 $N_c=2$.

初始化时间 $t:=0$，$N_c:=0$，$\tau_{ij}(0):=\dfrac{1}{10}$，$\Delta\tau_{ij}(0):=0$.

第 1 次循环. 因为开始时各路径上的信息量都相同为 $\tau_{ij}(t):=\dfrac{1}{10}$，所以各蚂蚁的可能行走路线完全由 $\eta_{ij}(t)$ 决定. 从而各人工蚂蚁的行走路线为

第 1 只人工蚂蚁 M_1：$1\to3\to4\to2\to1$，对应回路长为 7.5；

第 2 只人工蚂蚁 M_2：$2\to1\to4\to3\to2$，对应回路长为 8；

第 3 只人工蚂蚁 M_3：$3\to4\to1\to2\to3$，对应回路长为 7；

第 4 只人工蚂蚁 M_4：$4\to2\to3\to1\to4$，对应回路长为 8.5；

第 2 次循环. 令 $t:=t+1$，即 $t=1$. 为简洁起见，采用矩阵$\tau(t)=[\tau_{ij}(t)]$ 表达各 $\tau_{ij}(t)$ 的值，同样定义矩阵 $\Delta\tau^{(k)}(t)=\left[\Delta\tau_{ij}^{(k)}(t)\right]$ 和矩阵 $\Delta\tau(t)=[\Delta\tau_{ij}(t)]$.

由第 1 只人工蚂蚁 M_1 的行走路线 $1\to3\to4\to2\to1$ 知它在所经过的路线上留下的信息量为

$$\frac{Q}{L_1}=\frac{10}{7.5}=\frac{4}{3},$$

从而

$$\Delta\boldsymbol{\tau}^{(1)}(1)=\begin{bmatrix}0&0&\frac{4}{3}&0\\ \frac{4}{3}&0&0&0\\ 0&0&0&\frac{4}{3}\\ 0&\frac{4}{3}&0&0\end{bmatrix},$$

同理第 2, 3, 4 只蚂蚁在所它们经过的路线上留下的信息量矩阵分别为

$$\Delta\boldsymbol{\tau}^{(2)}(1)=\begin{bmatrix}0&0&0&\frac{5}{4}\\ \frac{5}{4}&0&0&0\\ 0&\frac{5}{4}&0&0\\ 0&0&\frac{5}{4}&0\end{bmatrix},$$

$$\Delta\boldsymbol{\tau}^{(3)}(1)=\begin{bmatrix}0&\frac{10}{7}&0&0\\ 0&0&\frac{10}{7}&0\\ 0&0&0&\frac{10}{7}\\ \frac{10}{7}&0&0&0\end{bmatrix},$$

$$\Delta\boldsymbol{\tau}^{(4)}(1)=\begin{bmatrix}0&\frac{20}{17}&0&0\\ 0&0&0&\frac{20}{17}\\ \frac{20}{17}&0&0&0\\ 0&0&\frac{20}{17}&0\end{bmatrix}.$$

由 (7.2) 式计算得 (注：以下计算均取小数点后四位小数)

$$\begin{aligned}\Delta\boldsymbol{\tau}(1)&=\Delta\boldsymbol{\tau}^{(1)}(1)+\Delta\boldsymbol{\tau}^{(2)}(1)+\Delta\boldsymbol{\tau}^{(3)}(1)+\Delta\boldsymbol{\tau}^{(4)}(1)\\ &=\begin{bmatrix}0&2.6050&1.3333&1.2500\\ 2.5833&0&1.4286&1.1765\\ 1.1765&1.2500&0&2.7619\\ 1.4286&1.3333&2.4265&0\end{bmatrix}.\end{aligned}$$

由 (7.3) 式计算得

$$\boldsymbol{\tau}(1)=[\tau_{ij}(1)]=(1-0.5)\boldsymbol{\tau}(0)+\Delta\boldsymbol{\tau}(1)=\begin{bmatrix}0&2.6550&1.3833&1.3000\\ 2.6333&0&1.4786&1.2265\\ 1.2265&1.3000&0&2.8119\\ 1.4786&1.3833&2.4765&0\end{bmatrix}.$$

下面由 (7.4) 式计算各人工蚂蚁的转移概率矩阵，以此给出各人工蚂蚁在本次循环中行走路线.

第 1 只蚂蚁 M_1 的行走路线确定过程如下:

当 M_1 位于城市 1 时，它到城市 2, 3 和 4 的转移概率分别为

$$P_{12}^{(1)}(1)=\frac{(\tau_{12}(1))^3\cdot(\eta_{12}(1))^4}{(\tau_{12}(1))^3\cdot(\eta_{12}(1))^4+(\tau_{13}(1))^3\cdot(\eta_{13}(1))^4+(\tau_{14}(1))^3\cdot(\eta_{14}(1))^4}$$

$$=\frac{2.6550^3\cdot 1^4}{2.6550^3\cdot 1^4+1.3833^3\cdot 2^4+1.3000^3\cdot 1^4}=0.2958;$$

$$P_{13}^{(1)}(1)=\frac{(\tau_{13}(1))^3\cdot(\eta_{13}(1))^4}{(\tau_{12}(1))^3\cdot(\eta_{12}(1))^4+(\tau_{13}(1))^3\cdot(\eta_{13}(1))^4+(\tau_{14}(1))^3\cdot(\eta_{14}(1))^4}$$

$$=\frac{1.3833^3\cdot 2^4}{2.6550^3\cdot 1^4+1.3833^3\cdot 2^4+1.3000^3\cdot 1^4}=0.6694;$$

$$P_{14}^{(1)}(1)=\frac{(\tau_{14}(1))^3\cdot(\eta_{14}(1))^4}{(\tau_{12}(1))^3\cdot(\eta_{12}(1))^4+(\tau_{13}(1))^3\cdot(\eta_{13}(1))^4+(\tau_{14}(1))^3\cdot(\eta_{14}(1))^4}$$

$$=\frac{1.3000^3\cdot 1^4}{2.6550^3\cdot 1^4+1.3833^3\cdot 2^4+1.3000^3\cdot 1^4}=0.0347,$$

由于 $P_{13}^{(1)}(1)>P_{12}^{(1)}(1)>P_{14}^{(1)}(1)$，因此 M_1 将从城市 1 转移到城市 3，下一步它可以转移到城市 2 或城市 4，对应的转移概率分别为

$$P_{32}^{(1)}(1)=\frac{(\tau_{32}(1))^3\cdot(\eta_{32}(1))^4}{(\tau_{32}(1))^3\cdot(\eta_{32}(1))^4+(\tau_{34}(1))^3\cdot(\eta_{34}(1))^4}$$

$$=\frac{1.3000^3\cdot 0.2^4}{1.3000^3\cdot 0.2^4+2.8119^3\cdot 1^4}=0.0002;$$

$$P_{34}^{(1)}(1)=\frac{(\tau_{34}(1))^3\cdot(\eta_{34}(1))^4}{(\tau_{32}(1))^3\cdot(\eta_{32}(1))^4+(\tau_{34}(1))^3\cdot(\eta_{34}(1))^4}$$

$$=\frac{2.8119^3\cdot 1^4}{1.3000^3\cdot 0.2^4+2.8119^3\cdot 1^4}=0.9998,$$

因为 $P_{34}^{(1)}(1)>P_{32}^{(1)}(1)$，所以 M_1 将从城市 3 转移到城市 4，于是本次循环中第 1 只人工蚂蚁 M_1 的行走路线为

$$1\to 3\to 4\to 2\to 1,$$

对应回路长为 7.5.

同理，第 2 只人工蚂蚁 M_2 的行走路线确定过程相应的数据如下:

当 M_2 位于城市 2 时，它到城市 1,3 和 4 的转移概率分别为

$$P_{21}^{(2)}(1)=\frac{(\tau_{21}(1))^3\cdot(\eta_{21}(1))^4}{(\tau_{21}(1))^3\cdot(\eta_{21}(1))^4+(\tau_{23}(1))^3\cdot(\eta_{23}(1))^4+(\tau_{24}(1))^3\cdot(\eta_{24}(1))^4}$$

$$=\frac{2.6333^3\cdot 1^4}{2.6333^3\cdot 1^4+1.4786^3\cdot 1^4+1.2265^3\cdot 1^4}=0.7932;$$

$$P_{23}^{(2)}(1)=\frac{(\tau_{23}(1))^3\cdot(\eta_{23}(1))^4}{(\tau_{21}(1))^3\cdot(\eta_{21}(1))^4+(\tau_{23}(1))^3\cdot(\eta_{23}(1))^4+(\tau_{24}(1))^3\cdot(\eta_{24}(1))^4}$$

$$=\frac{1.4786^3\cdot 1^4}{2.6333^3\cdot 1^4+1.4786^3\cdot 1^4+1.2265^3\cdot 1^4}=0.1267;$$

$$P_{24}^{(2)}(1)=\frac{(\tau_{24}(1))^3\cdot(\eta_{24}(1))^4}{(\tau_{21}(1))^3\cdot(\eta_{21}(1))^4+(\tau_{23}(1))^3\cdot(\eta_{23}(1))^4+(\tau_{24}(1))^3\cdot(\eta_{24}(1))^4}$$

$$=\frac{1.2265^3\cdot 1^4}{2.6333^3\cdot 1^4+1.4786^3\cdot 1^4+1.2265^3\cdot 1^4}=0.0801,$$

由于 $P_{21}^{(2)}(1)>P_{23}^{(2)}(1)>P_{24}^{(2)}(1)$，因此 M_2 将从城市 2 转移到城市 1，下一步它可以转移到城市 3 或城市 4，对应的转移概率分别为

$$P_{13}^{(2)}(1)=\frac{(\tau_{13}(1))^3\cdot(\eta_{13}(1))^4}{(\tau_{13}(1))^3\cdot(\eta_{13}(1))^4+(\tau_{14}(1))^3\cdot(\eta_{14}(1))^4}$$

$$=\frac{1.3833^3\cdot 2^4}{1.3833^3\cdot 2^4+1.3000^3\cdot 1^4}=0.9507;$$

$$P_{14}^{(2)}(1)=\frac{(\tau_{14}(1))^3\cdot(\eta_{14}(1))^4}{(\tau_{13}(1))^3\cdot(\eta_{13}(1))^4+(\tau_{14}(1))^3\cdot(\eta_{14}(1))^4}$$

$$=\frac{1.3000^3\cdot 1^4}{1.3833^3\cdot 2^4+1.3000^3\cdot 1^4}=0.0493,$$

因为 $P_{13}^{(2)}(1)>P_{14}^{(2)}(1)$，所以 M_2 将从城市 1 转移到城市 3，于是本次循环中第 2 只人工蚂蚁 M_2 的行走路线为

$$2\to 1\to 3\to 4\to 2,$$

对应回路长为 7.5.

同样，可以确定人工蚂蚁 M_3 和人工蚂蚁 M_4 的行走路线分别为:

$$M_3: 3\to 4\to 1\to 2\to 3,\quad \text{对应的回路长为 } 7;$$

$$M_4: 4\to 3\to 1\to 2\to 4,\quad \text{对应的回路长为 } 4.5.$$

此时，算法已进行了两次循环，达到终止准则，算法结束. 输出当前最优解为

$$4 \to 3 \to 1 \to 2 \to 4, \quad \text{对应的回路长为 } 4.5.$$

该当前最优解是由第 4 只人工蚂蚁得到的. 实际上，$4 \to 3 \to 1 \to 2 \to 4$ 就是该问题的最优解. □

从上述蚁群算法的执行过程可见，蚁群算法包括外循环和内循环两部分. 内循环部分是各人工蚂蚁独立在解空间搜索的过程，当所有人工蚂蚁都独自完成一次搜索，得到问题的一个可行解后，则一次外循环过程结束. 在算法进入下一次内循环前，需更新路径上的信息量. 算法终止准则由外循环次数确定.

蚁群算法求解复杂组合最优化问题的效率较高. 有人做过实验，在求解 TSP 的测试问题上，蚁群算法所找出的解的质量最高，遗传算法其次，模拟退火算法最低. 蚁群算法的收敛速度较快，能以较少的迭代步数得到较好的解.

7.5.2 蚁群算法的构成要素和基本步骤

从例 7.12 中蚁群算法的执行过程可以看出，解的表达形式、信息量的增量 $\Delta\tau_{ij}^{(k)}(t)$、信息量 $\tau_{ij}(t)$ 和转移概率 $P_{ij}^{(k)}(t)$ 是蚁群算法的重要构成要素. 蚁群的活动、信息素的挥发和信息素的增强是蚁群算法的三个重要的组成部分. 值得指出的是蚁群算法进程结构并不限定这三个行为发生的顺序或者是否同步，也不要求它们以一种完全平行独立的形式来运行. 这样给算法设计者以充分自由来安排这三个行为的顺序. 不同的蚁群算法主要体现在 $\Delta\tau_{ij}^{(k)}(t)$，$\tau_{ij}(t)$ 和 $P_{ij}^{(k)}(t)$ 的计算公式变化. 蚁群算法是对参数设计敏感的算法，因此，下面介绍各要素及相应参数的确定技术.

1. *解的表达形式*

在例 7.12 中，TSP 解的形式就是所有城市的一个排列，信息量记录在各条弧上. 作为 TSP 解的一个闭圈，谁排在第一位并不重要. 但对于许多以顺序作为解的最优化问题，谁排在第一位就很重要 (如车间作业调度问题、0-1 背包问题等). 这类问题在应用蚁群算法时，只需要建立一个虚拟的始终点，就可以简单地将 TSP 的解法应用于这些最优化问题.

下面以 0-1 背包问题为例说明这一过程.

设有一个容积为 W 的背包，n 个物品的体积分别为 $w_1, w_2, \cdots, w_n$，价值分别为 $p_1, p_2, \cdots, p_n$. 用物品的标识 $1, 2, \cdots, n$ 的一个排列 $(i_1, i_2, \cdots, i_m)(m \leqslant n)$ 来表示问题的一个解，如 (2,1) 表示在背包中装入第 1 个和第 2 个物品；(1, 2, 3) 表示将前三个物品装入背包. 下面用蚁群算法求解 0-1 背包问题.

首先建立一个有向图 $D = (V, A)$，其中顶点集 $V = \{0, 1, 2, \cdots, n\}$(顶点 0 是

虚拟起始点)，弧集

$$A=\{(i,j)|\,i,j\in V\},$$

弧集 A 中共有 $n(n+1)$ 条弧. 设第 s 只蚂蚁第 k 步所走的路线为 $(0,i_1,i_2,\cdots,i_k)$，表示该蚂蚁从 0 顶点出发，顺序到达 $i_1,i_2,\cdots,i_k$. 按概率转移公式计算下一步选择行走的顶点 i_{k+1}. 若 $\sum\limits_{j=1}^{k+1}a_{i_j}\leqslant b$，则该蚂蚁行走到顶点 i_{k+1} 并更新它的行走路线为

$$(0,i_1,i_2,\cdots,i_k,i_{k+1});$$

否则，该蚂蚁不再继续行走，退回到起点，完成一次循环.

如此进行的蚁群算法，最后得到 0-1 背包问题的解 $(0,i_1,i_2,\cdots,i_m)$，表示将第 $i_1,i_2,\cdots,i_m$ 个物品装入背包. 值得指出的是，此时蚁群算法得到的解不要求是包含全部 n 个物品，这是与 TSP 的不同之处.

2. 信息量的增量 $\Delta\tau_{ij}^{(k)}(t)$

$\Delta\tau_{ij}^{(k)}(t)$ 表示的是 t 时刻第 k 只蚂蚁在路径 (i,j) 上留下的信息素. Dorigo 提出了三种不同的 $\Delta\tau_{ij}^{(k)}(t)$ 的计算方式，由此产生三种相应的基本蚁群算法模型：蚁周模型、蚁量模型及蚁密模型.

(1) 蚁周模型

蚁周模型中 $\Delta\tau_{ij}^{(k)}(t)$ 的计算公式为

$$\Delta\tau_{ij}^{(k)}(t)=\begin{cases}\dfrac{Q}{L_k}, & \text{第}\,k\,\text{只蚂蚁在本次循环中经过}\,(i,j);\\ 0, & \text{否则}.\end{cases}$$

蚁周模型是在蚂蚁完成一个循环后才更新所有路径上的信息素. 蚁周模型求解 TSP 时效果较好，应用也较广泛. 例 7.12 就是采用这种计算方式.

(2) 蚁量模型

蚁量模型中 $\Delta\tau_{ij}^{(k)}(t)$ 的计算公式为

$$\Delta\tau_{ij}^{(k)}(t)=\begin{cases}\dfrac{Q}{d_{ij}}, & \text{第}\,k\,\text{只蚂蚁在}\,t\,\text{和}\,t+1\,\text{之间经过}\,(i,j);\\ 0, & \text{否则}.\end{cases}$$

蚁量模型利用局部信息，且蚂蚁每走一步就要更新路径上的信息素.

(3) 蚁密模型

蚁密模型中 $\Delta\tau_{ij}^{(k)}(t)$ 的计算公式为

$$\Delta\tau_{ij}^{(k)}(t)=\begin{cases}Q, & \text{第}\,k\,\text{只蚂蚁在}\,t\,\text{和}\,t+1\,\text{之间经过}\,(i,j);\\ 0, & \text{否则}.\end{cases}$$

蚁密模型同蚁量模型一样，也是利用局部信息，且要求蚂蚁每走一步就要更新路径上的信息素.

在上述三种模型中出现的 Q 称为信息素强度因子，它表示蚂蚁循环一周时释放在所经路径上的信息素总量. Q 越大，蚂蚁在已遍历路径上信息素积累越快，加强蚁群搜索时的正反馈性，有助于算法的快速收敛. 以应用最多的蚁周模型为例，一般取 $10 \leqslant Q \leqslant 10\,000$.

3. 信息量 $\tau_{ij}(t)$

$\tau_{ij}(t)$ 表示路径 (i,j) 上已产生的信息量的载体，它直接影响到蚁群算法的全局收敛性和求解效率. 它可以有多种计算方式，下面介绍两种常见的 $\tau_{ij}(t)$ 的计算公式.

(1) 令

$$\tau_{ij}(t) = (1-\rho)\tau_{ij}(t') + \Delta\tau_{ij}(t),$$

其中参数 ρ 表示信息素挥发因子，其大小直接关系到蚁群算法的全局搜索能力及其收敛速度；参数 $1-\rho$ 表示信息残留因子，反映了蚂蚁个体之间相互影响的强弱. 信息素残留因子 $1-\rho$ 的大小对蚁群算法的收敛性能影响非常大. 在 $0.1 \sim 0.99$ 范围内，$1-\rho$ 与迭代次数 N_c 近似成正比，这是由于 $1-\rho$ 很大，路径上的残留信息占主导地位，信息正反馈作用较弱，搜索的随机性增强，因而蚁群算法的收敛速度很慢. 若 $1-\rho$ 较小时，正反馈作用占主导地位，搜索的随机性减弱，导致收敛速度快，但易陷于局优状态.

(2) 令

$$\tau_{ij}(t) = \begin{cases} (1-\rho)\tau_{ij}(t') + \dfrac{\rho}{|W|}, & (i,j)\text{ 为 } W \text{ 的一条弧;} \\ (1-\rho)\tau_{ij}(t'), & \text{否则,} \end{cases}$$

其中 W 为本次循环中得到的适应值最好的解. 从上式的计算公式可见，该计算方式对已得到的适应值好的路径 W 上的弧信息量进行加强，而挥发掉其他弧上信息量.

在蚁群算法的进程中，挥发过程和增强过程都是可选的. 当采用挥发过程的时候，它主要用于避免算法太快地向局部最优区域集中，采用这种实用的遗忘方式有助于搜寻区域的扩展，实现全局寻优. 当采用增强过程时，是给适应值好的路径增加信息量，用于实现由单个蚂蚁无法实现的集中行动.

在蚁群算法的进程中，何时进行 $\tau_{ij}(t)$ 的更新呢？根据 $\tau_{ij}(t)$ 更新时间的不同，信息量的更新分为在线更新和离线更新两种. 离线更新也称为同步更新. 其主要思想是在若干蚂蚁完成所有城市的访问后，统一对残留信息进行更新处理. 在线更新也称为异步更新，蚂蚁每行一步，马上回溯并且更新行走路径上的信息量.

离线方式的信息素更新，还可以进一步细分为单蚂蚁离线更新和蚁群离线更新两种方式. 蚁群更新方式是在蚁群中的所有蚂蚁全部完成了各城市的访问后，统一对残留信息进行更新处理. 例 7.12 中就是采用这种蚁群离线更新方式. 单蚂蚁更新是在第 s 只蚂蚁完成对所有城市的访问后，进行路径回溯，更新行走路线上的信息素，同时释放分配给它的资源.

在信息素离线更新算法中，蚁群中蚂蚁的先后出行顺序没有相关性，前面出行的蚂蚁不影响后面的蚂蚁的行为，但每次循环需要记录每只蚂蚁的行走路线，以便最后选择最好的路径. 同蚁群离线更新方式比较，单个蚂蚁离线更新方式的一个优点是记忆信息相对较少，只需记录第 s 只蚂蚁的行走路径，信息素更新后，可释放该蚂蚁的所有记录信息. 单蚂蚁离线方式等价于蚁群离线方式中蚁群中只有一只蚂蚁. 当然，在线更新方式的记忆信息量更小.

4. **转移概率 $P_{ij}^{(k)}(t)$**

基本蚁群算法，采用如下 $P_{ij}^{k}(t)$ 的计算公式

$$P_{ij}^{(k)}(t)=\begin{cases}\dfrac{(\tau_{ij}(t))^{\alpha}\cdot(\eta_{ij}(t))^{\beta}}{\displaystyle\sum_{s\in \text{Allowed}_k}(\tau_{is}(t))^{\alpha}\cdot(\eta_{is}(t))^{\beta}}, & j\in \text{Allowed}_k;\\ 0, & \text{否则},\end{cases}$$

其中 α 是信息启发因子，反映蚂蚁在运动过程中所积累的信息量在指导蚁群搜索中的相对重要程度. α 越大，蚂蚁选择以前走过路径的可能性就越大，搜索的随机性减弱；α 越小，易使蚁群算法过早陷入局部最优；β 是期望值启发因子，反映了启发式信息在指导蚁群搜索过程中的相对重要程度，这些启发式信息表现为寻优过程中先验性、确定性因素. β 越大，蚂蚁在局部点上选择最短路径的可能性越大，虽然加快了收敛速度，但减弱了随机性，易于陷入局部最优解；$\eta_{ij}(t)$ 称为路径启发函数，反映的是未来信息的载体，它们直接影响到蚁群算法的全局收敛性和求解效率.

以应用最多的蚁周模型为例，一般取 $0\leqslant\alpha\leqslant5$，$0\leqslant\beta\leqslant5$.

上述介绍了对蚁群算法影响重大的三个量 $\Delta\tau_{ij}^{(k)}(t)$，$\tau_{ij}(t)$ 和 $P_{ij}^{(k)}(t)$. 一般应用中，蚁群中蚂蚁的数量也会影响算法的性能. 蚁群算法是通过多个候选解组成的群体进化过程来搜索最优解，所以蚂蚁的数目 m 对蚁群算法有一定影响. 一般而言，蚂蚁的个数 m 是固定数. 蚂蚁数量大 (相对处理问题的规模)，会提高蚁群算法的全局搜索能力和稳定性，但数量过大会导致大量曾被搜索过的路径上的信息量变化趋于平均，信息正反馈作用减弱，随机性增强，收敛速度减慢. 反之，蚂蚁的数量少，会使从来未被搜索过的解上的信息量减小到接近于 0，全局搜索的随机性减弱，虽然收敛速度加快，但会使算法的稳定性变差，出现过早停滞现象. 经大

量的仿真试验获得：当城市规模大致是蚂蚁数量的 1.5 倍时，蚁群算法的全局收敛性和收敛速度都比较好.

在蚁群算法的设计中，还必须给出算法的终止准则. 一般地，终止准则主要有三类：第一类为给定外循环的最大数目，表明已经有足够的蚂蚁工作；第二类为当前最优解连续 K 次相同而停止的规则，其中 K 是一个给定的整数，表示算法已收敛，不需要再继续；第三类为目标值控制规则，给定最优化问题 (目标最小化) 的一个下界和一个误差，当算法得到的目标值同下界之差小于给定的误差时，算法结束.

下面给出基本蚁群算法实现的一般步骤:

Step1　初始化参数，时间 $t := 0$，循环次数 $N_c := 0$，设置最大循环次数 $N_{\max}$，令路径 (i, j) 的初始化信息量 $\tau_{ij}(0)$ 赋值为常数，初始时刻 $\Delta\tau_{ij}(0) := \dfrac{1}{\varepsilon}$($\varepsilon$ 为边的数目).

Step2　将 m 只蚂蚁随机放在 n 个城市上.

Step3 (外循环)　令循环次数 $N_c := N_c + 1$.

Step4 (内循环)　令蚂蚁索引号 $k := 1$,

Step4.1　令蚂蚁已访问城市数量索引号 $l := 1$.

Step4.2　$l := l + 1$.

Step4.3　根据如下状态转移概率 $P_{ij}^{(k)}(t)$ 的计算公式，算出蚂蚁选择城市 j 的概率，$j \in \text{Allowed}_k$,

$$P_{ij}^{(k)}(t) = \begin{cases} \dfrac{(\tau_{ij}(t))^{\alpha} \cdot (\eta_{ij}(t))^{\beta}}{\displaystyle\sum_{s \in \text{Allowed}_k} (\tau_{is}(t))^{\alpha} \cdot (\eta_{is}(t))^{\beta}}, & j \in \text{Allowed}_k; \\ 0, & \text{否则}. \end{cases}$$

Step4.4　选择具有最大选择概率的城市，将蚂蚁移动到该城市，并把该城市记入禁忌表中.

Step4.5　若没有访问完所有城市，即 $l < n$，转至 Step4.2；否则，若 $k \geqslant m$，则转至 Step5；若 $k < m$，则令 $k := k + 1$，转 Step4.1.

Step5　根据 $\Delta\tau_{ij}^{(k)}(t)$ 和 $\tau_{ij}(t)$ 的计算公式更新每条路径上的信息量.

Step6　若满足结束条件，循环结束输出计算结果；否则，清空禁忌表并跳转到 Step3.

7.5.3　蚁群算法小结

蚁群算法在诸多领域都有不俗的表现，如旅行售货商问题、指派问题、车间作业调度问题等等方面都有成功的应用. 蚁群算法已成为当今分布式人工智能研究的一热点，并越来越多的被应用于企业的运转模式、生产计划制定和物流管理的研究. 从美国五角大楼的 "群体战略", 到英国电信公司的基于电子蚂蚁的电信网络管理试验; 从英国联全利华公司的基于蚁群算法的生产计划管理软件, 到美国太平洋西南航空公司基于蚁群算法的运输管理软件等, 很多政府和国际著名公司纷纷采用蚁群算法等群体智能技术来改善其运转机能.

尽管如此, 蚁群算法也有一些不足, 如

(1) 每次解的构造过程的计算量较大, 算法搜索时间较长. 算法计算复杂度主要在解构造过程.

(2) 算法容易出现停滞现象, 即搜索进行到一定程度后, 所有蚂蚁搜索到的解完全一致, 不能对空间进行进一步搜索, 不利于发现更好的解.

(3) 基本蚁群算法本质上是离散的, 只适用于组合最优化问题, 对于连续最优化问题, 需对算法进行一定的处理后才能使用, 这也在一定程度上限制了算法的应用范围.

针对蚁群算法的缺陷, 蚁群算法的改进研究主要目的有两点: 一是在合理时间内提高蚁群算法的寻优能力, 改善其全局收敛性. 二是使其能够应用于连续最优化问题.

目前, 虽然蚁群算法已经有多种不同版本的改进算法并成功应用于诸多领域, 但大部分是经验性的实验研究, 缺乏必要的理论框架及相应的理论基础和依据, 只有少部分改进的蚁群算法给出了收敛性证明, 这在很大程度上阻碍了蚁群算法的发展.

习 题 7

1. 试举出一个不能用传统优化方法求解的实际问题, 具体说明传统优化算法的局限性.

2. 列举出本章没有提到的具有现代优化特点的其他算法, 并说明把它们归为现代优化算法的理由.

3. 思考禁忌搜索算法与传统优化算法的最主要区别.

4. 设有 7 件财宝的价值为 p_i, 体积为 $w_i(i=1,2,\cdots,7)$, 具体数据见题表 7.1, 背包的容积为 120. 设初始解为 $\boldsymbol{x}=(1010101)$, 邻域搜索选为加 1 减 1 运算, 做 5 次迭代, 禁忌长度取 3. 试用禁忌搜索算法求出最好解.

题表 7.1 背包问题的具体数据

i	1	2	3	4	5	6	7
p_i	30	60	25	8	10	40	60
w_i	40	40	30	5	15	35	30

5. 某公司拟在 4 个地点建 4 个工厂. 4 个工厂的设计占地面积分别为 $R_1=9$, $R_2=8$, $R_3=4$, $R_4=5$; 4 个地点的地价分别为 $P_1=3$, $P_2=2$, $P_3=4$, $P_4=1$. 公司的可用资金量为 70. 设状态 $\boldsymbol{x}=(x_1,x_2,x_3,x_4)$, $x_i=k$ 表示工厂 i 选在地点 k. 初始解为 $\boldsymbol{x}=(1,3,2,4)$, 用禁忌搜索算法搜索迭代 3 次, 禁忌长度取为 3.

6. 以旅行售货商问题为例，编写程序实现禁忌搜索算法，并体会禁忌表长度对算法性能的影响. 思考禁忌长度应该如何设置.

7. 编写程序实现求解旅行售货商问题的模拟退火算法，并比较模拟退火算法与禁忌搜索算法在求解 TSP 问题上的计算效率.

8. 工作指派问题可简述如下：n 个工作可以由 n 个工人分别完成. 工人 i 完成工作 j 的时间为 d_{ij}. 问如何安排可使总的工作时间达到最小. 试按模拟退火算法设计一个求解该问题的算法.

9. 设有 7 件财宝的价值为 p_i，体积为 $w_i(i=1,2,\cdots,7)$，具体数据见题表 7.1，背包的容积为 120.

(1) 将以下编码合法化，并计算以下个体的适应值和选择概率；

(a) (6 4 3 5 7 1 2)； (b) (7 2 4 3 5 6 1)； (c) (1 3 4 2 6 5 7)；

(d) (2 7 3 1 5 4 6)； (e) (5 3 2 4 7 6 1).

(2) 试用遗传算法求出该问题的最好解.

10. 设父代的染色体分别为

$$\boldsymbol{x}^{(1)} = (6\ 1\ 2\ 8\ 9\ 5\ 4\ 7\ 10\ 3), \quad \boldsymbol{x}^{(2)} = (10\ 7\ 4\ 1\ 3\ 6\ 2\ 8\ 5\ 9),$$

两个切点的位置分别为 4 和 8. 试分别用 PMX, OX 和 CX 产生两个子染色体.

11. 写出题图 7.1 所示支撑树的 Prüfer 数编码.

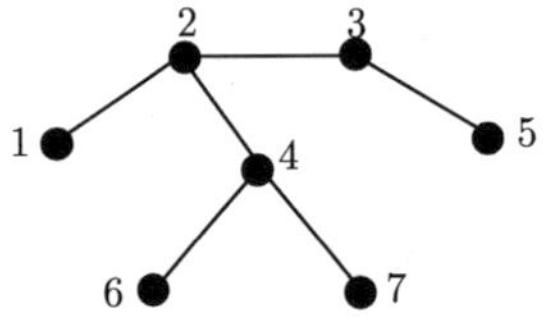

题图 7.1 支撑树

12. 设 Prüfer 数编码为 (6 3 2 4 4)，试画出与该编码对应的支撑树.

13. 用蚁群算法求解有 30 个城市的 TSP Benchmark 问题.

14. 用蚁群算法求解如下装箱问题：设有 10 个体积小于 1 的物品，它们的体积如题表 7.2 所示，如何用个数最少的容积为 1 的箱子装入这 10 个物品.

题表 7.2 装箱问题中物品的体积

物品	1	2	3	4	5	6	7	8	9	10
体积	0.22	0.35	0.90	0.86	0.54	0.65	0.78	0.12	0.08	0.96

参 考 文 献

[1] 戴华. 矩阵论. 北京：科学出版社，2001.

[2] 刁在筠, 等. 运筹学 (第二版). 北京：高等教育出版社，2001.

[3] 李庆扬，王能超，易大义. 数值分析. 武汉：华中理工大学出版社，1998.

[4] 李士勇，陈永强，李研. 蚁群算法及其应用. 哈尔滨：哈尔滨工业大学出版社，2004.

[5] 刘德铭，黄振高. 对策论及其应用. 长沙：国防科技大学出版社，1994.

[6] Owen G. Game Theory(2nd Edition). New York：Academic Press，1982.

[7] 汪定伟, 等. 智能优化方法. 北京：高等教育出版社，2007.

[8] 谢政. 广义逆矩阵的表达式及其计算. 系统工程与数学系本科生部分毕业设计 (论文) 摘要汇编. 长沙: 国防科技大学，1983.

[9] 谢政. 对策论导论. 北京：科学出版社，2010.

[10] 谢政. 网络最优化. 北京：科学出版社，2014.

[11] 谢政，戴清平，陈挚. 应用数学基础. 北京：国防工业出版社，2008.

[12] 谢政，李建平，陈挚. 非线性最优化理论与方法. 北京：高等教育出版社，2010.

[13] 熊洪允，曾绍标，毛云英. 应用数学基础 (第四版). 天津：天津大学出版社，2004.

[14] 邢文训，谢金星. 现代优化计算方法 (第二版). 北京：清华大学出版社，2005.

[15] 张干宗. 线性规划 (第二版). 武汉：武汉大学出版社，2004.

[16] 张建中，许绍吉. 线性规划. 北京：科学出版社，1990.